“十四五”职业教育国家规划教材

地基与基础

微课版

（第五版）

主　编　苏德利　苏仁权
副主编　葛树成　王　斌　徐秀娟　周海涛
主　审　刘　斌

大连理工大学出版社

图书在版编目(CIP)数据

地基与基础 / 苏德利，苏仁权主编. -- 5 版.
大连 ：大连理工大学出版社，2024.10 --ISBN 978-7
-5685-5190-8

Ⅰ.TU47

中国国家版本馆 CIP 数据核字 2024JN3452 号

大连理工大学出版社出版

地址:大连市软件园路 80 号　邮政编码:116023

发行:0411-84708842　邮购:0411-84708943　传真:0411-84701466

E-mail:dutp@dutp.cn　URL:https://www.dutp.cn

沈阳六扇门印刷有限公司印刷　　大连理工大学出版社发行

幅面尺寸:185mm×260mm　印张:20.25　字数:514 千字

2010 年 11 月第 1 版　　2024 年 10 月第 5 版

2024 年 10 月第 1 次印刷

责任编辑:康云霞　　责任校对:吴媛媛

封面设计:张　莹

ISBN 978-7-5685-5190-8　　定　价:65.00 元

前 言

《地基与基础》(第五版)是“十四五”职业教育国家规划教材、“十三五”职业教育国家规划教材、“十二五”职业教育国家规划教材。

本教材自2010年出版以来,深受相关院校师生及行业企业专业技术人员等广大读者的欢迎。为了紧跟高职教育的改革步伐,充分体现建筑行业的发展进程,编者根据高等职业教育发展情况及广大读者的实际需求,在广泛征求意见的基础上进行了再次修订工作。

本次修订在总体框架上以上版教材为基础,继续沿用相应的写作思路和写作风格,在内容上进行了重新调整。

一、继续保持上版教材的编写特色

1. 以工作过程为导向,整合与编排教材内容

编者以地基与基础专业设计工作与现场施工工作程序为导向,对教材的内容进行整合。在一般的教材编写中,通常将地基处理的内容放在最后,且在教与学的过程中经常忽略它。但调研发现城市开发新建项目往往地质条件差,需要详细了解地基土的物理性质、状态及合理的处理方法,因此本教材将传统的第一章和最后一章内容有机整合,以符合当前工程实际需要。另外,近年来城市高层建筑和地下空间的开发越来越多,为本课程建设提出了一个新的课题,即基坑工程问题,因此在教材中增加了“基坑工程应用”一章。

2. 基础理论遵循“实用为主、必需和够用为度”的原则

根据培养目标要求,本课程以培养技术应用能力为主线,课程内容强化应用性、针对性和可操作性,在基础理论方面遵循“实用为主、必需和够用为度”的原则。例如,教材的第3、5章主要阐明基本概念、原理和计算方法,减少不必要的公式推导过程,以原理应用为主;第4、6、8章对于技术理论含量更高的内容只介绍构造与工艺,不讲设计;第2、7、10章则以实际工程应用为主。

二、教材修订重点突出以下特色

1. 提供最新的技术标准,突出教材的先进性与前瞻性

本教材根据建筑工程技术专业的最新教学标准、培养方案及主干课程教学要求,按照《建筑与市政地基基础通用规范》(GB 55003—2021)等有关国家及行业标准编写而成。

2. 通过案例潜移默化地融入思政教育

本教材紧密结合党的二十大精神，通过加入完整的实际工程案例涵盖所学的主要内容，作为后续知识的“引导索”；通过“知识链接”增强学生的安全意识、责任意识，提高学生的工程与专业意识；通过“九层之台，起于累土”“软土地基上的中国第一高楼”等案例，培养学生的爱国情怀、职业精神及工匠精神。

3. “互联网+”创新型教材

本教材对重要知识点及案例配有微课视频，对基本概念、重要的工程实践及设计进行详细解读。同时，教材配有课件、习题答案等资源，如有需要，可登录职教数字化服务平台下载。

4. 体现工学结合、理实一体化，加大实践教学力度，突出应用性与能力培养

实践教学是“地基与基础”课程学习的重要环节，在编写教材的过程中，编者将实践教学环节划分为课堂实验、案例教学和模拟设计三个部分，在教学过程中利用校外实践教学基地进行案例教学。根据岗位能力需要，结合各章节内容配置有代表性的工程案例、计算例题、思考题及综合训练题，以培养学生的工程意识和分析问题、解决问题的能力，突出教材的应用性。

本教材由大连海洋大学应用技术学院苏德利、陕西铁路工程职业技术学院苏仁权任主编；大连职业技术学院葛树成、河南职业技术学院王斌、大连海洋大学应用技术学院徐秀娟、济南历城区保盛置业开发有限公司周海涛任副主编。具体编写分工如下：绪论和第1、3、4章由苏德利编写；第2、5章由王斌编写；第9章及土力学试验由苏仁权编写；第6章由周海涛编写；第7章由葛树成编写；第8、10章由徐秀娟编写。全书由苏德利统稿，陕西铁路工程职业技术学院刘斌担任主审。

在编写本教材的过程中，我们参考、引用和改编了国内外出版物中相关资料以及网络资源，在此对这些资源的作者表示诚挚的谢意！请相关著作权人看到本教材后与出版社联系，出版社将按照相关法律的规定支付稿酬。

鉴于编者学识和水平有限，教材中仍可能存在不足和疏漏之处，敬请读者批评指正，并将意见和建议反馈给我们，以便修订时改进。

编　者

所有意见和建议请发往：dutpgz@163.com
欢迎访问职教数字化服务平台：https://www.dutp.cn/sve/
联系电话：0411-84708979　84707424

目 录

本书数字资源列表

续表

序号	资源名称	页码
40	主动土压力例题	112
41	地面有均布荷载的土压力计算	117
42	分层土的土压力计算	119
43	受地下水位影响的土压力水压力计算	120
44	重力式挡土墙设计	121
45	抗倾覆验算	125
46	抗滑移验算	125
47	抗倾覆抗滑移验算例题	128
48	汶川地震救援	137
49	青藏铁路的领路人	166
50	荷载效应组合规定	169
51	基础埋置深度概念	174
52	地基土冻涨对基础深度的影响	175
53	中心荷载作用下基础底面尺寸的确定	177
54	轴心荷载作用下基础底面尺寸例题	178
55	偏心受压柱下独立浅基础	179
56	偏心荷载作用下基础底面尺寸	180
57	偏心荷载作用下底面尺寸例题	180
58	软弱下卧层承载力验算	182
59	软弱下卧层承载力验算例题	183
60	刚性基础设计	184
61	刚性基础设计例题	185
62	扩展基础的构造基本要求	186
63	墙下钢筋混凝土条形基础设计	189
64	墙下钢筋混凝土条形基础例题	191
65	冲切验算	194
66	基础底板配筋	196
67	独立基础验算例题	197
68	群桩效应:国家工程的智慧与力量——以苏通大桥为例	217
69	桩基础的概念、适用范围与特性	218
70	桩基础的分类	221
71	桩基础类型与工程适用性	221
72	竖向荷载下单桩的荷载传递	225
73	桩的负摩阻力	226
74	单桩承载力的破坏模式	226
75	群桩的工作状态	233
76	基坑工程及特点	258
77	基坑支护结构安全等级	259
78	基坑支护结构选型	259

绪 论

学习目标

了解：地基与基础在工程中的重要性，以及地基与基础设计的基本要求。

掌握：地基与基础的概念。

素养目标

培养学生树立正确的人生观、价值观、世界观，坚定理想信念，立志为国家的基础设施建设贡献自己的力量。

0.1 地基、基础与土力学的概念

1. 地基与基础

微课

课程概述

当建筑物建造在地层上时，其原有的应力状态就会发生变化，使土层产生附加应力和变形，且随着深度增大向四周土层中扩散并逐渐减弱。我们把因承受建筑物荷载而产生附加应力和变形且不能忽略的那部分土层或岩体称为地基；将所承受的各种作用传递到地基上的结构组成部分称为基础。因此，地基和基础是两个不同的概念。地基属于地层，是支撑建筑物的地层（可以是土层，也可以是岩层，具有一定深度和范围）；基础则属于建筑物，是建筑物的一部分（可由砖石、毛石、混凝土或钢筋混凝土等建筑材料建造而成）。

地基基础在设计时，如果土质不良，需要经过人工加固处理才能达到使用要求的地基称为人工地基；不加处理就可以满足使用要求的地基称为天然地基。当地基由两层及两层以上土层组成时，将直接与基础接触的土层称为持力层，将持力层以下的土层称为下卧层，将承载力低于持力层的下卧层称为软弱下卧层。

基础的结构形式很多，按埋置深度和施工方法的不同，可分为浅基础和深基础两大类。通常把埋置深度不大（一般为 3～5 m），只需经过挖槽、排水等普通施工程序，采用一般施工方法和施工机械就可施工的基础统称为浅基础，如条形基础、独立基础、筏板基础等；而把埋置深度超过一定值，需借助特殊施工方法施工的基础称为深基础，如桩基础、地下连续墙等。

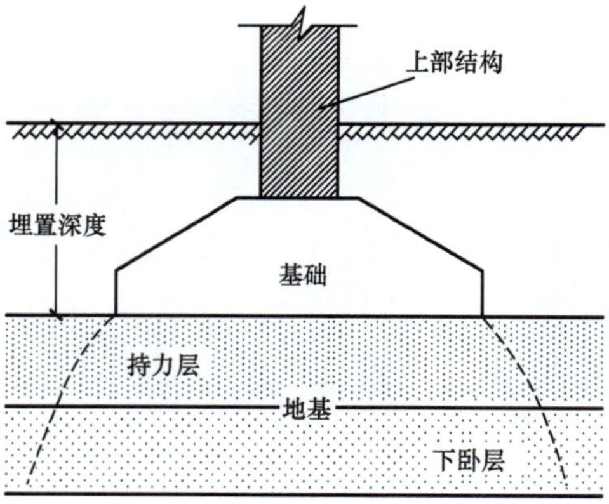

图 0-1　上部结构、基础与地基

基础是建筑物的一个组成部分，基础的强度直接关系到建筑物的安全性与正常使用。地基的强度、变形和稳定也直接影响到基础及建筑物的安全性、耐久性和正常使用。由于土的压缩性比建筑材料大得多，我们通常把建筑物与土层接触部分的断面尺寸适当扩大，以减小接触部分的压强。建筑物的上部结构、基础与地基这三部分构成了一个既相互制约又共同工作的整体，相互关系如图 0-1 所示。目前，要把三部分完全统一起来进行设计和计算还有困难，现阶段采用的常规设计方法是将建筑物的上部结构、基础、地基三部分分开，按照静力平衡原则，采用不同的假定进行分析计算，同时考虑三者之间的相互作用。

2. 土力学

地基土层是由地球表面的大块岩石经风化、搬运、沉积而形成的松散堆积物，是由固体颗粒、水和气体三部分组成的三相体。与其他建筑材料相比，土的主要特征是具有多孔性和散粒性，由于其形成的自然地理环境不同，因而具有明显的区域性。因此，在建筑物设计之前，必须充分了解场地的工程地质情况，对基础土体做出正确的评价。

由于建筑物的建造使地基中原有的应力状态发生变化，因此土层发生变形。为了控制建筑物的沉降和保持其稳定性，就必须运用力学方法来研究荷载作用下地基土的变形和强度问题。土力学就是利用力学的一般原理和土工测试技术，研究土的物理性质及在所受外力发生变化时土的应力、变形、强度、稳定性和渗透性及其规律的一门学科。土力学是力学的一个分支，但由于土具有复杂的工程特性，必须借助工程经验、原位试验、室内试验等多种专门的土工试验技术进行研究。因而，土力学是一门依赖于实践的科学。

0.2　地基与基础设计的重要性

基础是建筑物的主要组成部分，应具有足够的强度、刚度和稳定性，以保证建筑物的安全和使用年限。地基虽不是建筑物的组成部分，但它的质量却直接影响整个建筑物的安危。而且由于地基与基础位于地面以下，属隐蔽工程，它的勘察、设计和施工质量的好坏，直接影响建筑物的安全与否，一旦发生质量事故，其补救和处理往往比上部结构困难得多，有时甚至不可挽救。实践证明，建筑物的事故中很多是和地基与基础有关的，轻则上部结构开裂、倾斜，重则建筑物倒塌，危及生命与财产安全。在中外建筑史上，曾发生过很多因地基与基础设计有误而造成的建筑物质量事故，典型的案例如下：

(1)上海锦江饭店北楼：建于 1929 年，总层数为 14 层，高度为 57 m，是当时上海最高的一幢建筑物。其基础坐落在软土地基上，采用桩基础，由于工程承包商偷工减料，未按设计桩数施工，造成基础大幅度沉降，建筑物的绝对沉降达 2.6 m，致使原底层陷入地下，成了半地下室，严重影响使用。

(2)苏州虎丘塔(图 0-2):著名的中国斜塔,建于公元959 年,总层数为 7 层,高度为 47.5 m,塔平面呈八角形,由外壁、回廊和塔心三部分组成。主体结构为砖木结构,采用黄泥砌砖、浅埋式独立砖墩基础。基础坐落在人工夯实的土夹石覆盖层上,覆盖层南薄北厚,为弱风化岩层。土夹石覆盖层压实后因不均匀沉降造成塔身倾斜,据实测塔顶偏离中心线 2.34 m。由于过大的沉降差(根据塔顶偏离中心线计算的不均匀沉降量为 66.9 cm)引起塔楼从底层到第 2 层产生了宽达 17 cm 的竖向裂缝;北侧门拱顶两侧裂缝发展到第 3 层,成为危塔。后经过精心治理,将危塔加固(包括塔身与地基),使古塔得以保存。

图 0-2 虎丘塔

(3)中国香港宝城大厦:建在香港山坡上,1972 年 5—6 月出现连续大暴雨,特别是 6 月雨量竟高达 1 658.6 mm,引起山坡因残积土软化而滑动。7 月 18 日 7 时,山坡下滑,冲毁高层建筑宝城大厦,居住在该大厦的 120 名银行界人士当场死亡,这一事故引起全世界的震惊,从而对岩土工程更加重视。

图 0-3 加拿大特朗斯康谷仓地基破坏

(4)加拿大特朗斯康谷仓(图 0-3):建于1941 年,由 65 个圆柱形筒仓组成,高 31 m,宽 23.5 m。其下为筏板基础,厚为 2 m,埋置深度为 3.6 m,谷仓自重 2.0×10^4 kN。建成后第一次装谷 2.7×10^4 kN 后,谷仓明显倾斜,西端陷入土中 8.8 m,东侧抬高 1.5 m,仓身整体倾斜 26°53′。事后勘察了解到地基以下埋藏有厚约 16 m 的淤泥质软土,谷仓初次加载后使基底压力超过了地基极限承载力。这是地基发生整体滑动、建筑物丧失稳定的典型例子。由于该谷仓整体刚度较好,无明显裂缝,事后在筒仓下增设了 70 多个支撑在基岩上的混凝土墩,使用了 388 只 500 kN 的千斤顶,才把倾斜的筒仓纠正,修复后的位置比原来降低了 4 m。

(5)意大利比萨斜塔:位于比萨市北部,是比萨大教堂的一座钟塔。位于大教堂东南方向约 25 m 处,是一座独立的建筑,比萨斜塔的建造经历了三个时期,全塔共 8 层,高度为 55 m。该塔地基土的土层分布从上至下依次为耕填土 1.6 m、粉砂 5.4 m、粉土 3.0 m、黏土 15.5 m、砂土 2.0 m、黏土 12.5 m、砂土 20.0 m,地下水位深 1.6 m,位于粉砂层。目前,塔北侧沉降约 0.9 m,南侧沉降约 2.7 m,沉降差约 1.8 m,塔倾斜约 5.5°,塔顶偏离中心线约 5.27 m。该塔建成 600 多年,每年下沉约 1 mm。由于钟塔的沉降在不断加大,为了游人的安全,该塔于 1990 年 1 月 14 日被封闭,并对塔身进行了加固,用压重法和取土法对地基进行了处理。目前,该塔已重新向游人开放。

以上案例足以说明地基与基础设计的重要性,在设计时,一定要掌握地基土的工程性质,从实际出发做出多种方案进行比较,以免发生工程事故。此外,地基与基础工程的造价和工期在整个工程中所占比例很大,造价上一般多层可占到 25%～30%,高层可占到 30%～40%,因此做好地基与基础设计具有重要的意义。

0.3 地基与基础设计应满足的基本条件

为了保证建筑物的安全和正常使用，地基与基础设计应满足以下基本要求：

(1)地基承载力要求：地基土应有足够的强度，在荷载作用下不发生剪切破坏和整体失稳。

(2)地基变形要求：不使地基产生过大的沉降或不均匀沉降，保证建筑物的正常使用。

(3)地基稳定性要求：对经常受水平荷载作用的高层建筑、高耸结构和基坑工程等应进行稳定性验算。

(4)基础结构要求：基础结构本身应具有足够的强度和刚度，在地基反力作用下不会发生强度破坏，以确保建筑物安全、稳定地工作，并要求具有较好的耐久性。

0.4 本课程性质与学习目标

1. 课程性质

本课程是一门理论性、实践性较强，技术含量较高的专业课程。主要包括土力学和地基基础两部分内容。为此，我们需要学习和掌握土力学的基本理论和地基基础设计原理，并运用这些原理、概念结合建筑物设计方法和施工知识，分析和解决地基基础的工程问题。由于地基土形成的自然条件不同，因而它们的性质是千差万别的。不同地区的土有不同的特性，即使是同一地区的土，其特性也存在较大差异。所以，在设计地基基础前，必须通过各种测试和试验，获得地基土的各种计算资料。在学习本课程时，要特别注意理论联系实际，注意理论的适用条件和应用范围，不可盲目生搬硬套，要学会从实际出发来分析问题和解决问题。

本课程内容综合性很强，涉及工程地质、土力学、建筑力学、建筑结构、建筑材料、施工技术等学科领域。因此，在学习本课程时，既要注意与其他学科的联系，又要注意紧紧抓住土的应力、强度和变形这一核心问题；要学会阅读和使用工程地质勘察资料，掌握土的现场原位测试和室内土工试验，并应用这些基本知识和原理，结合建筑结构和施工技术等知识，解决地基基础工程问题。

2. 课程学习目标

本教材共分 11 章，包括绪论、土的物理性质与软弱地基处理、地基中应力计算、土的压缩性与地基沉降计算、土的抗剪强度与地基承载力、土压力与挡土墙设计、岩土工程勘察、地基浅基础设计、桩基础设计、基坑工程应用、区域性地基。通过本课程的学习，应达到如下目标：

(1)知识目标

通过本课程的学习，应了解土的工程性质，土中应力、变形、强度计算等基本理论，挡土墙和土坡稳定的概念及设计计算内容。熟悉土的工程分类，土的物理性质和物理状态指标在工程中的应用，基槽检验的方法和内容，并能完成必要的土工试验和指标测试。掌握各类基础的构造与受力特点，常见地基处理方法的基本原理和适用范围，能进行一般浅基础设计，正确分析和使用工程地质勘察报告，正确实施基坑支护方案等。

(2)能力目标

①具有操作土工试验的能力。

②具有阅读、分析、使用工程地质勘察报告以及验槽的能力。

③具有设计计算一般浅基础的能力。

④具有设计重力式挡土墙的能力。

⑤具有识读基础施工图和进行基础施工的能力。

⑥具有实施地基处理方案和基坑支护方案的能力。

(3)思想素质目标

通过本课程的学习,学生应认识到地基与基础设计的重要性,树立质量意识和职业责任感,同时培养学生诚恳、虚心、勤奋的学习态度,热爱科学、实事求是的学风和勇于创新的精神。

项目式工程案例 0-1

一、工作任务

(1)认识浅基础类型及其适用条件。

(2)掌握浅基础设计的基本规定。

(3)能够进行浅基础的设计计算。

(4)掌握不同形式浅基础的施工方法。

二、工作项目

(1)由上部结构形式、地质水文勘察资料等确定浅基础的设计等级和类型。

(2)考虑各相关影响因素,确定基础的埋置深度。

(3)通过设计计算确定基础的平面尺寸。

(4)验算地基承载力是否满足要求。

(5)确定基础的结构材料和设计基础高度。

(6)进行地基验算。

(7)进行受力钢筋设计。

(8)提示所设计浅基础的施工注意事项。

三、工作手段

(1)查阅相关规范资料,如《建筑与市政地基基础通用规范》(GB 55003—2021)、《建筑地基基础设计规范》(GB 50007—2011)、《建筑结构荷载规范》(GB 50009—2012)、《混凝土结构设计规范(2015 年版)》(GB 50010—2010)与《建筑地基基础工程施工质量验收标准》(GB 50202—2018)等。

(2)将相关专业课进行综合运用,如 CAD 绘图、建筑材料、建筑测量、钢筋混凝土结构、建筑施工、地基与基础等。

(3)设计与计算,要求正确理解、运用规范的条文,做到设计合理、经济、安全。

四、案例分析与实施

1. 设计资料

(1)地形

拟建场地平整。

(2)工程地质条件、岩土设计参数

地基土的分布与性质,见表 0-1。

表 0-1 地基土的分布与性质

土层	分布与性质
①	黏性素填土，层厚 1.6 m，$\gamma_1=17.2\ \text{kN/m}^3$，$E_{s1}=4.5$ MPa，$N_{10}=23$，$f_{ak1}=125$ kPa
②	粉质黏土，层厚 4.2 m，地下水位距地面 2.6 m。 水上部分：$\gamma_2=19.2\ \text{kN/m}^3$，$f_{ak2}=198.9$ kPa；水下部分：$\gamma_{2sat}=19.8\ \text{kN/m}^3$，$f_{ak3}=174$ kPa；$E_{s2}=9.0$ MPa
③	淤泥质黏土，层厚 2.5 m，$\gamma_3=17.0\ \text{kN/m}^3$，$E_{s3}=3.0$ MPa，$f_{ak4}=72$ kPa
④	中砂，$\gamma_3=17.5\ \text{kN/m}^3$，$N_{63.5}=22$，$f_{ak5}=292$ kPa

(3)水文地质条件

①拟建场地地下水对混凝土结构无腐蚀性。

②地下水位深度：位于地表下 2.6 m。

③标准冻结深度 1.2 m。

(4)上部结构材料和作用

拟建厂房为单层排架结构，排架柱截面尺寸为 400 mm×600 mm。上部结构作用于柱底的荷载效应基本组合为：上部传至基础的垂直荷载为 800 kN，作用于基础上的力矩为 220 kN·m，水平荷载为 50 kN。

2. 独立基础设计

(1)选择基础埋置深度

基础的最小埋置深度 $d_{min}=Z_0+(0.1\sim0.2)$，当地标准冻结深度为 1.2 m，另外，基础顶面应低于设计地面 100 mm 以上，避免基础外露遭受外界的破坏。故取持力层为第二层，最小埋置深度 d_{min} 取 2 m。

(2)求深度修正后的地基承载力特征值

因基础宽度未确定，暂按 $b<3$ m，故不做宽度修正，查承载力修正系数表，得 $\eta_d=1.6$。

土层的加权平均重度为

$$\gamma_0=\frac{1.6\times17.2+0.4\times19.2}{1.6+0.4}=17.6\ \text{kN/m}^3$$

深度修正后的地基承载力特征值为

$$f_a=f_{ak}+\eta_d\gamma_0(d-0.5)=198.9+1.6\times17.6\times(2-0.5)=241.1\ \text{kPa}$$

(3)初步选择基底尺寸

①按轴心荷载初步估计基础面积 A_0

$$A_0=\frac{N}{f_a-\gamma_G d}=\frac{800}{241.1-20\times2}=3.98\ \text{m}^2$$

②考虑有偏心荷载作用，将基础面积扩大 1.3 倍

$$A=1.3A_0=1.3\times3.98=5.17\ \text{m}^2$$

取 $l=3$ m，$b=2$ m，则 $bl=6\ \text{m}^2$。

(4)验算持力层地基承载力

①计算基底边缘最大压力 p_{max}

基础及回填土重 $G=\gamma_G dA=20\times2\times2\times3=240$ kN

基础的总垂直荷载 $\sum N=800+240=1\ 040$ kN

基底的总力矩 $\sum M=220+50\times2=320$ kN·m

总荷载的偏心距 $e=\dfrac{\sum M}{\sum N}=\dfrac{320}{1\ 040}=0.31\ \text{m}<\dfrac{l}{6}=0.5\ \text{m}$

基底边缘最大压力

$$p_{max}=\frac{\sum N}{bl}\left(1+\frac{6e}{l}\right)=\frac{1\ 040}{3\times 2}\left(1+\frac{6\times 0.31}{3}\right)=280.8\ \text{kPa}<1.2f_a=1.2\times 241.1=289.3\ \text{kPa}$$

②验算基底平均压力

$$p=\frac{\sum N}{A}=\frac{1\ 040}{3\times 2}=173.3\ \text{kPa}<f_a=241.1\ \text{kPa}$$

因此，$A=2\times 3=6\ \text{m}^2$，满足设计要求。

(5)验算软弱下卧层

①计算基底的附加压力 p_0

$$p_0=p-\gamma_0 d=173.3-35.2=138.1\ \text{kPa}$$

②软弱下卧层地基承载力

地基的软弱下卧层为淤泥质黏土层，该土层承载力标准值为 $f_k=72$ kPa，下卧层顶面以上地基土加权平均重度为

$$\gamma_0=\frac{1.6\times 17.2+1.0\times 19.2+3.2\times 9.8}{1.6+1.0+3.2}=13.5\ \text{kN/m}^3$$

下卧层地基承载力的深度修正系数可查表，得 $\eta_d=1.0$，因此修正后的下卧层地基承载力为

$$f_a=f_k+\eta_d\gamma_0(d-0.5)=72+1.0\times 13.5\times(5.8-0.5)=143.6\ \text{kPa}$$

③下卧层顶面承载力验算

$$\frac{z}{b}=\frac{3.8}{2}=1.9>0.5,\ \frac{z}{l}=\frac{3.8}{3}=1.3>0.5,\ \frac{E_{s1}}{E_{s2}}=\frac{9}{3}=3$$

查表，得 $\theta=23°$。

$$p_z=\frac{p_0 lb}{(l+2z\tan\theta)(b+2z\tan\theta)}=\frac{138.1\times 3\times 2}{(3+2\times 3.8\tan 23°)(2+2\times 3.8\tan 23°)}=25.5\ \text{kPa}$$

$$p_{cz}=17.2\times 1.6+19.2\times 1.0+9.8\times 3.2=78.1\ \text{kPa}$$

$$p_z+p_{cz}=25.5+78.1=103.6\ \text{kPa}<f_a=143.6\ \text{kPa}$$

所以，软弱下卧层满足承载力要求。

(6)计算基础底板厚度 h

基础采用锥台形剖面，已知柱截面尺寸为 $l_0=600$ mm，$b_0=400$ mm，求得基础底面尺寸为 $l=3\ 000$ mm，$b=2\ 000$ mm。

①计算基底净反力

$$\left.\begin{matrix}p_{jmax}\\p_{jmin}\end{matrix}\right\}=\frac{N}{A}\pm\frac{\sum M}{W}=\frac{800}{3\times 2}\pm\frac{320}{2\times\frac{3^2}{6}}=\left\{\begin{matrix}240.0\\26.6\end{matrix}\right.\ \text{kPa}$$

$$\overline{p}_j=\frac{N}{lb}=\frac{800}{3\times 2}=133.3\ \text{kPa}$$

按抗冲切验算确定基础高度，设基础总高度为 600 mm，边缘高度为 250 mm，钢筋保护层取 40 mm，则基础有效高度为 600 mm−40 mm=560 mm，冲切锥体各尺寸如图 0-4 所示。

②计算冲切锥体以外地基净反力 F_1

$$F_1=p_j A_1=p_{jmax}\left[\left(\frac{l}{2}-\frac{l_0}{2}-h_0\right)b-\left(\frac{b}{2}-\frac{b_0}{2}-h_0\right)^2\right]$$

$$=240\times\left[\left(\frac{3}{2}-\frac{0.6}{2}-0.56\right)\times 2-\left(\frac{2}{2}-\frac{0.4}{2}-0.56\right)^2\right]=293.4\ \text{kN}$$

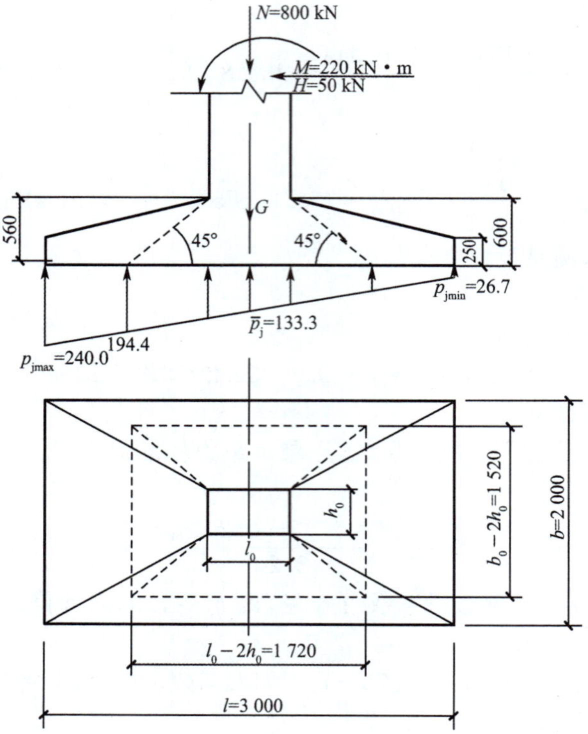

图 0-4 冲切锥体

③计算基础冲切力

$$0.7\beta_{hp}f_t b_m h_0 = 0.7\times1.0\times1\ 300\times\frac{2\times0.4+2\times0.56}{2}\times0.56 = 489.2\ \text{kN} > 293.4\ \text{kN}$$

(7)基础底板的配筋计算

验算截面Ⅰ－Ⅰ、Ⅱ－Ⅱ均选在柱边缘处，因 $e<l/6$，所以有：

①沿底板长度方向的配筋

$$M_{\text{I}} = \frac{1}{48}(l-l_0)^2\left[(2b+b_0)\left(p_{jmax}+\bar{p}_j-\frac{2G}{A}\right)+(p_{jmax}-\bar{p}_j)b\right]$$

$$=\frac{1}{48}(3-0.6)^2[(2\times2+0.4)(240.0+133.3-2\gamma_G d)+(240.0-133.3)\times2]=170.9\ \text{kN}\cdot\text{m}$$

$$A_{s,\text{I}} = \frac{M_{\text{I}}}{0.9f_y h_0} = \frac{170.9\times10^4}{0.9\times240\ 000\times0.56} = 14.13\ \text{cm}^2$$

选配二级钢Φ 14@200，$A_s=20\ \text{cm}^2>14.13\ \text{cm}^2$。

②沿底板宽度方向的配筋

$$M_{\text{II}} = \frac{1}{48}(b-b_0)^2\left[(2l+l_0)\left(p_{jmax}+p_{jmin}-\frac{2G}{A}\right)\right]$$

$$=\frac{1}{48}(2-0.4)^2[(2\times3+0.6)(240+26.7-2\times20\times2)]=65.7\ \text{kN}\cdot\text{m}$$

$$A_{s,\text{II}} = \frac{M_{\text{II}}}{0.9f_y h_0} = \frac{65.7\times10^4}{0.9\times240\ 000\times0.56} = 5.43\ \text{cm}^2$$

选配二级钢Φ 10@200，$A_s=7.79\ \text{cm}^2>5.43\ \text{cm}^2$。

3. 独立基础施工

柱下钢筋混凝土独立基础施工时，基础内预埋的插筋必须用 2～4 个箍筋加以固定，保证插筋位置的正确，以防止浇筑混凝土时钢筋发生移位。插筋的数目与直径应与柱内纵向受力钢筋相同。插筋的锚固及柱的纵向受力钢筋的搭接长度按《混凝土结构设计规范(2015 年版)》(GB 50010—2010)的规定执行。浇筑混凝土完毕后，外露表面应覆盖并浇水养护。施工中还应注意以下几方面：

(1)基坑应进行验槽，挖去局部软弱土层，用灰土或砾砂分层回填夯实至与基底相平。清除基坑内的浮土、积水、淤泥、垃圾、杂物。验槽后应立即浇筑地基混凝土垫层，以免地基土被扰动。

(2)垫层达到一定强度后，应在其上弹线、支模、铺放钢筋网片。铺放钢筋网片时，应在其底部用与混凝土保护层同厚度的水泥砂浆垫块垫塞，以保证钢筋网片的位置正确。

(3)在浇筑混凝土之前，应清除模板上的垃圾、泥土和钢筋上的油污等杂物，并浇水使模板湿润。

(4)锥形基础的斜面部分模板应随混凝土浇筑分段支设并顶紧压实，以防模板上浮变形，边角处的混凝土应注意捣实。严禁斜面部分不支模，直接用铁锹拍实。

五、知识链接拓展指导

本案例的相关知识链接与拓展能力牵引如图 0-5 所示。

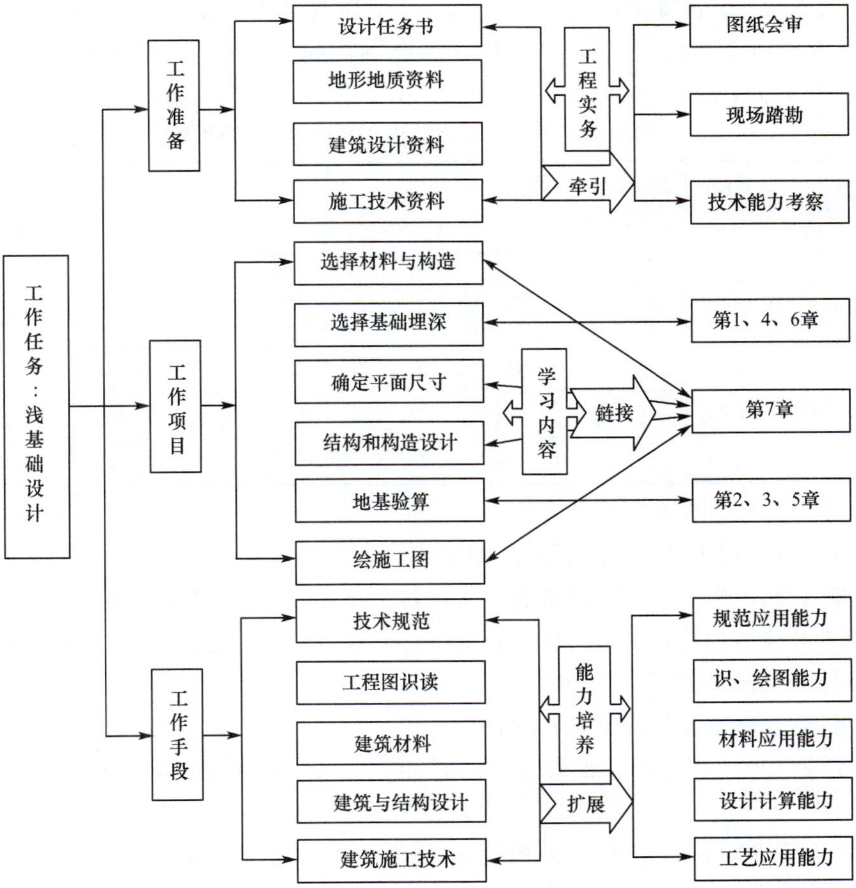

图 0-5 项目式工程案例 0-1 的相关知识链接与拓展能力牵引

项目式工程案例 0-2

一、工作任务

1. 基坑支护任务要求

试对某高层住宅楼地下建筑的基坑支护工程进行施工组织与实施。要求对该基坑工程进行安全有效、经济合理的支护，确保安全文明施工，施工时间为 3 月。

2. 工程概况

该工程为某医院高层(30 层)住宅楼，主体结构采用钢筋混凝土剪力墙，基础采用钢筋混凝土灌注桩，桩长 35 m。该建筑只有主楼，没有裙楼。楼体平面占地东西长约 48 m，南北宽约 15 m，开挖深度 13 m(电梯井 15 m)。该工程地处市区中心地段，人流与车流密集，环保管控严格，施工场地狭小，工期要求紧急，在施工中要求采取减振和降噪措施，合理安排作业班次，精心规划施工工作面，并使各分部分项工程互相创造作业条件，力求做好工序搭接、流水作业，按期完成规定的工程任务。

3. 地质条件

施工深度范围内场地土的主要物理力学性质指标，见表 0-2。室外地面标高为 −1.5 m，−5.1～−1.5 m 为杂填土；−9.7～−5.1 m 为粉质黏土；−15.6～−9.7 m 为细砂；−21.8～−15.6 m 为砾砂；−29.7～−21.8 m 为粉质黏土。地下水埋藏有两层，上面一层为滞水，在 −4.8 m 处，下面一层为潜水，在 −9.5 m 处。

表 0-2 施工深度范围内场地土的主要物理力学性质指标

土层类别	层序	层厚/m	层底标高/m	w/%	γ/(kN·m^{-3})	I_p	e	c/kPa	φ/(°)	a_{1-2}/MPa^{-1}	f/kPa
杂填土	①	3.60	−5.1								
粉质黏土	②	4.60	−9.7	35.6	17.76	13.2	0.91	8.9	17.0	0.28	110
细砂	③	5.90	−15.6	100	17.01	9.6	0.68	9.9	26.5	0.25	150
砾砂	④	6.20	−21.8	100	18.22	8.7	0.61	11.8	33.5	0.18	180
粉质黏土	⑤	7.90	−29.7	100	16.65	16.2	0.66	10.6	18.1	0.23	160

4. 基坑支护方案选择

根据护坡高度、周围环境、土质情况、施工能力和施工经验，本着安全有效、经济合理的原则，经设计部门设计、甲方认定并经综合技术经济分析比较，最后确定该工程基坑支护方案：采用钢筋混凝土灌注桩加锚杆护坡方案。该方案振动小、噪声低、变形小，较适合在闹市区施工。

主要设计参数摘录如下：

(1)护坡高度(基坑开挖深度)为 13 m。

(2)灌注桩桩径采用 ϕ800，桩长 17 m，桩距 1.6 m，灌注桩主筋采用 12ϕ22，混凝土采用 C25。

(3)桩顶设置 850 mm×550 mm 的冠梁，冠梁主筋采用 12ϕ20，混凝土采用 C25。

(4)在冠梁上设一排锚杆，锚杆设计抗拔力为 650 kN，杆体采用 4 束 1860 级钢绞线，锚杆间距 2.5 m,倾角为 23°,孔径 ϕ150,孔深 25.00 m。

(5)护桩结构布置如图 0-6 所示。

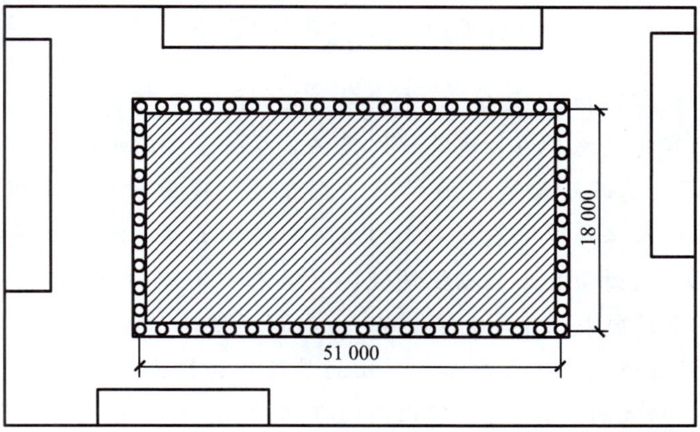

图 0-6 护桩结构布置

二、工作项目

(1)施工前期准备。

(2)施工工艺流程规划。

(3)施工组织实施。

(4)施工质量与安全控制。

(5)工程检验与评价。

(6)工程资料整理。

三、工作手段

本基坑支护工程设计与施工方案采用《建筑与市政地基基础通用规范》(GB 55003—2021)、《建筑地基基础设计规范》(GB 50007—2011)、《建筑基坑支护技术规程》(JGJ 120—2012)与《建筑地基基础工程施工质量验收标准》(GB 50202—2018),涉及主要业务内容包括:场地工程地质勘察报告、基础施工图、基坑工程施工平面布置图、成孔设备(钻机)、吊装设备、钢筋、钢绞线、混凝土、钢尺、经纬仪、水准仪、木桩、铁锤、铁钉、铁锹、工程线等。

四、知识链接拓展指导

本工程项目主要涉及以下几方面专业知识:土力学与地基基础(本书的第 1 章、第 6 章、第 8 章、第 9 章内容)、建筑施工技术(土方工程施工、桩基础施工)、钢筋混凝土结构、工程测量。学生需要课前预习,课后进行综合分析。

本章小结

本章主要学习了地基与基础的概念,地基与基础在工程中的重要性,以及地基与基础设计的基本要求。

课程思政参考案例

九层之台，起于累土

紫禁城（北京故宫博物院）始建于1420年。600多年来，紫禁城古建筑历经各种自然灾害而保存无恙，其建筑地基为古建筑稳固提供了至关重要的保障。

紫禁城古建筑地基不是天然的，是古代工匠在元代地基基础上使用灰土层与碎砖层夯实铺墁而成，属于人工处理地基。灰土由生石灰与黄土按比例混合而成，生石灰具有吸水后强度增大的优点，因而灰土基础强度较高且具有一定的防潮性能。灰土层地基中掺有糯米汁，通过糯米汁将灰土牢牢地黏固在一起，形成整体，不会松散。碎砖层进行过筛，筛选合适的尺寸进行填充。灰土层与碎砖层的层层叠加构造合理，确保了地上建筑安全。

不同物理属性松散的土，通过合理比例的搭配，加上古代“强力胶水”形成了经久稳定的持力层。这是无数建筑施工工艺的验证结果，凝结着历代工匠一丝不苟、严谨求实的心血，是精益求精、追求卓越的智慧结晶。

建筑作为实物载体有效传承中华文明，古代工匠用其智慧和匠人精神为后人提供了丰富而宝贵的物质和精神财富，用“知行合一”书写着不朽的建筑传奇，激励着一代又一代工程技术人员。

【案例启示】

1.坚定的理想信念：引导学生树立正确的人生观、价值观、世界观，坚定理想信念，立志为国家的基础设施建设贡献自己的力量。

2.高尚的品德修养与职业操守：培养学生高尚的品德修养和职业操守，在工作中始终坚守道德底线，确保工程质量和安全。

3.全面的素质与能力：培养学生具备科学精神、创新意识、工匠精神、团队协作精神等，为未来的职业发展打下坚实的基础。

第1章 土的物理性质与软弱地基处理

学习目标

了解：土的工程特性及其影响，复杂地基的处理方法。

理解：岩土的工程分类，能简单鉴别常见土的种类。其余地基处理方法的分类、工作机理、适用范围及设计、施工要点。

掌握：土的组成及三相比例关系对土体性质的影响，土的物理性质、物理状态评价指标及其在工程中的应用，能熟练进行土的物理性质指标计算并分析土的各种状态，能进行试验操作测定相关指标。掌握本地区常用地基处理方法的基本原理、适用范围与局限性，在工程实践中能够正确领会设计意图和正确实施地基处理方案。

素养目标

1. 培养学生凝心聚力、不畏艰难的爱国情怀。
2. 培养学生求真务实、严谨细致的职业精神。
3. 培养学生勇于探究、创新思考的实践能力。

1.1 土的成因与组成

天然的土是地壳表层岩石经过风化、剥蚀、破碎、搬运、沉积等过程而形成的散粒沉积物。土是由固体颗粒(固相)、水(液相)和气体(气相)组成的三相分散体系。固体颗粒的矿物成分、大小、形状及土的三相组成比例、土的结构和土所处的物理状态决定了土的物理性质，并在一定程度上影响着土的力学性质与工程特性。

1.1.1 土的成因

1. 土的生成

地球表面岩石在大气中经过漫长的岁月，受到风、霜、雨、雪的侵蚀和生物活动的破坏作用——风化作用，在风、水和重力等作用下，被搬运到一个新的位置沉积下来而形成土。风化作用有三种：①物理风化——指岩石经受风、霜、雨、雪的侵蚀及温度、湿度的变化，发生不均匀膨胀与收缩，逐渐破碎崩解为碎块。这种风化作用只改变颗粒的大小与形状，不改变矿物成分。一般形成的土颗粒较大，称为原生矿物。②化学风化——岩石的碎屑与空气、水和各种水溶液相接触，逐渐发生化学作用，改变了原来的矿物成分，形成新的矿物。这种矿物称为次生矿物。经化学风化形成的均为细粒土，具有黏结力，如黏性土。③生物风化——动物、植物和人类活动对岩石的破坏称为生物风化，这种风化作用具有物理风化和化学风化的双重作用。在自然界中，土的物理风化和化学风化时刻都在进行，而且相互加强。

土具有各种各样的成因，不同成因的土具有不同的分布规律和工程地质特征。风化后残留在原地的土称为残积土，它主要分布在岩石暴露的地面及受到强烈风化作用的山区和丘陵地带。由于残积土未经分选作用，无层理，厚度非常不均匀。因此，在残积土地基上进行工程建设时，应注意其不均匀性，防止建筑物的不均匀沉降。风化的土受到重力、雨雪水流、山洪急流、河流、风力和冰川等的作用(亦称为外力地质作用)，被搬运到陆地低洼地区或海底沉积下来，在漫长的地质年代里，沉积的土层逐渐加厚，在自重作用下逐渐压密，这样形成的土称为沉积土。陆地上大部分平原地区的土都属于沉积土。由于沉积土在沉积过程中地质环境和生成年代不同，因此它的力学性质有很大差异。一般情况下，粗颗粒的土层压缩性较低，承载力较高；细颗粒的土层则压缩性较高，承载力较低。在沉积土地基上进行工程建设时，应尽量选择粗颗粒土层作为基础的持力层。

由于土的沉积年代及形成过程中的自然条件不同，自然界中的土多种多样，其工程性质也有很大的不同。同一场地，不同位置和深度处土的性质也不一样。即使是同一位置的土，其性质也往往随方向而异。因此，了解土的沉积年代的知识，对正确判断土的工程性质有着实际的意义。土的沉积年代通常采用地质学中的相对地质年代来划分。在地质学中，把地质年代划分为五代(太古代、元古代、古生代、中生代和新生代)，每代又分若干纪，每纪又分若干世。上述沉积土基本是在离我们最近的新生代第四纪(Q)形成的，因此我们也把它称为第四纪沉积物。由于沉积的时间不长(表 1-1)，尚未胶结岩化，通常是松散软弱的多孔体，与岩石的性质有很大的差别。根据不同的成因，第四纪沉积物主要可分为如下几类：残积土、坡积土、洪积土、冲积土、风积土、湖泊沼泽沉积土、海洋沉积土、冰川沉积土等。

表 1-1　　第四纪地质年代

纪	世		距今时间/万年
第四纪 Q	全新世	Qh	2.5
	更新世	晚更新世 QP_3	15
		中更新世 QP_2	50
		早更新世 QP_1	100

(1)残积土

残积土是指残留在原地未被搬运的那一部分原岩风化剥蚀后的产物。残积土与基岩之间没有明显的界线，一般是由基岩风化带直接过渡到新鲜基岩的。残积土的主要工程地质特征：无层理构造，均质性很差，因而土的物理力学性质很不一致；颗粒一般较粗且带棱角，孔隙比较大，作为地基易引起不均匀沉降。

(2)坡积土

坡积土是指由于雨、雪、水流等的地质作用将高处岩石风化产物缓慢地洗刷剥蚀，沿着斜坡逐渐向下移动，最终沉积在平缓的山坡上而形成的沉积物。坡积土的主要工程地质特征：可以沿下卧基岩倾斜面滑动；颗粒粗细混杂，厚度变化大，作为地基易引起不均匀沉降；新近堆积的坡积土土质疏松，压缩性较高。

(3)洪积土

洪积土是指由暂时性山洪急流挟带着大量碎屑物质堆积于山谷冲沟出口或山前倾斜平原

而形成的沉积物。洪积土的主要工程地质特征：洪积土常呈现不规则交错的层理构造；靠近山地的洪积土颗粒较粗，地下水位埋藏较深，一般土的承载力较高，常为良好的天然地基；离山较远地段的洪积土颗粒较细，成分均匀，厚度较大，土质较为密实，一般也是良好的天然地基。

(4)冲积土

冲积土是指由江河流水的地质作用剥蚀两岸的基岩和沉积物，经搬运与沉积，在平缓地带形成的沉积物。冲积土可分为平原河谷冲积土、山区河谷冲积土和三角洲冲积土。冲积土的主要工程地质特征：河床沉积物大多为中密砂砾，承载力较高，但必须注意河流的冲刷作用及四岸边坡的稳定；河漫滩地段地下水埋藏较浅，下部为砂砾、卵石等粗粒土，上部一般为颗粒较细的土，局部夹有淤泥和泥炭，压缩性较高，承载力较低；河流阶地沉积土强度较高，一般可作为良好的地基；山区河谷冲积土颗粒较粗，一般为砂粒所充填的卵石、圆砾，在高阶地往往是岩石或坚硬土层，最适宜作为天然地基；三角洲冲积土的颗粒较细，含水量大，呈饱和状态，有较厚的淤泥或淤泥质土分布，承载力较低。

(5)风积土

风积土是指由风力搬运形成的堆积物。我国西北地区广泛分布的黄土就是一种典型的风积土。风积土的主要工程地质特征：组成黄土的颗粒十分均匀，以粉粒为主，无层理，有肉眼可以分辨的大孔隙，垂直裂隙发育，能形成直立的陡壁。黄土在干燥条件下有较高的承载力和较小的变形，但遇水后会产生湿陷，变形显著增大。因此，在黄土地区修建水工建筑物应当谨慎。

2. 土的结构和构造

(1)土的结构

土的结构是指土生成过程中土粒的大小、形状及土粒间的空间排列与连接形式。一般有单粒结构、蜂窝结构和絮状结构三种基本类型。

①单粒结构是由粗颗粒土(砂粒或更粗大的颗粒)在水或空气中沉积而形成的。单粒结构的土如呈密实状态[图 1-1(a)]，是良好的天然地基。具有松散状态的单粒结构的土[图 1-1(b)]，其骨架不稳定，这种土层如未经处理不宜作为建筑地基。

②蜂窝结构是由较细颗粒土(粉粒，粒径为 0.005～0.075 mm)在水中下沉形成的。由于颗粒之间的引力大于自重力，下沉的颗粒遇到已沉积的颗粒时，就停留在最初的接触点上不再下沉，形成具有较大空隙的蜂窝结构，如图 1-2 所示。

③絮状结构是由粒径极细的黏土颗粒(粒径小于 0.005 mm)集合体组成的结构形式。黏土颗粒自重小，长期悬浮在水中，在水中运动时形成小链环状的土粒而下沉，碰到另一个小链环后被吸引，形成空隙很大的絮状结构，如图 1-3 所示。

蜂窝结构与絮状结构的土均为水下沉积而成，特点是孔隙大、含水量高、压缩性高、承载力相对很小，如受扰动，其天然结构极易破坏，不宜作为建筑地基。

(a)密实状态 (b)松散状态

图 1-1 单粒结构

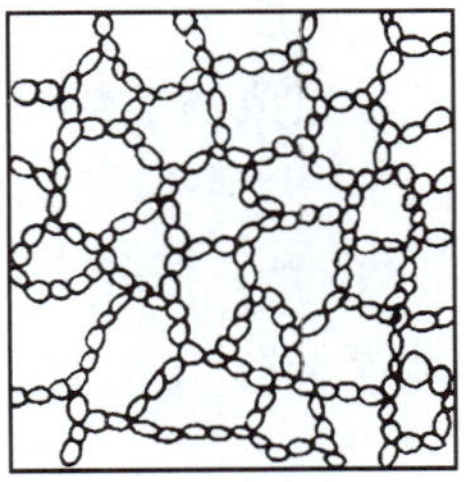

图 1-2 蜂窝结构

图 1-3 絮状结构

(2)土的构造

土的构造是指从宏观的角度研究土体中各不同结构单元之间相互排列的特征。其主要特点是土的成层性和裂隙性,如图 1-4 所示。成层性即土具有层状构造,它是指土粒在沉积过程中,由于不同阶段沉积的物质成分、颗粒大小等不同,沿竖向呈现出成层特征;裂隙性是指土体中有很多不连续的小裂隙,使土的整体性差,强度降低,渗透性增大,工程性质差。有些坚硬和硬塑状态的黏性土具有此种构造。

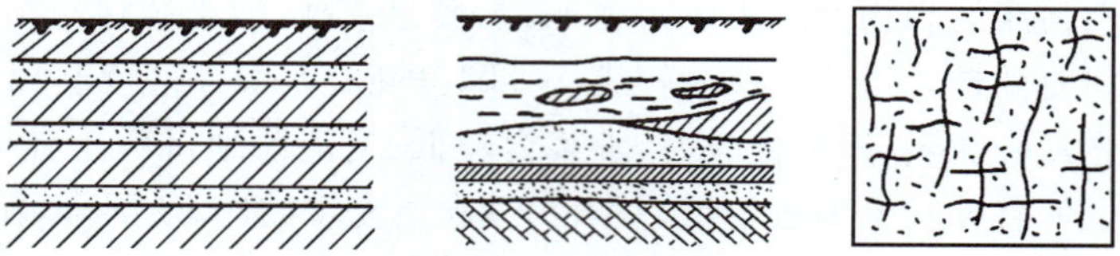

(a)水平层理构造　(b)交错层理构造　(c)裂隙构造

图 1-4　土的构造

1.1.2　土的组成

一般情况下,土孔隙中同时有水和气体存在时,称为非饱和土(湿土),即土是由固体颗粒、水和气体所组成的三相体系,如图 1-5 所示。在特殊条件下,当土位于地下水位线以下,土的孔隙中全部被水充满时,气相组成部分为零,则称为饱和土;当孔隙中不含水,只有空气时称为干土。饱和土和干土均为二相组成体系,属特例情况。

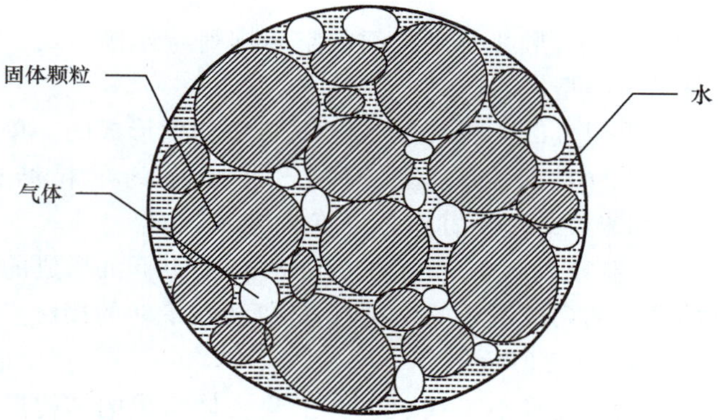

图 1-5　土的三相组成

微　课

土的三相组成

1. 土中固体颗粒(固相)

土中固体颗粒是土的三相组成中的骨架,其大小、形状、矿物成分及粒径级配情况是决定土的物理力学性质的主要因素。

(1)粒组的划分

自然界中的土是由大小不等的土粒组成的散粒混合体,土的粒径发生变化,其主要工程特性也会相应发生变化。例如,按照粒径从大到小,土由无黏性变到有黏性,透水性由大变到小。工程上为便于研究,将一定直径范围内的颗粒划分为一组,称为粒组。粒组与粒组之间的分界粒径称为界限粒径。土的粒组划分见表 1-2。

表 1-2 土的粒组划分

粒组统称	粒组名称		粒径 d/mm	一般特性
巨粒	漂石(块石)粒		$d>200$	透水性很大,无黏性,无毛细水
	卵石(碎石)粒		$60<d\leqslant 200$	
粗粒	砾粒	粗粒	$20<d\leqslant 60$	透水性大,无黏性,毛细水上升高度不超过粒径大小
		细粒	$2<d\leqslant 20$	
	砂粒		$0.074<d\leqslant 2$	易透水,无黏性,遇水不膨胀,干燥时松散,毛细水上升高度不大
细粒	粉粒		$0.005<d\leqslant 0.074$	透水性小,湿时稍有黏性,遇水膨胀小,干燥时稍有收缩,毛细水上升高度较大,易冻胀
	黏粒		$d\leqslant 0.005$	透水性很小,湿时有黏性、可塑性,遇水膨胀大,干燥时收缩显著,毛细水上升高度大,速度慢

(2)土的颗粒级配

天然地基土均是由不同粒组组成的混合物,其性质主要取决于不同粒组的相对含量。

工程上,通常以土中各个粒组的相对含量(各粒组占土粒总量的质量分数)来表示大小土粒的搭配情况,称为土的颗粒级配。为了解颗粒级配情况,工程中需进行颗粒分析试验,常用的方法有筛分法和密度计法两种。

①筛分法:适用于粒径在 0.074～60 mm 的土。它是用一套孔径不同的标准筛,按从上至下筛孔逐渐减小放置,放入称量过的风干、分散的代表性土样,经筛析机振动后将土粒分开,称出留在各筛上的土重,即可求出占土粒总重的百分数。

②密度计法:适用于粒径小于 0.074 mm 的土。根据粒径不同的土粒在水中沉降的速度不同的特性,将密度计放入土和水的悬液中,依据读数计算而得。

根据颗粒分析试验结果,可以绘制土颗粒级配曲线,如图 1-6 所示,从而可判断土的颗粒级配状况。级配曲线一般用横坐标表示土粒粒径,由于土粒粒径相差悬殊,常在百倍及千倍以上,所以采用对数坐标形式;纵坐标用来表示小于某粒径的土的质量分数(或累计百分含量)。由图 1-6 中级配曲线 a 和 b 可看出,曲线 a 所代表的土样所含土粒粒径范围广,粒径大小相差悬殊,曲线较平缓;而曲线 b 所代表的土样所含土粒粒径范围窄,粒径较均匀,曲线较陡。当土粒粒径相差悬殊时,较大颗粒间的孔隙被较小的颗粒所填充,土的密实度较好,称为级配良好的土。粒径相差不大,较均匀时称为级配不良的土。

为了定量反映土的颗粒级配特征,工程上常用不均匀系数 C_u 和曲率系数 C_c 两个颗粒级配指标来描述。

微课 土的粒组划分

微课 土的颗粒级配

不均匀系数 C_u 表示粒径分布的均匀程度,其表达式为

$$C_u=\frac{d_{60}}{d_{10}} \tag{1-1}$$

曲率系数 C_c 表示土颗粒级配的连续程度,其表达式为

$$C_c=\frac{d_{30}^2}{d_{60}d_{10}} \tag{1-2}$$

式中 d_{60}——小于某粒径的土粒质量占总质量的60%时相应的粒径，称为限定粒径；

d_{10}——小于某粒径的土粒质量占总质量的10%时相应的粒径，称为有效粒径；

d_{30}——小于某粒径的土粒质量占总质量的30%时相应的粒径，称为中值粒径。

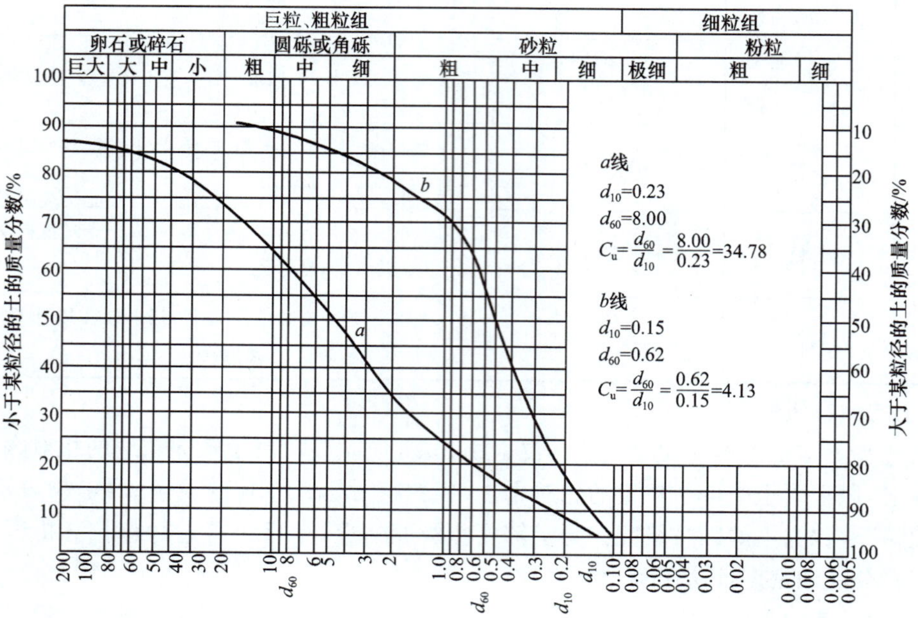

图 1-6 土颗粒级配曲线(土粒粒径/mm)

不均匀系数 C_u 反映粒组粗细的分布情况，C_u 越大，级配曲线越平缓，表示土粒分布越不均匀，土的级配良好。曲率系数 C_c 则是反映级配曲线的整体形状。实际工程中，一般将 $C_u<5$ 的土视为级配不良的均粒土，而将 $C_u>10$ 的土视为级配良好的非均粒土。

由上可知，土的级配可由土粒的不均匀系数和级配曲线的曲率系数确定。《土的工程分类标准》(GB/T 50145—2007)规定：对于砂类或砾类土，当 $C_u\geqslant5$ 且 $C_c=1\sim3$ 时，为级配良好的砂或砾；不能同时满足上述条件时，为级配不良的砂或砾。级配良好的土，其强度和稳定性较好，透水性和压缩性较小，是填方工程的良好用料。

(3)土粒的矿物成分

土粒的矿物成分取决于母岩的矿物成分及风化作用，可分为原生矿物和次生矿物两大类。粗大的土粒往往是岩石经物理风化作用形成的原生矿物，其矿物成分与母岩相同，常见的如石英、长石、云母等，一般砾石、砂等都属此类。这种矿物成分的性质较稳定，由其组成的土表现出无蚀性、透水性较大、压缩性较低等性质。细小的土粒主要是岩石经化学风化作用形成的次生矿物，其矿物成分与母岩完全不相同，如黏土矿物的蒙脱石、伊利石、高岭石等。次生矿物性质不稳定，具有较强的亲水性，遇水膨胀，脱水收缩。

2. 土中水(液相)

自然状态下土中都含水。土中水按其形态可分为固态水、液态水和气态水。固态水是指土中的水在温度降至 0 ℃以下时结成的冰。水结冰后体积会增大，使土体产生冻胀，破坏土的结构，冻土融化后会使土体强度大大降低。气态水是指土中出现的水蒸气，一般对土的性质影响不大。土中液态水与土颗粒的相互作用对土的性质影响很大，而且土颗粒越细影响越大，其主要有结合水和自由水两大类。

(1)结合水

结合水又称吸附水，是指受土粒表面电场吸引而吸附于土粒表面的水，分为强结合水和弱结合水。

①强结合水：紧靠于土粒表面的结合水，所受电场作用力很大，几乎完全固定排列，丧失液体的特性而接近于固体，不传递静水压力，在温度达105 ℃时才蒸发，具有很大的黏滞性、弹性和抗剪强度。当黏土中只含有强结合水时，呈坚硬状态。

②弱结合水：存在于强结合水外侧，也受电场的吸引，但电场作用力随着与土粒距离的增大而减弱。弱结合水也不传递静水压力，呈黏滞状态，此部分水对黏性土的物理力学性质影响很大，黏性土在一定含水量范围内具有可塑性。

(2)自由水

自由水是指存在于土粒电场范围以外的水，其性质与普通水一样，能传递静水压力，有毛细水和重力水两种。

①毛细水：受到水与空气交界面处表面张力作用的自由水。毛细水位于地下水位以上的透水层中，容易湿润地基造成地陷。特别是在寒冷地区，要注意因毛细水上升而产生冻胀现象，因此地下室要采取防潮措施。

②重力水：存在于地下水位以下的透水层中的地下水，它是在重力或压力差作用下而运动的自由水。在地下水位以下的土，受重力水的浮力作用，土中的应力状态会发生改变。施工时，重力水对基坑开挖、排水等方面会产生较大影响。

3. 土中气体(气相)

土中气体常与大气连通或以封闭气泡的形式存在于未被水占据的土孔隙中。前者在受压力作用时能够从孔隙中挤出，对土的性质影响不大；后者在受压力作用时被压缩或溶解于水中，压力减小时又能有所复原，对土的性质有较大影响。如透水性减小，弹性增大，延长变形稳定的时间等。

1.2 土的物理性质指标

实际工程中，土的固相成分的比例越高，其压缩性越小，抗剪强度越大，承载力越高。这表明土的三相相对含量比例指标反映了土的干湿、松密、软硬程度，是评价土工程性质的最基本的物理性质指标(它是工程地质勘察报告中不可缺少的基本内容)，具有重要的实用价值。工程上将组成土的三相(固体颗粒、水和气体)所占的体积和重量的比例关系称为土的物理性质指标。

微 课

土的三相简图

1.2.1 土的三相简图

为便于分析，直观地反映土中三相物质的比例关系，我们抽象地把土中分散的三相物质分别集中起来，并按适当的比例绘出土的三相简图，如图1-7所示，图中符号意义如下：

W_s——土中的固体颗粒重量；

W_w——土中水的重量；

W——土的总重量，$W=W_s+W_w$；

V_a——土中气体体积；

V_s——土中固体颗粒体积；

V_w——土中水体积；

V_v——土中孔隙体积，$V_v=V_a+V_w$；

V——土的总体积，$V=V_a+V_w+V_s$。

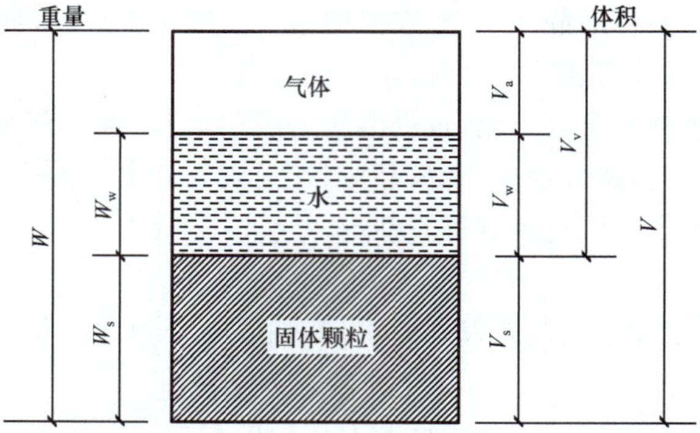

图 1-7 土的三相简图

土的物理性质指标有 9 个：重度、土粒相对密度、含水量、干重度、饱和重度、有效重度、孔隙比、孔隙率、饱和度。

1.2.2 试验指标(基本指标)

土的重度、含水量、土粒相对密度三个指标可由土工试验直接测得，称为试验指标，亦称为基本指标。

微 课

土的物理性质指标(1)

1. 土的重度 γ

土单位体积的重量，称为土的重度(单位：kN/m^3)，即

$$\gamma=\frac{W}{V} \tag{1-3}$$

土的重度取决于土粒的重量、孔隙的体积和孔隙中水的重量。综合反映了土的组成和结构特征。土的结构越疏松，孔隙体积越大，重度值越小。当土的结构不发生变化时，则重度随孔隙中含水量的增加而增大。

微 课

土的物理性质指标(2)

天然状态下土的重度变化范围较大，基本是 16～22 kN/m^3。$\gamma\geqslant 18\ kN/m^3$ 的土一般是较密实的，$\gamma<18\ kN/m^3$ 的土一般较松软。

土的重度可用"环刀法"测定。即用一环刀(容积为 100 cm^3 或 200 cm^3)，刀刃向下放在削平的原状土样面上，徐徐削去环刀外围的土，边削边压，使天然状态的土样压满环刀内。然后称得环刀内土样重量，求得它与环刀容积之比即土的重度。

2. 土的含水量 w

土中水的重量与土粒重量之比称为土的含水量，用百分数表示，即

$$w=\frac{W_w}{W_s}\times 100\% \tag{1-4}$$

土的含水量反映土的干湿程度。天然状态下土的含水量变化范围较大，常见值为：砂土 0%～40%；黏性土 20%～60%，甚至更高。土的含水量对黏性土、粉土的性质影响较大。一般来说，同一种土含水量越大，抗剪强度就越低。

土的含水量通常用烘干法测定(亦可采用酒精燃烧法快速近似测定)。先称小块原状土样的湿土重量,然后置于烘箱内维持 100～105 ℃烘至恒重,再称干土重量,湿、干土重量之差与干土重量的比值,就是土的含水量。

3. 土粒相对密度 G_s

土粒重量与同体积 4 ℃时纯水的重量之比,称为土粒相对密度(无量纲),即

$$G_s=\frac{W_s}{V_s}\cdot\frac{1}{\gamma_w} \tag{1-5}$$

式中 γ_w——纯水在 4 ℃时的重度,$\gamma_w=9.8\ \text{kN/m}^3$,常近似取值 $10\ \text{kN/m}^3$。

土粒相对密度的变化范围不大,一般砂土为 2.65～2.69,粉土为 2.70～2.71,黏性土为 2.72～2.75。

土粒相对密度在试验室内通常用比重瓶法测定。将置于比重瓶内的土样在 105～110 ℃下烘干后冷却至室温并用精密天平测其重量,用排水法测得土粒体积,并求得同体积 4 ℃时纯水的重量,土粒重量与其的比值就是土粒相对密度。由于天然土是由不同的矿物颗粒组成的,且这些矿物颗粒的相对密度各不相同,因此试验测定的是平均相对密度。工程上常因土粒相对密度变化的幅度不大,便按经验数值选用。

1.2.3 导出指标(换算指标)

在测定上述三个试验指标后,可由图 1-7 所示土的三相简图,推导计算出土的干重度、饱和重度、有效重度、孔隙比、孔隙率、饱和度六个指标,称为导出指标(或换算指标)。导出指标与试验指标的换算关系见表 1-3。

表 1-3 土的三相比例指标换算公式

名　称	符　号	表达式	换算公式	常见值
重度	γ	$\gamma=\frac{W}{V}$	$\gamma=\frac{G_s+S_re}{1+e}\cdot\gamma_w$	16～22
含水量	w	$w=\frac{W_w}{W_s}\times100\%$	$w=\frac{S_re}{G_s}\times100\%$	0%～60%
土粒 相对密度	G_s	$G_s=\frac{W_s}{V_s}\cdot\frac{1}{\gamma_w}$	$G_s=\frac{S_re}{w}$	砂土:2.65～2.69 粉土:2.70～2.71 黏性土:2.72～2.75
干重度	γ_d	$\gamma_d=\frac{W_s}{V}$	$\gamma_d=\frac{\gamma}{1+w}$	13～18
饱和重度	γ_{sat}	$\gamma_{sat}=\frac{W_s+V_v\gamma_w}{V}$	$\gamma_{sat}=\frac{G_s+e}{1+e}\gamma_w$	18～23
有效重度	γ'	$\gamma'=\frac{W_s-V_s\gamma_w}{V}$	$\gamma'=\frac{G_s-1}{1+e}\cdot\gamma_w=\gamma_{sat}-\gamma_w$	8～13
孔隙比	e	$e=\frac{V_v}{V_s}$	$e=\frac{G_s\gamma_w(1+w)}{\gamma}-1$	砂土:0.30～0.90 黏性土与粉土:0.40～1.20
孔隙率	n	$n=\frac{V_v}{V}\times100\%$	$n=\frac{e}{1+e}\times100\%$	砂土:25%～45% 黏性土与粉土: 30%～60%
饱和度	S_r	$S_r=\frac{V_w}{V_v}\times100\%$	$S_r=\frac{wG_s}{e}\times100\%$	稍湿 $0\leqslant S_r\leqslant50\%$ 很湿 $50\%<S_r\leqslant80\%$ 饱和 $80\%<S_r\leqslant100\%$

1. 土的干重度 γ_d

土的干重度是指单位体积土中土粒的重量(单位:kN/m^3),即

$$\gamma_d=\frac{W_s}{V} \tag{1-6}$$

土的干重度是评价土密实程度的一个指标,工程上常用于控制填方工程(土坝、路基和人工压实地基等)的施工质量。土的干重度 γ_d 越大,土越密实,强度越高。

2. 土的饱和重度 γ_{sat}

土的饱和重度是指土孔隙中全部充满水时单位体积的重量(单位:kN/m^3),即

$$\gamma_{sat}=\frac{W_s+V_v\gamma_w}{V} \tag{1-7}$$

3. 土的有效重度(浮重度)γ'

地下水位以下的土层,如果土层是透水的,此时土受水的浮力作用,土的实际重量将减小。单位体积土中土粒所受重力与浮力的差值称为土的有效重度或浮重度(单位:kN/m^3),即

$$\gamma'=\frac{W_s-V_s\gamma_w}{V} \tag{1-8}$$

4. 土的孔隙比 e

土的孔隙比是指土中孔隙体积与土粒体积之比,用小数表示,即

$$e=\frac{V_v}{V_s} \tag{1-9}$$

土在天然状态下的孔隙比称为天然孔隙比。它是一个重要的物理性质指标,可以用来评价天然土层的密实程度。一般 $e<0.6$ 的土是密实的低压缩性土,$e>1.0$ 的土是疏松的高压缩性土。

5. 土的孔隙率 n

土中孔隙体积与土的总体积之比称为土的孔隙率,用百分数表示,即

$$n=\frac{V_v}{V}\times 100\% \tag{1-10}$$

可以用土的孔隙率来评价土的密实程度。一般来说,粗粒土的孔隙率小,细粒土的孔隙率大。

6. 土的饱和度 S_r

土中水的体积与孔隙体积之比称为土的饱和度,用百分数表示,即

$$S_r=\frac{V_w}{V_v}\times 100\% \tag{1-11}$$

土的饱和度反映土中孔隙被水充满的程度。当土处于完全干燥状态时,$S_r=0$;当土处于完全饱和状态时,$S_r=100\%$。

【工程设计计算案例 1-1】 已知某建筑场地钻孔取原状土样,试验用环刀体积为 $100\ cm^3$,测得原状土样质量为 192 g,烘干后测得质量为 165 g,土粒相对密度 $G_s=2.67$,试求该土样的含水量 w、重度 γ、干重度 γ_d、孔隙比 e、饱和度 S_r、饱和重度 γ_{sat} 和有效重度 γ'。

【解】 (1)计算土样的三相组成部分的重量与体积

土样总重量 $W=0.192\times 10=1.92\ N$

土粒重量 $W_s=0.165\times 10=1.65\ N$

土样中水的重量 $W_w=W-W_s=1.92-1.65=0.27\ \text{N}$

土粒体积 由 $G_s=\dfrac{W_s}{V_s}\cdot\dfrac{1}{\gamma_w}$ 得 $V_s=\dfrac{W_s}{G_s}\cdot\dfrac{1}{\gamma_w}=\dfrac{1.65\times10^{-3}}{2.67}\times\dfrac{1}{10^{-5}}=61.80\ \text{cm}^3$

孔隙体积 $V_v=V-V_s=100-61.80=38.20\ \text{cm}^3$

水的体积 $V_w=\dfrac{W_w}{\gamma_w}=\dfrac{0.27\times10^{-3}}{10^{-5}}=27\ \text{cm}^3$

气体体积 $V_a=V_v-V_w=38.20-27=11.20\ \text{cm}^3$

(2)确定土的各物理性质指标

含水量 $w=\dfrac{W_w}{W_s}\times100\%=\dfrac{0.27}{1.65}\times100\%=16.36\%$

重度 $\gamma=\dfrac{W}{V}=\dfrac{1.92\times10^{-3}}{100\times10^{-6}}=19.20\ \text{kN/m}^3$

干重度 $\gamma_d=\dfrac{\gamma}{1+w}=\dfrac{19.20}{1+0.1636}=16.50\ \text{kN/m}^3$

孔隙比 $e=\dfrac{G_s\gamma_w(1+w)}{\gamma}-1=\dfrac{2.67\times10\times(1+0.1636)}{19.20}-1=0.62$

饱和度 $S_r=\dfrac{wG_s}{e}\times100\%=\dfrac{0.1636\times2.67}{0.62}\times100\%=70.45\%$

饱和重度 $\gamma_{sat}=\dfrac{G_s+e}{1+e}\cdot\gamma_w=\dfrac{2.67+0.62}{1+0.62}\times10=20.31\ \text{kN/m}^3$

有效重度 $\gamma'=\dfrac{G_s-1}{1+e}\cdot\gamma_w=\gamma_{sat}-\gamma_w=20.31-10=10.31\ \text{kN/m}^3$

1.3 土的物理状态指标与工程特性

土因含水、孔隙及颗粒粗细等的不同而表现出的软硬、疏密等特征，称为土的物理状态。对于无黏性土是指土的密实度；对于黏性土是指土的软硬程度或称黏性土的稠度。土是由三相组成的非连续介质，与其他具有连续固体介质的建筑材料（如钢筋、混凝土等）相比，具有高压缩性、低强度、透水性大三个显著的工程特性。

1.3.1 黏性土的物理状态指标

由于黏性土的主要成分是黏粒，土颗粒很细，土的比表面积大（单位体积的颗粒总表面积），土粒表面与水互相作用的能力强，故水对其工程性质影响较大。黏性土的物理状态可以用稠度表示。稠度能反映黏性土处于不同含水量时的软硬程度或稀稠程度。黏性土由于含水量的不同，可处于固态、半固态、可塑状态及流动状态。

1. 界限含水量

当土中含水量很大时，土粒被自由水所隔开，土处于流动状态；随着含水量的减少，逐渐变成可塑状态，这时土中水分主要为弱结合水；当土中主要含强结合水时，土处于固体状态。黏性土物理状态与含水量的关系，如图1-8所示。

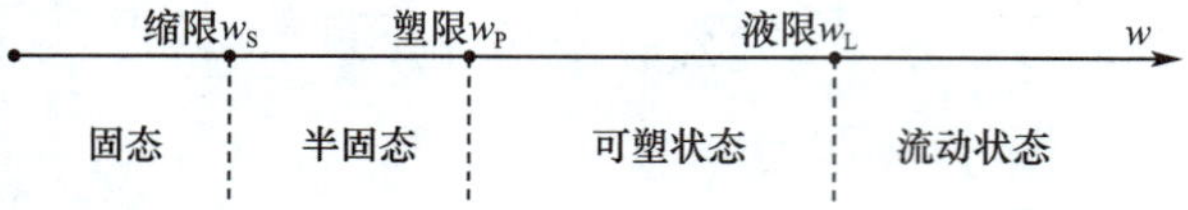

图 1-8 黏性土物理状态与含水量的关系

微 课

黏性土的物理状态指标

黏性土由一种稠度状态转变到另一种稠度状态的分界含水量称为界限含水量。土由流动状态转变到可塑状态时的界限含水量称为液限(也称为流限或可塑性上限);土由可塑状态转变到半固态时的界限含水量称为塑限(也称为可塑性下限);土由半固态转变到固态时的界限含水量称为缩限。当黏性土处在某一含水量范围内时,可用外力将土塑成任何形状而不发生裂纹,即使外力移去后仍能保持既得的形状,土的这种性能称为土的可塑性。

工程上,常用的界限含水量有液限和塑限。《土工试验方法标准》(GB/T 50123—2019)规定:土的液限、塑限可采用液塑限联合测定仪测定;当采用碟式仪测定液限时,可采用滚搓法测定塑限。缩限常用收缩皿法测试,它是土由半固态不断蒸发水分,体积逐渐缩小,直到体积不再缩小时的含水量。

2. 塑性指数

塑性指数是指液限 w_L 和塑限 w_P 的差值(计算时略去百分号),即黏性土处在可塑状态时的含水量的变化范围,用 I_P 表示,即

$$I_P = w_L - w_P \tag{1-12}$$

塑性指数表示土的可塑性范围,它主要与土中黏粒的含量有关。黏粒含量越多,土的比表面积越大,土中结合水的含量越高,塑性指数就越大。

由于塑性指数在一定限度上综合反映了影响黏性土物理状态的各种重要因素,因此,在工程上常按塑性指数对黏性土进行分类。《建筑地基基础设计规范》(GB 50007—2011)规定:塑性指数 $I_P>10$ 的土为黏性土,其中 $10<I_P\leqslant17$ 的为粉质黏土,$I_P>17$ 的为黏土。

3. 液性指数

液性指数是指土的天然含水量与塑限的差值除以塑性指数,用符号 I_L 表示,即

$$I_L = \frac{w - w_P}{w_L - w_P} = \frac{w - w_P}{I_P} \tag{1-13}$$

由式(1-13)可知:当 $w\leqslant w_P$ 时,$I_L\leqslant0$,土处于坚硬状态;当 $w>w_L$ 时,$I_L>1$,土处于流动状态;当 $w_P<w\leqslant w_L$ 时,$0<I_L\leqslant1$,土处于可塑状态。因此,根据 I_L 值可以直接判定黏性土的稠度状态。《建筑地基基础设计规范》(GB 50007—2011)根据液性指数 I_L 将黏性土划分为坚硬、硬塑、可塑、软塑和流塑五种状态,见表 1-4。

表 1-4 黏性土的稠度状态

状 态	坚 硬	硬 塑	可 塑	软 塑	流 塑
液性指数 I_L	$I_L\leqslant0$	$0<I_L\leqslant0.25$	$0.25<I_L\leqslant0.75$	$0.75<I_L\leqslant1$	$I_L>1$

4. 黏性土的灵敏度和触变性

通常天然状态下的黏性土有较高的强度,但因黏性土具有天然结构性特征,当天然结构被扰动破坏时,黏性土的强度降低,压缩性增大。反映黏性土结构性强弱的指标称为灵敏度,用 S_t 表示。土的灵敏度是指原状土样的无侧限抗压强度 q_u 与重塑土(土样被完全扰动后,又将其压实成和原状土样同等密实度和含水量)的无侧限抗压强度 q_0 之比,即

$$S_t=\frac{q_u}{q_0} \tag{1-14}$$

根据灵敏度可将黏性土分为

$S_t>4$ 高灵敏度

$2<S_t\leqslant 4$ 中灵敏度

$1<S_t\leqslant 2$ 低灵敏度

土的灵敏度越高,结构性越强,扰动后土的强度降低越多。灵敏度高的土对工程建设一般是不利的。因此,施工时应特别注意保护基槽,使结构不被扰动,避免降低地基承载力。

黏性土受扰动以后强度降低,但静置一段时间后强度逐渐恢复的现象,称为土的触变性。土的触变性是由土结构中黏结形态发生变化引起的,是土的微观结构随时间变化的宏观表现。在地基处理中,利用黏性土的触变性可使地基的强度得以恢复,当采用深层挤密类方法进行地基处理时,处理后的地基需静置一段时间再进行上部结构的修建。

【工程设计计算案例 1-2】 某黏性土地基钻孔取样,测得天然含水量 $w=36.4\%$,液限 $w_L=48.0\%$,塑限 $w_P=25.4\%$,试确定该土样的名称和状态。

【解】 (1)该土样塑性指数

$$I_P=48.0-25.4=22.6$$

(2)该土样液性指数

$$I_L=\frac{w-w_P}{w_L-w_P}=\frac{w-w_P}{I_P}=\frac{36.4-25.4}{22.6}=0.49$$

因 $I_P=22.6>17$,$I_L=0.49<0.75$,可判定该土样为黏土,处于可塑状态。

1.3.2 粉土的物理状态指标

1. 粉土的密实度

粉土的密实度按其孔隙比 e 分为密实、中密和稍密三种物理状态,见表 1-5。

表 1-5 粉土的密实度《岩土工程勘察规范(2009 年版)》(GB 50021—2001)

孔隙比	$e<0.75$	$0.75\leqslant e\leqslant 0.9$	$e>0.9$
密实度	密实	中密	稍密

2. 粉土的湿度

粉土的湿度根据含水量 w 的大小分为稍湿、湿和很湿三种物理状态,见表 1-6。

表 1-6 粉土的湿度《岩土工程勘察规范(2009 年版)》(GB 50021—2001)

含水量 w/%	$w<20$	$20\leqslant w\leqslant 30$	$w>30$
粉土的湿度	稍湿	湿	很湿

1.3.3 无黏性土的物理状态指标

无黏性土一般是指具有单粒结构的碎石土和砂土,土粒之间无黏结力,呈松散状态。它们的工程性质与其密实程度有直接关系。当无黏性土颗粒排列紧密,呈密实状态时,强度较高,压缩性较小,可作为良好的天然地基;呈松散状态时,强度较低,压缩性较大,为不良地基。

微 课

无黏性土的物理状态指标

1. 碎石土的密实度

碎石土的颗粒较粗，试验时不易取得原状土样，根据重型圆锥动力触探锤击数 $N_{63.5}$ 将碎石土的密实度(表 1-7)划分为松散、稍密、中密和密实，也可根据野外鉴别方法确定其密实度(表 1-8)。

表 1-7 碎石土的密实度《建筑地基基础设计规范》(GB 50007—2011)

重型圆锥动力触探锤击数 $N_{63.5}$	$N_{63.5} \leqslant 5$	$5 < N_{63.5} \leqslant 10$	$10 < N_{63.5} \leqslant 20$	$N_{63.5} > 20$
密实度	松散	稍密	中密	密实

注：1. 本表适用于平均粒径小于或等于 50 mm 且最大粒径不超过 100 mm 的卵石、碎石、圆砾、角砾等碎石土，对于平均粒径大于 50 mm 或最大粒径大于 100 mm 的碎石土，可按表 1-8 鉴别其密实度。

2. 表内 $N_{63.5}$ 为经综合修正后的平均值。

表 1-8 碎石土密实度野外鉴别方法《建筑地基基础设计规范》(GB 50007—2011)

密实度	骨架颗粒含量和排列	可挖性	可钻性
密实	骨架颗粒含量大于总重的 70%，呈交错排列，连续接触	锹镐挖掘困难，用撬棍方能松动，井壁一般稳定	钻进极困难，冲击钻探时，钻杆、吊锤跳动剧烈，孔壁较稳定
中密	骨架颗粒含量等于总重的 60%～70%，呈交错排列，大部分接触	锹镐可挖掘，井壁有掉块现象，从井壁取出大颗粒处能保持颗粒凹面形状	钻进较困难，冲击钻探时，钻杆、吊锤跳动不剧烈，孔壁有坍塌现象
稍密	骨架颗粒含量等于总重的 55%～60%，排列混乱，大部分不接触	锹镐可挖掘，井壁易坍塌，从井壁取出大颗粒后，砂土立即塌落	钻进较容易，冲击钻探时，钻杆稍有跳动，孔壁易坍塌
松散	骨架颗粒含量小于总重的 55%，排列十分混乱，绝大部分不接触	锹镐易挖掘，井壁极易坍塌	钻进很容易，冲击钻探时，钻杆无跳动，孔壁极易坍塌

注：1. 骨架颗粒是指与表 1-7 注 1 相对应粒径的颗粒。

2. 碎石土的密实度应按表列各项要求综合确定。

2. 砂土的密实度

(1)用孔隙比 e 为标准判断

采用天然孔隙比的大小来判断砂土的密实度是一种较简便的方法。一般当 $e<0.6$ 时，属于密实的砂土，是良好的天然地基；当 $e>0.95$ 时，为松散状态的砂土，不宜做天然地基。这种方法的不足之处是没有考虑颗粒级配对砂土密实度的影响，有时级配良好的较疏松的砂土比颗粒均匀的较密实的砂土孔隙比要小。另外，对于砂土，取原状土样来测定孔隙比存在困难。

(2)用相对密实度 D_r 为标准判断

当砂土处于最密实状态时，其孔隙比称为最小孔隙比 e_{min}；而当砂土处于最疏松状态时，其孔隙比则称为最大孔隙比 e_{max}。砂土在天然状态下的孔隙比用 e 表示，则相对密实度 D_r 为

$$D_r = \frac{e_{max} - e}{e_{max} - e_{min}} \tag{1-15}$$

用相对密实度 D_r 判定砂土密实度，见表 1-9。

表 1-9 用相对密实度 D_r 判定砂土密实度

相对密实度 D_r	$0.67 < D_r \leqslant 1$	$0.33 < D_r \leqslant 0.67$	$0 < D_r \leqslant 0.33$
密实度	密实	中密	松散

(3)用标准贯入试验锤击数 N 为标准判断

相对密实度从理论上讲是判定砂土密实度的好方法，但由于天然状态的 e 值不易测准，测

定 e_{max} 和 e_{min} 的误差较大等实际困难，故在应用上存在许多问题。天然砂土的密实度可根据《建筑地基基础设计规范》(GB 50007—2011)(表 1-10)进行判定。

表 1-10 标准贯入试验锤击数 *N* 判定砂土密实度

标准贯入试验锤击数 N	$N \leqslant 10$	$10 < N \leqslant 15$	$15 < N \leqslant 30$	$N > 30$
密实度	松散	稍密	中密	密实

1.3.4 土的工程特性

微课

土的压实性及最优含水量

与其他连续固体介质材料相比，土具有压缩性高、强度低、透水性强三个明显的工程特性。

土的压缩主要是指在压力作用下，土颗粒位置发生重新排列，导致土孔隙体积减小和孔隙中水和气体被排出。反映材料压缩性高低的指标一般采用弹性模量 E(对于土称为变形模量)。例如：HPB235 钢筋的 E 值为 2.1×10^5 MPa；C20 混凝土的 E 值为 2.55×10^4 MPa；卵石的 E 值为 40～50 MPa；饱和细砂的 E 值为 8～16 MPa。通过以上数据可以看出，材料性质不同，其 E 值有很大差别。当应力数值和材料厚度相同时，卵石和饱和细砂的压缩性比钢筋或混凝土的压缩性高许多倍，而软塑或流塑状态的黏性土往往比饱和细砂的压缩性还要高，足以说明土的压缩性很高。

土的强度是指土的抗剪强度。无黏性土的强度来源于土粒表面粗糙不平产生的摩擦力，黏性土的强度除来自摩擦力外还有黏聚力的影响。无论来自摩擦力还是黏聚力，其强度均小于建筑材料本身强度，因此土的强度比其他建筑材料都低得多。

材料的透水性可以用试验来说明：将一杯水倒在桌面上可以保留较长时间，说明木材透水性小；将水倒在混凝土地面上，也可保留一段时间；若将水倒在室外土地上，则发现水即刻不见。这是由于土体中固体矿物颗粒之间有无数孔隙，而且这些孔隙是透水的。因此，土的透水性大，尤其是粗颗粒的卵石或粗砂，其透水性更大。

土的工程特性与土的生成条件有着密切的关系。通常流水搬运沉积的土优于风力搬运沉积的土；土的沉积年代越长，土的工程特性越好。土的工程特性直接影响建筑工程设计与施工，需高度重视。

1. 土的压实性(击实性)

土的压实(击实)是指采用人工或机械以夯(击)、碾、振动等方式，对土施加夯压，使土颗粒原有结构破坏，孔隙减小，气体排出，重新排列压实致密，从而得到新的结构强度。对于粗粒土，主要是增加了颗粒间的摩擦和咬合；对于细粒土，则有效地增强了土粒间的分子引力。但是在击实过程中，即使采用相同的击实功能，对于不同种类、不同含水量的土，击实效果也不完全相同。

(1)击实试验

击实试验的目的是用标准击实方法，测定土的干重度和含水量的关系，从击实曲线上确定土的最大干重度 γ_{dmax} 和相应的最优含水量 w_{op}，为填土的设计与施工提供重要依据。

试验室击实试验分轻型和重型两种。轻型击实试验适用于粒径小于 5 mm 的黏性土，重型击实试验适用于粒径不大于 20 mm 的土。试验时，将含水量为一定值的扰动土样分层装入击实筒中，每铺一层后，均用击锤按规定的落距和击数锤击土样，直到被击实的土样(共 3～5 层)充满击实筒。由击实筒的体积和筒内击实土的总重计算出湿重度 γ，再根据测定的含水量 w，即可算

出干重度 $\gamma_d=\dfrac{\gamma}{1+w}$。用一组(通常为5个)不同含水量的同一种土样,分别按上述方法进行试验,即可绘制一条击实曲线,如图1-9所示。由图1-9可知,对于某一土样,在一定的击实功能作用下,只有当土的含水量为某一适宜值时,土样才能达到最密实。击实曲线的极值为最大干重度 γ_{dmax}(15.6 kN/m^3),相应的含水量即最优含水量 w_{op}(20.7%)。

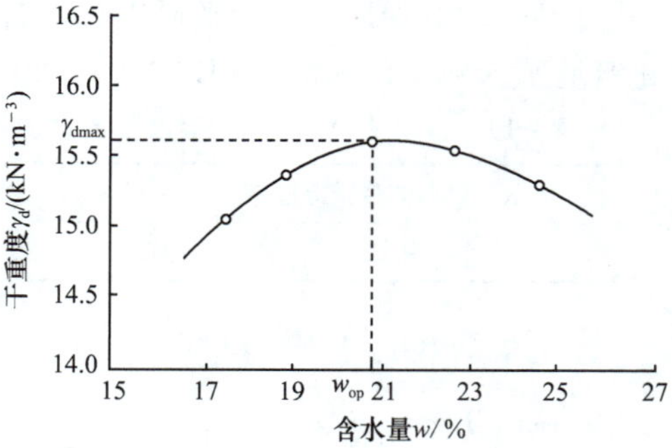

图1-9 击实曲线

(2)影响土压实性的因素

影响土压实性的因素很多,包括土的含水量、击实功能、土粒级配、毛细管压力、孔隙压力等,其中前三种是主要影响因素。

①土的含水量:当黏性土的含水量过低或过高时,均不易击实到较高的密实度。在一定击实功能下,只有当含水量达到最优时,才能击实达到较大的密实度。黏性土的最优含水量应由上述击实试验测定,如无试验条件可按经验确定。最优含水量一般接近黏性土的塑限,可近似取值为 $w_p+2\%$。

②击实功能:对于同一种土,击实功小,则所能达到的最大干密度也小;反之,击实功大,所能达到的最大干密度也大。而最优含水量正好相反,即击实功小,则最优含水量大,而击实功大,则最优含水量小。

③土粒级配:试验结果表明,粗粒含量多、颗粒级配良好的土,最大干密度较大,最优含水量较小。

(3)土压实的质量控制

黏性填土施工时应根据土料的性质、填筑部位、施工工艺和气候条件等因素综合考虑,将土料的含水量控制在最优含水量范围(一般在最优含水量 w_{op} 的2%~3%选取)。

在工程中,填土的质量标准常用压实系数来控制。压实系数定义为工地压实达到的干重度 γ_d 与击实试验所得到的最大干重度 γ_{dmax} 之比,即压实系数越接近1,表明对压实质量的要求越高。

2. 土的渗透性

土的骨架是由土颗粒组成的,颗粒之间是连通的孔隙。当饱和土中的两点存在能量差(水头差或压力差)时,自由水可以在水位差作用下从势能高的位置向势能低的位置流动,这种现象称为土的渗流。

非饱和土中也存在着孔隙水和孔隙气体的渗流。土具有让水等液体通过的性质称为土的渗透性。在计算基坑涌水量、水库与渠道的渗漏量,评价土体的渗透变形,分析饱和黏性土在建筑荷载作用下地基变形与时间的关系(渗透固结)等方面都与土的渗透性有密切关系。

(1)影响土的渗透性的因素

除了渗透水流的密度和黏滞性等因素外,土的渗透性主要受自身因素的影响,包括颗粒级配、矿物成分、密实度、结构构造等。

①颗粒级配:颗粒级配对土的渗透性影响最大,尤其是粗颗粒土表现得更为明显。一般情况下,土粒越细或粗大颗粒间含细颗粒越多,土的渗透性越弱;相反,土的渗透性越强。

②矿物成分:不同类型的矿物对土的渗透性的影响是不同的。原生矿物成分的不同,决定着土中孔隙的形态,致使透水性有明显差异。一般情况下,随着土中亲水性强的黏土矿物的增

多，土的渗透性逐渐降低。

③土的密实度：对同一种土来说，土越密实，土中孔隙越小，土的渗透性也就越低。故土的渗透性随土的密实程度的增加而降低。

④土的结构构造：土体通常是各向异性的，土的渗透性也常表现出各向异性的特征。如黄土具有垂直节理，因而垂直方向的渗透性比水平方向强。具有网状裂隙的黏土，渗透性接近于砂土。

(2)土的渗透变形(或称为渗透破坏)

水在土体中渗流，渗透水流作用在土颗粒上的作用力称为渗透力。当渗透力较大时，就会引起土颗粒的移动，使土体产生变形，称为土的渗透变形。若渗透水流把土颗粒带出土体(如流砂、管涌等)，造成土体破坏，则称为渗透破坏。这种渗透现象会危及建筑物的安全与稳定，必须采取措施加以防治。例如在进行深基坑开挖时，由于施工的需要，通常要人工降低地下水位，若降低的水位与原地下水位有较大的水位差，则会产生较大的渗流，使基坑背后土层产生渗透变形而下沉，造成邻近建筑物的不均匀沉降，导致建筑物开裂甚至破坏。

土的渗透变形类型主要有管涌、流砂(土)、接触流土和接触冲刷四种，但就单一土层来说，渗透变形主要是流砂(土)和管涌两种基本形式。

①流砂(土)：在向上的渗透水流作用下，表层土局部范围内的土体或颗粒群同时发生悬浮、移动的现象称为流砂(土)。任何类型的土，只要水头差达到一定的大小，就会发生流砂(土)破坏。

②管涌：在渗透水流作用下，土中的细颗粒在粗颗粒形成的孔隙中移动，以至流失，随着土的孔隙不断扩大，渗透速度不断增大，较粗的颗粒也相继被水流带走，最终导致土体内形成贯通的渗流管道，造成土体塌陷，这种现象称为管涌。在基坑开挖与支护工程中，很多事故都与土中水的渗流及渗透破坏有关。因而事前应进行正确的渗透计算与分析，采用各种措施控制渗透，避免渗透破坏发生。工程施工过程中一旦出现问题，就应采取正确的处理方法加以控制。

1.4 建筑地基岩土的工程分类与野外鉴别

1.4.1 建筑地基岩土的工程分类

自然界中的土因其成因与组成情况的不同，使土的工程特性各异，种类繁多。为正确评价地基岩土的工程性质，科学合理地确定建筑地基与基础的设计及施工方案，必须根据岩土的主要特征，按工程性能相近的原则对岩土进行工程分类。土的合理分类具有很大的实际意义，例如根据分类名称可以大致判断土(岩)的工程特性，评价土作为建筑材料的适宜性及结合其他物理量力学性质指标来确定地基的承载力等。

《建筑地基基础设计规范》(GB 50007—2011)把建筑地基的岩土分为岩石、碎石土、砂土、粉土、黏性土和人工填土六类。

1. 岩石

岩石是指颗粒间牢固连接，呈整体或具有节理裂隙的岩体。其作为建筑场地和建筑地基可按下列原则分类：

(1)按坚硬程度划分

岩石按坚硬程度(饱和单轴抗压强度标准值 f_{rk})划分为坚硬岩、较硬岩、较软岩、软岩和极软岩(表 1-11),如缺乏试验资料,可在现场通过观察定性划分(表 1-12)。

表 1-11　　岩石坚硬程度的划分

饱和单轴抗压强度标准值 f_{rk}	$f_{rk}>60$	$30<f_{rk}\leqslant 60$	$15<f_{rk}\leqslant 30$	$5<f_{rk}\leqslant 15$	$f_{rk}\leqslant 5$
坚硬程度类别	坚硬岩	较硬岩	较软岩	软岩	极软岩

表 1-12　　岩石坚硬程度的定性划分

名　称		定性鉴别	代表性岩石
硬质岩	坚硬岩	锤击声清脆,有回弹,震手,难击碎;基本无吸水反应	未风化-微风化的花岗岩、闪长岩、辉绿岩、石英岩、硅质砾岩、石英砂岩、硅质石灰岩等
	较硬岩	锤击声较清脆,有轻微回弹,稍震手,难击碎;有轻微吸水反应	①微风化的坚硬岩; ②未风化-微风化的大理岩、板岩、石灰岩、钙质砂岩等
软质岩	较软岩	锤击声不清脆,无回弹,轻易击碎;指甲可刻出印痕	①中风化的坚硬岩和较硬岩; ②未风化-微风化的凝灰岩、千枚岩、砂质泥岩、泥灰岩等
	软岩	锤击声哑,无回弹,有凹痕,易击碎;浸水后,可捏成团	①强风化的坚硬岩和较硬岩; ②中风化的较软岩; ③未风化-微风化的凝灰岩、泥质砂岩、泥岩等
极软岩		锤击声哑,无回弹,有较深凹痕,手可捏碎;浸水后,可捏成团	①风化的软岩; ②全风化的各种岩石; ③各种半成岩

(2)按岩石完整程度划分

岩石按完整程度划分为完整、较完整、较破碎、破碎和极破碎五类(表 1-13)。当缺乏试验资料时,可在现场通过观察定性划分(表 1-14)。

表 1-13　　岩石完整程度的划分

完整性指数	>0.75	0.55～0.75	0.35～0.55	0.15～0.35	<0.15
完整程度等级	完整	较完整	较破碎	破碎	极破碎

注:完整性指数为岩体纵波波速与岩块纵波波速之比的平方。

表 1-14　　岩石完整程度的定性划分

名称	结构面组数	控制性结构面平均间距/m	代表性结构类型	名称	结构面组数	控制性结构面平均间距/m	代表性结构类型
完整	1～2	>1.0	整状结构	破碎	>3	<0.2	碎裂状结构
较完整	2～3	0.4～1.0	块状结构	极破碎	无序	—	散体状结构
较破碎	>3	0.2～0.4	镶嵌状结构				

2. 碎石土

碎石土是指粒径大于 2 mm 的颗粒含量超过全重 50%的土。按其颗粒形状和粒组含量可分为六类(表 1-15)。

表 1-15 碎石土的分类《建筑地基基础设计规范》(GB 50007—2011)

土的名称	颗粒形状	粒组含量
漂石	圆形及亚圆形为主	粒径大于 200 mm 的颗粒含量超过全重 50%
块石	棱角形为主	
卵石	圆形及亚圆形为主	粒径大于 20 mm 的颗粒含量超过全重 50%
碎石	棱角形为主	
圆砾	圆形及亚圆形为主	粒径大于 2 mm 的颗粒含量超过全重 50%
角砾	棱角形为主	

注:分类时应根据粒组含量从上到下以最先符合者确定。

3. 砂土

砂土是指粒径大于 2 mm 的颗粒含量不超过全重 50%,且粒径大于 0.075 mm 的颗粒含量超过全重 50%的土。按各级配粒径粒组含量分为五类(表 1-16)。

表 1-16 砂土的分类《建筑地基基础设计规范》(GB 50007—2011)

土的名称	粒组含量
砾砂	粒径大于 2 mm 的颗粒含量占全重 25%～50%
粗砂	粒径大于 0.5 mm 的颗粒含量占全重 50%
中砂	粒径大于 0.25 mm 的颗粒含量占全重 50%
细砂	粒径大于 0.075 mm 的颗粒含量占全重 85%
粉砂	粒径大于 0.075 mm 的颗粒含量占全重 50%

注:分类时应根据粒组含量从上到下以最先符合者确定。

4. 粉土

粉土是指粒径大于 0.075 mm 的颗粒含量不超过全重 50%,且塑性指数 $I_P \leqslant 10$ 的土。粉土的性质介于砂土与黏性土之间。

5. 黏性土

黏性土是指塑性指数 $I_P > 10$ 的土,按其 I_P 值大小又可分为黏土和粉质黏土两类(表 1-17)。

表 1-17 黏性土的分类《建筑地基基础设计规范》(GB 50007—2011)

塑性指数(I_P)	$I_P > 17$	$10 < I_P \leqslant 17$
土的名称	黏土	粉质黏土

6. 人工填土

人工填土是指因人类活动堆填而形成的土。其与上述五大类由自然生成的土性质不同,它的特点是物质成分复杂,压缩性大且不均匀,强度低,工程性质差,一般不宜直接用作地基。人工填土按组成和成因可分为素填土、压实填土、杂填土和冲填土四种类型。

(1)素填土:由碎石土、砂土、粉土、黏性土等组成的填土。例如,各城镇建设中场地平整余方所弃填的土,这种人工填土不含杂物。

(2)压实填土:经分层压实或夯实的素填土,统称为压实填土。

(3)杂填土:含有建筑垃圾、工业废料、生活垃圾等杂物的填土,称为杂填土。例如,往往城市局部地域的地表会有一层杂填土。

(4)冲填土:由水力冲填泥沙形成的填土,称为冲填土。例如,滨河(湖)城市一些地区为疏浚河道连泥带水抽排至低洼地区沉积而成冲填土。

以上六大类岩土，在工业与民用建筑工程中经常会遇到。此外，还有一些特殊土，如淤泥和淤泥质土、红黏土、次生黏土、湿陷性黄土和膨胀土等，它们都具有特殊的性质，在第10章区域性地基中将详细介绍。

【工程设计计算案例1-3】 已知某砂土样，标准贯入试验锤击数 $N=20$，土样颗粒筛分试验结果见表1-18，试确定该土样的名称和物理状态。

表1-18 颗粒筛分试验结果

粒径/mm	0.5～2	0.25～0.5	0.075～0.25	0.05～0.075	0.01～0.05	<0.01
粒组含量/%	5.6	17.5	27.4	24.0	15.5	10.0

【解】 (1)判断土的工程类别

由表1-18的试验数据计算得知：粒径大于2 mm的颗粒含量为0，不超过全重50%，且粒径大于0.075 mm的颗粒含量为50.5%，超过全重50%，故该土属砂土中的粉砂。

(2)判断土的物理状态

土样标准贯入试验锤击数 $N=20$，根据砂土的物理状态判断标准 $15<N\leqslant30$，说明该砂土处于中密状态。

1.4.2 岩土的野外鉴别方法

1. 碎石土、砂土的野外鉴别方法

碎石土、砂土的野外鉴别方法见表1-19。

表1-19 碎石土、砂土的野外鉴别方法

类别	土的名称	观察颗粒粗细	干燥时的状态	湿润时用手拍击的状态	黏着程度
碎石土	卵(碎)石	一半以上的颗粒粒径超过20 mm	颗粒完全分散	表面无变化	无黏着感觉
	圆(角)砾	一半以上的颗粒粒径超过2 mm (小高粱粒大小)	颗粒完全分散	表面无变化	无黏着感觉
砂土	砾砂	1/4以上的颗粒粒径超过2 mm(小高粱粒大小)	颗粒完全分散	表面无变化	无黏着感觉
	粗砂	一半以上的颗粒粒径超过0.5 mm(细小米粒大小)	颗粒完全分散，但有个别胶结在一起	表面无变化	无黏着感觉
	中砂	一半以上的颗粒粒径超过0.25 mm(白菜籽大小)	颗粒基本分散，局部胶结，但一碰撞即散	表面偶有水印	无黏着感觉
	细砂	大部分颗粒与粗豆米粉近似(>0.074 mm)	颗粒大部分分散，少量胶结，稍加碰撞即散	表面有水印	偶有轻微黏着感觉
	粉砂	大部分颗粒与小米粉近似	颗粒小部分分散，大部分胶结，稍加压力可分散	表面有显著翻浆现象	有轻微黏着感觉

2. 黏土、粉质黏土和粉土的野外鉴别方法

黏土、粉质黏土和粉土的野外鉴别方法见表1-20。

表 1-20　　黏土、粉质黏土和粉土的野外鉴别方法

土的名称	湿润时用刀切	湿土用手捻摸时的感觉	土的状态		湿土搓条情况
			干土	湿土	
黏土	切刀光滑，有黏刀阻力	有滑腻感，感觉不到有砂粒，水分较大时很黏手	土块坚硬，用锤才能打碎	易黏着物体，干燥后不易剥去	塑性大，能搓成直径小于0.5 mm的长土条(长度不短于手掌)，手持一端不易断裂
粉质黏土	稍有光滑面，切面平整	稍有滑腻感，有黏滞感，感觉到有少量砂粒	土块用力可压碎	能黏着物体，干燥后较易剥去	有塑性，能搓成直径为0.5～2 mm的土条
粉土	无光滑面，切面稍粗糙	有轻微黏滞感或无黏滞感，感觉到砂粒较多	土块用手捏或抛扔时易碎	不易黏着物体，干燥后一碰就掉	塑性小，能搓成直径为2～3 mm的短条

3. 新近沉积黏性土的野外鉴别方法

新近沉积黏性土的野外鉴别方法见表1-21。

表 1-21　　新近沉积黏性土的野外鉴别方法

沉积环境	颜　色	结构性	含有物
河漫滩和山前洪、冲积扇的表面；古河道；已填塞的湖、塘、沟、谷；河道泛滥区	颜色较深且暗，呈褐、暗黄或灰色，含有机质较多时带灰黑色	结构性差，用手扰动原状土样时极易变软，塑性较低的土还有振动析水现象	在完整的剖面中无原生的粒状结构体，但可能含有圆形的钙质结构体或贝壳等，在城镇附近可能含有少量碎砖、陶片或朽木等人类活动的遗物

4. 人工填土、淤泥、黄土、泥炭的野外鉴别方法

人工填土、淤泥、黄土、泥炭的野外鉴别方法见表1-22。

表 1-22　　人工填土、淤泥、黄土、泥炭的野外鉴别方法

土的名称	观察颜色	夹杂物质	形状(构造)	浸入水中的现象	湿土搓条情况
人工填土	无固定颜色	砖瓦碎块、垃圾、炉灰等	夹杂物显露于外，构造无规律	大部分变成细软淤泥，其余部分为碎瓦、炉渣在水中单独出现	一般能搓成直径为3 mm的土条但易断，遇有杂质多时不能搓条
淤泥	灰黑色	池沼中半腐朽的细小动植物遗体，如草根、小螺壳等	夹杂物轻，仔细观察可以发现构造常呈层状，但有时不明显	外观无显著变化，在水面出现气泡	一般淤泥质土接近黏质粉土，能搓成直径为3 mm的土条，容易断裂
黄土	黄褐两色的混合色	有白色粉末出现在纹理之中	夹杂物常清晰可见，构造上有垂直大孔(肉眼可见)	崩散成分散的颗粒集团，在水面出现许多白色液体	搓条情况与正常的粉质黏土相似
泥炭	深灰或黑色	有半腐朽的动植物遗体，其含量超过60%	夹杂物有时可见，构造无规律	极易崩碎，变成细软淤泥，其余部分为植物根、动物残体渣滓悬浮于水中	一般能搓成直径为1～3 mm的土条，但残渣多时，仅能搓成直径为3 mm以上的土条

1.5 软弱地基处理

1.5.1 概　述

天然土体具有高压缩性、低强度和透水性大三个显著的工程特性。当天然地基不能满足建筑物的强度和变形等要求时，为保证其安全和正常使用，则必须事先对建筑物地基经过人工加固处理后再建造基础。地基处理是指通过物理、化学或生物等处理方法，改善天然地基土的工程性质，提高地基承载力，改善变形特性或渗透性质，满足建筑物上部结构对地基稳定和变形的要求。

地基处理的方法很多，本节将主要介绍目前工程建设中应用较多的机械压实法、换土垫层法、强夯法、排水固结法、挤密法、振冲法、化学加固法以及对既有建筑物地基基础加固的托换技术。需要处理的地基大多为软弱土和不良土，主要有软黏土、湿陷性黄土、杂填土、饱和粉细砂与粉土地基、膨胀土、泥炭土、多年冻土、岩溶和土洞等。随着我国经济建设的发展和科学技术的进步，不断修建的高层建筑物和重型结构物，对地基的强度和变形要求越来越高。因此，地基处理工程的应用也就越来越广泛和重要。

1. 一般规定

《建筑地基基础设计规范》(GB 50007—2011)对软弱地基有如下规定：

(1)当地基压缩层主要由淤泥、淤泥质土、冲填土、杂填土或其他高压缩性土层构成时应按软弱地基进行设计。在建筑地基的局部范围内有高压缩性土层时，应按局部软弱土层处理。

(2)勘察时，应查明软弱土层的均匀性、组成、分布范围和土质情况；冲填土应查明排水固结条件；杂填土应查明堆积历史，确定自重压力下的稳定性、湿陷性等。

(3)设计时，应考虑上部结构和地基的共同作用。对建筑体型、荷载情况、结构类型和地质条件进行综合分析，确定合理的建筑措施、结构措施和地基处理方法。

(4)施工时，应注意对淤泥和淤泥质土基槽底面的保护，减少扰动。处于荷载差异较大的建筑物，宜先建重、高部分，后建轻、低部分。

(5)对于活荷载较大的构筑物或构筑物群(如料仓、油罐等)，使用初期应根据沉降情况控制加载速率，掌握加载间隔时间，或调整活荷载分布，避免过大倾斜。

2. 地基处理的目的

当建筑物建造在软弱地基或不良地基上时，可能会出现承载力不足、沉降或沉降差过大、地基液化、地基渗漏、管涌等一系列地基问题。地基处理的目的就是针对上述问题，采取相应的措施，改善地基条件，以保证建筑物的安全和正常使用。这些措施主要包括以下几个方面：

(1)改善地基土的剪切特性，增加其抗剪强度。

(2)改善地基土的压缩特性，减少其沉降或不均匀沉降。

(3)改善地基土的透水特性，使其不透水或减轻其水压力。

(4)改善地基土的动力特性，防止液化，提高抗震性能。

(5)改善特殊土的不良特性，满足工程的需要。

建筑物在使用过程中，地基、基础和上部结构是一个协同工作、不可分割的整体。地基处理得恰当与否，直接影响建筑物的造价高低和建筑物的安危，而且还关系到整个工程的质量好坏和进度快慢，地基处理的重要性已越来越多地被人们所认识。在进行地基处理时，不仅要针对不同的地质条件和不同结构物选取最恰当的方法，还要选取最合适的基础设计方案。

3. 地基处理的对象

地基处理的对象主要包括软弱地基和不良地基。

(1)软弱地基

软弱地基是指主要由淤泥、淤泥质土、冲填土、杂填土或其他高压缩性土层构成的地基。另外，在建筑地基的局部范围内有此类高压缩性土层时，应按局部软弱土层考虑。这类土的工程性质是压缩性高、抗剪强度低，用作建筑物的地基时，不能满足地基承载力和变形的基本要求。

①淤泥和淤泥质土：是在静水或缓慢的流水环境中沉积，并经生物化学作用形成的。如天然含水量 w 大于液限 w_L、天然孔隙比 e 大于或等于 1.5 的黏性土称为淤泥；天然孔隙比 e 小于 1.5 但大于或等于 1.0 的土，称为淤泥质土；有机质含量大于 5%的土，称为有机质土；有机质含量大于 60%的土，称为泥炭。它具有压缩性高、抗剪强度低、渗透性小、结构性及流变性明显等工程特性。因此，往往会出现建筑物的沉降量大而不均匀、沉降速率大以及沉降稳定历时较长等现象。

②杂填土和冲填土(1.4.1 节中已述)。

(2)不良地基

不良地基是指由饱和松散粉细砂、湿陷性黄土、膨胀土、红黏土、盐渍土、冻土、岩溶等特殊土构成的地基，大部分带有区域性特点。

4. 地基处理方法的分类

地基处理方法的分类多种多样：按处理深度可分为浅层处理和深层处理；按处理时间可分为临时处理和永久处理；按土的性质可分为砂性土处理和黏性土处理，饱和土处理和非饱和土处理；按地基处理的原理大致可分为土质改良、土的置换和土的补强等。

在工程中，通常按地基处理原理进行分类，常见的方法包括：换土垫层、碾压与夯实、排水固结、振密与挤密、置换与拌入、加筋等。

要对地基处理方法进行严格分类是很困难的，许多地基处理方法都具有多种处理效果。如碎石桩具有挤密、置换、排水的多重作用；石灰桩既挤密又吸水，吸水后又进一步挤密等。因而在选择地基处理方法时，要综合考虑其所获得的多种处理效果。

5. 地基处理方法的选用原则

地基处理方法很多，各种处理方法又有它的适用范围和优缺点，所以要根据工程的具体情况综合考虑各种影响因素。地基处理方法的选用应考虑如下方面：

(1)处理方法应与工程的规模、特点和地基土的类别相适应。

(2)处理后土的加固深度。

(3)上部结构的影响。

(4)能提供的处理材料。

(5)能选用的机械设备，并掌握加固原理与技术。

(6)周围环境因素和邻近建筑的安全。

(7)对施工工期的要求。

(8)施工队伍的专业技术素质。

(9)对施工技术条件与经济技术条件进行比较，尽量节省材料与资金。

总之,应做到技术先进、经济合理、安全适用、因地制宜、保护环境、节约资源。

选定了地基处理方法后,应尽量提早进行地基加固处理,因为地基加固后强度的提高往往需要有一定时间才能完成。施工时,应调整施工速度,确保地基的稳定和安全。另外,还要在施工过程中加强管理,以防止由于管理不善而导致未能取得预期的处理效果。在施工中,对各个环节的质量标准要严格掌握,施工结束后应按国家规定进行工程质量检验和验收。

经地基处理的建筑应在施工期间进行沉降观测,要对被加固的软弱地基进行现场勘探,以便及时了解地基加固效果、修正加固设计、调整施工速度。有时在地基加固前,为了保证邻近建筑物的安全,还要对邻近建筑物进行沉降和裂缝等观测。

1.5.2 机械压实法

如需要处理的地基软弱土位于表层,当厚度不大或上部荷载较小时,较简单的方法就是对其表层一定深度范围采用机械压实进行加固,以降低其孔隙比,提高密实度,从而提高其强度,降低压缩性。这种采用一般机具(碾压机、振动机、重锤等)进行影响深度有限的土层压实加固处理方法,统称为机械压实法。根据不同的施工机械和工艺,机械压实法一般包括机械碾压、振动击实、重锤夯实等。机械压实法可以减少建筑材料的耗用量且施工简便、成本低、工期短、技术与经济效果好。但采用这种方法时,必须预先探明地基土的工程性质,合理制定施工方案,以防出现工程事故。

微 课

软土地基常用工程处理方案

1. 土的压实原理

工程实践和试验研究表明,对过湿的土进行夯实或碾压时会出现软弹现象(俗称橡皮土),土的密实度并不会因此增大;对很干的土进行夯实或碾压时,显然也不能把土充分压实。即在一定的压实能量下,只有在适当的含水量范围内土才能被压实到最大干密度,达到最密实状态。这种适当的含水量称为最优含水量,可以通过室内击实试验测定(1.3.4 节已述)。

当黏性土含水量较小时,其粒间引力较大,在一定的外部压实作用下,如不能有效克服引力而使土粒相对移动,压实效果就比较差。当含水量适当增大时,结合水膜逐渐增厚,土粒之间的黏结力减弱,在相同的压实作用下土粒易于移动,则压实效果较好。但当含水量增大到一定程度后,孔隙中就出现了自由水,击实时过多的水分不易立即排出,从而阻止了土粒间的相互靠拢,所以压实效果又趋下降,这种水与土及压实能之间的关系即土的压实原理。

砂土的击实性能与黏性土不同,被压实时表现出几乎相反的性质。干砂在压力与振动作用下,也容易被压实。唯有稍湿的砂土,因颗粒间的表面张力使砂土颗粒互相约束而阻止其相互移动,导致不能压实。

2. 机械压实法

机械压实法是采用机械压实松软土的方法,常用的机械有平碾、羊足碾、压路机等。这些方法常用于地下水位以上的大面积填土和杂填土地基的压实。

黏性土压实前,应先通过室内试验,确定在一定压实能量的条件下土的最优含水量、分层厚度和压实遍数。被碾压的土料进场前要测定含水量,只有含水量在合适范围内才允许施工。关于黏性土的碾压,通常用 80～100 kN 的平碾或 120 kN 的羊足碾,每层铺土厚度为 200～300 mm,碾压 8～12 遍。碾压后填土地基的质量常由压实系数 λ_c 和现场含水量控制,不同类别的土要求也不同,在主要受力层范围内,一般 $\lambda_c \geqslant 0.96$。

3. 振动压实法

振动压实法是一种在地基表面施加振动把浅层松散土振密的方法，常用的主要机具是振动压实机。机具自重为 20 kN，振动力为 50～100 kN，频率为 1 160～1 180 r/min，振幅为 3.5 mm。这种方法主要应用于处理杂填土、湿陷性黄土、炉渣、细砂、碎石等地基。振动压实的效果与被压实土的成分和振压时间有关，且在开始时振密作用较为显著，随时间推移逐渐趋于稳定。在施工前，应进行现场试验测试，根据振实的要求确定振压的时间。

振动压实的有效深度一般为 1.2～1.5 m。一般杂填土地基经振实后，承载力特征值可达 100～120 kPa。如地下水位太高，则将影响振实效果。此外，还应注意振动对周围建筑物的影响，振源与建筑物的距离应大于 3 m。

4. 重锤夯实法

重锤夯实法是利用起重机械将重锤提到一定高度，然后使其自由落下，重复夯打地基，使地基表面形成一层较均匀密实的硬壳层，从而提高地基强度。这种方法是一种浅层的地基加固方法，适用于处理地下水位在 0.8 m 以上稍湿的杂填土、黏性土、砂土、湿陷性黄土等地基。但在有效夯实深度内存在饱和软土层时不宜采用，因为饱和软土在瞬间冲击力作用下，水不易排出，夯打时会出现橡皮土。此时，应先降低地下水位，减小土层含水量后再夯打。

重锤夯实法的主要机具是起重设备和重锤。起重设备宜采用带有摩擦式卷扬机的起重机。重锤的样式常为一圆台体，锤重不小于 15 kN，锤底的直径为 0.7～1.5 m。

重锤夯实的效果及影响深度与锤重、锤底直径、落距、夯击遍数、土质条件和含水量等因素有关。这些参数一般需要通过现场试夯来确定。根据国内一些地区的经验，常用锤重为 15～32 kN，落距为 2.5～4.5 m，夯击遍数一般取 6～10 遍，夯实后杂填土地基的承载力基本值一般可以达到 100～150 kPa，夯实的影响深度大致相当于重锤锤底直径。在施工时，尽量使土在最优含水量条件下夯实。

重锤夯实宜按一夯换一夯的顺序进行。在独立基础基坑内，宜按先外后内进行夯击。同一基坑底面标高不同时，应按先深后浅的顺序进行夯实。一般当最后两遍的平均夯沉量达到一定数量(黏性土及湿陷性黄土小于 1.0～2.0 cm，砂土小于 0.5～1.0 cm)时可停止夯击。

重锤夯实法加固后的地基应由静载试验确定其承载力，必要时还应验算软弱下卧层承载力及地基沉降量。

1.5.3 强夯法

强夯法又称为动力固结法或动力压实法。它是用大吨位的起重机，使很重的锤(一般为 100～400 kN)从高处自由下落(落距为 6～40 m)，反复给地基以冲击力和振动。巨大的冲击能量在地基土中产生很大的冲击波和动应力，引起地基土的压缩和振密，从而提高地基土的强度并降低其压缩性，还可改善地基土抵抗振动液化的能力和消除湿陷性黄土的湿陷性，同时还能提高土层的均匀程度，减少地基的不均匀沉降。

强夯法适用于碎石土、砂土、低饱和度的粉土与黏性土、湿陷性黄土、杂填土及人工填土等地基。对于淤泥和淤泥质土等饱和黏性土地基，需经试验证明施工有效时方可采用。它不仅能在陆地上施工，还可在不深的水下对地基进行夯实。工程实践表明，强夯法加固地基具有施工简单、使用经济、加固效果好等优点，因而被各国工程界所重视。其缺点是施工时噪声和振动较大，影响附近建筑物的安全和居民的正常生活，所以在城市市区或居民密集的地段不宜采用。

1. 强夯法的作用机理

强夯法加固地基的机理，与重锤夯实法有着本质的不同。强夯法主要是将势能转化为夯击能，在地基中产生强大的动应力和冲击波。纵波(压缩波)使土层液化，产生超静水压力，土粒之间产生位移；横波(剪切波)剪切破坏土粒之间的连接，使土粒结构重新排列密实。

按地基土的类别和强夯施工工艺，强夯法加固地基有三种不同的加固机理，即动力挤密、动力固结和动力置换。

(1)动力挤密

采用强夯法加固多孔隙、粗颗粒、非饱和土是基于动力挤密机理的，即用冲击型动力荷载，使土体中的孔隙减小，土体变得密实，从而提高地基土强度。一般夯击一遍后，其夯坑深度可达 0.6～1.0 m，夯坑底部形成一层超压密硬壳层，承载力可比夯前提高 2～3 倍。

(2)动力固结

在饱和的细粒土中，土体在巨大夯击能量作用下产生的孔隙水压力使土体结构破坏，土颗粒间出现裂隙，形成排水通道，渗透性改变。随着孔隙水压力的消散，土体变得密实，抗剪强度与变形模量增大。

(3)动力置换

在饱和软黏土特别是淤泥及淤泥质土中，通过强夯将碎石填充于土体中，形成复合地基，从而提高地基的承载力。

2. 强夯法的设计要点

应用强夯法加固软弱地基，一定要根据现场的地质条件和工程的使用要求，正确地选用各项技术参数。这些参数包括：夯击能、夯击遍数、间隔时间、夯击点布置、处理范围等。

(1)夯击能

夯击能是指一定锤重和落距下的夯击次数对地基土层所施加的动力压实能。夯击次数应根据现场试夯确定，常以夯坑的压缩量最大、夯坑周围隆起量最小为确定原则。工程实践中，由现场试夯的夯击次数与夯沉量关系曲线确定，且应同时满足下列条件：

①最后两击的平均夯沉量不宜大于下列数值：当单击夯击能小于 4 000 kN·m 时为 50 mm；当单击夯击能为 4 000～6 000 kN·m 时为 100 mm；当单击夯击能大于 6 000 kN·m 时为 200 mm。

②夯坑周围地面不应发生过大隆起。

③不因夯坑过深而发生起锤困难。

(2)夯击遍数

夯击遍数应根据地基土层的性质和平均夯击能确定。根据我国工程实践，大多数工程可先采用点夯 2～3 遍，再以低能量满夯 2 遍。满夯可采用轻锤或低落距锤多次夯击，锤印彼此搭接。

(3)间隔时间

多遍夯击之间应有一定的时间间隔，它主要取决于加固土层孔隙水压力的消散时间。对于渗透性较差的黏性土地基，间隔时间不应短于 3～4 周；对于渗透性较好的地基，可连续夯击。

(4)夯击点布置

夯击点位置可根据基础平面形状来布置。对于基础面积较大的建筑物，可按等边三角形或正方形来布置夯击点；对于办公楼和住宅建筑，可根据承重墙位置来布置；对于工业厂房，可按柱网来布置夯击点。

夯击点间距一般由地基土层的性质和处理深度决定。第一遍夯击点间距可取夯锤直径的2.5～3.5倍,第二遍夯击点位于第一遍夯击点之间,以后各遍夯击点间距可适当减小。对于要求加固深度较深或单击夯击能较大的工程,第一遍夯击点间距应适当增大。

(5)处理范围

强夯法施工前,应根据初步确定的强夯参数,提出强夯试验方案进行现场试夯。通过与夯前测试数据对比,检验试夯效果,以便确定工程最后采用的各项强夯参数。由于基础具有应力扩散作用,所以强夯处理的范围应大于建筑物基础范围。具体的放大范围可根据建筑物类型和重要性等因素综合考虑决定。对于一般建筑物,每边超出基础外缘的宽度宜为设计处理深度的1/2～2/3,并不宜小于3 m。

在缺少试验资料的情况下,可按照《建筑地基处理技术规范》(JGJ 79—2012)中的表6.2.2.1取值或按当地经验确定。

3. 强夯法机具设备与施工要点

强夯法施工的夯锤起重机械,一般采用履带式起重机和自动脱钩装置,并设有辅助门架或其他安全装置。夯锤底面形式宜采用圆形,并对称设置若干排气孔与锤顶面相通。

当地下水位较高时,宜采用人工降低地下水或铺一定厚度的松散性材料等措施,并及时排除夯坑或场地的积水。

强夯法施工一般按以下步骤进行:

(1)清理并平整场地。起重设备进场前应铺设垫层,同时增大地下水位和表层面的距离,提高强夯效率。

(2)标出首遍夯击点位置,测量场地高程。

(3)起重机就位,使夯锤对准夯击点标记。

(4)测量夯前锤顶高程。

(5)起吊夯锤至预定高度,释放夯锤,测量锤顶高程,及时整平坑底。

(6)重复步骤(5),按设计夯击次数及控制标准完成夯击点的夯击。

(7)重复步骤(3)～(6),完成第一遍夯击。

(8)用推土机填平夯坑,测量场地高程。

(9)根据规定的时间间歇,重复步骤(2)～(8),完成全部夯击遍数,最后用低能量满夯,将地表层松土夯实,并测量夯后场地高程。

4. 施工检测

施工过程中,应做好各项测试数据和施工记录。强夯结束后,视土质情况隔一至数周后进行强夯效果质量检测。可采用室内土工试验、现场原位测试,也可做现场压板静载试验。

检测点位置可分别布置在夯坑内、夯坑外和夯击区边缘,其数量应根据场地复杂程度和建筑物的重要性确定。对简单场地上的一般建筑物,检测点不应少于3处;对于重要工程或复杂场地,应增加检测方法与检测点。检测的深度不应小于设计地基处理的深度。

1.5.4 换土垫层法

1. 换土垫层法的作用及适用范围

换土垫层法是将一定范围内的天然软弱土层挖除,分层回填强度较高、压缩性较低且无腐蚀性的砂石、素土、灰土、工业废料等材料,将其压实或夯实后作为地基垫层(持力层),亦称为换填法或开挖置换法。按回填材料的不同,可分为砂垫层、碎石垫层、灰土垫层和素土垫层等。不同的材料其力学性质不同,但其作用和计算原理相同。

(1)换土垫层法的作用

①提高地基的承载力。换填强度高、压缩性低的砂石等易夯实垫层,可以提高地基的承载力。

②减小地基沉降量。通过垫层的应力扩散作用,减小了垫层下天然软弱土层所受的附加压力,因而减小了地基的沉降量。

③加速软弱土层的排水固结。砂石垫层透水性大,软弱土层受压力后,砂石垫层作为良好的排水面,使孔隙水压力迅速消散,从而加速了软土固结过程。

④防止冻胀和消除膨胀土地基的胀缩作用。由于砂、石等粗颗粒材料的孔隙大,不会出现毛细管现象,因此用砂石垫层可以防止因水的积聚而产生的冻胀。在膨胀土地基上用砂石垫层代替部分或全部膨胀土,可以有效地避免土的胀缩作用。

⑤消除湿陷性黄土的湿陷性。用素土或灰土置换基础底面一定范围内的湿陷性黄土,可消除地基土因遇水湿陷而造成的不均匀变形。但是砂和砂石垫层不宜用于处理湿陷性黄土地基,因为它们良好的透水性反而容易引起下卧黄土的湿陷。

(2)换土垫层法的适用范围

本方法适用于淤泥、淤泥质土、湿陷性黄土、素填土、杂填土地基、暗塘等的浅层处理,用于消除黄土湿陷性、膨胀土胀缩性和冻土冻胀性。当采用大面积填土作为建筑地基时,尚应按国家有关规范的规定执行。

换土垫层法多用于多层或低层建筑采用条形基础或独立基础的情况,亦可用于地坪、料场道路工程。换土的宽度与厚度有限,因此既经济又安全。

2. 垫层的设计

砂垫层设计应满足建筑物对地基的强度和变形的要求。具体内容就是确定合理的砂垫层断面,即厚度和宽度以及选择垫层材料。对于起换土作用的垫层,既要有足够的厚度置换可能被剪切破坏的软弱土层,又要有足够的宽度以防止砂垫层从两侧挤出。同时,应根据建筑体型、结构特点、荷载性质和地质条件并结合机械设备与当地材料来源等综合分析,合理选择换填材料和施工方法。

(1)垫层厚度与宽度的确定

换填垫层的厚度与宽度的设计与计算见第 7 章(地基上浅基础设计)复合地基基础设计。

整片垫层的宽度可根据施工的要求适当加宽;垫层顶面每边宽度宜超出基础底面不小于 300 mm,或按照从垫层底面两侧向上按开挖基坑的要求放坡。

垫层的承载力应通过现场试验确定。一般工程当无试验资料时,可按《建筑地基处理技术规范》(JGJ 79—2012)选用,并应验算下卧层的承载力。

(2)垫层材料的选择

①砂石:级配良好,不含植物残体、垃圾等杂质。当使用粉细砂时,应掺入 30%的碎石或卵石,最大粒径不宜大于 50 mm。对于湿陷性黄土地基,不得选用砂石等透水材料。

②粉质黏土:土料中有机质含量不得超过 5%,不得含有冻土或膨胀土。当含有碎石时,其粒径不得大于 50 mm。用于湿陷性黄土地基的素土垫层,土层中不得夹有砖、瓦和石块等。

③灰土:体积配合比宜为 2∶8 或 3∶7。土料宜用粉质黏土,不宜使用块状黏土和砂质粉土,不得含有松软杂质,并应过筛,其粒径不得大于 15 mm。石灰宜用新鲜的消石灰,其颗粒

粒径不得大于 5 mm。

④工业废渣:质地坚硬、性能稳定和无腐蚀性,其最大粒径及级配宜通过试验确定。

3. 垫层的施工要点

(1)施工机械应根据不同的换填材料来选择。粉质黏土、灰土宜采用平碾、振动碾或羊足碾;砂石等宜采用振动碾。当有效压实深度内土的饱和度小于并接近 60%时,可采用重锤夯实。

(2)施工方法、分层厚度、每层压实遍数等宜通过试验确定。一般情况下,分层厚度可取 200~300 mm。但接近下卧软土层的垫层,底层应根据施工机械设备以及下卧层土质条件使其具有足够的厚度。严禁扰动垫层下的软土。

(3)素填土和灰土垫层土料的施工含水量宜控制在最优含水量±2.0%范围。灰土应拌和均匀并应当日铺填夯压,且压实后 3 天内不得受水浸泡。垫层竣工后,应及时进行基础施工和基坑回填。

(4)夯锤宜采用圆台形,锤重宜大于 2 000 kg,锤底面单位静压力宜在 15~20 kPa。夯锤落距宜大于 4 m。重锤夯实宜按一夯挨着一夯的顺序进行。在独立柱基坑内,宜按先外后内的顺序夯击;当同一基坑底面标高不同时,应先深后浅逐层夯实。同一夯点夯击一次为一遍,夯击宜分 2~3 遍进行,累计夯击 10~15 次,最后两遍平均夯击下沉量应控制在:砂土,5~10 mm;细颗粒土,10~20 mm。

(5)砂石垫层施工要求

①砂垫层所用材料必须具有良好的压实性。宜采用中砂、粗砂、砾砂、碎(卵)石等粒料。细砂也可作为垫层材料,但不易压实,且强度不高,宜掺入一定数量的碎(卵)石。砂和砂石材料,不得含有草根和垃圾等有机物质;作为排水固结的垫层材料含泥量不宜超过 3%。碎石和卵石的最大粒径不宜大于 50 mm。

②铺筑前,应先进行验槽。清除浮土,边坡必须稳定,防止塌土。基坑两侧附近如有低于地基的孔洞、沟、井或墓穴等,应在未做垫层前加以填实。

③在地下水位以下施工时,应采用排水或降低地下水位的措施,使基坑保持无积水状态。

砂和砂石垫层底面宜铺设在同一标高处。若深度不同,基坑底面应挖成阶梯或斜坡搭接,并按先深后浅的顺序进行垫层施工,搭接处应夯压密实。

④砂垫层的施工方法可采用碾压法、振动法和夯实法等多种方法。施工时,应分层铺筑,在下层密实度经检验达到质检标准后,方可进行上层施工。砂垫层施工时,含水量对压实效果影响很大:若含水量低,则碾压效果不好;若浸没于水,效果也很差。其最优含水量为湿润或接近饱和。

⑤人工级配的砂石地基,应将砂石拌和均匀后,再进行铺填捣实。

⑥开挖基坑铺设砂垫层时,避免扰动软弱土层的表面和破坏坑底土的结构。因此,基坑开挖后,应立即回填,不能暴露过久或浸水,并防止践踏坑底。

4. 施工质量检验

垫层的质量检验是保证工程建设安全的必要手段,一般包括分层施工质量检查和工程质量验收。垫层的施工质量检查必须分层进行,即每夯压完一层,检验该层平均压实系数并在每层的压实系数符合设计要求后铺填上层土。换填结束后,可按工程的要求进行垫层的工程质量验收。

垫层质量可用标准贯入试验、静力触探、动力触探和环刀取样法检测。垫层的总体质量验收也可通过荷载试验进行。

对粉质黏土、灰土、粉煤灰和砂垫层的质量检验可用环刀法、贯入仪、静力触探或标准贯入试验来检验；对砂石、矿渣垫层可用重型动力触探来检验，并且均应通过现场试验，以设计压实系数所对应的贯入度为标准，检验垫层的施工质量。压实系数也可采用环刀法、灌砂法、灌水法或其他方法来检验。

采用环刀法检验垫层的施工质量时，取样点应位于每层厚度的 2/3 处。检验点数：对大基坑，每 50～100 m^2 不应少于 1 个检验点；对基槽，每 10～20 m 不应少于 1 个检验点；对每个独立柱基，不应少于 1 个检验点。采用贯入仪或动力触探检验垫层的施工质量时，每个分层检验点的间距应小于 4 m。

工程质量验收可通过荷载试验进行，在有充分试验依据时，也可采用标准贯入试验或静力触探试验。采用荷载试验检验垫层承载力时，每个单体工程不宜少于 3 个检验点，对于大型工程，则应按单体工程的数量或工程的面积确定检验点数。

1.5.5 排水固结法

1. 加固原理与适用范围

排水固结法是在建筑物建造以前，对建筑场地施加预压，使土中孔隙水排出，孔隙体积逐渐减小，地基逐渐固结沉降，强度逐渐提高，解决建筑物地基稳定和变形问题的地基处理方法。

排水固结法由预压系统和排水系统两部分组成。预压系统有堆载预压和真空预压两类；排水系统有砂井、塑料排水带等方法。

预压系统的作用是使地基上的固结压力增大，进而产生固结沉降，提高地基土的密实度。

排水系统可由在天然地基中设置的竖向排水体并在地面连以水平排水的砂垫层构成，也可以利用天然地基土层本身的透水性，其主要目的在于改变地基原有的排水边界条件，增加孔隙水排出的途径，缩短排水距离。

排水系统和预压系统是相辅相成的。如果没有预压系统，孔隙中的水在没有压力差的情况下就不会自然排出，地基也就得不到固结；如果不缩短土层的排水距离，只增大固结压力，也不可能在预压期间尽快地完成设计所要求的沉降量，使加载不能顺利进行。

根据预压荷载的不同，排水固结法可分为堆载预压、真空预压、降低地下水位预压、电渗预压及真空和堆载联合预压。堆载预压是工程上常用的软弱地基处理方法，一般用填土、砂石等材料堆载。真空预压是先在软弱地基内设置砂井，然后在地面铺设砂垫层，再在其上覆盖不透气的密封膜，利用真空装置对砂垫层及砂井抽气，促使孔隙水快速排出，加速地基固结。通过地下水位的下降使土体中的孔隙水压力减小，从而增大有效应力，促进地基固结的方法称为降低地下水位预压。通过电渗作用逐渐排出土中水的方法称为电渗预压。当真空预压达不到要求的预压荷载时，可与堆载预压联合使用，堆载预压荷载和真空预压荷载可叠加计算。在工程中应用时，可根据不同的土质条件选择相应的方法，也可以采用几种方法联合使用。

排水固结法加固软弱地基是一种比较成熟且应用广泛的方法，可提高软弱地基的承载力与稳定性、消除或减小建筑基底沉降量。该处理方法适用于处理各类淤泥、淤泥质土及冲填土等饱和黏性土地基。砂井堆载法适用于存在连续薄砂层的地基，对有机质土则不适用。真空预压法适用于能在加固区形成稳定负压边界条件的软弱地基。降低地下水位预压法、真空预压法和电渗预压法由于不增大剪应力，地基不会产生剪切破坏，故适用于很软弱的黏性土地基。

2. 砂井加载预压法

一般堆载预压法预压荷载的大小通常可与建筑物基底压力的大小相同。对沉降有严格要求的建筑物，应采取超载预压法。加载的范围不应小于建筑物基础外缘所包围的范围。

为了加速地基排水，缩短预压时间，可采用砂井加载预压法。砂井分为普通砂井、袋装砂井和塑料排水板（带）。

（1）砂井直径与间距

普通砂井直径可取 300～500 mm，间距一般为砂井直径的 6～8 倍；袋装砂井直径可取 70～100 mm；塑料排水带当量换算直径可按下式计算；袋装砂井或塑料排水带的间距一般为砂井直径的 15～22 倍。

$$d_p=\frac{2(b+\delta)}{\pi} \tag{1-16}$$

式中 d_p——塑料排水带当量换算直径，mm；

b——塑料排水带宽度，mm；

δ——塑料排水带厚度，mm。

（2）砂井深度

砂井深度主要根据土层的分布、地基中的附加应力、施工条件与期限以及建筑物对地基变形和稳定性的要求等因素确定。对已变形的建筑，砂井深度应根据在限定的预压时间内需完成的变形量确定，并宜穿透受压土层。对于较厚的受压土层（厚度超过 20 m），在施工条件允许时，应尽可能加深砂井深度，这对加速土层固结、缩短工期是有利的。对于用地基抗滑稳定性控制的工程，砂井深度应超过最危险滑动面 2 m。

（3）砂井平面布置

砂井的平面布置可采用正方形或等边三角形排列。砂井堆载排水示意图如图 1-10 所示。由于等边三角形的排列比较紧凑，所以在实际工程中采用较多。单根砂井的有效排水直径 d_e 与间距 s 的关系取用值为：

正方形 $d_e=1.13s$

等边三角形 $d_e=1.05s$

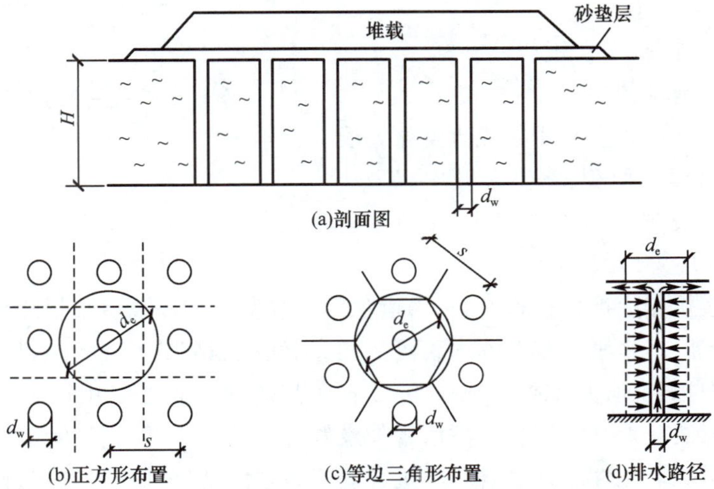

图 1-10 砂井堆载排水

砂井的布置范围一般以比建筑物基础范围稍大为好。因为基础以外一定范围内地基中仍然存在压应力和剪应力。基础外的地基土如能加速固结，则有利于提高地基的稳定性，减小侧向变形以及由此引起的沉降。

（4）砂井材料

砂井的砂料应选用中粗砂，其黏粒含量不应大于 3%。砂井的灌砂量应按井孔的体积和砂在中密时的干重度计算，其实际灌砂量不得小于计算值的 95%。灌入砂袋的砂宜用干砂，并应灌制密实，砂袋放入孔内至少应高出孔口 200 mm，以便埋入砂垫层中。

（5）砂垫层

为了使砂井具有良好的排水通道，砂井顶部应铺设砂垫层。垫层砂料和砂井砂料应相同，含泥量应小于 5%，砂料中可混有少量粒径小于 50 mm 的石粒，厚度不应小于 500 mm。在预压区边缘应设置排水沟，在预压区内宜设置与砂垫层相连的排水盲沟，将地基中排出的水引出预压区。

（6）砂井成孔施工

砂井堆载预压法施工一般都有专用的施工机械。普通砂井一般使用沉管灌注桩机或其他压桩机具压入或打入套管成孔，然后在孔中灌砂密实、拔管制成。袋装砂井则用专用振动或压入式机具施工。先将导管压入至预定深度，然后将预制好的砂袋置入导管内，最后上拔导管制成。

3. 真空预压法

真空预压法是在需要加固的软弱地基表面先铺设砂垫层，然后埋设垂直排水通道，再用不透气的密封膜（橡皮布、塑料布、黏性土或沥青等）使其与大气隔绝，将膜四周埋入土中，通过砂垫层内埋设的吸水管道，用真空装置进行抽气，先后在地表砂垫层和竖向排水通道内形成负压，使土体内部与排水通道、砂垫层之间形成压力差，在此压力差作用下，土体中的孔隙水不断地从排水通道中排出，从而使土体固结，如图 1-11 所示。

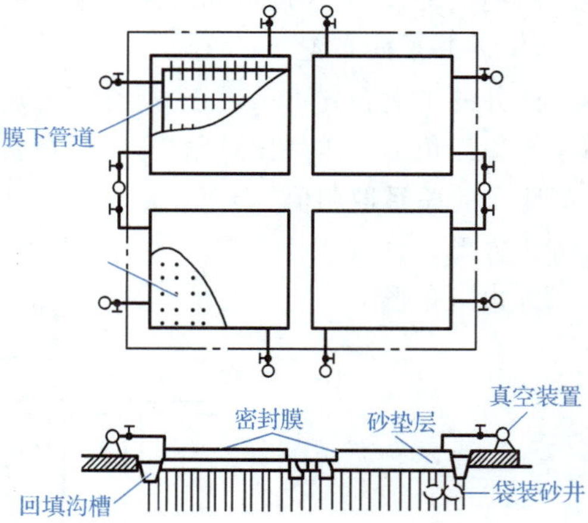

图 1-11 真空预压排水

真空预压和加载预压比较，具有如下优点：

①不需要堆载材料，节省运输与造价。

②场地清洁，噪声小。

③不需要分期加荷，工期短。

④可在很软的地基使用。

真空预压的抽气设备宜采用射流真空泵。真空泵的设置应根据预压面积、真空泵效率以及工程经验确定，但每块预压区至少应设置两台真空泵。

真空管路的连接点应严格进行密封，为避免膜内真空度在停泵后很快降低，在真空管路中应设置止回阀和截门。水平向分布滤水管可采用条状、梳齿状或羽毛状等形式。滤水管一般设在排水砂垫层中，其上宜有 100～200 mm 砂覆盖层。滤水管可采用钢管或塑料管，滤水管在预压过程中应能适应地基的变形。滤水管外设置可靠滤层，以防止滤管被堵塞。

密封膜应采用抗老化性能好、韧性好、抗穿刺能力强的不透气材料。密封膜热合时宜用两条热合缝平行搭接，搭接长度应大于 15 mm。密封膜宜铺设 3 层，膜的周边可采用挖沟折铺、平铺并用黏性土压边、围埝沟内覆水以及膜上全面覆水等方法进行密封。

真空预压处理地基除应进行地基变形和孔隙水压力观测外，尚应测量膜下和砂井不同深度的真空度，以保证真空度满足设计要求。

真空预压后的地基应进行十字板抗剪强度试验及室内土工试验等，以检验处理效果。

1.5.6 挤密法和振冲法

1.挤密法

挤密法是以振动或冲击等方法（如沉管或爆破等），在软弱地基中挤压成孔，随后向孔内填入砂、石、土、石灰、灰土或其他材料，经夯实或振密，构成桩体的一种地基处理方法。按其填入材料的不同，挤密法可以分为砂石桩挤密法、土桩挤密法及灰土桩挤密法等。

(1)加固机理

对于砂土地基，主要靠桩管打入地基中，对土产生横向挤密作用，使土粒相对移动，小颗粒填入大颗粒的空隙，空隙减少，使土密实，因而提高地基土的抗剪强度，防止砂土液化。对于黏性土地基，由于桩体本身具有较大的强度和变形模量，桩的断面也较大，故桩体与土组成复合地基，从而提高了地基承载力，减小了基础的沉降量和不均匀沉降量。砂桩在地基中形成了良好的排水通道，加速了土的固结。

(2)适用范围

挤密砂桩常用来加固松砂地基、松散的杂填土地基及黏粒含量不多的黏性土地基。而挤密土桩及灰土桩常用来加固湿陷性黄土地基。对于饱和软黏土地基，由于其渗透性小、抗剪强度低、灵敏度较大，所以在夯击沉管过程中土内产生的孔隙水压力不能迅速消散，挤密效果不明显。反而破坏了土的天然结构，使其抗剪强度降低。因此，在实际工程中必须慎重对待。

必须指出：挤密砂桩与上节中介绍的用于堆载预压加固的排水砂井都是以砂为填料的桩体，但两者的作用是不同的。砂桩的作用主要是挤密，故桩径与填料密度大，桩距较小；而砂井的作用主要是排水固结，故井径和填料密度小，间距大。

(3)砂石挤密桩的设计要点及施工要点

①设计要点

处理范围：砂石桩处理范围应大于基底范围，处理宽度宜在基础外缘加宽1～3排桩。对可液化地基，在基础外缘扩大宽度不应小于可液化土层厚度的1/2，并不应小于5 m。

桩直径及平面布置：砂石桩直径可根据地基土质情况和成桩设备等因素确定，一般为300～800 mm，对饱和黏性土地基宜选用较大的直径。平面布置宜采用等边三角形或正方形。

桩间距：砂石桩的间距应通过现场试验确定。对粉土和砂土地基，不宜大于砂石桩直径的4.5倍；对黏性土地基，不宜大于砂石桩直径的3倍。

桩长：砂石桩桩长可根据工程要求和工程地质条件通过计算确定，且不宜小于4 m。

垫层：砂石桩顶部宜铺设一层厚度为300～500 mm的砂石垫层。

②施工要点

施工设备：砂石桩施工可采用振动沉管、锤击沉管或冲击成孔等成桩法。当用于消除粉细砂及粉土液化时，宜用振动沉管成桩法。

施工顺序：对砂土地基，宜从外围或两侧向中间进行；对黏性土地基，宜从中间向外围或隔排施工。在既有建筑邻近施工时，应按背离建筑方向进行。

施工要求：施工前应进行成桩工艺和成桩挤密试验。当成桩质量不能满足设计要求时，应在调整设计与施工有关参数后，重新进行试验或改变设计方案。施工时，桩位水平偏差不应大于套管外径的30%，套管垂直度偏差不应大于1%。

(4)土桩和灰土挤密法的设计要点及施工要点

①设计要点

处理范围：土桩和灰土桩挤密法处理地基的面积，应大于基础或建筑物底层平面的面积，以保证地基的稳定性。

局部处理一般用于消除地基的全部或部分湿陷量或用于提高地基的承载力，通常不考虑防渗隔水作用。对非自重湿陷性黄土、素填土和杂填土等地基，每边超出基础底面的宽度不应小于基底宽度的1/4，且不应小于0.50 m；对自重湿陷性黄土地基，每边超出基础底面的宽度不应小于基底宽度的3/4，且不应小于1.00 m。

整片处理除了消除土层的湿陷外，还具有防渗隔水的作用。整片处理时，超出建筑物外墙基础底面外缘的宽度，每边不宜小于处理土层厚度的1/2，并不应小于2.00 m。

土桩和灰土桩挤密法处理地基的深度，应根据建筑场地的土质情况、工程要求和成孔及夯实设备等综合因素确定。

桩直径及平面布置：桩孔直径可根据所选用的成孔设备或成孔方法确定，一般为300～450 mm。桩孔宜按等边三角形布置。

桩间距：桩孔之间的中心距离，可为桩孔直径的2.0～2.5倍，也可按《建筑地基处理技术规范》(JGJ 79—2012)提供的有关公式估算。

垫层：桩顶标高以上应设置300～500 mm厚的2∶8灰土垫层，其压实系数不应小于0.95。

②施工要点

土桩和灰土桩的桩孔填料不同，但两者的施工工艺和程序相同。成孔挤密的施工方法有沉管(锤击、振动)法、爆扩法和冲击法。沉管法是目前国内常用的一种，具体采用哪种方法应根据土质情况、桩孔深度、机械设备和当地施工经验等条件来确定。

成孔时，地基土宜接近最优含水量，当土的含水量低于12%时，宜对拟处理范围内的土层进行增湿。当整片场地成孔和孔内回填夯实时，宜从里向外间隔1～2孔进行，对大型工程，可采取分段施工；当局部处理时，宜从外向里间隔1～2孔进行。雨季或冬季施工时，应采取防雨或防冻措施，防止灰土和土料受雨水淋湿或冻结。

(5)质量检验

①应检查砂桩的沉桩时间、各段填砂量、提升速度和桩位偏差等。

②可用标准贯入试验、静力触探或动力触探等方法检测桩体及桩间土挤密质量。桩间土质量检测位置应在等边三角形或正方形的中心。检测数量应不少于桩数的2%，当有10%的桩未达到设计要求时，应采取加桩或其他补救措施。质量检测应在施工后间隔一定时间进行，对饱和黏性土，间隔时间宜为1～2周；其他土可在施工后3～5天进行。

2. 振冲法

利用振动和水冲加固土体的方法称为振冲法。在振动和水冲过程中，向孔内填砂或碎石等材料而形成的圆柱体称为振冲桩。在无黏性土中，成桩的施工过程对桩间土有挤密作用，故称为振冲挤密；在黏性土中，振冲主要是在土中形成直径较大的桩体与原地基土共同组成复合地基，其主要作用为置换，故称为振冲置换。

(1)加固机理

振冲作用在砂土中和黏性土中是不同的。在砂土中，振冲器对土施加水平振动和侧向挤压作用，使土的孔隙水压力逐渐增大。土粒便向低势能位置转移，土体由松变密。当孔隙水压力增大到大于主应力值时，土体液化、加密。所以振冲对砂土的作用主要是振动和密实振动液化，然后随着孔隙水消散固结，砂土挤密。根据工程实践的结果，砂土加固的效果取决于土的性质（如砂土的密度、颗粒的大小、形状、级配、渗透性和上覆压力等）和振冲器的性能（如偏心力、振动频率、振幅和振动历时等）。土的平均有效粒径在 0.2～2.0 mm 时，加密的效果较好；颗粒较细，易产生较大的液化区，振冲加固的效果较差。所以对于颗粒较细的砂土地基，需在振冲孔中添加碎石形成碎石桩，才能获得较好的加密效果。

(2)适用范围

振冲挤密法适用于处理粉细砂到砾粗砂地基，不加填料时仅适用于处理黏粒含量不超过 10%的粗砂、中砂地基。当细颗粒含量大于 20%时，挤密效果明显降低。振冲置换法适用于处理不排水抗剪强度不小于 20 kPa 的黏性土、粉土、黄土和人工填土等，有时还可以用来处理粉煤灰。由于桩身为散体材料，其抗压强度与周围压力有关，故过软的土层不宜使用。

(3)设计要点

①振冲置换法的设计要点

处理范围：应根据建筑物的重要性和场地条件确定，通常大于基底面积。对于一般地基，在基础外缘宜扩大 1～2 排桩；对可液化地基，在基础外缘宜扩大 2～4 排桩。

桩位的布置：对大面积满堂处理宜采用等边三角形布置；对独立或条形基础，宜采用正方形、矩形或等腰三角形布置。桩的间距应根据荷载和原土的抗剪强度确定，可采用 1.5～2.5 m。荷载大而原土强度低时取小值，反之取大值。对桩端未达相对硬层的短桩应取小值。

桩长的确定：当相对硬层的埋藏深度不大时应达硬层；当相对硬层的埋藏深度较大时，应按建筑物地基的变形允许值确定。桩长不宜短于 4 m。在可液化的地基中，按地基需消除液化处理深度确定。

桩顶应铺设 200～500 mm 厚的碎石垫层。

桩体材料可用含泥量不大的碎石、卵石、角砾、圆砾等硬质材料。材料的最大粒径不宜大于 80 mm。对于碎石，常用的粒径为 20～50 mm。

桩的直径按每根桩填料量计算，常用 0.8～1.2 m。

振冲置换后的复合地基的承载力标准值应按现场复合地基荷载试验确定，也可根据荷载试验数据按有关公式计算。

②振冲挤密法的设计要点

振冲挤密法的特点是桩间土的强度大于振冲置换法，而桩身强度与原土层强度及填料种类有关，设计时应考虑其特点。

处理范围应大于建筑物基础范围，在建筑物基础外缘每边放宽不得小于 5 m。

当可液化土层不厚时，振冲深度应穿透整个可液化土层；当可液化土层较厚时，振冲深度应按抗震要求的处理深度确定。

振冲点宜按等边三角形或正方形布置，间距一般可取 1.8～2.5 m。

填料量应通过现场试验确定。填料宜用碎石、卵石、角砾、圆砾、砾砂、粗砂等。

复合地基承载力标准值应按现场荷载试验确定。

(4)施工要点

在既有建筑邻近施工时，宜用功率较小的振冲器。升降振冲器的机具可用起重机、自行井架式施工平车或其他合适的机具设备。

振冲施工可按下列步骤进行：

①清理平整施工场地，布置桩位。

②施工机具就位，使振冲器对准桩位。

③启动水泵和振冲器，水压可用 400～600 kPa，水量可用 200～400 L/min，使振冲器徐徐沉入土中，直至达到设计处理深度以上 0.3～0.5 m，记录振冲器经各深度的电流值和时间，提升振冲器至孔口。

④重复步骤③1～2 次，直至孔内泥浆变稀，然后将振冲器提出孔口。

⑤向孔内倒入一批填料，将振冲器沉入填料中进行振密，此时电流随填料的密实而逐渐增大，电流必须超过规定的密实电流。若达不到规定值，应向孔内继续加填料，振密，记录这一深度的最终电流值和填料量。

⑥将振冲器提出孔口，继续制作上部的桩段。

⑦重复步骤⑤、⑥，自下而上地制作桩体，直至孔口。

⑧关闭振冲器和水泵。

施工过程中，各段桩体均应符合密实电流、填料量和留振时间三方面的规定。这些规定应通过现场成桩试验确定。在施工场地上应事先开设排泥水沟，将成桩过程中产生的泥水集中引入沉淀池。定期将沉淀池底部的厚泥浆挖出并运送至预先安排的存放地点。沉淀池上部较清的水可重复使用。

应将桩顶部的松散桩体挖除或用碾压等方法使之密实，随后铺设并压实垫层。

(5)质量检验

振冲法施工质量的检验目的有两个：一是检查桩体质量是否符合规定，即施工质量检验；另一个是在桩体质量全部符合规定的前提下，验证复合地基的力学性质是否全部满足设计方面的各项要求，即加固效果检验。前者每个工程均必须进行，后者仅对土质条件复杂或大型地基工程或有特殊要求的工程进行。

振冲法施工质量检验常用的方法有动力触探试验和单桩荷载试验，而振冲挤密桩还可用现场开挖取样、标准贯入试验或旁压试验。加固效果检验常用的方法有单桩复合地基荷载试验和多桩复合地基大型荷载试验。土坡抗滑问题常用原位大型剪切试验。通过振前、振后资料的对比可明确处理效果。

1.5.7 化学加固法

1. 灌浆法

灌浆法又称为注浆法。它利用气压、液压或电化学原理将某些能固化的浆液通过注浆管均匀地注入地层中，以填充、渗透和挤密等方式替代土颗粒间孔隙或岩石裂隙中的水和气，经过一定时间后，浆液将松散的土体或有缝隙的岩石胶结成整体，形成强度高、防水性能高和化学稳定性好的人工地基。

(1)灌浆法的适用范围与作用

灌浆法适用于处理砂土、粉土、黏性土和人工填土等地基，具有价格低廉、不具毒性等优点。目前，在我国的煤炭、冶金、水利水电、建筑、交通和铁道等部门的有关工程中得到广泛应用。

灌浆法加固地基的作用主要有以下几个方面：

①增强地基土的不透水性，提高其抗渗能力，改善地下工程的开挖条件。

②堵漏，截断渗透水流。

③提高地基承载力，减小地基的沉降量或不均匀沉降量。

④整治塌方滑坡，处理路基病害。

⑤对原有建筑物的地基进行处理，尤其是对古建筑的地基加固。

(2)灌浆材料

灌浆材料分类的方法较多。按浆液所处状态可分为真溶液、悬浊液和乳化液；按工艺性质可分为单液浆和双液浆；按主剂性质可分为无机系和有机系；按浆液颗粒大小可分为粒状浆液和化学浆液。

①粒状浆液：由水泥、黏性土、沥青等以及它们的混合物制成的浆液。常用的是水泥浆液(悬浊液)，该浆液以水泥浆为主液，在地下水无侵蚀性条件下，一般采用普通硅酸盐水泥。水泥浆的水灰比一般为1∶1，这种浆液能形成强度较高、渗透性较小的固结体。它取材容易，配方简单，价格便宜，不污染环境，因而成为国内外常用的浆液。

②化学浆液：一种真溶液，种类较多，如环氧树脂类、甲基丙烯酸酯类、聚氨酯类、丙烯酰胺类、木质素类和硅酸盐类等。其优点是可以进入水泥浆不能灌注的小孔隙，黏度及凝胶时间可在很大范围内调整，可用于堵漏、防渗、加固等；其缺点是施工工艺较复杂，成本高，有不同程度的污染等。

(3)灌浆法机理

①渗透灌浆：在灌浆压力作用下，浆液渗入土的孔隙和岩石的裂隙，使土的密实度提高，土体和裂隙岩石胶结成整体，这种灌浆方法称为渗透灌浆。渗透灌浆的特点是注浆压力一般较小，浆液注入土层后基本不改变原状土的结构和体积。渗透灌浆一般仅适用于中砂以上的砂性土和有裂隙的岩石。

②挤密灌浆：用较高的压力将浓度较大的浆液注入土层，在注浆管底部附近形成"浆泡"，使注浆点附近的土体挤密。硬化的"浆泡"是一个坚固的、压缩性很小的球体或圆柱体。挤密灌浆可用于调整不均匀沉降以及在大开挖或隧道开挖时对邻近土体的加固处理，适用范围为非饱和的土体。

③劈裂灌浆：在压力作用下，浆液克服地层的初始应力和抗拉强度，使地层中原有的裂隙或孔隙张开，形成新的裂隙和孔隙，促使浆液灌入并增加其可灌性和扩散距离。劈裂灌浆的特点是灌浆过程中将引起岩石和土体结构的扰动和破坏，注浆压力相对较高。

④电动化学灌浆：在电渗排水和灌浆法的基础上发展起来的一种加固方法，即在黏性土中将带孔的灌浆管作为阳极，用滤水管作为阴极，将浆液由阳极压入土中，通以直流电，在电渗作用下使孔隙水由阳极流向阴极，促使通电区域中土的含水量降低，形成渗浆通路，使浆液得以顺利流入土中，达到加固地基的目的。

2. 高压喷射注浆法

高压喷射注浆法是指利用特制的机具向土层中喷射浆液，与破坏的土混合或拌和使地基土层固化。

(1)加固机理

高压喷射注浆法是利用钻机把带有特殊喷嘴的注浆管钻进至设计的土层深度，用高压设备使浆液形成压力为20 MPa左右的射流从喷嘴中喷射出来冲击并破坏土体，使土粒从土体剥落下来与浆液搅拌混合，经凝结固化后形成加固体。加固体的形状与注浆管的提升速度和喷射流方向有关。

(2)分类与施工工艺

①高压喷射注浆法按注浆形式一般可分为旋转喷射(简称旋喷)、定向喷射(简称定喷)和摆动喷射(简称摆喷)三种。

旋喷时,喷嘴边喷射边旋转和提升,可形成圆柱状加固体(又称为旋喷桩)。定喷时,喷嘴边喷射边提升而且喷射方向固定不变,可形成墙板状加固体。摆喷时,喷嘴边喷射边摆动一定角度并提升,可形成扇形状加固体。

②按喷射管结构分为单管法、二重管法和三重管法三种。

单管法只喷射水泥浆液,一般形成直径为 0.3～0.8 m 的旋喷桩。二重管法开始先从外管喷射水,然后外管喷射瞬时固化材料,内管喷射胶凝时间较长的渗透性材料,两管同时喷射,形成直径为 1 m 的旋喷桩。三重管法为三根同心管子,内管通水泥浆,中管通 20～25 MPa 的高压水,外管通压缩空气。施工时先用钻机成孔,然后把三重旋喷管吊放到孔底,随即打开高压水和压缩空气阀门,通过三重旋喷管底端侧壁上直径为 2.5 mm 的喷嘴,喷射出高压水和气,把孔壁的土体冲散。同时,泥浆泵把高压水泥浆从另一喷嘴压出,使水泥浆与冲散的土体拌和,三重管慢速旋转提升,把孔周围地基加固成直径为 1.3～1.6 m 的坚硬桩柱。

(3)适用范围

高压喷射注浆法适用于处理淤泥、淤泥质土、流塑、软塑或可塑黏性土、粉土、砂土、黄土、素填土和碎石土等地基。当土中含有较多的大粒径块石、坚硬黏性土、大量植物根茎或过多的有机质时,应根据现场试验结果确定。

高压喷射注浆法可用于既有建筑和新建筑的地基处理、深基坑侧壁挡土或挡水、基坑底部加固、防止管涌与隆起、坝的加固与防水帷幕等工程。对地下水流速过大或已涌水的工程应慎重使用。

3. 深层搅拌法

深层搅拌法是利用水泥、石灰等材料作为固化剂(浆液或粉体)的主剂,通过特制的深层搅拌机械,在地基深处就地将软土和固化剂强制搅拌,利用固化剂与软土所产生的一系列物理化学反应,使软土硬结成具有整体性、水稳定性和一定强度的土桩或地下连续墙。以粉体为加固材料时,施工中不必加水,水泥与土在搅拌过程中发生水化作用的水可从被加固的土体中吸取,从而可减少土中的含水量,提高土的强度。喷射的粉体比浆液更容易与土体拌和,均匀性也较好。

(1)适用范围

深层搅拌法最适宜加固各种成因的饱和软黏土,如处理淤泥、淤泥质土、粉土和黏性土地基。当用于处理泥炭土或地下水具有侵蚀性时,宜通过试验确定其适用性。冬期施工时应注意负温对处理效果的影响。

(2)施工机具与工艺

深层搅拌法的主要机具是双轴或单轴回转式深层搅拌机。它由动力部分、搅拌轴、搅拌头和输浆管等组成。动力部分带动搅拌头回转,输浆管输入水泥浆液与周围土体拌和,形成一个平面“8”字形水泥加固体。采用深层搅拌法施工,目前国内陆上最大施工深度已超过 27 m。

深层搅拌法可根据需要将地基加固成柱状、壁状和块状三种形式。柱状是每隔一定的距离打设一根搅拌桩,适用于单独基础和条形、筏板基础下的地基加固;壁状是将相邻搅拌桩部分重叠搭接而成,适用于深基坑开挖时的软土边坡加固以及多层砌体结构房屋条形基础下的加固;块状是将多根搅拌桩纵横相互重叠搭接而成,用于上部结构荷载大而对不均匀沉降控制严格的建筑物地基加固，还用于防止深基坑隆起及封底。

由于深层搅拌法是将固化剂直接与原有土体搅拌混合，没有成孔过程，也不存在孔壁横向挤压问题，因此对附近建筑物不产生有害的影响；同时经过处理后的土体重度基本不变，不会由于自重应力增大而导致软弱下卧层的附加变形。施工时无震动、噪声、污染等问题。

1.5.8 托换法

托换法是对既有建筑物的地基和基础进行处理和加固，或在既有建筑物基础下需要修建地下工程，以及邻近新建工程而影响既有建筑物的安全等问题的处理方法的总称。

1. 分类

托换法可根据托换的性质、目的、方法、时间等进行分类。

(1)按托换性质分类

按托换的性质可分为：既有建筑物地基设计不符合要求；既有建筑物增层、扩建或改建；邻近修建地下工程；新建工程；深基坑开挖等。

(2)按托换目的分类

按托换目的可分为：补救性托换、预防性托换和维持性托换三种。

①补救性托换是指既有建筑物基础下地基土不能满足承载力和变形要求，或因拟对既有建筑物进行增层改造、扩建或改建等而使基础下地基土不能满足承载力和变形要求时，需扩大既有建筑物基础底面积或加深基础至比较好的持力层上，或需对地基进行处理的托换工程。

②预防性托换是指虽然既有建筑物的地基土能满足地基承载力和变形要求，但由于在其邻近要修建较深的新建筑物基础，包括深基坑开挖和隧道穿越，可能危及既有建筑物的安全使用，用托换技术对既有建筑物的地基基础所采取的预防性措施。

③维持性托换是指在新建的建筑物基础上预先设置可装设顶升的措施(如预留安放千斤顶位置)，以适应事后产生不允许出现的地基差异沉降值时，设置千斤顶调整差异沉降。

(3)按托换方法分类

按托换方法可分为：桩式托换法、灌浆托换法和基础加固法三种。

①桩式托换法：所有采用桩的形式进行托换的方法都称为桩式托换法，包括坑式静压桩托换、锚杆静压桩托换、灌注桩托换和树根桩托换等。桩式托换适用于软弱黏性土、松散砂土、饱和黄土、湿陷性黄土、素填土和杂填土等地基。

②灌浆托换法：灌浆托换法采用气压或液压将各种有机或无机化学浆液注入土中，使地基固化，起到提高地基土承载力、消除湿陷性和防渗堵漏等作用。根据灌浆材料的不同，可分为水泥灌浆法、硅化法和碱液法等。灌浆托换法适用于既有建筑物的地基处理。灌浆托换属于原位处理，施工较为方便，浆料硬化快，加固体强度高，一般可实现不停产加固。但因材料价格较高，故一般仅用于浅层加固处理，加固深度通常为 3～5 m，且宜与其他托换方法进行经济技术比较后，再决定是否采用。

③基础加固法：采用水泥浆或环氧树脂等浆液灌浆，或加大基础底面面积、增大基础深度使基础支撑在较好的土层上的加固方法，统称基础加固法。具体可分为灌浆法、加大基础托换法和坑式托换法等。适用于建筑物基础支撑能力不足的既有建筑物的基础加固。

(4)按托换时间分类

按托换时间可分为：临时性托换法和永久性托换法。

2. 实施步骤

①对需要加固的既有建筑物结构进行加固。

②采取适当而稳妥的办法，将既有建筑物基础的全部或部分支托住。

③根据需要，对既有建筑物地基或基础进行加固。

④当需要在既有建筑物下修建地下构筑物时，在基础已支托的状态下，在原基础下开挖土方，并进行该部分施工。

⑤将荷载传到新建的地下工程上。

⑥必要时，拆除托换结构。

3. 特点和适用范围

(1)特点

①在既有建筑物的基础下进行，施工空间较小。

②托换范围往往由小到大，逐步扩大。在任何情况下，都是一部分被托换后，才能开始另一部分的托换工作。

③技术难度较大，费用较高，工期较长。

④责任较大，必须精心设计和施工，否则会危及生命和财产的安全。

(2)适用范围

托换法适用于既有建筑物的加固、增层或扩建，以及受修建地下工程、新建工程或深基坑开挖影响的既有建筑物的地基处理和基础加固。根据既有建筑物的地基基础情况，可采用一种或几种托换法进行综合加固处理。

项目式工程案例

一、工作任务

1. 软弱地基处理任务

某拟建住宅小区 7 层点式住宅楼的软弱地基处理。

2. 工程概况

该住宅小区场地位于太原市汾河东岸，住宅楼均为 7 层点式住宅。该建筑全长为 36 m，宽为 30 m，建筑面积为 7 560 m^2，层高为 3 m，檐口高度为 21 m。基础采用钢筋混凝土条形基础，基底宽度为 2.2 m，底板厚度根部为 500 mm，端部为 300 mm，基础梁截面为 400 mm×600 mm，基础埋置深度为 2.5 m。该建筑地基处理桩位平面布置如图 1-12 所示。

3. 地质条件

查阅工程地质勘察资料得知，该工程施工深度范围内地层土质分布情况如下：室外地面标高为－0.6 m，地面以下 0.5～1.0 m 为杂填土；基础埋置深度为 2.0 m，相应的地基持力层为厚度达 10 m 的高压缩性流塑态的淤泥质土，基底标高为－3.1 m；地基持力层的承载力特征值为 75 kPa。地下水位深度在地面以下 2.76 m 处。

4. 地基处理方案及要求

经过反复比较技术经济指标，最后确定该地基处理方案采用水泥土搅拌桩，桩长为 8 m，桩径为 600 mm，桩位平面布置如图 1-12 所示。要求对该软弱地基进行科学合理、安全经济的

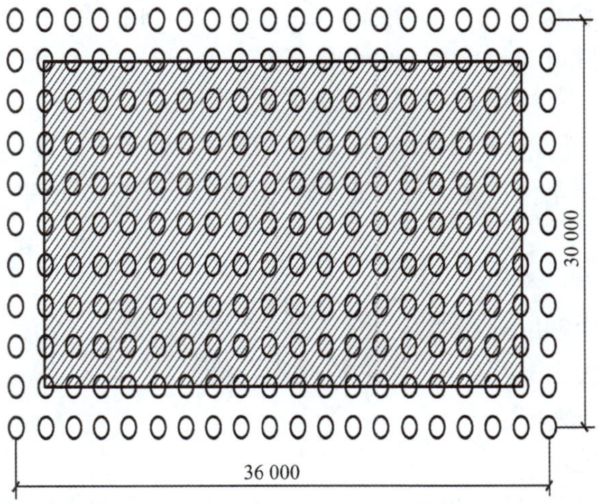

图 1-12 建筑地基处理桩位平面布置

处理，并确保文明施工，施工时间为 5 月，并要求处理后的人工复合地基承载力不低于 160 kPa。

二、工作项目

(1)地基处理施工前期准备。

(2)地基处理施工工艺流程规划。

(3)地基处理施工组织实施。

(4)地基处理施工质量与安全控制。

(5)地基处理工程验收与评价。

(6)地基处理工程资料整理。

三、工作手段

本工程依据《建筑地基基础设计规范》(GB 50007—2011)、《建筑基坑支护技术规程》(JGJ 120—2012)、《建筑地基基础工程施工质量验收标准》(GB 50202—2018)与《建筑与市政地基基础通用规范》(GB 55003—2021)进行。涉及主要业务内容包括：场地工程地质勘察报告、基础施工图、地基处理桩位平面布置图、深层搅拌机、灰浆搅拌机、高压泵、钢尺、经纬仪、水准仪、木桩、铁锤、铁钉、铁锹、工程线等。

四、案例分析与实施

1. 地基处理施工前期准备

(1)技术准备

收集并熟悉相关图纸及规范。主要有场地工程地质勘探报告、地基处理桩位平面布置图、地基与基础设计规范、地基与基础工程施工验收规范。

(2)材料准备

提出各施工主材与辅材的用料计划并组织采购。主要有 42.5 级硅酸盐水泥、碎石、灰浆。

(3)机具准备

提出该地基处理所需要的施工机具与设备并组织采购。主要有 SJB-1 型搅拌机两台、灰浆搅拌机两台(200 L轮流供料)、HB6-3型灰浆泵两台、集料斗(容积0.4 m^3)、起吊设备(提升力为150 kN)、电气控制柜。

(4)作业条件准备

①一般条件准备

组织三通一平的作业条件准备工作,即水通、电通、道路通、场地平。

②特殊条件准备

- 组织地基勘察。
- 由建设、勘察、设计单位商定地基处理方案,完成后由监理、设计、施工三方复验签认。
- 根据设计要求水灰比试配砂浆,并进行检验合格。
- 施工控制网点检查完好。

2. 地基处理施工工艺流程规划

定位、放线→桩架就位→桩钻对准→下钻→喷搅提升→二次下钻→二次喷搅→桩架移位。

深层搅拌法施工工艺流程,如图1-13所示。

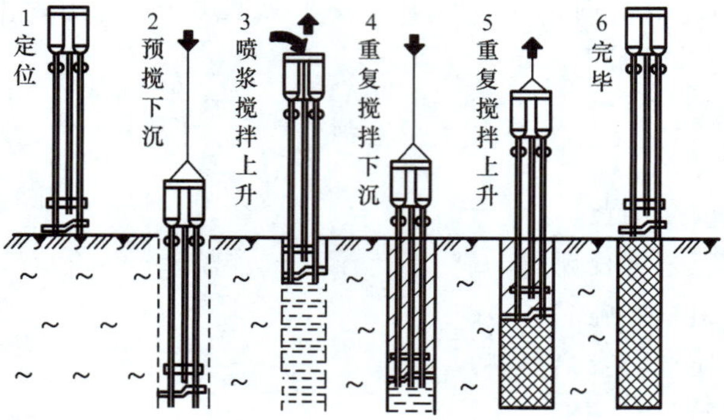

图1-13 深层搅拌法施工工艺流程

3. 地基处理施工组织实施

(1)水泥浆制备

按设计配合比拌制水泥浆,水泥掺入量宜为被加固土重的15%～18%,灰浆水灰比通常为0.4～0.6,待压浆前将水泥浆倒入集料斗备用。

(2)定位

起重机或塔架将搅拌机吊到指定桩位进行对准,应使导向架和钻杆均保持与地面垂直。

(3)预搅下沉

待搅拌机冷却水循环正常后,启动搅拌机电动机,沿导向架搅拌切土下沉直至桩长的设计底标高,下沉速度可由电动机电流监测表控制,工作电流不应大于70 A,下沉速度一般为0.7～1.0 m/min。当下沉速度太慢时,可从输浆系统补给清水,以便钻进。

(4)喷搅提升

搅拌机头下降到设计深度后,开启灰浆泵,将水泥浆通过输浆管压入地层中,同时喷浆。边搅拌、边提升钻机至桩顶标高,提升速度通常为0.6～0.7 m/min。

(5)重复搅拌下沉、重复喷搅提升

根据设计要求可重复步骤(3)(4),形成所谓"四搅两喷"或"六搅三喷"水泥土搅拌桩。

(6)清洗

注入适量清水,清洗管路中的残存水泥浆及搅拌头泥土。

(7)桩架移位

成桩后将桩架移至下一桩位。

4. 地基处理施工质量与安全控制

(1)地基处理施工质量控制

①施工时设计停浆面一般应高出基底标高 0.5 m,开挖时应将该质量较差段挖去。

②桩位偏差不应超过 50 mm,垂直度偏差不应超过 0.5%,桩径偏差不应超过 4%。

③灰浆应搅拌均匀,停置时间不应超过 2 h 且不得离析。

④应使用流量泵控制输浆速度,使流量泵出口压力保持在 0.4~0.6 MPa 并连续泵送。

⑤应根据设计要求通过成桩试验,确定搅拌桩的配合比等各项施工参数和施工工艺。

⑥应喷浆座底 30 s,使浆液完全到达桩端,保证桩端质量。

⑦如因故停浆,需将搅拌机下沉至停浆点下 500 mm,待恢复供浆时再喷浆提升;若停机超过 3 h,宜拆卸输浆管路妥善清洗,再行喷搅。

⑧施工过程应有专人记录。

(2)环境保护、职业安全措施

①环境保护措施

- 水泥和细颗粒散体材料应在库内存放或遮盖。
- 运输细颗粒散体材料或渣土时,必须覆盖,以防扬尘,并不得沿途遗撒。
- 施工现场应采取洒水降尘措施,指定专人负责现场洒水降尘和清理浮土。
- 施工中的废水、废浆等,应及时排入事先挖好的沉淀池中,不得随意排放。
- 施工中应采取降噪措施,减少扰民。
- 钻孔过程中,对钻出的泥土应及时运走,保持场地平整。
- 雨期应做排水沟和集水坑,及时将积水排走,确保场地无积水。

②职业安全措施

- 专业工种(包括钻机司机、装载司机、电工、信号工、钢筋工、混凝土工等)必须持证上岗。
- 钻机及其所配套的电动机、卷扬机、内燃机、液压装置等操作,应执行国家现行标准《建筑机械使用安全技术规程》(JGJ 33—2012)的规定。
- 钻机周围 5 m 以内应无高压线路,作业区应有明显标志或围栏,严禁闲人入内。
- 卷扬机钢丝绳应经常处于润滑状态,防止干摩擦。
- 电缆应尽量架空设置,不能架起的绝缘电缆通过道路时应采取保护措施,钻机行走时应设专人提电缆同行。
- 钻机作业中,电缆应有专人负责收放;如遇停电,应将控制器置于零位,切断电源,将钻头接触地面。
- 作业后应及时清除螺旋叶片上的泥土,此时需将钻头下降接触地面,各部位制动住,切断电源。

5. 地基处理工程验收与评价

(1)对施工工艺及过程进行评估

施工工艺是否科学合理,施工过程是否连续、有效。

(2)对加固后的人工复合地基进行检测

①对桩体几何参数的检验:桩位、桩径、桩长、垂直度、桩体完整性。

②对桩体力学性能的检验:桩体强度、桩体弹性模量、复合地基承载力。

(3)评定加固效果

根据以上检测结果对地基处理工程进行综合评价，确定其是否达到任务规定要求指标进而判断地基处理是否合格。

6. 地基处理工程资料整理

详细整理地基处理全过程的施工资料，分类存档，以备查阅。

①地基处理施工图纸、地质勘探资料。

②水泥、外加剂的出厂合格证及复检报告。

③各工序的施工记录。

④地基处理各分项工程检验批质量验收记录表。

本章小结

本章主要介绍了土的组成、土的三相比例关系、土的物理性质指标、土的物理状态指标、岩土的工程分类及地基处理的目的、意义、对象、方法及选用原则。

复习思考题

1-1　土由哪几部分组成？分别对土的性质有何影响？

1-2　土的物理性质指标有哪些？哪些是试验指标？哪些是导出指标？

1-3　何谓粒组？粒组如何划分？

1-4　土中水的存在形态有哪些？对土的工程性质影响如何？

1-5　无黏性土最主要的物理状态指标是什么？评定碎石土、砂土密实度的方法有哪些？

1-6　黏性土的物理状态指标是什么？其主要影响因素是什么？

1-7　何谓液限、塑限？它们与土的天然含水量是否有关？

1-8　地基岩土分为哪几类？各类土划分的依据是什么？

1-9　地基处理的目的是什么？常用的地基处理方法有哪些？其适用范围是什么？

1-10　机械压实法包括哪些方法？其适用条件是什么？

1-11　强夯法适用于处理哪些地基？其作用机理是什么？

1-12　试述换土垫层法的作用与适用范围，以及砂石垫层的施工要点。

1-13　试述排水固结法的加固机理及适用条件。

1-14　挤密法和振冲法的适用范围是什么？砂石挤密桩的设计与施工要点是什么？

1-15　灌浆法加固地基的机理有哪些？

1-16　托换法的含义是什么？托换法是如何分类的？

综合练习题

1-1　某教学楼地基勘探中用环刀取 100 cm^3 原状土样，用天平称得湿土质量为 185 g，烘干后称得质量为 155 g，已知土粒相对密度 $G_s=2.66$。试计算土样的重度、含水量、孔隙比、孔隙率、饱和度、饱和重度、有效重度和干重度。

1-2　某住宅地基土样试验中，测得土样的含水量 $w=19.6\%$，干重度 $\gamma_d=16.8$ kN/m^3，土粒相对密度=2.7。试计算重度 γ、孔隙比 e、饱和度 S_r、饱和重度 γ_{sat} 和有效重度 γ'。

1-3　某土样颗粒分析结果见表 1-23，标准贯入试验锤击数 $N=31$，试确定该土样的名称和状态。

表 1-23　　颗粒筛分试验结果表

粒径/mm	20～2	2～0.5	0.5～0.25	0.25～0.075	0.075～0.05	<0.05
粒组含量/%	12.1	17.7	36.4	19.2	10.1	4.5

1-4　某住宅小区甲、乙两个钻孔土样的物理性质试验结果见表 1-24，试分析判断下列结论的正确性。

表 1-24　　甲、乙土样物理性质指标

土样	w/%	G_s	w_L/%	w_P/%	S_r
甲	44.6	2.71	31.0	13.5	1.0
乙	25.0	2.65	15.6	6	1.0

(1)甲土样比乙土样天然重度大。

(2)甲土样比乙土样黏粒含量多。

(3)甲土样比乙土样干重度大。

(4)甲土样比乙土样孔隙率大。

第2章

地基中应力计算

学习目标

了解:土作为三相体,具有明显的各向异性和非线性特征。为简便起见,目前计算土中应力的方法仍采用弹性理论公式,将地基土视作均匀、连续、各向同性的半无限空间弹性体,这种假定同土体的实际情况有差别,不过其计算结果尚能满足实际工程的要求。

理解:土中应力指土体在自身重力、建筑物和构筑物荷载等因素作用下所产生的应力。由于土层形成的年代较久,故自重应力一般不会引起地基变形。地基变形是由于建筑物荷载在地基中产生的附加应力所致。

自重应力沿深度增加而增大,且呈线性变化。附加应力沿深度增加而减少,且呈非线性变化。附加应力具有扩散作用,可应用角点法计算荷载作用面积以内和以外的附加应力。

掌握:土的自重应力计算及土的附加应力计算。

素养目标

1. 培养学生安全第一、质量为本、规范管理的规范意识。
2. 培养学生在学习、生活和工作中防微杜渐的意识。
3. 引导学生坚定文化自信、坚守底线和扣好人生的第一粒扣子。

2.1 概　述

地基中的应力按产生原因可分为自重应力和附加应力。建筑物修建以前,地基中由土体本身的有效重量而产生的应力即为土的自重应力。对于形成地质年代久远的天然土层(新沉积土或近期人工填土除外),在自重应力作用下,其压缩变形已经稳定,因此自重应力的存在不会引起地基土新的变形;而建筑物修建以后,新增的建筑物荷载将使地基中原有的应力状态发生变化,从而引起附加应力。附加应力作为地基中新增加的应力,将会引起地基产生新的变形。如果地基应力和变形过大,不仅会使建筑物发生不能允许的过大沉降,甚至会使地基土体发生整体失稳而遭受破坏。因此,研究地基中的应力计算,是为地基承载力验算和计算地基变形提供科学依据,以保证建筑物的安全和正常使用。

2.2 土的自重应力

微 课

土的自重应力

2.2.1 竖向自重应力的计算

1. 自重应力的计算

计算假定：土体是具有水平表面的半无限弹性体，地基中的自重应力状态属于侧限应力状态，土体的竖直面和水平面均不存在剪应力。故水平地基中任意深度 z 处的竖向自重应力等于单位面积上覆土柱的有效重量。如图 2-1、图 2-2(a)所示。在深度 z 处土的自重应力为

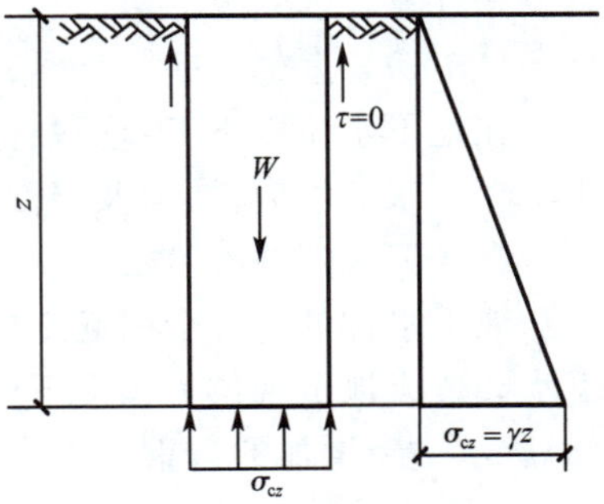

图 2-1 均质土的自重应力

均质地基 $$\sigma_{cz}=\frac{W}{A}=\frac{\gamma V}{A}=\frac{\gamma zA}{A}=\gamma z \tag{2-1}$$

成层地基 $$\sigma_{cz}=\sum_{i=1}^{n}\gamma_i h_i \tag{2-2}$$

式中 γ_i——第 i 层土的重度，kN/m^3，地下水位以上的土层一般采用天然重度，地下水位以下的土层采用浮重度，毛细饱和带的土层采用饱和重度；

h_i——第 i 层土的厚度，m；

n——地基中土的层数。

2. 自重应力的分布规律

由式(2-1)与式(2-2)可看出，成层土中自重应力沿深度有如图 2-2(b)所示的分布规律：

(1)自重应力分布线的斜率是该土层的重度。

(2)自重应力在均质等容重地基中随深度呈直线分布。

(3)自重应力在成层不同容重地基中呈折线分布。

(4)自重应力在成层地基中转折点位于土层分界面处和地下水位处。

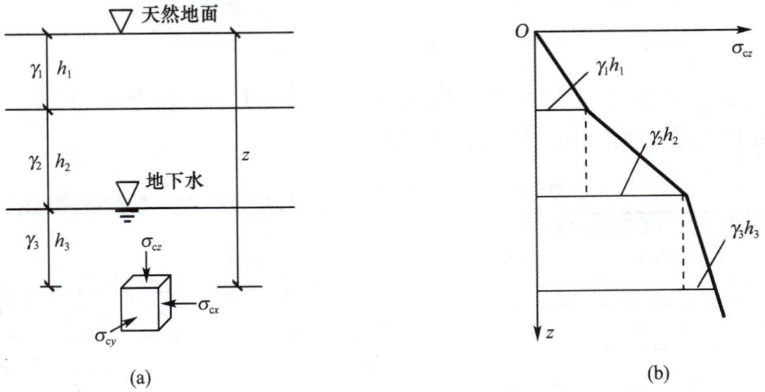

图 2-2 成层土自重应力沿深度的分布规律

2.2.2 水平自重应力的计算

因为水平地基的任何竖直面都是对称面，土质点或土单元不可能有侧向位移，根据弹性力学广义胡克定律和土体的侧限条件，可推导出土体水平自重应力为

$$\sigma_{cx}=\sigma_{cy}=K_0\sigma_{cz} \tag{2-3}$$

式中 K_0——土的侧压力系数(也称为静止土压力系数)。

2.2.3 地下水和不透水层对自重应力的影响

1. 有地下水存在的情况

处于地下水位以下的土,它实际所受到的应力是有效应力或有效重量,必须采用土的有效重度来计算。

2. 不透水层的影响

在地下水位以下,若埋藏有不透水层(如基岩层、连续分布的硬黏性土层),考虑不透水层中不存在水的浮力,层面及层面以下土的自重应力按上覆土层的水土总重计算。

3. 地下水位升降情况

地下水位的升降会引起土中自重应力的变化。例如,软土地区地下水位较高,大量抽取地下水会造成地下水位大幅度下降,使原水位以下土体中的浮力消失,自重应力增加,如图 2-3(a)所示。新增加的自重应力将会引起下方土体新的压缩变形,造成地表大面积下沉。

地下水位上升,会使原水位以上土体中的浮力增加,有效自重应力减少,如图 2-3(b)所示。不仅会软化土质,引起基坑边坡塌方,还会使土粒间的摩擦力降低,从而使地基土的承载力随之下降。

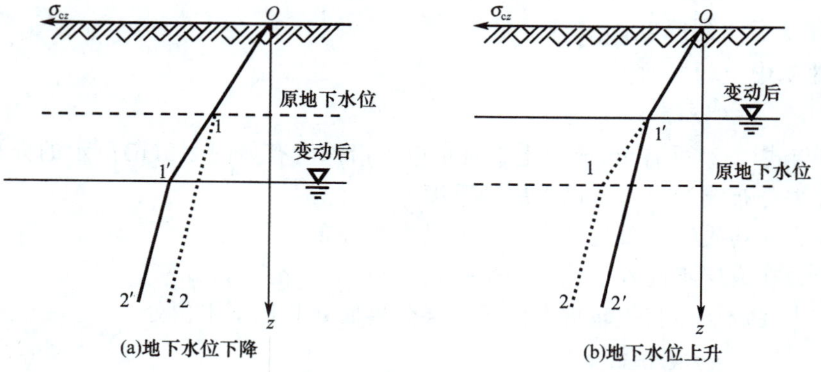

图 2-3 地下水位升降对自重应力的影响

【工程设计计算案例 2-1】 有一地基由多层土组成,其地质剖面示意图,如图 2-4(a)所示,试计算并绘制自重应力 σ_{cz} 沿深度的分布曲线。

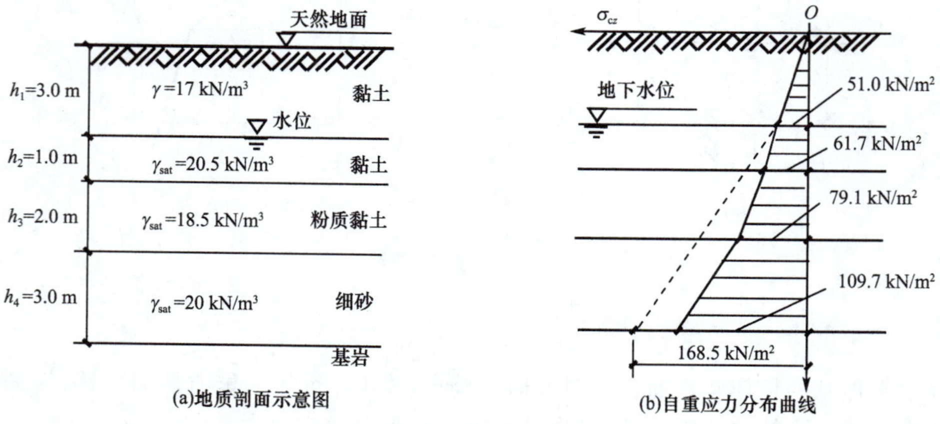

图 2-4 工程设计计算案例 2-1 图

【解】 (1)求出各分层处的自重应力

地下水位标高处

$$\sigma_{cz1}=\gamma_1 h_1=17\times 3.0=51.0\ \text{kN/m}^2$$

地下水位标高下黏土层底面

$$\sigma_{cz2}=\gamma_1 h_1+\gamma'_2 h_2=51.0+(20.5-9.8)\times 1.0=61.7\ \text{kN/m}^2$$

粉质黏土层底面

$$\sigma_{cz3}=\gamma_1 h_1+\gamma'_2 h_2+\gamma'_3 h_3=61.7+(18.5-9.8)\times 2.0=79.1\ \text{kN/m}^2$$

细砂层底面

$$\sigma_{cz4}=\gamma_1 h_1+\gamma'_2 h_2+\gamma'_3 h_3+\gamma'_4 h_4=79.1+(20-9.8)\times 3.0=109.7\ \text{kN/m}^2$$

基岩层面

$$\sigma_{cz}=\gamma_1 h_1+\gamma'_2 h_2+\gamma'_3 h_3+\gamma'_4 h_4+\gamma_w(h_2+h_3+h_4)=109.7+9.8\times 6.0=168.5\ \text{kN/m}^2$$

(2)绘制自重应力分布曲线,如图 2-4(b)所示。

注 意 不透水层处自重应力的突变及不透水层层面以下的自重应力按上覆土层的水土总重计算。

2.3 基底压力

2.3.1 基底压力的分布

微 课

基底压力概念

1. 基底压力、基底反力的概念

建筑物上部结构荷载和基础自重通过基础传递给地基,作用于基础底面传至地基的单位面积压力,称为基底压力,也称为基底接触压力。

基底反力是指基底压力的反作用力,即地基土层反向施加于基础底面上的压力,称为基底反力。

2. 基底压力的分布

基底压力的大小和分布状况,将对地基内部的附加应力有直接的影响。试验与弹性理论证明:基底压力的分布规律主要取决于基础的刚度和地基的变形条件。

(1)柔性基础

理想柔性基础刚度很小,在竖向荷载作用下不能抵抗弯曲变形,基础将随着地基一起变形,其基底压力分布(常用基底反力形式表示,下同)与上部荷载分布基本相同。荷载均布时,基底反力也将是均布的,如图 2-5(a)所示;当荷载为梯形分布时,基底反力也为梯形分布,如图 2-5(b)所示。而基础底面的沉降分布则是中央大边缘小。

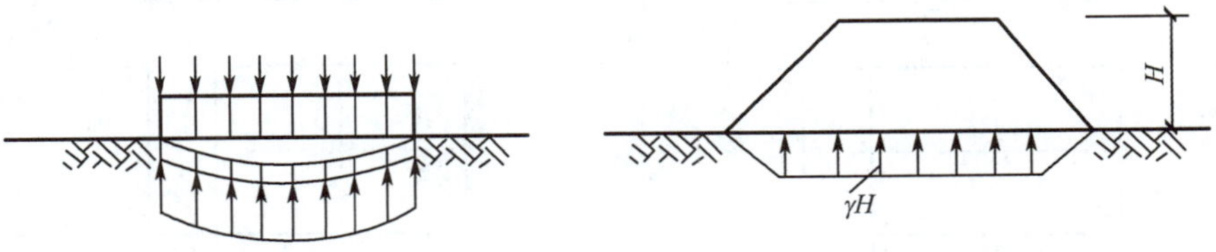

(a)理想柔性基础　　(b)荷载梯形分布

图 2-5 柔性基础基底压力与上部荷载分布的关系

实际工程并没有完全柔性基础,常把土坝、路堤、薄板及刚度很小的基础视为柔性基础。在计算土坝底部由自重引起的基底反力分布时,可认为与土坝的断面形状基本相同,其大小等于各点以上的土柱重量,如图 2-5(b)所示。

(2)刚性基础

刚性基础(如箱形基础、混凝土坝)在外荷载作用下,基础底面基本保持平面,即基础各点的沉降几乎是相同的,但基础底面的基底反力分布则将随上部荷载的大小、基础的埋置深度和土的性质而异,与上部荷载的分布情况不同。刚性基础在轴心荷载作用下,开始时地基反力呈马鞍形分布;荷载较大时,边缘地基土产生塑性变形,边缘地基反力不再增加,使地基反力重新呈抛物线形分布;若外荷载继续增大,则地基反力会继续发展呈钟形分布,如图 2-6 所示。由此可见,对刚性基础而言,基底反力的分布形式与作用在它上面的荷载分布形式不一致。

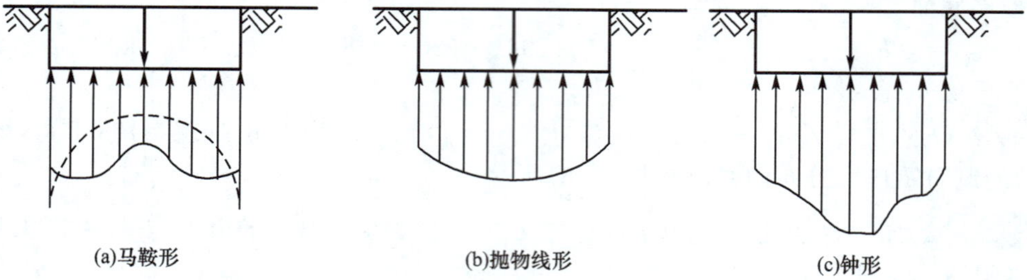

图 2-6 刚性基础地基反力随荷载的变化而变化

综上所述,基底压力的分布形式十分复杂。目前在工程实践中,常采用材料力学的简化方法,即假定基底压力按直线分布。由此引起的误差在工程计算中是允许的,也是工程中经常采用的计算方法。下面介绍几种不同荷载作用下的基底压力的计算方法。

2.3.2 基底压力的简化计算

1. 轴心荷载作用下的基底压力

轴心荷载作用下的基础,其所受荷载的合力通过基底形心。在工程实践中,对于基础宽度不太大、荷载较小的扩展基础,基底压力假定为均匀分布,如图 2-7 所示。此时基底平均压力设计值可按材料力学公式进行简化计算

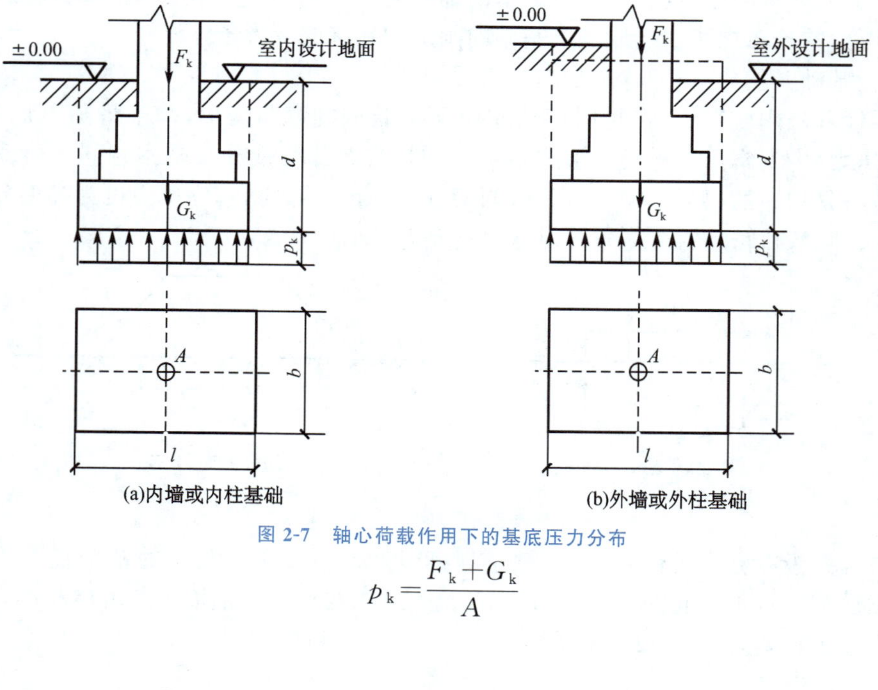

图 2-7 轴心荷载作用下的基底压力分布

$$p_k=\frac{F_k+G_k}{A} \tag{2-4}$$

$$G_k = \gamma_G A d \tag{2-5}$$

式中 p_k——基底平均压力设计值，kPa；

F_k——相应于荷载效应标准组合时，上部结构传至基础顶面的竖向力值，kN；

G_k——基础及其台阶上填土的总重，kN；

γ_G——基础和填土的平均重度，一般取 20 kN/m^3，地下水位以下取有效重度；

d——基础埋置深度，必须从设计地面或室内外设计地面算起，m；

A——基底面积，m^2；对矩形基础 $A=lb$，l 和 b 分别为垂直于力矩作用方向的基础底面边长和力矩作用方向基础底面边长，m；对基础的长宽比≥10 的条形基础，可沿长度方向截取 1 m 的基底面积来计算，此时式中的 A 与 b 在数值上相等，计算时，可将 A 改为 b，则基底平均压力 p_k 的单位为 kN/m^2。

2. 单向偏心荷载作用下的基底压力

当作用在基底形心处的荷载不仅有竖向荷载，而且有力矩存在时为偏心受压基础，如图 2-8 所示。设计时，通常基底长边方向取与偏心方向一致，此时两短边边缘最大压力设计值与最小压力设计值按材料力学短柱偏心受压公式计算

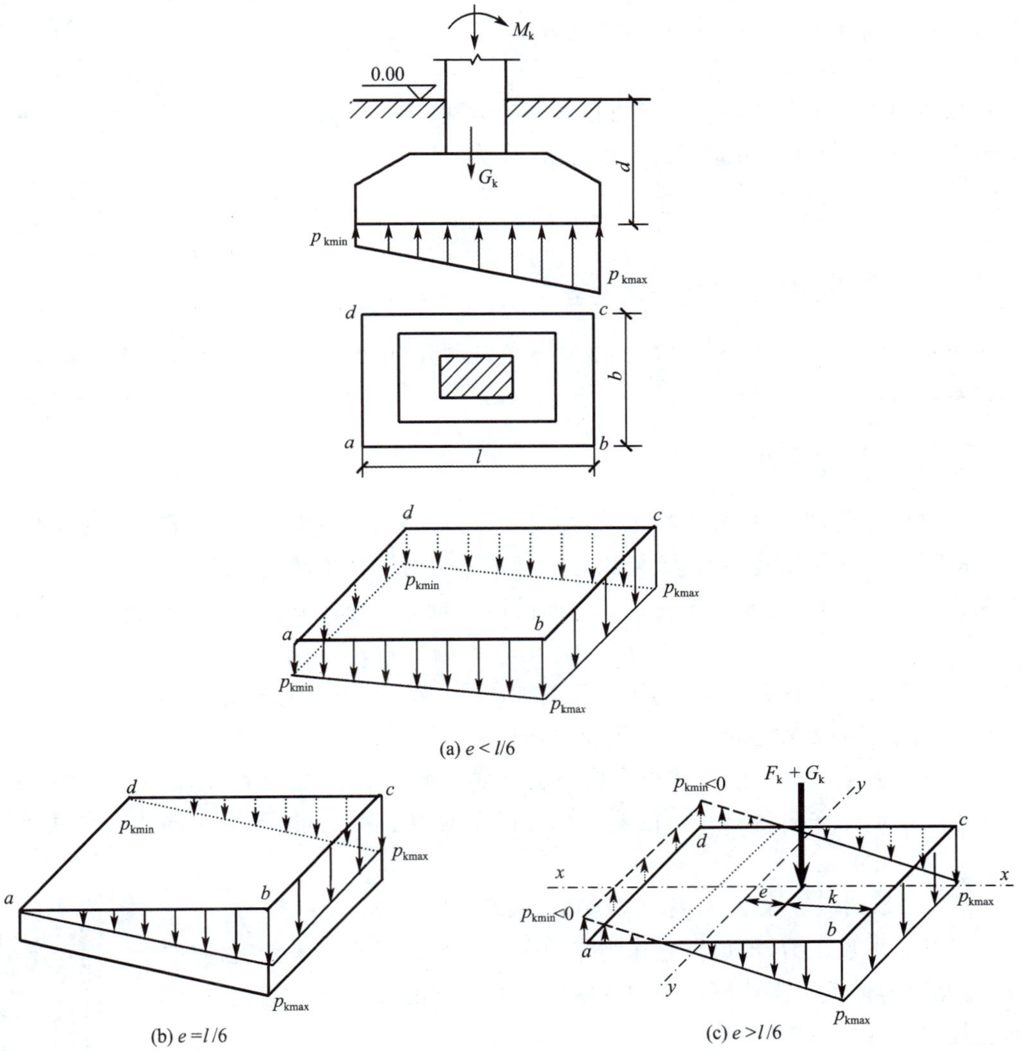

图 2-8　单向偏心荷载作用下的基底压力分布

$$\left.\begin{matrix}p_{kmax}\\p_{kmin}\end{matrix}\right\}=\frac{F_k+G_k}{lb}\pm\frac{M_k}{W} \tag{2-6}$$

$$\left.\begin{matrix}p_{kmax}\\p_{kmin}\end{matrix}\right\}=\frac{F_k+G_k}{lb}\left(1\pm\frac{6e}{l}\right) \tag{2-7}$$

式中 p_{kmax}、p_{kmin}——基底边缘最大、最小压力，kPa；

M_k——作用在基础底面的力矩，kN·m；

W——基础底面的抗弯截面模量，$W=\frac{bl^2}{6}$，m³；

e——偏心距，$e=\frac{M_k}{F_k+G_k}$，m。

微 课

偏心荷载作用下基底压力

讨 论

(1)当 $e<l/6$ 时，如图 2-8(a)所示，基底压力呈梯形分布。

(2)当 $e=l/6$ 时，如图 2-8(b)所示，基底压力呈三角形分布。

(3)当 $e>l/6$ 时，如图 2-8(c)所示，基底压力 $p_{kmin}<0$，表明基底出现拉应力。此时，基底与地基局部脱离，而使基底压力重新分布。

根据单向偏心荷载应与基底反力相平衡的条件，荷载合力(F_k+G_k)应通过三角形基底反力的形心，由此可得基底边缘的最大压力 p_{kmax} 为

$$p_{kmax}=\frac{2(F_k+G_k)}{3bk} \tag{2-8}$$

式中 k——单向偏心荷载合力作用点至 p_{kmax} 的距离，$k=\frac{l}{2}-e$。

注意：当计算得到 $p_{kmin}<0$ 时，一般应调整结构设计和基础尺寸设计，以避免基底与地基局部脱离的情况。

2.3.3 基底附加压力

建筑物建造前，对于一般天然土层，由自重应力引起的压缩变形已经趋于稳定，不会再引起地基的沉降。建筑物建造后，该处原有的自重应力由于开挖基坑而卸除。

因此，基底附加压力是作用在基础底面的压力与基底处建造前土的自重应力之差，即

$$p_0=p_k-\sigma_{cz}=p_k-\gamma_0 d \tag{2-9}$$

式中 p_k——基底底面的压力，为区别于附加压力，又称为基底总压力，kPa；

σ_{cz}——基底处建造前土的自重应力，kPa；

γ_0——基底标高以上天然土层按分层厚度的平均重度，$\gamma_0=(\gamma_1h_1+\gamma_2h_2+\cdots)/(h_1+h_2+\cdots)$，基础底面在地下水位以下时，地下水位以下的土层用有效重度计算，kN/m³；

d——基础埋置深度，简称基础埋深，从天然地面算起，m。

有了基底附加压力，即可把它作为作用在弹性半无限空间表面上的局部荷载，由此根据弹性力学计算地基中的附加应力。它是使地基发生变形从而引起建筑物沉降的主要原因。

微 课

基底附加压力

【工程设计计算案例 2-2】 某基础底面尺寸 $l=3$ m，$b=2$ m，基础顶面

作用轴心力 $F_k=500\ \text{kN}$，力矩 $M_k=150\ \text{kN}\cdot\text{m}$，基础埋置深度 $d=1.2\ \text{m}$，埋置深度范围内 $\gamma_0=19\ \text{kN/m}^3$，如图 2-9 所示，试计算基底压力（绘出分布图）和基底附加压力。

【解】 基础自重及基础上回填土重

$$G_k=\gamma_G Ad=20\times3\times2\times1.2=144\ \text{kN}$$

偏心距

$$e=\frac{M_k}{F_k+G_k}=\frac{150}{500+144}=0.23\ \text{m}$$

基底压力

$$\left.\begin{matrix}p_{kmax}\\p_{kmin}\end{matrix}\right\}=\frac{F_k+G_k}{bl}\left(1\pm\frac{6e}{l}\right)=\frac{500+144}{2\times3}\left(1\pm\frac{6\times0.23}{3}\right)$$

$$=\left.\begin{matrix}156.70\\57.96\end{matrix}\right\}\ \text{kPa}$$

基底压力分布，如图 2-9 所示。

基底附加压力

$$p_{0max}=p_{kmax}-\gamma_0 d=156.70-19\times1.2=133.90\ \text{kPa}$$

$$p_{0min}=p_{kmin}-\gamma_0 d=57.96-19\times1.2=35.16\ \text{kPa}$$

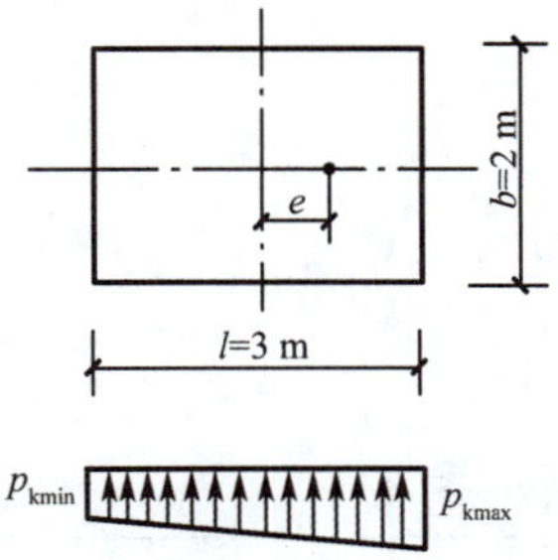

图 2-9 工程设计计算案例 2-2

2.4 地基中竖向附加应力

地基中的附加应力是新增建筑物荷载在地基内引起并通过土粒间的接触传递，向水平和深度方向扩散而形成的应力。计算地基附加应力时通常假定：地基土是均质、各向同性而且在深度和水平方向上都是无限延伸的半无限空间线弹性体；基底压力是柔性荷载，不考虑基础刚度的影响；直接采用弹性力学理论解答。

2.4.1 竖向集中荷载作用下土中竖向附加应力计算

微课 地基中竖向附加应力

微课 地基中附加应力计算

如图 2-10 所示，在均匀的、各向同性的半无限弹性体表面作用一竖向集中荷载 P 时，半无限体内任意点 $M(x,y,z)$ 的竖向正应力 σ_z（不考虑弹性体的体积力）可由布西奈斯克（J. V. Boussinesq，1885）解计算

$$\sigma_z=\frac{3P}{2\pi}\frac{z^3}{R^5}=\frac{3}{2\pi}\frac{1}{[1+(r/z)^2]^{5/2}}\times\frac{P}{z^2}=k\frac{P}{z^2} \tag{2-10}$$

式中 P——作用在坐标原点 O 的竖向集中荷载，kN；

R——集中荷载作用点（即坐标原点 O）至 M 点的距离，$R=\sqrt{z^2+r^2}=\sqrt{x^2+y^2+z^2}$，m；

k——集中荷载作用下土中竖向附加应力系数，它是 r/z 的函数，查表 2-1 确定；

r——集中荷载作用点至计算点 M 在 Oxy 平面上投影点 M' 的水平距离，m。

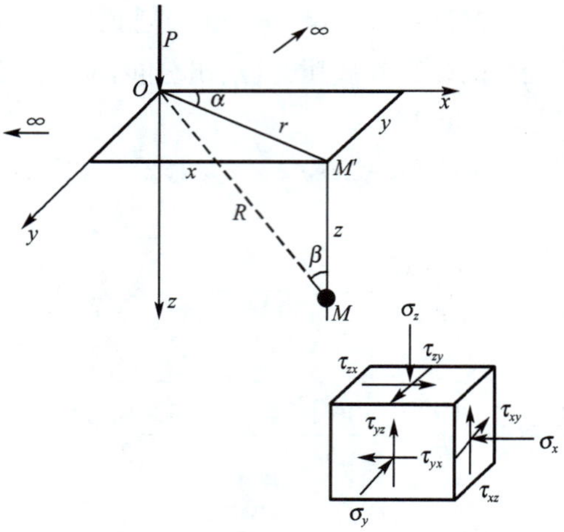

图 2-10 竖向集中荷载作用下土中应力计算

表 2-1 竖向集中荷载作用下土中竖向附加应力系数 k

r/z	k	r/z	k	r/z	k	r/z	k	r/z	k
0.00	0.477 5	0.50	0.273 3	1.00	0.084 4	1.50	0.025 1	2.00	0.008 9
0.05	0.474 5	0.55	0.246 6	1.05	0.074 4	1.55	0.022 4	2.20	0.005 8
0.10	0.465 7	0.60	0.221 4	1.10	0.065 8	1.60	0.020 0	2.40	0.004 0
0.15	0.451 6	0.65	0.197 8	1.15	0.058 1	1.65	0.019 7	2.60	0.002 9
0.20	0.432 9	0.70	0.176 2	1.20	0.051 3	1.70	0.017 9	2.80	0.002 1
0.25	0.410 3	0.75	0.156 5	1.25	0.045 4	1.75	0.014 4	3.00	0.001 5
0.30	0.384 9	0.80	0.138 6	1.30	0.040 2	1.80	0.012 9	3.50	0.000 7
0.35	0.357 7	0.85	0.122 6	1.35	0.035 7	1.85	0.011 6	4.00	0.000 4
0.40	0.329 4	0.90	0.108 3	1.40	0.031 7	1.90	0.010 5	4.50	0.000 2
0.45	0.301 1	0.95	0.095 6	1.45	0.028 2	1.95	0.009 5	5.00	0.000 1

由式(2-10)可知：

(1)在竖向集中荷载 P 作用线上(即 $r=0, k=\frac{3}{2\pi}, \sigma_z=\frac{3}{2\pi}\cdot\frac{P}{z^2}$)，附加应力 σ_z 随着深度 z 的增加而递减，如图 2-11(a)右半部分所示。

(2)在 $r>0$ 的竖直线上，在地表处的附加应力 $\sigma_z=0$，随着深度 z 的增加，σ_z 从零逐渐增大，但到一定深度后，σ_z 又随着深度 z 的增加而减小，如图 2-11(a)右半部分所示。

(3)在 $z=$常数的水平面上，附加应力 σ_z 随着 r 的增加而减小，如图 2-11(a)左半部分所示。

注：如果地面上有几个竖向集中荷载作用时，则地基中任意点 M 处的附加应力 σ_z 可以利用式(2-10)分别求出各集中力对该点所引起的附加应力，然后进行叠加，即

$$\sigma_z=k_1\frac{P_1}{z^2}+k_2\frac{P_2}{z^2}+\cdots+k_n\frac{P_n}{z^2}$$

式中 k_1、k_2、…、k_n——竖向集中荷载 P_1、P_2、…、P_n 作用下的竖向附加应力系数。

因此，相邻建筑物应保持一定的距离，以避免因相邻建筑物荷载引起的附加应力的扩散和叠加作用，使相邻建筑物产生附加的沉降。

(4)若在空间将 σ_z 相同点连成曲面,可以得到如图 2-11(b)所示的等值线,其空间曲面的形状如泡状,故称为应力泡。

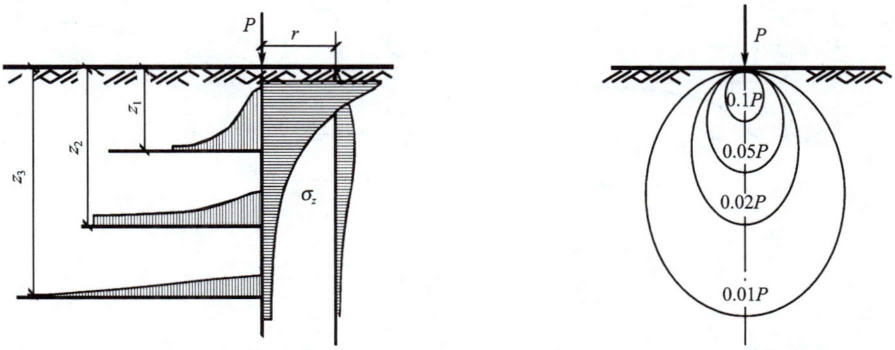

(a) 在荷载轴线及不同深度上σ_z的分布　　(b) σ_z等值线图

图 2-11　土中附加应力分布

【工程设计计算案例 2-3】 在地基上作用一竖向集中荷载 $P=100$ kN,要求确定:

(1)在地基中 $z=2$ m 的水平面上,水平距离 $r=0$、1、2、3、4 m 处各点的附加应力值,并绘出分布图。

(2)在地基中 $r=0$ 的竖直线上距地基表面 $z=0$、1、2、3、4 m 处各点的附加应力值,并绘出分布图。

【解】 (1)分别计算沿地基深度 $z=2$ m 的水平面上各点的附加应力 σ_z 值,计算结果列于表 2-2 中,其应力分布如图 2-12(a)所示。

(2)分别计算地基中 $r=0$ 的竖直线上各点的附加应力 σ_z 值,计算结果列于表 2-3 中,其应力分布如图 2-12(b)所示。

表 2-2　**$z=2$ m 的水平面上各点的附加应力计算表**　kPa

z/m	r/m	r/z	k(查表 2-1)	$\sigma_z=kP/z^2$
2	0	0.00	0.477 5	$0.4775\times100/2^2=11.9$
2	1	0.50	0.273 3	$0.2733\times100/2^2=6.8$
2	2	1.00	0.084 4	$0.0844\times100/2^2=2.1$
2	3	1.50	0.025 1	$0.0251\times100/2^2=0.6$
2	4	2.00	0.008 9	$0.0089\times100/2^2=0.2$

表 2-3　**$r=0$ 的竖直线上各点的附加应力计算表**　kPa

z/m	r/m	r/z	k(查表 2-1)	$\sigma_z=kP/z^2$
0	0	0.00	0.477 5	$0.4775\times100/0^2=\infty$
1	0	0.00	0.477 5	$0.4775\times100/1^2=47.8$
2	0	0.00	0.477 5	$0.4775\times100/2^2=11.9$
3	0	0.00	0.477 5	$0.4775\times100/3^2=5.3$
4	0	0.00	0.477 5	$0.4775\times100/4^2=3.0$

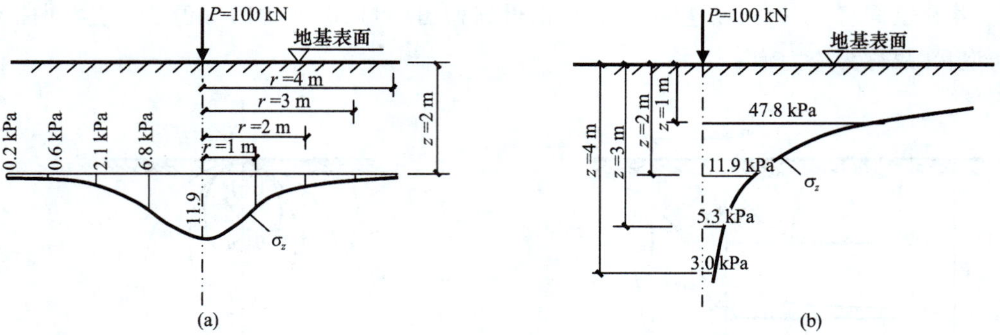

图 2-12 工程设计计算案例 2-3

2.4.2 均布矩形荷载作用下土中竖向附加应力计算

1. 矩形基础角点下任意深度处的附加应力

当矩形基础底面受到竖向均布荷载(此处指均布压力)作用时,基础角点下任意点深度处的竖向附加应力可以利用基本公式(2-10)沿着整个矩形面积进行积分求得。

如图 2-13 所示,若设基础面上作用着强度为 p_0 的竖向均布荷载,则微小面积 $\mathrm{d}x\mathrm{d}y$ 上的作用力 $\mathrm{d}P=p_0\mathrm{d}x\mathrm{d}y$ 可作为集中力来看待,于是,由该集中力在基础角点 O 以下深度为 z 处的 M 点所引起的竖向附加应力为

$$\begin{aligned}\sigma_z &= \int_0^l\int_0^b \frac{3p_0}{2\pi}\cdot\frac{z^3}{(x^2+y^2+z^2)^{5/2}}\mathrm{d}x\mathrm{d}y \\ &= \frac{p_0}{2\pi}\left[\arctan\frac{m}{n\sqrt{1+m^2+n^2}}+\frac{mn}{\sqrt{1+m^2+n^2}}\left(\frac{1}{m^2+n^2}+\frac{1}{1+n^2}\right)\right]\end{aligned} \tag{2-11}$$

上式可写成

$$\sigma_z = k_c p_0 \tag{2-11}$$

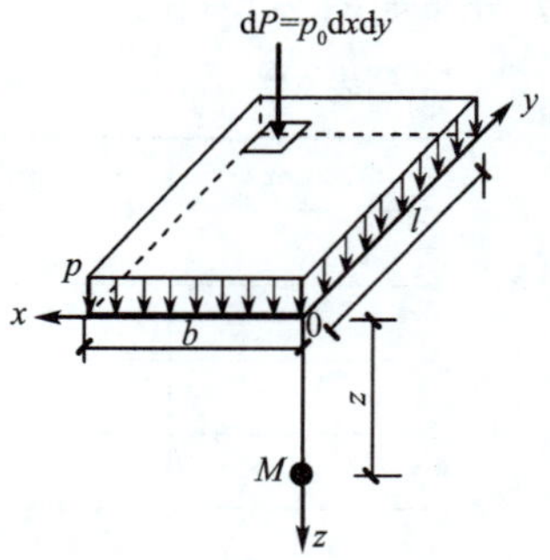

图 2-13 矩形基础底面竖向均布荷载作用角点下的附加应力

式中 k_c——矩形基础底面受竖向均布荷载作用时,角点以下的竖向附加应力分布系数;$k_c=f(m,n)$,可以从表 2-4 中查得,其中 $m=\dfrac{l}{b}$,$n=\dfrac{z}{b}$;

l——基础底面的长边;

b——基础底面的短边,且 $l\geqslant b$。

2. 矩形基础非角点下任意深度处的附加应力

利用角点下的应力计算公式(2-11)和应力叠加原理,可推求地基中任意点 M 处的附加应力,这一方法称为角点法。

利用角点法求矩形范围以内或以外任意点 M(即地基中计算点 M 在基底平面上的投影点)下的竖向附加应力时,通过 M 点作平行于矩形两边的辅助线,使 M 点成为几个小矩形的共角点,利用应力叠加原理,即可求得 M 点的附加应力。如图 2-14 所示,任意点 M 下地基中的附加应力如下:

(1)如图 2-14(a)所示,基底内 M 点下 $\sigma_{zM}=(k_{c1}+k_{c2}+k_{c3}+k_{c4})p_0$

(2)如图 2-14(b)所示,基底边缘 M 点下 $\sigma_{zM}=(k_{c1}+k_{c2})p_0$

(3)如图 2-14(c)所示,基底边缘外侧 M 点下 $\sigma_{zM}=(k_{edhM}-k_{fchM}+k_{aeMg}-k_{bfMg})p_0$

(4)如图 2-14(d)所示,基底角点外侧 M 点下 $\sigma_{zM}=(k_{edhM}-k_{fchM}-k_{eagM}+k_{fbgM})p_0$

表 2-4 竖向均布荷载角点下附加应力系数 k_c

z/b \ l/b	1.0	1.2	1.4	1.6	1.8	2.0	3.0	4.0	5.0	6.0	10.0
0.0	0.250	0.250	0.250	0.250	0.250	0.250	0.250	0.250	0.250	0.250	0.250
0.2	0.249	0.249	0.249	0.249	0.249	0.249	0.249	0.249	0.249	0.249	0.249
0.4	0.240	0.242	0.243	0.243	0.244	0.244	0.244	0.244	0.244	0.244	0.244
0.6	0.223	0.228	0.230	0.232	0.232	0.233	0.234	0.234	0.234	0.234	0.234
0.8	0.200	0.208	0.212	0.215	0.216	0.218	0.220	0.220	0.220	0.220	0.220
1.0	0.175	0.185	0.191	0.196	0.198	0.200	0.203	0.204	0.204	0.204	0.204
1.2	0.152	0.163	0.171	0.176	0.179	0.182	0.187	0.188	0.189	0.189	0.189
1.4	0.131	0.142	0.151	0.157	0.161	0.164	0.171	0.173	0.174	0.174	0.174
1.6	0.112	0.124	0.133	0.140	0.145	0.148	0.157	0.159	0.160	0.160	0.160
1.8	0.097	0.108	0.117	0.124	0.129	0.133	0.143	0.146	0.147	0.148	0.148
2.0	0.084	0.095	0.103	0.110	0.116	0.120	0.131	0.135	0.136	0.137	0.137
2.2	0.073	0.083	0.092	0.098	0.104	0.108	0.121	0.125	0.126	0.127	0.128
2.4	0.064	0.073	0.081	0.088	0.093	0.098	0.111	0.116	0.118	0.118	0.119
2.6	0.057	0.065	0.072	0.079	0.084	0.089	0.102	0.107	0.110	0.111	0.112
2.8	0.050	0.058	0.065	0.071	0.076	0.080	0.094	0.100	0.102	0.104	0.105
3.0	0.045	0.052	0.058	0.064	0.069	0.073	0.087	0.093	0.096	0.097	0.099
3.2	0.040	0.047	0.053	0.058	0.063	0.067	0.081	0.087	0.090	0.092	0.093
3.4	0.036	0.042	0.048	0.053	0.057	0.061	0.075	0.081	0.085	0.086	0.088
3.6	0.033	0.038	0.043	0.048	0.052	0.056	0.069	0.076	0.080	0.082	0.084
3.8	0.030	0.035	0.040	0.043	0.048	0.052	0.065	0.072	0.075	0.077	0.080
4.0	0.027	0.032	0.036	0.040	0.044	0.048	0.060	0.067	0.071	0.073	0.076
4.2	0.025	0.029	0.033	0.037	0.041	0.044	0.056	0.063	0.067	0.070	0.072
4.4	0.023	0.027	0.031	0.034	0.038	0.041	0.053	0.060	0.064	0.066	0.069
4.6	0.021	0.025	0.028	0.032	0.035	0.038	0.049	0.056	0.061	0.063	0.066
4.8	0.019	0.023	0.026	0.029	0.032	0.035	0.046	0.053	0.058	0.060	0.064
5.0	0.018	0.021	0.024	0.027	0.030	0.033	0.043	0.050	0.055	0.057	0.061
6.0	0.013	0.015	0.017	0.020	0.022	0.024	0.033	0.039	0.043	0.046	0.051
7.0	0.009	0.011	0.013	0.015	0.016	0.018	0.025	0.031	0.035	0.038	0.043
8.0	0.007	0.009	0.010	0.011	0.013	0.014	0.020	0.025	0.028	0.031	0.037
9.0	0.006	0.007	0.008	0.009	0.010	0.011	0.016	0.020	0.024	0.026	0.032
10.0	0.005	0.006	0.007	0.007	0.008	0.009	0.013	0.017	0.020	0.022	0.028

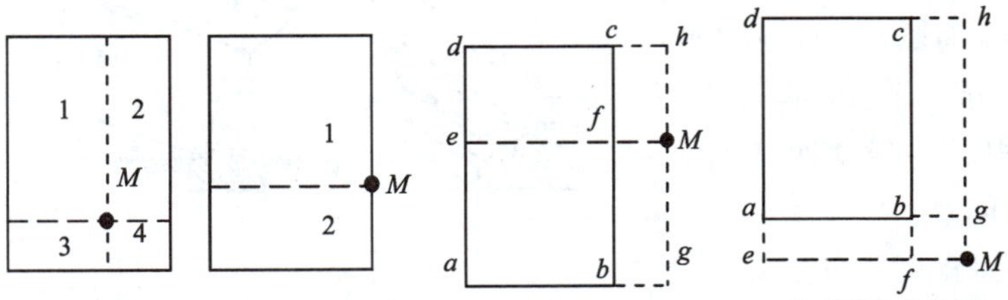

(a) 基底内 (b) 基底边缘 (c) 基底边缘外侧 (d) 基底角点外侧

图 2-14 角点法的应用

微 课

角点法求附加应力例题

【工程设计计算案例 2-4】 某均布荷载 $p_0=100$ kPa，荷载面积为 2 m ×1 m，如图 2-15 所示。求荷载面上角点 1、边点 6、中心点 O，以及荷载面外 7 点和 8 点各点下 $z=1$ m 深度处的附加应力。利用计算结果说明附加应力的扩散规律。

【解】 该案例需求荷载面角点下、中点下、边点下及荷载面外某些点下的附加应力，计算范围较广。求附加应力时，计算公式都十分简单，关键在于应用角点法，掌握好角点法的三要素。这三要素是：

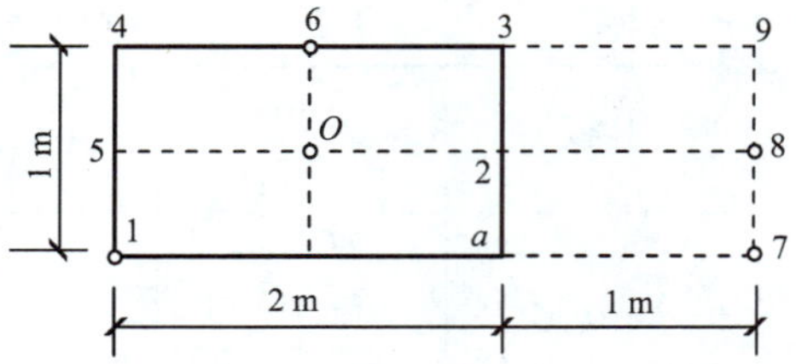

图 2-15 工程设计计算案例 2-4 图

(1)划分的每一个矩形都要有一个角点位于公共角点下。

(2)所有划分的矩形面积总和应等于原有的受荷载面积。

(3)查表 2-4 时，所有矩形都是长边为 l，短边为 b。

①角点 1：

$l/b=2/1=2, z/b=1/1=1, k_{c1}=0.200, \sigma_{z1}=k_{c1}\cdot p_0=0.200\times 100=20$ kPa

②边点 6：如图 2-15 所示，划分两个相等的小矩形。

$l/b=1/1=1, z/b=1/1=1, k_{c6}=0.175, \sigma_{z6}=2k_{c6}\cdot p_0=2\times 0.175\times 100=35$ kPa

③中点 O：如图 2-15 所示，划分四个相等的小矩形

$l/b=1/0.5=2, z/b=1/0.5=2, k_{cO}=0.120, \sigma_{zO}=4k_{cO}\cdot p_0=4\times 0.120\times 100=48$ kPa

④荷载面外 7 点：作辅助线，如图 2-15 所示。

$$\sigma_{z7}=(k_{c1794}-k_{ca793})p_0=(0.203-0.175)\times 100=2.8 \text{ kPa}$$

式中 k_{c1794}——矩形 1794 的附加应力系数：$l/b=3/1=3, z/b=1/1=1, k_{c1794}=0.203$；

k_{ca793}——矩形 a793 的附加应力系数：$l/b=1/1=1, z/b=1/1=1, k_{ca793}=0.175$。

⑤荷载面外 8 点：作辅助线，如图 2-15 所示。

$$\sigma_{z8}=2(k_{c5894}-k_{c2893})p_0=2\times(0.137-0.120)\times 100=3.4 \text{ kPa}$$

式中 k_{c5894}——矩形 5894 的附加应力系数：$l/b=3/0.5=6, z/b=1/0.5=2, k_{c5894}=0.137$；

k_{c2893}——矩形 2893 的附加应力系数：$l/b=1/0.5=2, z/b=1/0.5=2, k_{c2893}=0.120$。

以上计算结果说明：在地面下同一深度处，荷载面中点 O 下附加应力最大，其附近边点 6 的附加应力次之，角点 1 的附加应力最小。而荷载面之外的 7、8 点也作用有附加应力。可见，附加应力是扩散分布的。

2.4.3 均布条形荷载作用下土中竖向附加应力计算

均布条形荷载作用下土中竖向附加应力计算属于平面应变问题。建筑工程中，如图 2-16(a)所示，长宽比 $l/b\geqslant 10$ 的墙下或柱下条形基础、如图 2-16(b)所示的挡土墙基础以及路堤、堤坝等均可视作均布条形荷载作用下的平面应变问题。

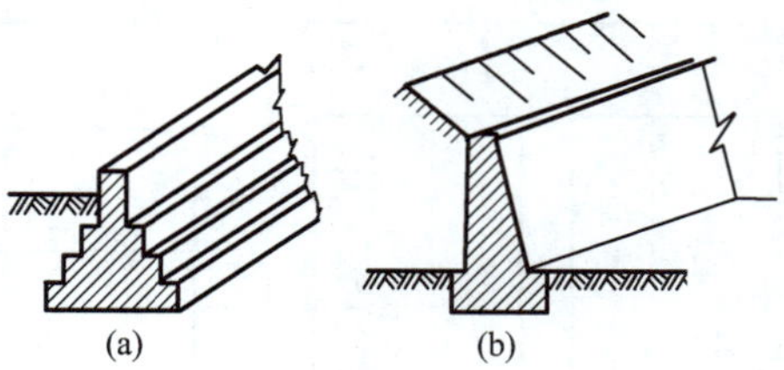

图 2-16 条形基础

如图 2-17 所示，当基底表面宽度为 b 的条形面积上作用强度为 p_0 的竖向均布荷载时，地基内任意点 M 的附加应力 σ_z 可利用弗拉曼解和积分的方法求得。

首先在条形荷载的宽度方向上取微分段 $d\xi$，其上作用的荷载 $d\overline{p}_0=p_0 d\xi$ 视为线均布荷载，则 $d\overline{p}_0$ 在任意点 M 所引起的竖向附加应力为

$$d\sigma_z=\frac{2p_0}{\pi}\frac{z^3 d\xi}{[(x-\xi)^2+z^2]^2}$$

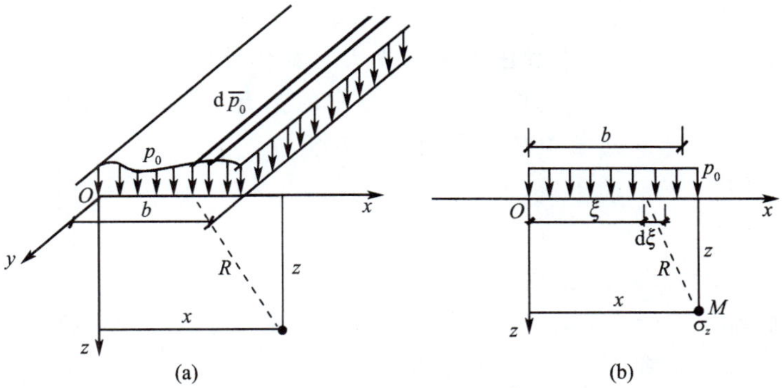

图 2-17 均布条形荷载作用下的土中附加应力计算

再将上式沿宽度 b 积分，即可得到条形基底受均布荷载作用时的竖向附加应力为

$$\sigma_z=\int_0^b \mathrm{d}\sigma_z=\int_0^b \frac{2p_0}{\pi}\frac{z^3\mathrm{d}\xi}{[(x-\xi)^2+z^2]^2}$$
$$=\frac{p_0}{\pi}\left[\arctan\frac{m}{n}-\arctan\frac{m-1}{n}+\frac{mn}{n^2+m^2}-\frac{n(m-1)}{n^2+(m-1)^2}\right]$$
$$=k_{sz}p_0$$

式中 k_{sz}——均布条形荷载作用下的土中任意点竖向附加应力系数，由表 2-5 查得，$m=\frac{x}{b}$，$n=\frac{z}{b}$，b 为基底的宽度。

注 意 条形基础下求地基内的附加应力时，必须注意坐标系统的选择。

表 2-5 均布条形荷载作用下土中任意点竖向附加应力系数 k_{sz}

z/b \ x/b	0.00	0.25	0.50	1.00	1.50	2.00
0.00	1.00	1.00	0.50	0.00	0.00	0.00
0.25	0.96	0.90	0.50	0.02	0.00	0.00
0.50	0.82	0.74	0.48	0.08	0.02	0.00
0.75	0.67	0.61	0.45	0.15	0.04	0.02
1.00	0.55	0.51	0.41	0.19	0.07	0.03
1.25	0.46	0.44	0.37	0.20	0.10	0.04
1.50	0.40	0.38	0.33	0.21	0.11	0.06
1.75	0.35	0.34	0.30	0.21	0.13	0.07
2.00	0.31	0.31	0.28	0.20	0.14	0.08
3.00	0.21	0.21	0.20	0.17	0.13	0.10
4.00	0.16	0.16	0.15	0.14	0.12	0.10
5.00	0.13	0.13	0.12	0.12	0.11	0.90
6.00	0.11	0.10	0.10	0.10	0.10	—

本章小结

本章主要学习了土的自重应力、基底压力、基底附加压力和附加应力的含义、计算方法和分布规律。

复习思考题

2-1 自重应力与附加应力是如何形成的？地基变形的主要原因是什么？

2-2 自重应力与附加应力在地基中的分布规律有何不同？如何计算？

2-3 地下水位的升降是否会引起土中自重应力的变化？

2-4 什么是基底压力、基底附加压力？两者大小如何计算？

2-5 单向偏心荷载作用时基底压力是如何分布的？大小如何计算？

2-6 如何用角点法计算地基中任意点的附加应力？

综合练习题

2-1 某土层及其物理指标，如图 2-18 所示，计算土中自重应力。

2-2 某基础底面尺寸 $b=3$ m，$l=2$ m，基础顶面作用轴心力 $F_k=450$ kN，$M_k=150$ kN·m，基础埋置深度 $d=1.2$ m，如图 2-19 所示，埋置深度范围内 $\gamma_0=16$ kN/m^3，试计算基底压力和基底附加压力，并绘出基底压力分布图。

2-3 如图 2-20 所示，矩形面积（$ABCD$）上作用均布荷载 $p=100$ kPa，试用角点法计算 G 点下深度 6 m 处 M 点的竖向应力 σ_z 值。

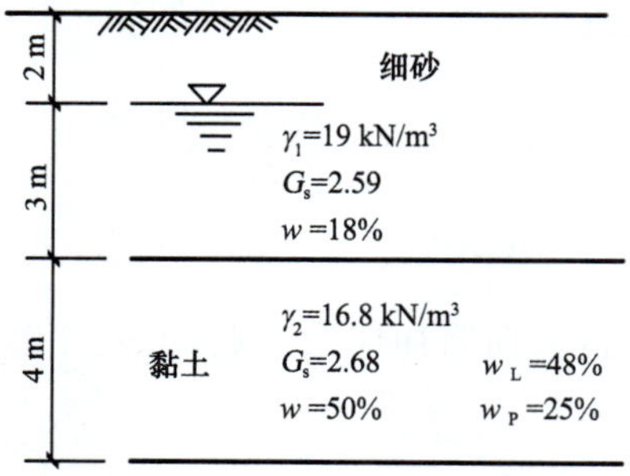

图 2-18 综合练习题 2-1 图

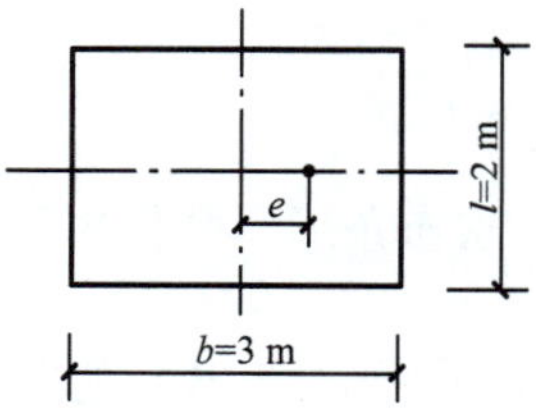

图 2-19 综合练习题 2-2 图

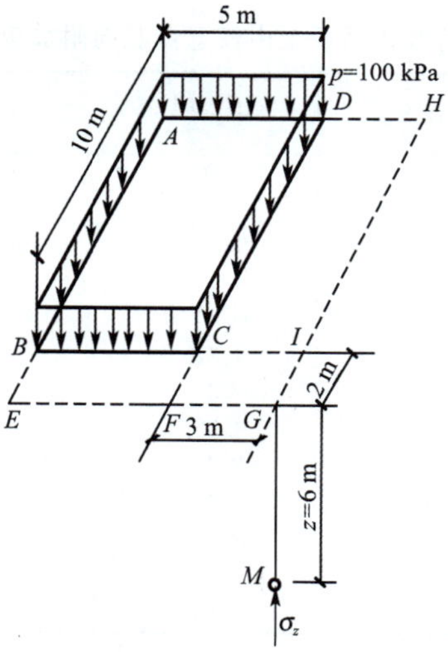

图 2-20 综合练习题 2-3 图

第3章 土的压缩性与地基沉降计算

学习目标

了解:计算沉降量的原理。

理解:影响土压缩性的主要因素,土的固结过程,能结合已有的测量知识正确进行沉降观测。

掌握:压缩试验原理与压缩指标的测定方法,能运用规范法计算地基最终变形。

素养目标

1. 培养学生吃苦耐劳、坚持不懈的职业精神。
2. 培养学生认识自我、独立好学的价值观念。
3. 培养学生集中精力、有条不紊的实践能力。

3.1 概　述

土是一种散粒沉积物,具有压缩性。在建筑物荷载作用下,地基中产生附加应力,从而引起地基变形(主要是竖向变形),建筑物基础亦随之沉降。当地基为非均质或上部结构荷载差异较大时,基础部分还可能出现不均匀沉降。如果沉降或不均匀沉降超过允许范围,将会影响建筑物的正常使用,如引起上部结构的过大下沉、裂缝、扭曲或倾斜,严重时还将危及建筑物的安全。因此,研究地基的变形,对于保证建筑物的经济性和安全性具有重要意义。为了保证建筑物的正常使用和经济合理,在地基基础设计时,就必须计算地基的变形值,将这一变形值控制在允许的范围内。

导致地基变形的因素很多,但大多数情况下主要是由建筑物荷载引起的。本章主要介绍土的压缩性、压缩性指标以及由建筑物荷载引起的地基最终沉降量的计算。

3.2 土的压缩性

3.2.1 基本概念

微 课

土的压缩性

1. 压缩性

土在压力作用下体积缩小的特性称为土的压缩性。土体积缩小的原因，从土的三相组成来看有以下三个方面：

①土颗粒本身的压缩。

②土孔隙中不同形态的水和气体的压缩。

③孔隙中部分水和气体被挤出，土颗粒相互移动靠拢使孔隙体积减小。

试验研究表明，一般在压力 100～600 kPa 的作用下，土颗粒和水自身体积的压缩性都很小，可以略去不计。气体的压缩性较大，在密闭系统中，土的压缩是气体压缩的结果。但在压力消失后，土的体积基本恢复，即土呈弹性。而自然界中的土是一个开放系统，孔隙中的水和气体在压力作用下不可能被压缩而是被挤出，因此，土的压缩变形主要是由于孔隙中水和气体被挤出，致使土孔隙体积减小而引起的。

2. 固结与固结度

微 课

土的固结与固结度

土的压缩需要一定的时间才能完成。对于无黏性土，压缩过程所需的时间较短；对于饱和黏性土，由于水被挤出的速度较慢，压缩过程所需的时间就相当长，需几年甚至几十年才能压缩稳定。

土的压缩随时间而增长的过程称为土的固结。饱和土在荷载作用后的瞬间，孔隙中水承受了由荷载产生的全部压力，此压力称为孔隙水压力或超静水压力。孔隙水在超静水压力作用下逐渐被排出，同时使土粒骨架逐渐承受这部分压力，此压力称为有效应力。在有效应力增大的过程中，土粒孔隙被压密，土的体积被压缩。所以土的固结过程就是超静水压力消散而转为有效应力的过程。由上述分析可知，在饱和土的固结过程任一时间内，有效应力 σ' 与超静水压力 u 之和总是等于由荷载产生的附加应力 σ，即

$$\sigma=\sigma'+u \tag{3-1}$$

在加荷瞬间，$\sigma=u$ 而 $\sigma'=0$。当固结变形稳定时，$u=0$ 而 $\sigma'=\sigma$，也就是说只要超静水压力消散，有效应力增至最大值 σ，则饱和土完全固结。

土在固结过程中某一时间 t 的固结沉降量 s_t 与固结稳定的最终沉降量 s 之比称为固结度 U_t，即

$$U_t=\frac{s_t}{s} \tag{3-2}$$

由式(3-2)可知，当 $t=0$ 时，$s_t=0$，则 $U_t=0$，即尚未固结；当固结稳定时，$s_t=s$，则 $U_t=1.0$，即固结基本上达到 100%。固结度变化值为 0～1，它表示在某一荷载作用下经过 t 时间后土体所能达到的固结程度。

各种土在不同条件下的压缩特性有很大差别，可以通过室内压缩试验和现场荷载试验测定。

3.2.2 室内压缩试验与压缩性指标

1. 室内压缩试验与压缩曲线

微课

室内压缩试验
与压缩性指标

室内压缩试验是用环刀取土样放入单向固结仪或压缩仪内进行的。由于该试验中土样受到环刀和护环等刚性护壁的约束，在压缩过程中不可能发生侧向膨胀，只能产生竖向变形，因此又称为侧限压缩试验。土的压缩特性可由试验中施加的竖向垂直压力 p 与相应固结稳定状态下的土孔隙比 e 的关系反映出来。

试验时，逐级对土样施加分布压力，一般按 $p=50$ kPa、100 kPa、200 kPa、300 kPa、400 kPa 五级加荷，待土样压缩相对稳定后[符合《土工试验方法标准》(GB/T 50123—2019)有关规定要求]测定相应沉降量 s_i，而 s_i 可用孔隙比的变化来表示。

设 h_0 为土样初始高度，h_i 为土样受压后的高度，s_i 为压力 p_i 作用下土样压缩稳定后的沉降量，则 $h_i=h_0-s_i$，如图 3-1 所示。

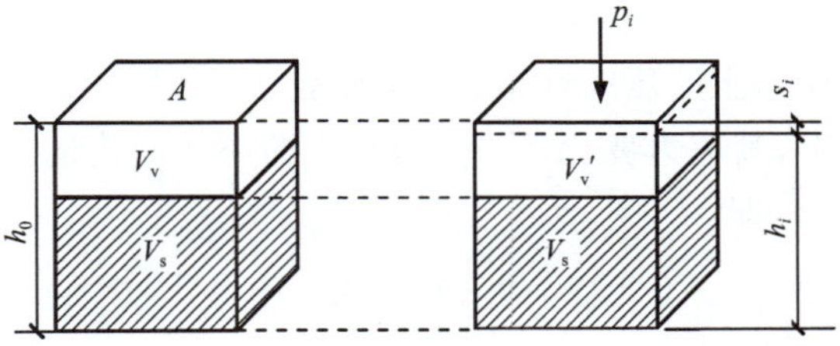

图 3-1 土样侧限压缩孔隙体积变化示意图

根据土的孔隙比定义，初始孔隙比为

$$e_0=\frac{V_v}{V_s}=\frac{V-V_s}{V_s}=\frac{V}{V_s}-1 \tag{3-3}$$

设土样横断面积为 A，则 $V=h_0A$，代入上式得

$$V_s=\frac{h_0A}{1+e_0} \tag{3-4}$$

用某级压力 p_i 作用下的孔隙比 e_i 和稳定沉降量 s_i 表示土粒体积

$$V_s=\frac{h_iA}{1+e_i}=\frac{(h_0-s_i)A}{1+e_i} \tag{3-5}$$

忽略土粒体积变形，故式(3-4)与式(3-5)相等，由此可解得某级荷载 p_i 作用下压缩稳定后的孔隙比 e_i 与初始孔隙比 e_0、沉降量 s_i 之间的关系

$$e_i=e_0-\frac{s_i}{h_0}(1+e_0) \tag{3-6}$$

以压力 p 为横坐标，孔隙比 e 为纵坐标，可以绘出 p-e 关系曲线，此曲线称为压缩曲线，如图 3-2 所示。

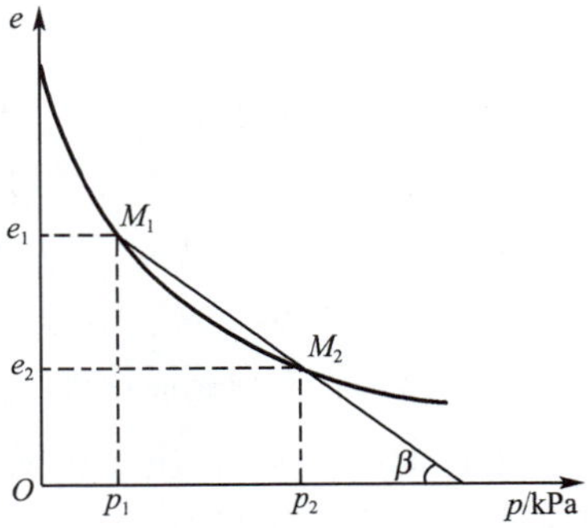

图 3-2 压缩曲线

2. 压缩性指标

在图 3-2 所示的压缩曲线中，当压力 p_1、p_2 相差不大时，可以将压缩曲线上的 M_1 到 M_2 这一小段曲线用其割线来代替。若 M_1 点压力为 p_1，相应的孔隙比为 e_1；M_2 点的压力为 p_2，相应的孔隙比为 e_2，则 M_1M_2 段的斜率可表示为

$$a=\tan\beta=\frac{e_1-e_2}{p_2-p_1}=-\frac{\Delta e}{\Delta p} \tag{3-7}$$

微 课

土的压缩性指标

a 值表示单位压力增量所引起的孔隙比的变化，称为土的压缩系数。式(3-7)中 a 的常用单位为 MPa^{-1}，p 的常用单位为 kPa。显然，a 值越大，表明曲线斜率越大即曲线越陡，说明压力增量 Δp 一定的情况下孔隙比增量 Δe 越大，则土的压缩性就越高。因此，压缩系数 a 是判断土压缩性高低的一个重要指标。

由图 3-2 还可以看出，同一种土的压缩系数并不是常数，而是随着所取压力变化范围的不同而改变的。为了评价不同种类土的压缩性大小，必须用同一压力变化范围来比较。工程实践中，常采用 $p=100\sim200$ kPa 压力区间相对应的压缩系数 a_{1-2} 来评价土的压缩性。《建筑地基基础设计规范》(GB 50007—2011)按 a_{1-2} 的大小将地基土的压缩性分为以下三类：

当 $a_{1-2}\geqslant0.5\ MPa^{-1}$ 时，为高压缩性土；

当 $0.1\ MPa^{-1}\leqslant a_{1-2}<0.5\ MPa^{-1}$ 时，为中压缩性土；

当 $a_{1-2}<0.1\ MPa^{-1}$ 时，为低压缩性土。

除了采用压缩系数作为土的压缩性指标外，工程上还采用压缩模量作为土的压缩性指标。

土在完全侧限条件下，其应力变化量 Δp 与相应的应变变化量 $\Delta\varepsilon$ 之比，称为压缩模量，用 E_s 表示，常用单位为 MPa，即

$$E_s=\frac{\Delta p}{\Delta\varepsilon} \tag{3-8}$$

土的压缩模量 E_s 的计算公式为

$$E_s=\frac{1+e_1}{a} \tag{3-9}$$

式中 e_1——相应于压力 p_1 时的孔隙比；

a——相应于压力从 p_1 增大至 p_2 时的压缩系数。

在实际工程中，p_1 相当于地基土所受的自重应力，p_2 则相当于土自重与建筑物荷载在地基中产生的应力和，故 p_2-p_1 即地基土所受到的附加应力 σ_z。

为了便于应用，在确定 E_s 时，压力区段也可按表 3-1 中数值采用。

表 3-1　　　　确定 E_s 的压力区段　　　　kPa

土的自重应力＋附加应力	＜100	100～200	＞200
应力区段	50～100	100～200	200～300

3.2.3 土的压缩性的原位测试

土的压缩性指标除了由室内压缩试验测定外，还可以通过现场静荷载试验确定。变形模量 E_0 是指土在无侧限条件下受压时，压应力与相应应变之比，其物理意义和压缩模量一样，只不过变形模量是在无侧限条件下由现场静荷载试验确定的，而压缩模量是在有侧限条件下由室内压缩试验确定的。现场静荷载试验同时可测定地基承载力。

变形模量是在现场原位进行测定的，所以它能比较准确地反映土在天然状态下的压缩性。

进行荷载试验前，应先在现场挖掘一个正方形的试验坑，其深度等于基础的埋置深度，宽度一般不小于承压板宽度(或直径)的 3 倍。承压板的面积不应小于 $0.25\ m^2$，对于软土不应小于 $0.5\ m^2$。

试验开始前，应保持试验土层的天然湿度和原状结构，并在试坑底部铺设约 20 mm 厚的粗、中砂层找平。当测试上层为软塑、流塑状态的黏性土或饱和松散砂土时，荷载板周围应铺设 200～300 mm 厚的原土作为保护层。当试验标高低于地下水位时，应先将水流干或降至试验标高以下，并铺设垫层，待水位恢复后进行试验。

加载方法视具体条件采用重块加载或油压千斤顶加载。

图 3-3 所示为油压千斤顶加载装置。试验的加荷标准应符合下列要求：加荷等级应不小于 8 级，最大加荷量不应少于设计荷载的 2 倍。每级加荷后，按间隔 10 min、10 min、10 min、15 min、15 min，以后为每隔 30 min 读一次沉降量。当连续 2 h 内，沉降量小于 0.1 mm/h 时，则认为已趋于稳定，可加下一级荷载。第一级荷载（包括设备重量）宜接近于开挖试坑所卸除土的自重（其相应的沉降量不计），其后每级荷载增量，对较松软土采用 10～25 kPa；对较坚硬土采用 50 kPa，并观测累计荷载下的稳定沉降量 s（mm），直至地基土达到极限状态，即出现下列情况之一时终止加荷：

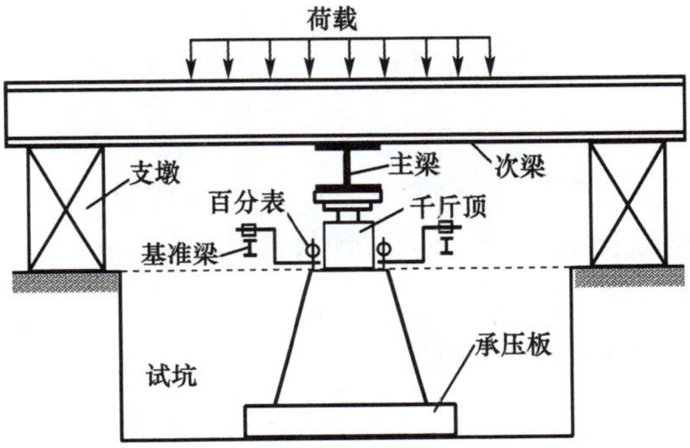

图 3-3　油压千斤顶加载装置

(1)荷载板周围的土有明显侧向挤出。

(2)荷载 p 增大很小，但沉降量 s 却急剧增大，荷载-沉降（p-s）曲线出现陡降段。

(3)在某一级荷载下，24 h 内沉降速率不能达到稳定标准。

(4)沉降量与承压板宽度或直径之比（s/b）大于或等于 0.06。

当满足上述情况之一时，其对应的前一级荷载定为极限荷载。

根据试验观测记录，可以绘制荷载板底面应力与沉降量的关系曲线，即 p-s 曲线，如图 3-4 所示。从图 3-4 中可以看出，荷载板的沉降量随应力（或称压力）的增大而增加；当应力 $p<p_{cr}$（p_{cr} 称为地基土的临塑压力，其物理意义见 4.4 节）时，沉降量和应力近似成正比（图 3-4 中 Oa 段）。这就是说，当 $p<p_{cr}$ 时，地基土可看成是直线变形体，可采用弹性力学公式计算土的变形模量 E_0（MPa），即

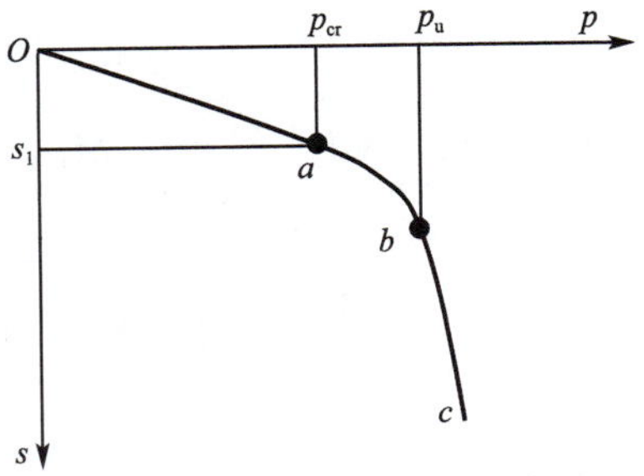

图 3-4　荷载试验 p-s 曲线

$$E_0=\omega(1-\mu^2)\frac{p_{cr}b}{s_1}\times 10^{-3} \tag{3-10}$$

式中　ω——沉降量系数，刚性正方形荷载板 $\omega=0.88$，刚性圆形荷载板 $\omega=0.79$；

μ——土的泊松比，可按表 3-2 采用；

p_{cr}——与直线段终点所对应的应力，kPa；

s_1——与直线段终点所对应的沉降量，mm；

b——承压板宽度，mm。

表 3-2 土的泊松比 μ 参考值

项次	土的种类与状态		μ
1	碎石土		0.15～0.20
2	砂土		0.20～0.25
3	粉土		0.25
4	粉质黏土	坚硬状态	0.25
		可塑状态	0.30
		软塑及流塑状态	0.35
5	黏土	坚硬状态	0.25
		可塑状态	0.35
		软塑及流塑状态	0.42

土的变形模量 E_0 与压缩模量 E_s 之间存在的数学关系为

$$E_0=\left(1-\frac{2\mu^2}{1-\mu}\right)E_s \tag{3-11}$$

【工程设计计算案例 3-1】 某工程地基钻孔取样，进行室内压缩试验，试样高为 $h_0=20$ mm，在 $p_1=100$ kPa 作用下测得压缩量 $s_1=1.1$ mm，在 $p_2=200$ kPa 作用下的压缩量为 $s_2=0.64$ mm。土样初始孔隙比为 $e_0=1.4$，试计算压力 $p=100\sim200$ kPa 范围内土的压缩系数、压缩模量，并评价土的压缩性。

【解】 在 $p_1=100$ kPa 作用下的孔隙比为

$$e_1=e_0-\frac{s_1}{h_0}(1+e_0)=1.4-\frac{1.1}{20}(1+1.4)=1.27$$

在 $p_2=200$ kPa 作用下的孔隙比为

$$e_2=e_0-\frac{s_1+s_2}{h_0}(1+e_0)=1.4-\frac{(1.1+0.64)(1+1.4)}{20}=1.19$$

微课

土压缩性评价例题

则有

$$a_{1-2}=\frac{e_1-e_2}{p_2-p_1}=\frac{1.27-1.19}{200-100}=8\times10^{-4}\ \text{kPa}^{-1}=0.8\ \text{MPa}^{-1}$$

$$E_{s1-2}=\frac{1+e_1}{a_{1-2}}=\frac{1+1.27}{0.8}=2.84\ \text{MPa}$$

$a_{1-2}=0.8\ \text{MPa}^{-1}>0.5\ \text{MPa}^{-1}$，属高压缩性土。

3.3 地基最终变形的计算

建筑物的地基变形计算值，不应大于地基变形允许值。地基最终变形是指地基在建筑物荷载作用下最后的稳定变形。计算地基最终变形的目的在于确定建筑物最大沉降量、沉降差和倾斜，并将其控制在允许范围内，以保证建筑物的安全和正常使用。

计算地基变形时，传至基础底面上的荷载效应应按正常使用极限状态下荷载效应的准永久组合，不应计入风荷载和地震作用。相应的限值应为地基变形永久值。

计算地基总沉降量的方法有多种，目前一般采用分层总和法和《建筑地基基础设计规范》

(GB 50007—2011)推荐的方法。

3.3.1 分层总和法

分层总和法是指将地基压缩层范围以内的土层划分成若干薄层，分别计算每一薄层土的沉降量，最后总和起来，即得地基总沉降量。

1. 计算假设

(1)地基中附加应力按均质地基考虑，采用弹性理论计算。

(2)假定地基受压后不发生侧向膨胀，土层在竖向附加应力作用下只产生竖向变形，即可采用完全侧限条件下的室内压缩指标计算土层的变形量。

(3)一般采用基础底面中心点下的附加应力计算各分层的变形量，各分层变形量之和即地基总沉降量。

2. 计算公式

我们将基础底面下压缩层范围内的土层划分为若干分层。现分析第 i 分层的沉降量的计算方法(图 3-5)。在房屋建造以前，第 i 分层仅受到土的自重应力作用，在房屋建造以后，该分层除受自重应力外，还受到房屋荷载所产生的附加应力的作用。

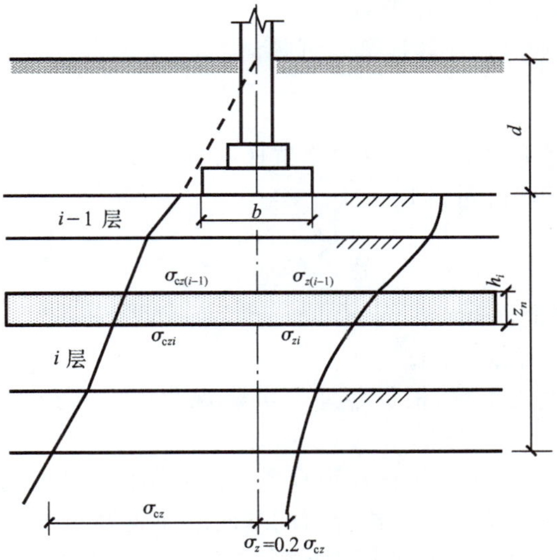

图 3-5 分层总和法的计算原理

一般情况下，土的自重应力产生的变形过程早已结束，而只有附加应力才会使土层产生新的变形，从而使地基发生沉降。因假定地基土受荷后不产生侧向变形，所以其受力状况与土的室内压缩试验时一样，故第 i 层土的沉降量的计算公式为

$$s_i = \frac{e_{1i} - e_{2i}}{1 + e_{1i}} h_i \tag{3-12}$$

则地基总沉降量为

$$s = \sum_{i=1}^{n} s_i = \sum_{i=1}^{n} \frac{e_{1i} - e_{2i}}{1 + e_{1i}} h_i \tag{3-13}$$

式中 s——地基总沉降量；

s_i——第 i 层土的沉降量；

e_{1i}——第 i 层土在建筑物建造前，所受平均自重应力作用下的孔隙比；

e_{2i}——第 i 层土在建筑物建造后，所受平均自重应力与附加应力共同作用下的孔隙比；

h_i——第 i 层土的厚度；

n——压缩层范围内土层分层数目。

式(3-13)是分层总和法的基本公式，它适用于采用压缩曲线时的计算。若在计算中采用压缩模量 E_s 作为计算指标，则式(3-13)由式(3-7)与式(3-9)可变形为

$$s=\sum_{i=1}^{n}\frac{1}{E_{si}}\frac{\sigma_{zi}+\sigma_{z(i-1)-1}}{2}h_i=\sum_{i=1}^{n}\frac{\overline{\sigma}_{zi}}{E_{si}}h_i \tag{3-14}$$

式中 E_{si}——第 i 层土的压缩模量；

$\overline{\sigma}_{zi}$——第 i 层土上下层面所受附加应力的平均值。

3. 分层总和法计算地基总沉降量的具体步骤

(1)按比例尺绘出地基剖面图和基础剖面图。

(2)计算基底的附加应力和自重应力。

(3)将压缩层范围内各土层划分成厚度为 $h_i\leqslant 0.4b$(b 为基础宽度)的若干薄土层，不同性质的土层面和地下水位面必须作为分层的界面。

(4)计算并绘出自重应力和附加应力分布图(各分层的分界面应标明应力值)。

(5)确定地基压缩层厚度，一般取对应 $\sigma_z\leqslant 0.2\sigma_{cz}$ 处的地基深度 z_n 作为压缩层计算深度的下限，当在该深度下有高压缩性土层时，取 $\sigma_z\leqslant 0.1\sigma_{cz}$ 对应深度。

(6)按式(3-12)计算各分层的压缩量。

(7)按式(3-13)或式(3-14)计算地基总沉降量。

3.3.2 规范法

根据各向同性均质线性变形体理论，《建筑地基基础设计规范》(GB 50007—2011)采用式(3-15)计算最终的地基总沉降量，即

$$s=\psi_s s'=\psi_s\sum_{i=1}^{n}\frac{p_0}{E_{si}}(z_i\overline{\alpha}_i-z_{i-1}\overline{\alpha}_{i-1}) \tag{3-15}$$

式中 s——地基总沉降量，mm；

s'——理论计算沉降量，mm；

ψ_s——沉降计算经验系数，根据各地区沉降观测资料及经验确定，也可采用表 3-3 的数值；

n——地基变形计算深度范围内压缩模量(特性)不同的土层数量(图 3-6)；

p_0——对应于荷载效应准永久组合时的基底附加应力，MPa；

E_{si}——基础底面下第 i 层土的压缩模量，按实际应力范围取值，MPa；

z_i、z_{i-1}——基础底面至第 i 层和第 $i-1$ 层底面的距离，m；

$\overline{\alpha}_i$、$\overline{\alpha}_{i-1}$——基础底面至第 i 层和第 $i-1$ 层底面范围内平均附加应力系数，可按表 3-4 中数据采用。

表 3-3　　沉降计算经验系数 ψ_s

基底附加应力	$\overline{E}_s$/MPa				
	2.5	4.0	7.0	15.0	20.0
$p_0\geqslant f_{ak}$	1.4	1.3	1.0	0.4	0.2
$p_0\leqslant 0.75f_{ak}$	1.1	1.0	0.7	0.4	0.2

注：$\overline{E}_s$ 为计算深度范围内压缩模量的当量值，$\overline{E}_s=\dfrac{\sum_{i=1}^{n}A_i}{\sum_{i=1}^{n}(A_i/E_{si})}$，式中 A_i 为第 i 层土附加应力系数沿土层厚度的积分值，即第 i 层土的附加应力系数面积，E_{si} 为相应于该土层的压缩模量；f_{ak} 为地基承载力特征值。

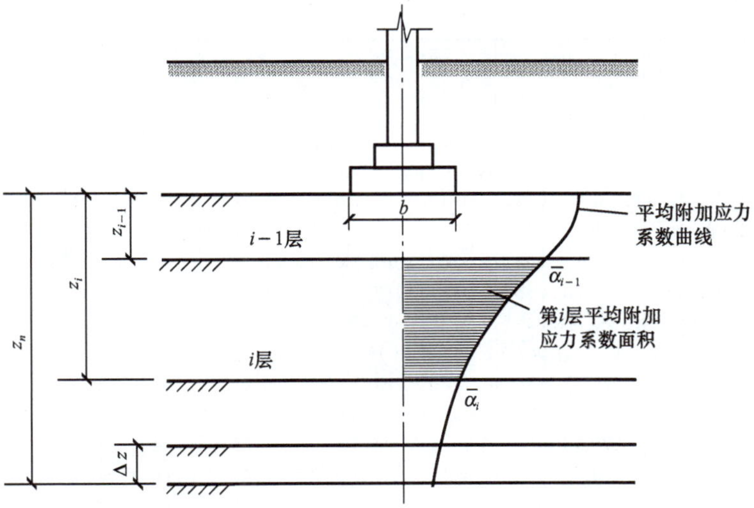

图 3-6 规范法的计算原理

微 课

地基总沉降量的计算方法

表 3-4 **均布矩形荷载角点下的平均附加应力系数**

z/b \ l/b	1.0	1.2	1.4	1.6	1.8	2.0	2.4	2.8	3.2	3.6	4.0	5.0	10.0
0.0	0.250 0	0.250 0	0.250 0	0.250 0	0.250 0	0.250 0	0.250 0	0.250 0	0.250 0	0.250 0	0.250 0	0.250 0	0.250 0
0.2	0.249 6	0.249 7	0.249 7	0.249 8	0.249 8	0.249 8	0.249 8	0.249 8	0.249 8	0.249 8	0.249 8	0.249 8	0.249 8
0.4	0.247 4	0.249 7	0.248 1	0.248 3	0.248 3	0.248 4	0.248 5	0.248 5	0.248 5	0.248 5	0.248 5	0.248 5	0.248 5
0.6	0.242 3	0.243 7	0.244 4	0.244 8	0.245 1	0.245 2	0.245 4	0.245 5	0.245 5	0.245 5	0.245 5	0.245 5	0.245 6
0.8	0.234 6	0.237 2	0.238 7	0.239 5	0.240 0	0.240 3	0.240 7	0.240 8	0.240 9	0.240 9	0.241 0	0.241 0	0.241 0
1.0	0.225 2	0.229 1	0.231 3	0.232 6	0.233 5	0.234 0	0.234 6	0.234 9	0.235 1	0.235 2	0.235 2	0.235 3	0.235 3
1.2	0.214 9	0.219 9	0.222 9	0.224 8	0.226 0	0.226 8	0.227 8	0.228 2	0.228 5	0.228 6	0.228 7	0.228 8	0.228 9
1.4	0.204 3	0.210 2	0.214 0	0.216 4	0.219 0	0.219 1	0.220 4	0.221 1	0.221 5	0.221 7	0.221 8	0.222 0	0.222 1
1.6	0.193 9	0.200 6	0.204 9	0.207 9	0.209 9	0.211 3	0.213 0	0.213 8	0.214 3	0.214 6	0.214 8	0.215 0	0.215 2
1.8	0.184 0	0.191 2	0.196 0	0.199 4	0.201 8	0.203 4	0.205 5	0.206 6	0.207 3	0.207 7	0.207 9	0.208 2	0.208 4
2.0	0.174 6	0.182 2	0.187 5	0.191 2	0.193 8	0.195 8	0.198 2	0.199 6	0.200 4	0.200 9	0.201 2	0.201 5	0.201 8
2.2	0.165 9	0.173 7	0.179 3	0.183 3	0.186 2	0.183 3	0.191 1	0.192 7	0.193 7	0.194 3	0.194 7	0.195 2	0.195 5
2.4	0.157 8	0.165 7	0.171 5	0.175 7	0.178 9	0.181 2	0.184 3	0.186 2	0.187 3	0.188 0	0.188 5	0.189 0	0.189 5
2.6	0.150 3	0.158 3	0.164 2	0.168 6	0.171 9	0.174 5	0.177 9	0.179 9	0.181 2	0.182 0	0.182 5	0.183 2	0.183 8
2.8	0.143 3	0.151 4	0.157 4	0.161 9	0.165 4	0.168 0	0.171 7	0.173 9	0.175 3	0.176 3	0.176 9	0.177 7	0.178 4
3.0	0.136 9	0.144 9	0.151 0	0.155 6	0.159 2	0.161 9	0.165 8	0.168 2	0.169 8	0.170 8	0.171 5	0.172 5	0.173 3
3.2	0.131 0	0.139 0	0.145 0	0.149 7	0.153 3	0.156 2	0.160 2	0.162 8	0.164 5	0.165 7	0.166 4	0.167 5	0.168 5
3.4	0.125 6	0.133 4	0.139 4	0.144 1	0.147 8	0.150 8	0.155 0	0.157 7	0.159 5	0.160 7	0.161 6	0.162 8	0.163 9
3.6	0.120 5	0.128 2	0.134 2	0.138 9	0.142 7	0.145 6	0.150 0	0.152 8	0.154 8	0.156 1	0.157 0	0.158 3	0.159 5
3.8	0.115 8	0.123 4	0.129 3	0.134 0	0.137 8	0.140 8	0.145 2	0.148 2	0.150 2	0.151 6	0.152 6	0.154 1	0.155 4
4.0	0.111 4	0.118 9	0.124 8	0.129 4	0.133 2	0.136 2	0.140 8	0.143 8	0.145 9	0.147 4	0.148 5	0.150 0	0.151 6
4.2	0.107 3	0.114 7	0.120 5	0.125 1	0.128 9	0.131 9	0.136 5	0.139 6	0.141 8	0.143 4	0.144 5	0.146 2	0.147 9
4.4	0.103 5	0.110 7	0.116 4	0.121 0	0.124 8	0.127 9	0.132 5	0.135 7	0.137 9	0.139 6	0.140 4	0.142 5	0.144 4
4.6	0.100 0	0.107 0	0.112 7	0.117 2	0.120 9	0.124 0	0.128 7	0.131 9	0.134 2	0.135 9	0.137 1	0.139 0	0.141 0
4.8	0.096 7	0.103 6	0.109 1	0.113 6	0.117 3	0.120 4	0.125 0	0.128 3	0.130 7	0.132 4	0.133 7	0.135 7	0.137 9
5.0	0.093 5	0.100 3	0.105 7	0.110 2	0.113 9	0.116 9	0.121 6	0.124 9	0.127 3	0.129 1	0.130 4	0.132 5	0.134 8
5.2	0.090 6	0.097 2	0.102 6	0.107 0	0.110 6	0.113 6	0.118 3	0.121 1	0.124 1	0.125 9	0.127 3	0.129 5	0.132 0
5.4	0.087 8	0.094 3	0.099 6	0.103 9	0.107 5	0.110 5	0.115 2	0.118 6	0.121 1	0.122 9	0.124 3	0.126 5	0.129 2
5.6	0.085 2	0.091 6	0.096 8	0.101 0	0.104 6	0.107 6	0.112 2	0.115 6	0.118 1	0.120 0	0.121 5	0.123 8	0.126 6
5.8	0.082 8	0.089 0	0.094 1	0.098 3	0.101 8	0.104 7	0.109 4	0.112 8	0.115 3	0.117 2	0.118 7	0.121 1	0.124 0
6.0	0.080 5	0.086 6	0.091 6	0.095 7	0.099 1	0.102 1	0.106 7	0.110 1	0.112 6	0.114 6	0.116 1	0.118 5	0.121 6

续表

z/b \ l/b	1.0	1.2	1.4	1.6	1.8	2.0	2.4	2.8	3.2	3.6	4.0	5.0	10.0
6.2	0.078 3	0.084 2	0.089 1	0.093 2	0.096 6	0.099 5	0.104 1	0.107 5	0.110 1	0.112 0	0.113 6	0.116 1	0.119 3
6.4	0.076 2	0.082 0	0.086 9	0.090 9	0.094 2	0.097 1	0.101 6	0.105 0	0.107 6	0.109 6	0.111 1	0.113 7	0.117 1
6.6	0.074 2	0.079 9	0.084 7	0.088 6	0.091 9	0.094 8	0.099 3	0.102 7	0.105 3	0.107 3	0.108 8	0.111 4	0.114 9
6.8	0.072 3	0.079 9	0.082 6	0.086 5	0.089 8	0.092 6	0.097 0	0.100 4	0.103 0	0.105 0	0.106 6	0.109 2	0.112 9
7.0	0.070 5	0.076 1	0.080 6	0.084 4	0.087 7	0.090 4	0.094 9	0.098 2	0.100 8	0.102 8	0.104 4	0.107 1	0.110 9
7.2	0.068 8	0.074 2	0.078 7	0.082 5	0.085 7	0.088 4	0.092 8	0.096 2	0.098 7	0.100 8	0.102 3	0.105 1	0.109 0
7.4	0.067 2	0.072 5	0.076 9	0.080 6	0.083 8	0.086 5	0.090 8	0.094 2	0.096 7	0.098 8	0.100 4	0.103 1	0.107 1
7.6	0.065 6	0.070 9	0.075 2	0.078 9	0.082 0	0.084 6	0.088 9	0.092 2	0.094 8	0.096 8	0.098 4	0.101 2	0.105 4
7.8	0.064 2	0.069 3	0.073 6	0.077 1	0.080 2	0.082 8	0.087 1	0.090 4	0.092 9	0.095 0	0.096 6	0.099 4	0.103 6
8.0	0.062 7	0.067 8	0.072 0	0.075 5	0.078 5	0.081 1	0.085 3	0.088 6	0.091 2	0.093 2	0.094 8	0.097 6	0.102 0
8.2	0.061 4	0.066 3	0.070 5	0.073 9	0.076 9	0.079 5	0.083 7	0.086 9	0.089 4	0.091 4	0.093 1	0.095 9	0.100 4
8.4	0.060 1	0.064 9	0.069 0	0.072 4	0.075 4	0.077 9	0.082 0	0.085 2	0.087 8	0.089 8	0.091 4	0.094 3	0.098 8
8.6	0.058 8	0.063 6	0.067 6	0.071 0	0.073 9	0.076 4	0.080 5	0.083 6	0.086 2	0.088 2	0.089 8	0.092 7	0.097 3
8.8	0.057 6	0.062 3	0.066 3	0.069 6	0.072 4	0.074 9	0.079 0	0.082 1	0.084 6	0.086 6	0.088 2	0.091 2	0.095 9
9.2	0.055 4	0.059 9	0.063 7	0.067 0	0.069 7	0.072 1	0.076 1	0.079 2	0.081 7	0.083 7	0.085 3	0.088 2	0.093 1
9.6	0.053 3	0.057 7	0.061 4	0.064 5	0.067 2	0.069 6	0.073 4	0.076 5	0.078 9	0.080 9	0.082 5	0.085 5	0.090 5
10.0	0.051 4	0.055 6	0.059 2	0.062 2	0.064 9	0.067 2	0.071 0	0.073 9	0.076 3	0.078 3	0.079 9	0.082 9	0.088 0
10.4	0.049 6	0.053 3	0.057 2	0.060 1	0.062 7	0.064 9	0.068 6	0.071 6	0.073 9	0.075 9	0.077 5	0.080 4	0.085 7
10.8	0.047 9	0.051 9	0.055 3	0.058 1	0.060 6	0.062 8	0.066 4	0.069 3	0.071 7	0.073 6	0.075 1	0.078 1	0.083 4
11.2	0.046 3	0.050 2	0.053 5	0.056 3	0.058 7	0.060 6	0.064 4	0.067 2	0.069 5	0.071 4	0.073 0	0.075 9	0.081 3
11.6	0.044 8	0.048 6	0.051 8	0.054 5	0.056 9	0.059 0	0.062 5	0.065 2	0.067 5	0.069 4	0.070 9	0.073 8	0.079 3
12.0	0.043 5	0.047 1	0.050 2	0.052 9	0.055 2	0.057 3	0.060 6	0.063 4	0.065 6	0.067 4	0.069 0	0.071 9	0.077 4
12.8	0.040 9	0.044 4	0.047 4	0.049 9	0.052 1	0.054 1	0.057 3	0.059 9	0.062 1	0.063 9	0.065 4	0.068 2	0.073 9
13.6	0.038 7	0.042 0	0.044 8	0.047 2	0.049 3	0.051 2	0.054 3	0.056 8	0.058 9	0.060 7	0.062 1	0.064 9	0.070 7
14.4	0.036 7	0.039 8	0.042 5	0.044 8	0.046 8	0.048 6	0.051 6	0.054 0	0.056 1	0.057 7	0.059 2	0.061 9	0.067 7
15.2	0.034 9	0.037 9	0.040 4	0.042 6	0.044 6	0.046 3	0.049 2	0.051 5	0.053 5	0.055 1	0.056 5	0.059 2	0.065 0
16.0	0.033 2	0.036 1	0.038 5	0.040 7	0.042 5	0.044 2	0.049 2	0.046 9	0.051 1	0.052 7	0.054 0	0.056 7	0.062 5
18.0	0.029 7	0.032 3	0.034 5	0.036 4	0.038 1	0.039 6	0.042 2	0.044 2	0.046 0	0.047 5	0.048 7	0.051 2	0.057 0
20.0	0.026 9	0.029 2	0.031 2	0.033 0	0.034 5	0.035 9	0.038 3	0.040 2	0.041 8	0.043 2	0.044 4	0.046 8	0.052 4

地基沉降计算深度 z_n 处土的计算沉降值(图 3-6)应符合式(3-16)的要求,即

$$\Delta s'_n \leqslant 0.025\sum_{i=1}^{n}\Delta s'_i \tag{3-16}$$

式中 $\Delta s'_i$——在计算深度范围内,第 i 层土的计算沉降值;

$\Delta s'_n$——在由计算深度向上取厚度为 Δz 的土层计算沉降值,Δz 如图 3-6 所示,并按表 3-5 确定。

如确定的计算深度下部仍有较软土层时,应继续计算。

表 3-5　　Δz 取值表　　m

b	$b\leqslant 2$	$2<b\leqslant 4$	$4<b\leqslant 8$	$8<b$
Δz	0.3	0.6	0.8	1.0

当无相邻荷载影响,基础宽度在 1～30 m 时,基础中点的地基变形计算深度也可按式(3-17)计算,即

$$z_n = b(2.5-0.4\ln b) \tag{3-17}$$

式中 b——基础宽度,m。

在计算深度范围内存在基岩时,z_n 可取至基岩表面;当存在较厚的坚硬黏性土层,其孔隙比小于 0.5、压缩模量大于 50 MPa 或存在较厚的密实砂卵石层,其压缩模量大于 80 MPa 时,z_n 可取至该层土表面。

计算地基沉降时，应考虑相邻荷载的影响，其值可按应力叠加原理，采用角点法计算。

现将按《建筑地基基础设计规范》(GB 50007—2011)方法计算地基沉降量的步骤总结如下：

(1)计算基底附加应力。

(2)将地基土按压缩性分层(即按 E_s 分层)。

(3)按式(3-12)计算各分层的压缩量。

(4)确定压缩层厚度。

(5)计算地基最终沉降量。

【工程设计计算案例 3-2】 试按规范推荐的方法计算图 3-7 所示基础Ⅰ的最终沉降量，并考虑基础Ⅱ的影响。已知基础Ⅰ和Ⅱ各承受相应于准永久组合的总荷载值 $Q_k=1\ 134$ kN，基础底面尺寸 $b\times l=2\ \text{m}\times 3\ \text{m}$，基础埋置深度 $d=2$ m。其他条件参见图 3-7。

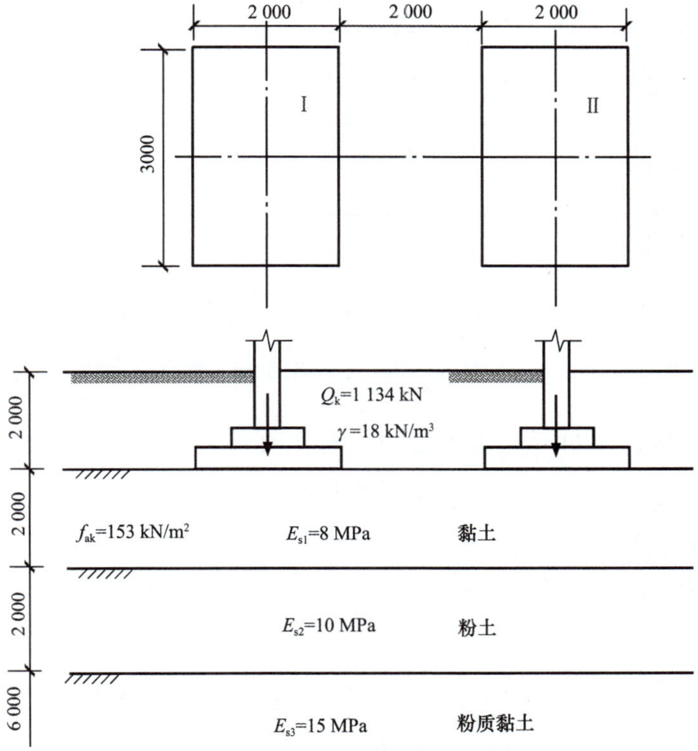

图 3-7 工程设计计算案例 3-2 图

【解】 (1)计算基底附加应力

基底处总压力

$$p_k=\frac{Q_k}{A}=\frac{1\ 134}{2\times 3}=189\ \text{kN/m}^2$$

基底处土的自重压力

$$\sigma_{cz}=\gamma d=18\times 2=36\ \text{kN/m}^2$$

基底附加应力

$$p_0=p_k-\sigma_{cz}=189-36=153\ \text{kN/m}^2$$

(2)计算压缩层范围内各土层压缩量

计算过程参见表 3-6。

表 3-6 【工程设计计算案例 3-2】计算附表

z_i/m	基础 Ⅰ			基础 Ⅱ 对基础 Ⅰ 的影响			$\bar{\alpha}_i$
	$n=\frac{l}{b}$	$m=\frac{z_i}{b}$	$\bar{\alpha}_{Ii}$	$n=\frac{l}{b}$	$m=\frac{z_i}{b}$	$\bar{\alpha}_{IIi}$	
0	1.5	0	1.000	3.3 2.0	0	1.000	—
2.0	1.5	2	0.757 6	—	1.3	0.004 2	0.760 7
4.0	1.5	4	0.508 5	—	2.7	0.014 2	0.522 7
3.7	1.5	3.7	0.536 5	—	2.5	0.013 0	0.549 5
z_i/m	$z_i\bar{\alpha}_i$/m	$z_i\bar{\alpha}_i-z_{i-1}\bar{\alpha}_{i-1}$/m	E_{si}/MPa	$\Delta s'_i$/mm $\left[\Delta s'_i=\frac{p_0}{E_{si}}(z_i\bar{\alpha}_i-z_{i-1}\bar{\alpha}_{i-1})\right]$		$\sum_{i=1}^{n}\Delta s'$/mm	$\frac{\Delta s'_n}{\sum_{i=1}^{n}\Delta s'_i}$
0	0	—	—	—		—	—
2.0	1.522	1.522	8	29.1		29.1	—
4.0	2.091	0.569	10	8.7		37.8	—
3.7	2.033	0.058	15	0.88		—	0.023

(3)确定压缩层下限

在基底下 4 m 深范围内土层的总沉降量 $s'=\sum_{i=1}^{n}\Delta s'_i=37.8$ m，在 $z=4$ m 处以上 $\Delta z=0.3$ m(基础宽度 $b=2$ m，查表 3-5 得 $\Delta z=0.3$ m)，厚土层沉降值为 0.88 mm。

$$0.88\ \text{mm}<0.025\sum_{i=1}^{n}\Delta s'_i=0.025\times37.8=0.945\ \text{mm}$$

故所取沉降计算深度 $z_n=4$ m，满足规范要求。

(4) 确定沉降计算经验系数

压缩层范围内土层压缩模量的平均值为

$$\overline{E}_s=\frac{\sum_{i=1}^{n}A_i}{\sum_{i=1}^{n}\frac{A_i}{E_{si}}}=\frac{2.091}{\frac{1.522}{8}+\frac{0.569}{10}}=8.460\ \text{MPa}$$

查表 3-3 并计算得 $\psi_s=0.9$。

(5) 计算基础 Ⅰ 最终沉降量

$$s=\psi_s s'=0.9\times37.8=34.02\ \text{mm}$$

3.3.3 地基沉降与时间的关系

以上介绍的地基变形计算量是最终沉降量，是在建筑物荷载产生的附加应力作用下，使土的孔隙发生压缩而引起的。对于饱和土体压缩，必须使孔隙中的水分排出后才能完成。孔隙中水分的排出需要一定的时间，通常碎石土和砂土地基渗透性大、压缩性小，地基沉降趋于稳定的时间很短，而饱和的厚黏性土地基的孔隙小、压缩性大，沉降往往需要几年甚至几十年才能达到稳定。一般建筑物在施工期间完成的沉降量，对于砂土可认为其最终沉降量已完成

80%以上；对于低压缩性黏性土，可以认为已完成最终沉降量的50%～80%；对于中压缩性土，可以认为已完成20%～50%；对于高压缩性土，可以认为已完成5%～20%。因此，工程实践中一般只考虑黏性土的变形与时间之间的关系。

在建筑物设计中，既要计算地基最终沉降量，还需要知道沉降与时间的关系，以便预留建筑物有关部分之间的净空，合理选择连接方法和施工顺序。对发生裂缝、倾斜等事故的建筑物，也需要知道沉降与时间的关系，以便对沉降计算值和实测值进行分析。

地基沉降与时间的关系可采用固结理论或经验公式估算。

3.3.4 计算地基变形时应符合的规定

(1)由于建筑地基不均匀、荷载差异很大、体型复杂等因素引起的地基变形，对于砌体承重结构，应由局部倾斜值控制；对于框架结构和单层排架结构，应由相邻柱基的沉降差控制；对于多层或高层建筑和高耸结构，应由倾斜值控制；必要时应控制平均沉降量。

(2)在必要情况下，需要分别预估建筑物在施工期间和使用期间的地基变形值，以便预留建筑物有关部分之间的净空，选择连接方法和施工顺序。

3.4 建筑物的沉降观测与地基允许变形值

3.4.1 建筑物的沉降观测

微 课

地基基础设计等级

为了及时发现建筑物变形并防止有害变形的扩大，对于重要的、新型的、体形复杂或使用上对不均匀沉降有严格限制的建筑物，在施工以及使用过程中需要进行沉降观测。根据沉降观测的资料，可以预估最终沉降量，判断不均匀沉降的发展趋势，以便控制施工速度和采取相应的加固处理措施。

《建筑与市政地基基础通用规范》(GB 55003—2021)规定：下列建筑与市政工程应在施工期间及使用期间进行沉降变形监测，直至沉降变形达到稳定为止：

(1)对地基变形有控制要求的。

(2)软弱地基上的。

(3)处理地基上的。

(4)采用新型基础形式或新型结构的。

(5)地基施工可能引起地面沉降或降起变形，周边建(构)筑物和地下管线变形、地下水位变化及土体位移的。

1. 沉降观测点的布置

沉降观测首先要设置好水准基点，其位置必须稳定可靠，妥善保护。埋设地点宜靠近观测对象，但必须在建筑物所产生的压力影响范围以外。在一个观测区内，水准基点不应少于3个，埋置深度应与建筑物基础埋置深度相适应。其次，应根据建筑物的平面形状、结构特点和工程地质条件综合考虑布置观测点，一般设置在建筑物四周的角点、转角处、纵横墙的中点、沉降缝和新老建筑物连接处的两侧或地质条件有明显变化的地方(具体位置由设计人员确定),数量不宜少于6点。观测点的间距一般为8～12 m。

2. 沉降观测的技术要求

沉降观测采用精密水准仪测量,观测的精度为0.01 mm。沉降观测应从浇捣基础后开始,民用建筑每增高一层观测一次,工业建筑应在不同荷载阶段分别进行观测,施工期间的观测不应少于4次。建筑物竣工后应逐渐加大观测时间间隔,第一年不少于3～5次,第二年不少于2次,以后每年1次,直到下沉稳定为止。稳定标准为半年的沉降量不超过2 mm。在正常情况下,沉降速率应逐渐减慢,如沉降速率减少到0.05 mm/d以下时,可认为沉降趋于稳定,这种沉降称为减速沉降。如出现等速沉降,就有导致地基丧失稳定的危险。当出现加速沉降时,表示地基已丧失稳定,应及时采取措施,防止发生工程事故。

3. 沉降观测资料的整理

沉降观测的测量数据,应在每次观测后立即进行整理,计算观测点高程的变化和每个观测点在观测时间间隔内的沉降增量以及累计沉降量。同时应绘制各种图件,包括每个观测点的沉降-时间变化过程曲线,建筑物沉降展开图和建筑物的倾斜及沉降差的时间过程曲线。根据这些图件可以分析判断建筑物的变形状况及其变化发展趋势。

3.4.2 地基允许变形值

1. 地基变形分类

不同类型的建筑物,对地基变形的适应性是不同的。因此,应用前述公式验算地基变形时,要考虑不同建筑物采用不同的地基变形特征来进行比较与控制。

《建筑地基基础设计规范》(GB 50007—2011)将地基变形依其特征分为以下四种:

(1)沉降量:单独基础中心的沉降值(图3-8)。对于单层排架结构柱基和高耸结构基础须计算沉降量,并使其小于允许沉降值。

(2)沉降差:两相邻单独基础沉降量之差(图3-9)。

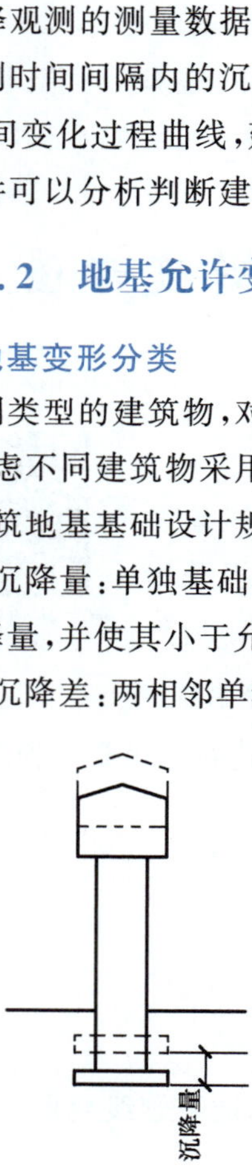

图3-8 基础中心的沉降量

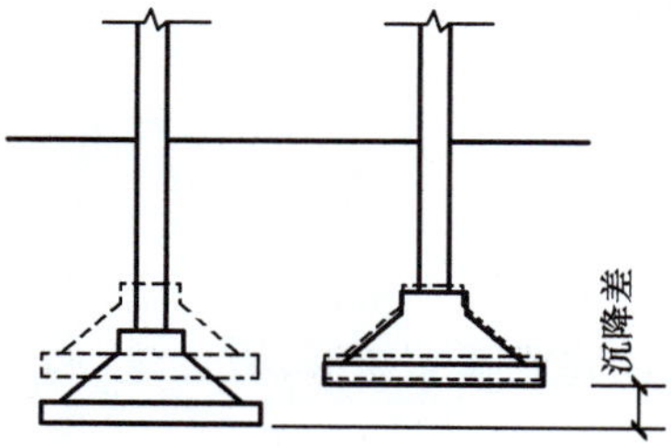

图3-9 基础沉降差

微 课

地基沉降观测

对于建筑物地基不均匀,有相邻荷载影响和荷载差异较大的框架结构、单层排架结构,需验算基础沉降差,并把它控制在允许值以内。

(3)倾斜:单独基础在倾斜方向上两端点的沉降差与其距离之比(图3-10)。当地基不均匀或有相邻荷载影响的多层和高层建筑基础及高耸结构基础时须验算基础的倾斜。

(4)局部倾斜:砌体承重结构沿纵墙 6～10 m 内基础两点的沉降差与其距离之比(图 3-11)。根据调查分析,砌体结构墙身开裂,大多数情况下都是由于墙身局部倾斜超过允许值所致。所以,当地基不均匀、荷载差异较大、建筑体型复杂时,就需要验算墙身的局部倾斜。

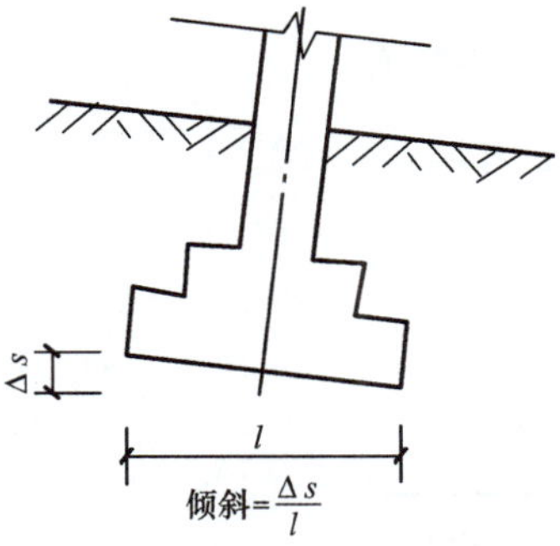

图 3-10 基础倾斜

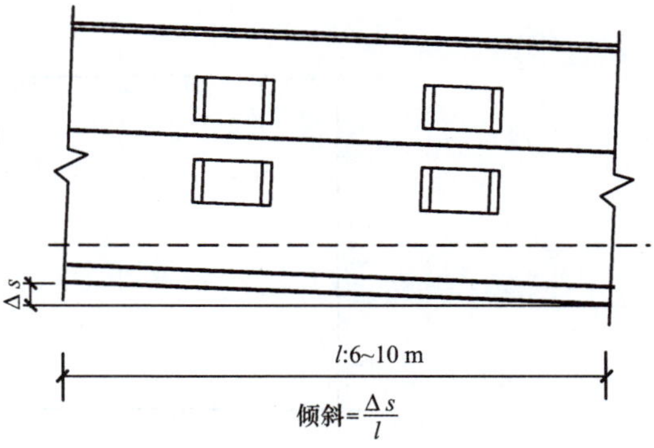

图 3-11 墙身局部倾斜

2. 地基变形允许值

一般建筑物的地基变形允许值可按表 3-7 的规定采用。表 3-7 中的数值是根据大量常见建筑物系统沉降观测资料统计分析得出的。桩基变形计算值不应大于桩基沉降变形允许值。根据《建筑与市政地基基础通用规范》(GB 55003—2021)规定,桩基沉降变形允许值应根据上部结构对桩基沉降变形的适应能力和使用上的要求确定。

本章小结

本章主要介绍了土的压缩性的基本概念、压缩试验、压缩指标、建筑物的沉降观测和地基允许变形值。讨论了压缩与时间的关系、压缩指标在工程中的应用和地基最终变形的计算。

复习思考题

3-1 什么是土的压缩性?引起土压缩的主要原因是什么?工程上如何评价土的压缩性?

3-2 什么是土的固结与固结度?

3-3 地基变形特征有哪几种?

综合练习题

3-1 某土样的侧限压缩试验结果见表 3-7。

表 3-7 某土样的侧限压缩试验结果

p/MPa	0	0.05	0.1	0.2	0.3	0.4
e	0.93	0.85	0.80	0.73	0.67	0.65

要求:(1)绘制土的压缩曲线,求土的压缩系数并评价其压缩性;

(2)当土的自重应力为 0.05 MPa,土的自重应力和附加应力之和为 0.2 MPa 时,求土的压缩模量 E_s。

3-2　某独立柱基础如图 3-12 所示，基础底面尺寸为 3.2 m×2.3 m，基础埋置深度 d=1.5 m，作用于基础上的荷载 F=950 kN，试根据《建筑地基基础设计规范》(GB 50007—2011)计算基础最终沉降量。

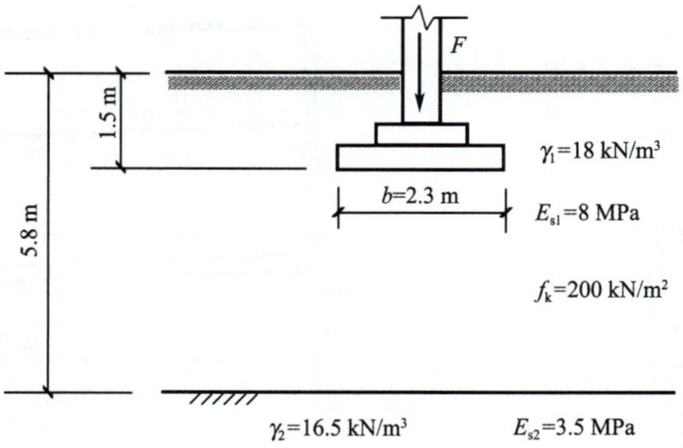

图 3-12　综合练习题 3-2 图

课程思政参考案例

软土地基上的中国第一高楼

第4章 土的抗剪强度与地基承载力

学习目标

了解：抗剪强度的其他试验方法和地基承载力确定方法。

理解：地基变形的阶段和破坏形式。

掌握：土的抗剪强度规律，土中某点的极限平衡条件，以及地基承载力特征值的修正方法。

学习目标

1. 培养学生发现问题、勤于探索的实践能力。
2. 培养学生爱党爱国、遵纪守法、诚实守信、团结友善等品德。
3. 培养学生认真做事、细心做事的态度。

4.1 概 述

微 课

土体剪切破坏

建筑物地基基础设计必须满足变形和强度两个基本条件。在设计过程中，首先要根据上部结构荷载与地基承载力之间的关系（简单地说即是建筑物基础底面处的接触压力应小于等于地基承载力）来确定基础的埋置深度和平面尺寸以保证地基土不丧失稳定性，这是承载力设计的主要目的。在此前提下，还要控制建筑物的沉降在允许的范围以内，使结构不致因过大的沉降或不均匀沉降而出现开裂、倾斜等破坏现象，保证建筑物和管网等配套设施能够正常工作。

强度和变形是两个不同的控制标准，任何安全等级的建筑物都必须进行承载力的设计计算，都必须满足地基的强度和稳定性的要求；在满足地基强度和稳定性要求的前提下，还必须满足变形要求。以上两个要求不可互相替代，承载力要求是先决条件，但并不是所有的建筑物都必须进行沉降验算。根据工程经验，对某些特定的建筑物，强度起着控制性作用，只要强度条件满足，变形条件也能同时得到满足，因此就不必进行沉降验算[参见《建筑与市政地基基础通用规范》(GB 55003－2021)有关规定与要求]。关于地基的变形计算已在第3章中介绍，本章将主要介绍地基的强度和稳定性问题，包括土的抗剪强度以及地基基础设计时的地基承载力计算问题。

当地基受到荷载作用后，土中各点将产生法向应力与剪应力。若某点的剪应力达到该点的抗剪强度，土即沿着剪应力作用方向产生相对滑动，此时称该点剪切破坏。若荷载继续增加，则剪应力达到抗剪强度的区域（塑性区）越来越大，最后形成连续的滑动面，一部分土体相对另一部分土体产生滑动，基础因此产生很大的沉降或倾斜，整个地基达到剪切破坏，此时称地基丧失了稳定性。因此，土的强度问题实质上就是抗剪强度问题。

土的抗剪强度是指在外力作用下，土体内部产生剪应力时，土对剪切破坏的极限抵抗能力。土的抗剪强度主要应用于地基承载力的计算和地基稳定性分析、边坡稳定性分析、挡土墙及地下结构物上的土压力计算等。

微 课

土的抗剪强度

4.2 土的抗剪强度

4.2.1 抗剪强度

1. 库仑定律

土的抗剪强度和其他材料的抗剪强度一样，可以通过试验的方法测定。但土的抗剪强度与其他材料不同：在工程实际中，地基土体因自然条件、受力过程及状态等诸多因素的影响，试验时必须模拟实际受荷过程，所以土的抗剪强度并非一个定值。不同类型的土，其抗剪强度不同，即使是同一类型的土，在不同条件下的抗剪强度也不相同。

测定土的抗剪强度的方法很多，最简单的方法是直接剪切试验，简称直剪试验。试验用直剪仪进行（分应变控制式和应力控制式两种，其中应变控制式直剪仪应用较为普遍）。图 4-1 为应变控制式直剪仪的工作原理，该仪器主要由固定的上剪切盒和活动的下剪切盒组成。试验前，用销钉把上、下剪切盒固定成一完整的剪切盒，将环刀内土样推入，土样上下各放一块透水石。试验时，先通过加压板施加竖向力 F，然后拔出销钉，在下剪切盒上匀速施加一水平力 T，此时土样在上下剪切盒之间固定的水平面上受剪，直到破坏，从而可以直接测得破坏面上的水平力 T。若试样的水平截面积为 A，则垂直压应力为 $\sigma=F/A$，此时，土的抗剪强度（土样破坏时对此推力的极限抵抗能力）为 $\tau_f=T/A$。

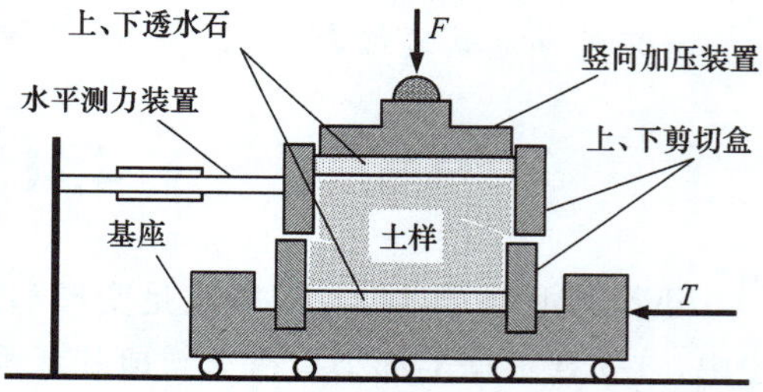

图 4-1 应变控制式直剪仪的工作原理

试验时，一般取 4～6 个物理状态相同的试样，使它们在不同的竖向压力作用下剪切破坏，同时可测得相应的最大破坏剪应力即抗剪强度。以测得的 σ 为横坐标，以 τ_f 为纵坐标，绘制抗剪强度 τ_f 与法向应力 σ 关系曲线，如图 4-2 所示。若土样为砂土，其曲线为一条通过坐标原点并与横坐标成 φ 角的直线[图 4-2(a)]，其方程为

$$\tau_f=\sigma\tan\varphi \tag{4-1a}$$

式中 τ_f——在法向应力作用下土的抗剪强度，kPa；

σ——作用在剪切面上的法向应力，kPa；

φ——土的内摩擦角，(°)。

对于黏性土和粉土，τ_f 与 σ 基本呈直线关系，但这条直线不通过原点，而与纵坐标轴形成

一截距 c[图 4-2(b)]，其方程为

$$\tau_f = c + \sigma\tan\varphi \tag{4-1b}$$

式中　c——土的黏聚力，kPa；

其余符号意义与前式相同。

式(4-1a)和式(4-1b)是库仑(Coulomb)于 1773 年提出的，故称为库仑定律或土的抗剪强度定律。

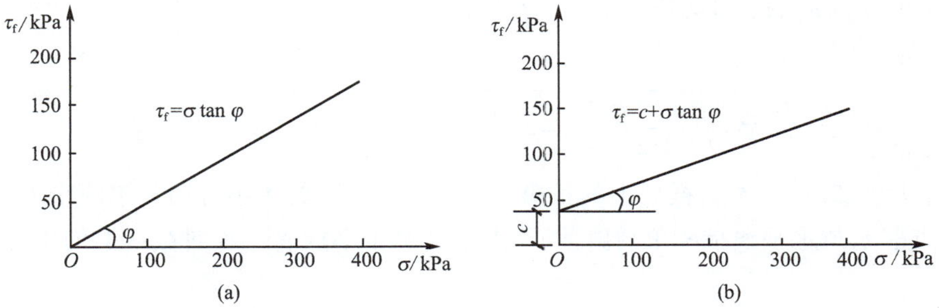

图 4-2　抗剪强度曲线

2. 抗剪强度的构成因素

式(4-1a)和式(4-1b)中的 φ 和 c 称为土的抗剪强度指标(或参数)，它们是构成土的抗剪强度的基本要素。在一定条件下，c 和 φ 是常数，c(土的黏聚力)和 φ(φ 为土的内摩擦角，$\tan\varphi$ 为土的内摩擦系数)的大小反映了土的抗剪强度的高低。

由土的三相组成特点不难看出，土的抗剪强度的构成有两个方面，即内摩擦力与黏聚力。存在于土体内部的摩擦力由两部分组成：一部分是剪切面上颗粒与颗粒产生的摩擦力；另一部分是由于颗粒之间的相互嵌入和互锁作用产生的咬合力。土颗粒越粗，内摩擦角 φ 越大。黏聚力 c 是由于土颗粒之间的胶结作用、结合水膜以及水分子引力作用等形成的。土颗粒越细，塑性越大，其黏聚力也越大。

3. 抗剪强度的影响因素

影响土的抗剪强度的因素很多，主要包括以下几个方面：

①土颗粒的矿物成分、形状及颗粒级配；②初始密度；③含水量；④土的结构扰动情况；⑤有效应力；⑥应力历史；⑦试验条件。

微　课

摩尔-库仑强度理论

4.2.2　摩尔-库仑强度理论

根据第 2 章内容可知，建筑物地基在建筑物荷载作用下，其内任意一点都将产生应力。土的强度问题就是抗剪强度问题。因而，我们在研究土的应力和强度问题时，常采用最大剪应力理论。该理论认为：材料的剪切破坏主要是由于土中某一截面上的剪应力达到极限值所致，但材料达到破坏时的抗剪强度也与该截面上的正应力有关。

当土中某点的剪应力小于土的抗剪强度时，土体不会发生剪切破坏，即土体处于稳定状态；当土中剪应力等于土的抗剪强度时，土体达到临界状态，称为极限平衡状态，此时土中大、小主应力与土的抗剪强度指标的关系，称为土的极限平衡条件；当土中剪应力大于土的抗剪强度时，从理论上讲土中这样的点处于破坏状态(实际上这种应力状态并不存在，因为这时该点已产生塑性变形和应力重分布)。

1. 土中某点的应力状态

现以平面应力状态为例进行研究。设想一无限长条形荷载作用于弹性半无限体的表面上，根据弹性理论，这属于平面变形问题。垂直于基础长度方向的任意横截面上，其应力状态如图 4-3 所示。由材料力学可知，地基中任意一点 M（用微元体表示）皆为平面应力状态，其上作用的应力为正应力 σ_x、σ_z 和剪应力 τ_{xz}。该点上大、小主应力 σ_1、σ_3 为

$$\left.\begin{matrix}\sigma_1\\ \sigma_3\end{matrix}\right\}=\frac{\sigma_x+\sigma_z}{2}\pm\sqrt{\left(\frac{\sigma_x-\sigma_z}{2}\right)^2+\tau_{xz}^{\ 2}} \tag{4-2}$$

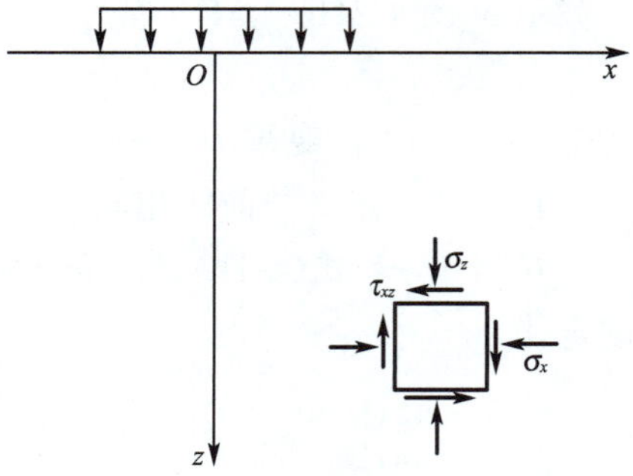

图 4-3　土中某点应力状态

当主应力已知时，任意斜截面上的正应力 σ 与剪应力 τ 的大小可用莫尔圆来表示，例如圆周上的 A 点表示与水平线呈 α 角的斜截面，A 点的两个坐标表示该斜截面上的正应力 σ 与剪应力 τ（图 4-4）。

$$\sigma=\frac{\sigma_1+\sigma_3}{2}+\frac{\sigma_1-\sigma_3}{2}\cos 2\alpha \tag{4-3}$$

$$\tau=\frac{\sigma_1-\sigma_3}{2}\sin 2\alpha \tag{4-4}$$

在 σ_1、σ_3 已知的情况下，mn 斜面上的正应力 σ 与剪应力 τ 仅与该面的倾角 α 有关。莫尔圆上的点的纵、横坐标可以表示土中任意一点的应力状态。

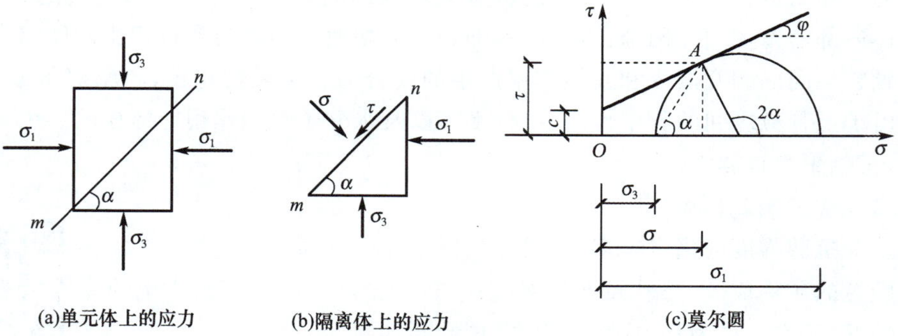

图 4-4　土中任意一点的应力状态

2. 土的极限平衡条件

为了建立实用的土的极限平衡条件，将表示土体中某点应力状态的应力圆和土的抗剪强度与法向应力关系曲线即抗剪强度曲线绘于同一直角坐标系中（图 4-5），对它们之间的关系进行比较，就可以判断土体在这一点上是否达到极限平衡状态。

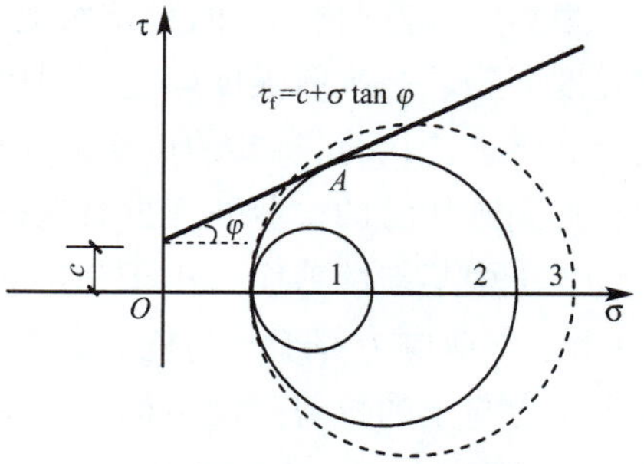

图 4-5　莫尔圆与抗剪强度曲线的关系

（1）莫尔圆位于抗剪强度曲线下方（圆 1），说明这个应力圆所表示的土中这一点在任何方向的平面上其剪应力都小于土的抗剪强度，因此该点不会发生剪切破坏，处于弹性平衡状态。

（2）莫尔圆与抗剪强度曲线相切（圆 2），切点为 A，说明应力圆上 A 点所代表的平面上的

剪应力刚好等于土的抗剪强度，该点处于极限平衡状态，这个应力圆称为极限应力圆。

(3)莫尔圆与抗剪强度曲线相割(圆 3)，说明土中过这一点的某些平面上的剪应力已经超过了土的抗剪强度，从理论上讲该点早已破坏，因而这种应力状态是不存在的，实际上在这些点位上已产生塑性流动和应力重分布，故圆 3 用虚线表示。

根据莫尔圆与抗剪强度曲线的几何关系，可建立极限平衡条件方程式。如图 4-6(a)所示，土体中微元体的受力情况，mn 为破裂面，它与大主应力作用面呈 α_{cr} 角。该点处于极限平衡状态，其莫尔圆如图 4-6(b)所示。根据直角三角形 $AO'D$ 的边角关系，得到黏性土的极限平衡条件，即

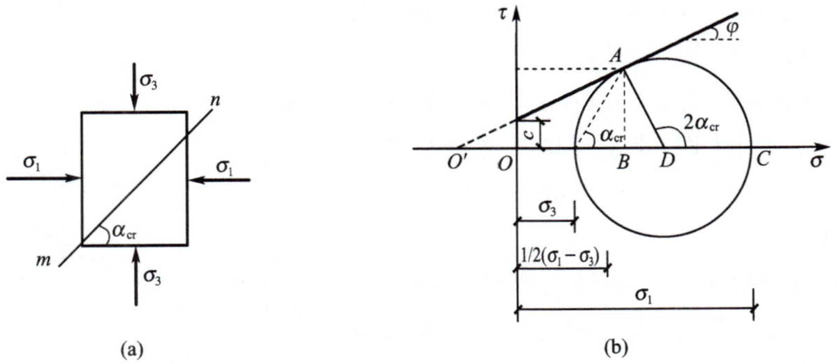

图 4-6 土中某点达到极限平衡状态时的莫尔圆

$$\sigma_1=\sigma_3\tan^2(45°+\frac{\varphi}{2})+2c\tan(45°+\frac{\varphi}{2}) \tag{4-5}$$

$$\sigma_3=\sigma_1\tan^2(45°-\frac{\varphi}{2})-2c\tan(45°-\frac{\varphi}{2}) \tag{4-6}$$

对于无黏性土，因 $c=0$，由式(4-5)和式(4-6)可得无黏性土的极限平衡条件，即

$$\sigma_1=\sigma_3\tan^2(45°+\frac{\varphi}{2}) \tag{4-7}$$

$$\sigma_3=\sigma_1\tan^2(45°-\frac{\varphi}{2}) \tag{4-8}$$

在图 4-6(b)的三角形 $AO'D$ 中，由内外角之间的关系可知

$$2\alpha_{cr}=90°+\varphi$$

即某点处于极限平衡状态时，破裂面与最大主应力作用面所呈角度(称为破裂角)为

$$\alpha_{cr}=45°+\frac{\varphi}{2} \tag{4-9}$$

式(4-9)是用于判断土体达到极限平衡状态时的最大与最小主应力的关系，而不是任何应力条件下的恒等式。这一表达式是土的强度理论的基本关系式，在讨论分析地基承载力和土压力问题时应用。

综合上述分析，关于土的强度理论可归纳出如下几点结论：

①土的强度破坏是由于土中某点剪切面上的剪应力达到或超过了土的抗剪强度所致。

②土中某点达到剪切破坏状态的应力条件必须是法向应力和剪应力的某种组合符合库仑定律的破坏准则，而不是以最大剪应力 τ_{max} 达到了抗剪强度 τ_f 作为判断依据，亦即剪切破坏面并不一定发生在最大剪应力的作用面上，而是在与最大主应力作用面呈某一夹角($\alpha_{cr}=45°+\frac{\varphi}{2}$)的平面上。

③当土体处于极限平衡状态时，土中该点的极限应力圆与抗剪强度曲线相切。一组极限应力圆的公切线即为土的强度包线。强度包线与纵坐标的截距为土的黏聚力，与横坐标夹角为土的内摩擦角。

④根据土的极限平衡条件，在已测得抗剪强度指标的条件下，已知大、小主应力中的任何一个，即可求得另一个；或在已知抗剪强度指标与大、小主应力的情况下，可判断土体的平衡状态；也可利用这一关系求出土体中已发生剪切破坏面的位置。

【工程设计计算案例 4-1】 已知一组直剪试验结果，在施加的法向应力分别为 100 kPa、200 kPa、300 kPa、400 kPa 时，测得相应的抗剪强度分别为 67 kPa、119 kPa、162 kPa、215 kPa。试作图求该土的抗剪强度指标 c、φ 值。若作用在此土中某点的最大与最小主应力分别为 350 kPa 和 100 kPa，问该点处于何种状态？

【解】 (1)以法向应力 σ 为横坐标，抗剪强度 τ_f 为纵坐标，σ、τ_f 取相同比例，将土样的直剪试验结果画在坐标系上，如图 4-7 所示，过点群中心绘直线即为抗剪强度曲线。

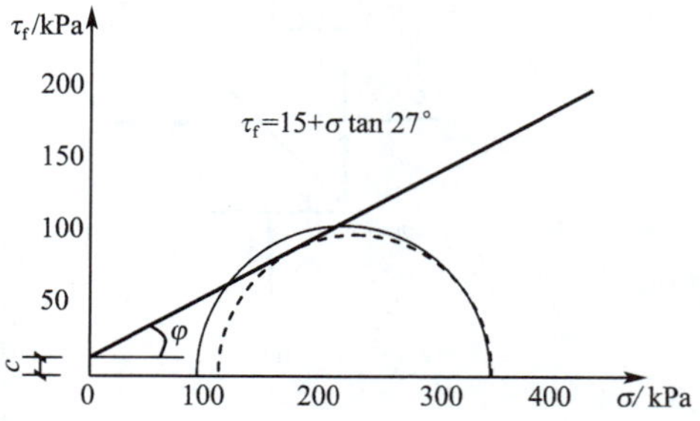

图 4-7 工程设计计算案例 4-1 图

在图 4-7 中量得抗剪强度曲线与纵轴截距值即为土的黏聚力，$c=15$ kPa，直线与横坐标轴的倾角即为内摩擦角，$\varphi=27°$。

(2)当最大主应力 $\sigma_1=350$ kPa 时，如果土体处于极限平衡状态，根据极限平衡条件其最大与最小主应力的关系为

微 课

抗剪强度例题

$$\sigma_{3极}=\sigma_1\tan^2(45°-\frac{\varphi}{2})-2c\tan(45°-\frac{\varphi}{2})$$

$$=350\times\tan^2(45°-\frac{27°}{2})-2\times15\times\tan(45°-\frac{27°}{2})$$

$$=113.05\ \text{kPa}$$

$\sigma_{3极}>\sigma_{3实}=100$ kPa，说明该点已处于破坏状态。

4.3 土的抗剪强度试验方法

土的抗剪强度指标 c、φ 值是土的重要力学指标，在确定地基土的承载力、挡土墙的土压力以及验算土坡的稳定性等问题时都要用到土的抗剪强度指标。因此，正确地测定和选择土的抗剪强度指标是土工试验与设计计算中十分重要的问题。

土的抗剪强度指标通过土工试验确定。试验方法分为室内土工试验和现场原位测试两种。室内土工试验常用的方法有直剪试验和三轴剪切试验；现场原位测试的方法有十字板剪切试验和大型直剪试验。

4.3.1 不同排水条件的试验方法与适用条件

同一种土在不同排水条件下进行试验，可以得出不同的抗剪强度指标，即土的抗剪强度在很大限度上取决于试验方法。根据试验时的排水条件，可分为以下三种试验方法。

1. 不固结-不排水剪试验

Unconsolidation Undrained Shear Test，简称 UU 试验，对于直剪试验时称为快剪试验。这种试验方法是在整个试验过程中都不让试样排水固结，简称不排水剪试验。在后述的三轴剪切试验中，自始至终关闭排水阀门，无论在周围压力 σ_3 作用下还是随后施加竖向压力，剪切时都不使土样排水，因而在试验过程中土样的含水量保持不变。直剪试验时，在试样的上下两面均贴以蜡纸或将上下两块透水石换成不透水的金属板，因而施加的是总应力 σ，不能测定孔隙水压力 u 的变化。

不排水剪试验是模拟建筑场地土体来不及固结排水就较快加载的情况。在实际工程中，对渗透性较差、排水条件不良、建筑物施工速度快的地基土或斜坡进行稳定性验算时，可以采用这种试验条件来测定土的抗剪强度指标。

2. 固结-不排水剪试验

Consolidation Undrained Shear Test，简称 CU 试验，对于直剪试验时称为固结快剪试验。做三轴剪切试验时，先使试样在周围压力作用下充分排水，然后关闭排水阀门，在不排水条件下施加压力至土样剪切破坏。直剪试验时，先施加垂直压力并使试样充分排水固结后，再快速施加水平力，使试样在施加水平力过程中来不及排水。

固结-不排水剪试验是模拟建筑场地土体在自重或正常荷载作用下已达到充分固结，而后遇到突然施加荷载的情况。对一般建筑物地基的稳定性验算以及预计建筑物施工期间能够排水固结，但在竣工后将施加大量活荷载（如料仓、油罐等）或可能有突然活荷载（如风力等）情况，就应用固结-不排水剪试验的指标。

3. 固结-排水剪试验

Consolidation Drained Shear Test，简称 CD 试验，对于直剪试验时称为慢剪试验。试验时，在周围压力作用下持续足够的时间使土样充分排水，孔隙水压力降为零后才施加竖向压力。施加速率仍很缓慢，不使孔隙水压力增量出现，即在应力变化过程中孔隙水压力始终处于零的固结状态。故在试样破坏时，由于孔隙水压力充分消散，此时总应力法和有效应力法表达的抗剪强度指标也一致。

固结-排水剪试验是模拟地基土已充分固结后开始缓慢施加荷载的情况。在实际工程中，当土的排水条件良好（如黏性土层中夹砂层）、地基土透水性较好（低塑性黏性土）以及加荷速率慢时可选用。但因工程的正常施工速度不易使孔隙水压力完全消散，试验过程既费时又费力，因而较少采用。

4.3.2 抗剪强度指标的测定方法

1. 直剪试验

按固结排水条件，直剪试验指标对应有三种：

(1) 快剪试验：指标用 c_q、φ_q 表示。

(2) 固结快剪试验：指标用 c_{cq}、φ_{cq} 表示。

(3) 慢剪试验：指标用 c_s、φ_s 表示。

直剪试验虽有一定优点，但是也有其固有缺点：

①直剪仪不能有效地控制排水。

②直剪仪上、下剪切盒之间的缝隙对试验结果有影响。

③直剪试验时土样的剪切面是人为规定的。

④剪切面积随剪切位移的增加而减小且土样应力状态非常复杂。

由于直剪仪的上述缺点，无论是在工程方面还是在科学研究方面的使用都受到很大的限制，在国外已逐渐被其他仪器所取代。在我国的勘察设计规范中也都明确规定限制直剪仪的应用，如《建筑地基基础设计规范》(GB 50007—2011)规定，直剪试验只适用于二级及三级建筑物的可塑状黏性土和饱和度不大于 0.5 的粉土。

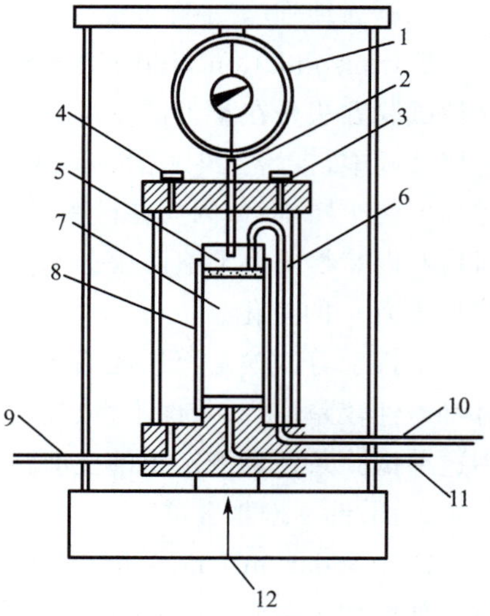

图 4-8 三轴剪切仪

1—量力环；2—活塞；3—进水孔；4—排水孔；5—试样帽；6—受压室；7—试样；8—乳胶膜；9—接周围压力控制系统；10—接排水管；11—接孔隙水压力系统；12—接轴向加压系统

2. 三轴剪切试验

三轴剪切仪由受压室、周围压力控制系统、轴向加压系统、孔隙水压力系统以及试样体积变化测量系统等组成，如图 4-8 所示。

三轴剪切试验的土样是在轴对称应力条件下剪切的，圆柱形土样侧面作用着小主应力 σ_3，顶面和底面作用着大主应力 σ_1，大、小主应力可以根据试验要求控制其大小和变化。土样包在不透水的橡皮膜中，在土样的底面和顶面都设置了可以控制的排水管道，通过开关可以改变土样的排水条件，并可通过管道测量土样顶部或内部的孔隙水压力。因此，三轴剪切试验可以克服直剪试验的固有缺点，不仅用于工程试验，也被广泛应用于科学研究中。三轴剪切仪是目前最常用的土工试验仪器。

用同一种土制成若干土样按上述方法进行试验，对每个土样施加不同的周围压力 σ_3，可分别求得剪切破坏时对应的最大主应力 σ_1，将这些结果绘成一组莫尔圆。根据土的极限平衡条件可知，通过这些莫尔圆的切点的直线就是土的抗剪强度曲线，由此可得抗剪强度指标 c 和 φ 值。

根据土样在周围压力及偏应力条件下是否排水固结的要求，三轴剪切试验指标对应有如下三种：

(1)不固结-不排水试验(UU 试验)：指标用 c_u、φ_u 表示。

(2)固结-不排水试验(CU 试验)：指标用 c_{cu}、φ_{cu} 表示。

(3)固结-排水试验(CD 试验)：指标用 c_d、φ_d 表示。

因三轴剪切仪有上述诸多优点，现行《建筑地基基础设计规范》(GB 50007—2011)推荐采用本方法，特别是对于一级建筑物地基土应予以采用。

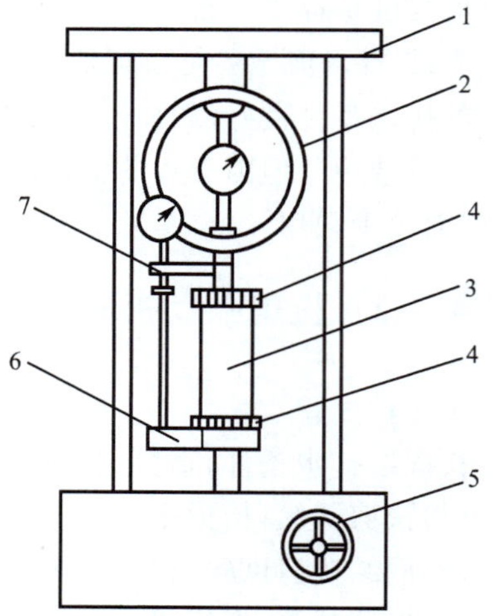

图 4-9 应变控制式无侧限压缩仪

1—轴向加压框架；2—轴向测力计；3—试样；4—上、下传压板；5—手轮；6—升降设备；7—轴向位移计

3. 无侧限抗压强度试验

无侧限抗压强度试验方法适用于饱和黏土。本试验所用的主要仪器设备是应变控制式无侧限压缩仪(主要由测力计、加压框架、升降设备组成)，如图 4-9 所示。

无侧限抗压强度试验所用试样为原状土样，试验时按《土工试验方法标准》(GB/T 50123—2019)中有关规定制备。无侧限抗压强度试验应按下列步骤进行：

(1)将试样两端抹一薄层凡士林,在气候干燥时,试样周围亦需抹一薄层凡士林,防止水分蒸发。

(2)将试样放在底座上,转动手轮,使底座缓慢上升,试样与传压板刚好接触,将测力计读数调整为零。根据试样的软硬程度选用不同量程的测力计。

(3)轴向应变速率宜为每分钟应变 1%~3%。转动手柄,使升降设备上升以进行试验,轴向应变小于 3%时,每隔 0.5%应变(或 0.4 mm)读数一次;轴向应变大于等于 3%时,每隔 1%应变(或 0.8 mm)读数一次。试验宜在 8~10 min 内完成。

(4)当测力计读数出现峰值时,继续进行 3%~5%的应变后停止试验;当读数无峰值时,试验应进行到应变达 20%为止。

(5)试验结束,取下试样,描述试样破坏后的形状。

轴向应变,应按下式计算

$$\varepsilon_1=\frac{\Delta h}{h_0}\times 100\% \tag{4-10}$$

式中 ε_1——轴向应变;

Δh——轴向变形,mm;

h_0——试样原始高度,mm。

试样面积的校正,应按下式计算

$$A_a=\frac{A_0}{1-\varepsilon_1} \tag{4-11}$$

式中 A_a——校正后的试样面积,cm^2;

A_0——试样面积,cm^2。

试样所受的轴向应力,应按下式计算

$$\sigma=\frac{CR}{A_a}\times 10 \tag{4-12}$$

式中 σ——轴向应力,kPa;

C——量力环率定系数,N/0.01 mm;

R——量力环读数,mm。

以轴向应力为纵坐标,轴向应变为横坐标,绘制轴向应力与轴向应变关系曲线。取曲线上最大轴向应力作为无侧限抗压强度,当曲线上峰值不明显时,取轴向应变 15%所对应的轴向应力作为无侧限抗压强度。

4. 十字板剪切试验

十字板剪力仪,如图 4-10 所示。

试验时,先钻孔至需要试验的土层深度以上 750 mm 处,然后将装有十字板的钻杆放入钻孔底部,并插入土中 750 mm,施加扭矩使钻杆旋转直至土体剪切破坏。土体剪切面为十字板旋转所形成的圆柱面。土的抗剪强度可按下式计算

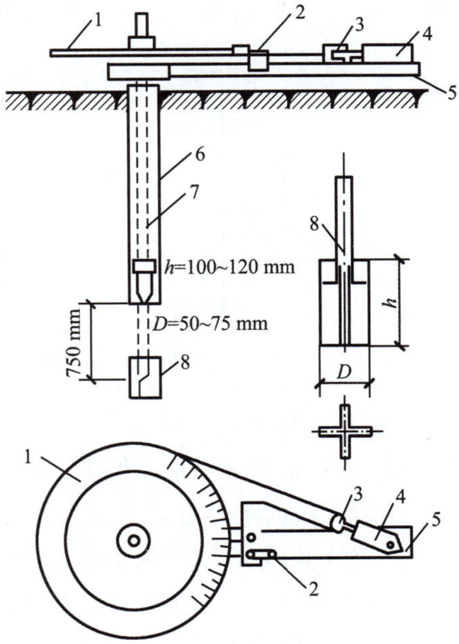

图 4-10 十字板剪力仪

1—转盘;2—摇柄;3—滑轮;4—弹簧秤;5—槽钢;6—套管;7—钻杆;8—十字板

$$\tau_f=k_c(P_c-f_c) \tag{4-13}$$

式中 k_c——十字板常数，按下式计算

$$k_c = \frac{2R}{\pi D^2 h\left(1+\dfrac{D}{3h}\right)} \tag{4-14}$$

P_c——土发生剪切破坏时的总作用力，由弹簧秤读数读得，N；

f_c——轴杆及设备的机械阻力，在空载时由弹簧秤事先测得，N；

h、D——十字板的高度和直径，mm；

R——转盘的半径，mm。

十字板剪切试验适用于软塑状态的黏性土。它的优点是不需钻取原状土样，对土的扰动较小。

4.4 地基承载力

微 课

土的抗剪强度与地基承载力

在设计地基基础时，必须知道地基承载力特征值。地基承载力特征值是指在保证地基稳定条件下，地基单位面积上所能承受的最大应力。地基承载力特征值可由荷载试验或其他原位测试、公式计算，并结合工程实践经验等方法综合确定。

4.4.1 地基变形阶段与破坏形式

在第 3 章曾介绍现场荷载试验及由试验记录所绘制的 p-s 曲线。为了确定地基承载力，现在进一步研究压力 p 和沉降 s 的关系（图 4-11）。

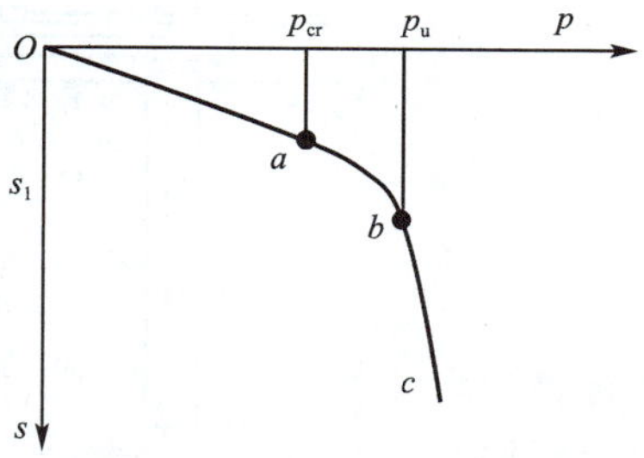

图 4-11 荷载试验 p-s 曲线

微 课

地基变形的三个阶段

1. 地基变形的三个阶段

现场平板荷载试验时，地基在局部荷载作用下，从开始施加荷载并逐渐增加至地基发生破坏，地基的变形大致经过以下三个阶段。

(1)直线变形阶段(压密阶段)

当基底压力 $p \leqslant p_{cr}$(临塑压力)时(基底压力值在 Oa 段范围内)，压力与变形基本呈直线关系。在这一阶段土的变形主要是由土的压实、孔隙体积减小引起的。此时，土中各点的剪应力均小于土的抗剪强度，土体处于弹性平衡状态。因此，这一阶段称为直线变形阶段(压密阶段)，如图 4-12(a)所示。我们把土中即将出现剪切破坏(塑性变形)点时的基底压力称为临塑压力(或比例极限)。

(2)局部剪切阶段(塑性变形阶段)

当 $p_{cr}<p<p_u$ 时(ab 段,此段范围内的基底压力称为塑性荷载),地基中的变形不再是直线形变化,压力和变形呈曲线关系。在这一阶段,随着压力的增加,地基除进一步压密外,在局部(一般首先从基础边缘开始)还出现了剪切破坏区(也称为塑性区),如图 4-12(b)所示。

(3)地基失稳阶段(完全破坏阶段)

当 $p\geqslant p_u$ 时(bc 段,p_u 为地基刚出现整体滑裂破坏面时的基底压力,称为极限荷载),压力稍稍增加,地基变形将急剧增大,这时塑性区扩大,形成连续的滑动面,土从荷载板下挤出,在地面隆起,这时地基已完全丧失稳定性,如图 4-12(c)所示。

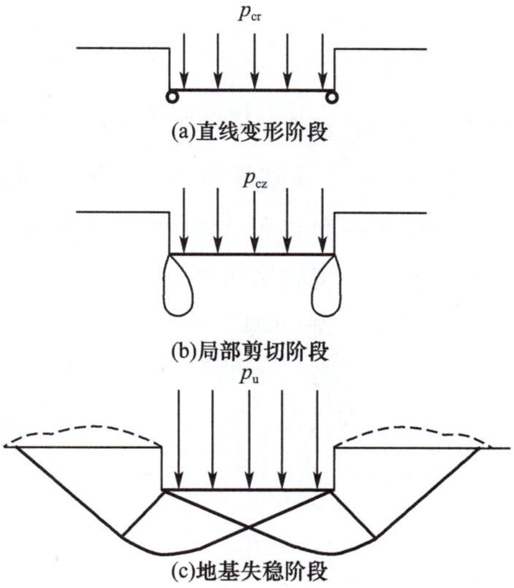

图 4-12 地基塑性区发展示意图

2. 地基破坏形式

大量的试验研究表明,在荷载作用下,建筑物地基的破坏通常是由于承载力不足而引起的剪切破坏,其形式可分为整体剪切破坏、冲剪破坏和局部剪切破坏三种。

整体剪切破坏的特征是,当基底荷载较小时,基底压力与沉降基本上呈直线关系,属于直线变形阶段。当荷载增加到某一数值时,基础边缘处的土开始发生剪切破坏,随着荷载的增加,剪切破坏区逐渐扩大,此时压力与沉降呈曲线关系,属于塑性变形阶段。假设基础上的荷载继续增加,剪切破坏区不断增加,最终,在地基中形成连续的滑动面,地基发生整体剪切破坏。此时,基础急剧下沉或向一侧倾倒,基础四周的地面同时产生隆起。

冲剪破坏(刺入剪切破坏)是由于基础下部软弱土的压缩变形使基础连续下沉,如果荷载继续增加到某一数值,基础可能向下像"切入"土中一样,基础侧面附近的土体因垂直剪切而破坏。此时,地基中没有出现明显的连续滑动面,基础四周不隆起,也没有大的倾斜。

局部剪切破坏是介于整体剪切破坏和冲剪破坏之间的一种破坏形式,剪切破坏也是从基础边缘开始,但滑动面不会发展到地面,或者是限制在地基内部某一区域,基础四周地面也有隆起现象,但不会有明显的倾斜和倒塌,p-s 曲线从一开始就呈非线性关系。

地基究竟发生哪种形式的破坏,与土的压缩性有关。一般对于密实砂土和坚硬黏土,将出现整体剪切破坏;而对于压缩性较大的松砂和软黏土,将会出现局部剪切或冲剪破坏。此外,破坏形式还与基础埋置深度、加荷速率等因素有关。当基础埋置深度较浅、荷载为缓慢施加时,将趋向于发生整体剪切破坏;假如基础埋置深度较大,荷载是快速施加或是冲击荷载,则趋于发生局部剪切破坏或冲剪破坏。

4.4.2 按土的抗剪强度理论确定地基承载力

若基底压力小于地基临塑压力,则表明地基不会出现塑性区,这时,地基将有足够的安全储备。实践证明,采用临塑压力作为地基承载力设计值是偏于保守的。只要地基的塑性区范围不超过一定限度,并不会影响建筑物的安全和正常使用。这样,可采用地基土出现一定深度的塑性区的基底压力(称为塑性荷载)作为地基承载力特征值。至于塑性区控制在多大范围合理,目前尚无确定意见。一般认为,对于轴心受压基础,塑性区最大深度宜控制在基底宽度的1/4;对于偏心受压基础,则宜控制在基底宽度的 1/3,相应的基底压力分别以 $p_{\frac{1}{4}}$、$p_{\frac{1}{3}}$ 表示。

$$p_{\frac{1}{4}}=N_{\frac{1}{4}}\gamma b+N_{d}\gamma_{m}d+N_{c}c \tag{4-15}$$

$$p_{\frac{1}{3}}=N_{\frac{1}{3}}\gamma b+N_{d}\gamma_{m}d+N_{c}c \tag{4-16}$$

式中 $p_{\frac{1}{4}}$、$p_{\frac{1}{3}}$——塑性荷载；

γ_m——基础埋置深度范围内土的加权平均重度，kN/m^3；

γ——允许最大塑性区范围内土的重度，kN/m^3；

b——基底宽度，m；

d——基础埋置深度，m；

c——地基土的黏聚力，kPa。

N_d、N_c、$N_{\frac{1}{4}}$、$N_{\frac{1}{3}}$——承载力系数，它们是土的内摩擦角的函数，按下式确定

$$\begin{cases} N_d=\dfrac{\cot\varphi+\varphi+\dfrac{\pi}{2}}{\cot\varphi+\varphi-\dfrac{\pi}{2}} \\ N_c=\dfrac{\pi\cot\varphi}{\cot\varphi+\varphi-\dfrac{\pi}{2}} \end{cases} \tag{4-17}$$

$$\begin{cases} N_{\frac{1}{4}}=\dfrac{\pi}{4\left(\cot\varphi+\varphi-\dfrac{\pi}{2}\right)} \\ N_{\frac{1}{3}}=\dfrac{\pi}{3\left(\cot\varphi+\varphi-\dfrac{\pi}{2}\right)} \end{cases} \tag{4-18}$$

式中 φ——地基土的内摩擦角，(°)。

应该指出，上述 $p_{\frac{1}{4}}$、$p_{\frac{1}{3}}$ 都是在均布条形荷载条件下导出的。对矩形或圆形基础，上述公式有一定误差，但其结果偏于安全。此外，在公式的推导中用线性变形体的弹性理论求解土中应力，与实际地基中已出现塑性区的非线性地基也有出入，因而用式(4-15)、式(4-16)确定地基承载力时不仅应满足地基强度条件，还必须进行地基变形计算。

4.4.3 按规范公式确定地基承载力

当偏心距 e 小于或等于基础底面宽度的 3.3%时，通过试验和统计得到土的抗剪强度指标标准值后，可按下式计算地基土承载力特征值

$$f_a=M_b\gamma b+M_d\gamma_m d+M_c c_k \tag{4-19}$$

式中 f_a——由土的抗剪强度指标确定的地基承载力特征值，kPa；

γ——基础底面以下土的重度，地下水位以下取有效重度，kN/m^3；

γ_m——基础底面以上土的加权平均重度，地下水位以下取有效重度，kN/m^3；

M_b、M_d、M_c——承载力系数，按表 4-1 确定；

b——基底宽度，m，当 $b>6$ m 时，按 6 m 取值；对于砂土，当 $b<3$ m 时，按 3 m 取值；

c_k——基底下一倍基础底面短边宽深度内土的黏聚力标准值，kPa；

d——基础埋置深度，m。

表 4-1 承载力系数 M_b、M_d、M_c

土的内摩擦角标准值 φ_k/(°)	M_b	M_d	M_c
0	0.00	1.00	3.14
2	0.03	1.12	3.32
4	0.06	1.25	3.51
6	0.10	1.39	3.71
8	0.14	1.55	3.93
10	0.18	1.73	4.17
12	0.23	1.94	4.42
14	0.29	2.17	4.69
16	0.36	2.43	5.00
18	0.43	2.72	5.31
20	0.51	3.06	5.66
22	0.61	3.44	6.04
24	0.80	3.87	6.45
26	1.10	4.37	6.90
28	1.40	4.93	7.40
30	1.90	5.59	7.95
32	2.60	6.35	8.55
34	3.40	7.21	9.22
36	4.20	8.25	9.97
38	5.00	9.44	10.80
40	5.80	10.84	11.73

注：φ_k 为基底下一倍基础底面短边宽深度内土的内摩擦角标准值。

4.4.4 平板荷载试验确定地基承载力

对于设计等级为甲级的建筑物或地质条件复杂、土质不均匀时，采用平板荷载试验法可以取得较精确可靠的地基承载力数值。浅层平板荷载试验可适用于确定浅部地基土层的承压板下应力主要影响范围内的承载力。

平板荷载试验加荷过程在本书 3.2.2 中已阐述。由试验结果可绘制 p-s 曲线，并推断出地基的极限荷载与承载力特征值。规范规定在某一级荷载作用下，如果出现下列情况之一时，土体被认为已经达到了破坏状态，此时即可终止加荷。

(1)荷载板周围的土有明显侧向挤出；

(2)荷载 p 增加很小，但沉降量 s 却急剧增大，p-s 曲线出现陡降段；

(3)在某一级荷载下，24 h 内沉降速率不能达到稳定标准；

(4)沉降量与承压板宽度或直径之比(s/b)大于或等于 0.06。

当满足前四种情况之一时，应将其对应的前一级荷载定为极限荷载。

承载力特征值按荷载试验 p-s 曲线确定，标准应符合下列要求：

(1)当 p-s 曲线上有比例界限时，取该比例界限所对应的荷载值；

(2)当极限荷载小于对应比例界限荷载值的 2 倍时，取极限荷载值的一半；

(3)当不能按上述两项要求确定时，若压板面积为 0.25～0.50 m^2，可取 s/b=0.01～0.015 所对应的荷载，但其值不应大于最大加载量的一半；

(4)同一土层参加统计的试验点不应少于三个，当试验实测值的极差不超过其平均值的 30%时，取此平均值作为该土层的地基承载力特征值 f_{ak}。

4.4.5 确定地基承载力的其他方法

1. 其他试验方法确定地基承载力

上述平板荷载试验只能用来测定浅层土的承载力，如果需要测定的土层位于地下水位以下或位于比较深的地方，就不能采用一般的荷载试验的方法。深层平板荷载试验、旁压试验和螺旋压板荷载试验可以适用于地下水位以下或埋藏很深的土层，是比较理想的原位测试地基承载力的方法。

(1)深层平板荷载试验

深层平板荷载试验可适用于确定深部地基土层及大桩桩端土层在承压板下应力主要影响范围内的承载力。深层平板荷载试验的承压板采用直径为 0.8 m 的刚性板，紧靠承压板周围外侧的土层高度应不少于 80 cm。由 p -s 曲线确定地基承载力特征值[具体试验要点参见《建筑地基基础设计规范》(GB 50007—2011)附录 D]。

(2)旁压试验

利用旁压试验可以测定旁压器的压力与径向变形的关系，从而求得地基土在水平方向上的应力与应变关系以估测地基土的承载力。旁压仪分为预钻式旁压仪、自钻式旁压仪和压入式旁压仪三种，各适用于不同的条件。

(3)螺旋压板荷载试验

螺旋压板荷载试验是将一螺旋形的承压板旋入地面以下预定的试验深度，通过传力杆对螺旋形承压板施加荷载，并观测承压板的位移，以测定土层的荷载-变形-时间关系，从而获得土的变形模量、承载力等设计参数。

2. 经验方法确定地基承载力

(1)间接原位测试的方法

上述原位测试地基承载力的方法均可直接测得地基承载力。其他的原位测试方法如静力触探试验和标准贯入试验都不可能直接测定地基承载力，但可以采用与荷载试验结果对比分析的方法建立经验关系，间接地确定地基承载力，这种方法广泛地应用于实际工程。

①静力触探试验：静力触探试验适用于软土、一般黏性土、粉土、砂土和含少量碎石的土。试验时，用静压力将装有探头的触探器压入土中，通过压力传感器及电阻应变仪测出土层对探头的贯入阻力。探头贯入阻力的大小直接反映了土的强度的大小，利用贯入阻力与地基承载力的关系，可以确定地基承载力。

②标准贯入试验：标准贯入试验适用于砂土、粉土和黏性土。试验时，先行钻孔，再把上端接有钻杆的标准贯入器放至孔底，然后用质量为 63.5 kg 的锤，以 76 cm 的高度自由下落将贯入器先打入土中 15 cm，然后测出累计打入 30 cm 的锤击数，该锤击数称为标准贯入锤击数。利用标准贯入锤击数与地基承载力的关系，可以得到相应的地基承载力。

(2)建立经验关系的方法

为了建立可供工程使用的经验关系，需要进行对比试验，选择有代表性的土层同时进行平板荷载试验和原位测试，分别求得地基承载力和原位测试指标，积累一定数量的数据组，就可以用回归统计的方法建立回归方程，并根据承载力与原位测试指标的函数关系确定地基承载力。

(3)规范推荐的地基承载力表

在有些设计规范或勘察规范中常给出一些土类的地基承载力表，使用时可以根据勘察成果从表中查得所需的承载力值，但应注意这些承载力表的局限性。因此，要进行试验复核与工程检验工作，积累使用规范地基承载力表的经验。《建筑地基基础设计规范》(GB 50007—2011)已将所有的承载力表取消了，但这并不说明这类地基承载力表就没有使用价值了，可以在本地区得到验证的条件下，作为一种推荐性的经验方法使用。

4.4.6 地基承载力特征值的修正

当基础宽度大于 3 m 或埋置深度大于 0.5 m 时，从荷载试验或其他原位测试、经验值等方法确定的地基承载力特征值，尚应按式(4-20)修正

$$f_a = f_{ak} + \eta_b \gamma (b-3) + \eta_d \gamma_m (d-0.5) \tag{4-20}$$

式中 f_a——修正后的地基承载力特征值，kPa；

f_{ak}——地基承载力特征值，kPa；

γ——基础底面以下土的重度，地下水位以下取有效重度，kN/m^3；

γ_m——基础底面以上土的加权平均重度，地下水位以下取有效重度，kN/m^3；

b——基底宽度，m，当 $b<3$ m 时，按 3 m 取值，当 $b>6$ m 时，按 6 m 取值；

η_b、η_d——基础宽度和埋置深度的地基承载力修正系数，按基底下土的类别查表 4-2 取值；

d——基础埋置深度，m，一般自室外地面标高算起。在填方整平地区，可自填土地面标高算起，但填土在上部结构施工后完成时，应从天然地面标高算起。对于地下室，如采用箱形基础或筏基时，基础埋置深度自室外地面标高算起；当采用独立基础或条形基础时，应从室内地面标高算起。

表 4-2 承载力修正系数表

土的类别		η_b	η_d
淤泥和淤泥质土		0	1.0
人工填土 e 或 I_L 大于等于 0.85 的黏性土		0	1.0
红黏土	含水比>0.8	0	1.2
	含水比≤0.8	0.15	1.4
大面积压实填土	压实系数大于 0.95、黏粒含量 $\rho_c \geq 10\%$ 的粉土	0	1.5
	最大干密度大于 2 100 kg/m^3 的级配砂石	0	2.0
粉土	黏粒含量 $\rho_c \geq 10\%$ 的粉土	0.3	1.5
	黏粒含量 $\rho_c < 10\%$ 的粉土	0.5	2.0
	e 或 I_L 均小于 0.85 的黏性土	0.3	1.6
	粉土、细砂(不包括很湿与饱和时的稍密状态)	2.0	3.0
	中砂、粗砂、砾石和碎石土	3.0	4.4

注：1. 强风化岩石和全风化岩石，可参照所风化成的相应土类取值，其他状态下的岩石不修正。

2. 地基承载力特征值按规范 D 深层平板荷载试验确定时 η_d 取 0。

【工程设计计算案例 4-2】 已知某承重墙下钢筋混凝土条形基础宽度 $b=2.2$ m，埋置深度 $d=1.5$ m，基础埋置深度范围内土的重度 $\gamma_m=17$ kN/m^3，基础底面下为较厚的黏土层，其重度 $\gamma=18.2$ kN/m^3，内摩擦角 $\varphi=22°$，黏聚力 $c=25$ kPa，试求该地基土承载力特征值。

微 课

地基承载力特征值例题

【解】 由表 4-1 查得当地基土的内摩擦角 $\varphi=22°$、黏聚力 $c=$

25 kPa 时，其承载力系数 $M_b=0.61$，$M_d=3.44$，$M_c=6.04$，按式(4-19)可求得该土层的地基承载力特征值为

$$f_a=M_b\gamma b+M_d\gamma_m d+M_c c_k=0.61\times18.2\times2.2+3.44\times17\times1.5+6.04\times25$$
$$=263.14\ \text{kPa}$$

本章小结

本章主要介绍了土的抗剪强度、强度理论、地基的破坏形式、地基承载力特征值修正、抗剪强度试验方法和地基承载力确定方法。讨论了土的抗剪强度的构成因素和影响因素，土的极限平衡状态和条件以及地基的破坏形式。

复习思考题

4-1 何谓土的抗剪强度？同一种土的抗剪强度是不是一个定值？

4-2 土的抗剪强度由哪两部分组成？什么是土的抗剪强度指标？

4-3 为什么土粒越粗，内摩擦角 φ 越大？土粒越细，黏聚力 c 越大？土的密度和含水量对 c 与 φ 值影响如何？

4-4 土体发生剪切破坏的平面是否为剪应力最大的平面？在什么情况下，剪切破坏面与最大剪应力面一致？

4-5 什么是土的极限平衡状态？土的极限平衡条件是什么？

4-6 为什么土的抗剪强度与试验方法有关？如何根据工程实际选择试验方法？

4-7 什么是地基承载力特征值？怎样确定？地基承载力特征值与土的抗剪强度指标有何关系？

综合练习题

4-1 对某土样进行三轴剪切试验。剪切破坏时，测得 $\sigma_1=500$ kPa，$\sigma_3=100$ kPa，剪切破坏面与水平面夹角为 60°。求：

(1)土的 c、φ 值；

(2)计算剪切破坏面上的正应力和剪应力。

4-2 某条形基础下地基土中某点的应力为 $\sigma_z=500$ kPa，$\sigma_x=500$ kPa，$\tau_{zx}=40$ kPa。已知土的 $c=0$，$\varphi=30°$，问该点是否剪切破坏？σ_z 和 σ_x 不变，τ_{zx} 增至 60 kPa，则该点又如何？

4-3 某土的内摩擦角和黏聚力分别为 $\varphi=25°$，$c=15$ kPa，若 $\sigma_3=100$ kPa，求：

(1)达到极限平衡时的大主应力 σ_1；

(2)极限平衡面与大主应力面的夹角；

(3)当 $\sigma_1=300$ kPa 时，土体是否剪切破坏？

第5章

土压力与挡土墙设计

学习目标

了解:重力式挡土墙的设计除需进行各种验算外,还必须合理地选择墙型和采取必要的构造措施;在工程建设中常会遇到土坡稳定性问题,如道路路堤、基坑开挖和山体边坡等。土坡失稳是土体内部应力状态发生显著改变的结果。对于无黏性土土坡,其滑动面可假设为平面,通过滑动平面上的受力平衡条件导出其土坡稳定安全系数的验算公式;对于均质黏性土土坡,可以采用圆弧滑动面假设用瑞典圆弧法进行验算。

理解:土压力的性质和大小与支挡结构的位移方向和位移量直接相关,土压力分为静止土压力、主动土压力和被动土压力。

掌握:土压力的计算方法。

素养目标

1. 培养学生的主观能动性,强化专业认知和国家使命。
2. 培养工程伦理和社会责任感。
3. 强化团队合作和沟通技巧。

微 课

土压力的概念与分类

5.1 土压力的类型与影响因素

5.1.1 土压力的类型

挡土墙是指防止土体坍塌的构筑物。其种类有:支撑建筑物周围填土的挡土墙、地下室侧墙、码头的挡墙、隧道侧墙以及拱桥桥台等(图 5-1)。

土压力是指挡土墙后的填土因自重或外荷载作用对墙背产生的侧向压力。土压力随挡土墙可能位移的方向分为静止土压力、主动土压力和被动土压力。

1. 静止土压力

当挡土墙静止不动,土体处于弹性平衡状态时,土对墙背的压力称为静止土压力,一般用 E_0 表示。如图 5-1(b)所示,地下室侧墙可视为受静止土压力的作用。

2. 主动土压力

当挡土墙向离开土体方向偏移至土体达到极限平衡状态时，作用在墙背上的土压力称为主动土压力，一般用 E_a 表示。如图 5-1(a)所示为普遍使用的重力式挡土墙，会受到主动土压力作用。

3. 被动土压力

当挡土墙向土体方向偏移至土体达到极限平衡状态时，作用在挡土墙背上的土压力称为被动土压力，用 E_p 表示。如图 5-1(e)所示，桥上荷载推向土体时，土对桥台产生的侧压力属被动土压力。

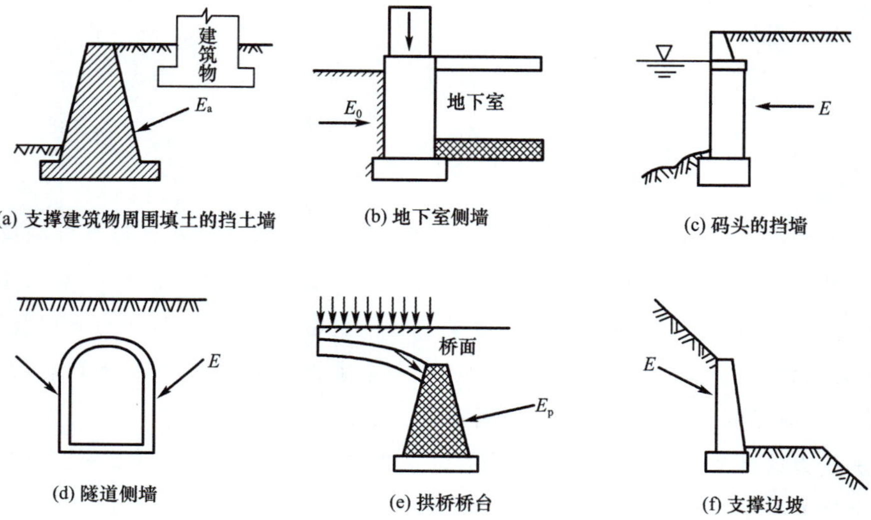

图 5-1 常见挡土墙

5.1.2 土压力的影响因素

1. 挡土墙的位移

墙体位移的方向和相对位移量决定所产生的土压力的性质和土压力的大小，是影响土压力的最主要因素。

2. 挡土墙的形状

挡土墙的剖面形状，包括墙背为竖直或是倾斜、光滑或是粗糙，这关系到采用何种土压力的计算理论和计算结果。

3. 填土的性质

填土的性质包括填土松密程度、土的强度指标(内摩擦角和黏聚力)的大小以及填土表面的形状等，它影响土压力的大小。

微 课

静止土压力

5.2 静止土压力

1. 产生条件

挡土墙静止不动，位移为零，转角为零。

2. 计算公式

如图 5-2 所示，在墙后填土体中任意深度 z 处取一微小单元体，作用于单元体水平面上的竖直向主应力就是土的自重应力 $\sigma_z=\gamma z$，水平向侧压力即为该点的静止土压力强度，即

$$\sigma_0=\sigma_x=K_0\gamma z \tag{5-1}$$

式中 K_0——静止土压力系数，与土的性质、密实程度有关，一般砂土可取 0.35～0.50，黏性土可取 0.5～0.7，对正常固结土，也可近似按经验公式 $K_0=1-\sin\varphi'$ 计算，其中 φ' 为土的有效内摩擦角；

γ——墙后填土的重度，kN/m^3。

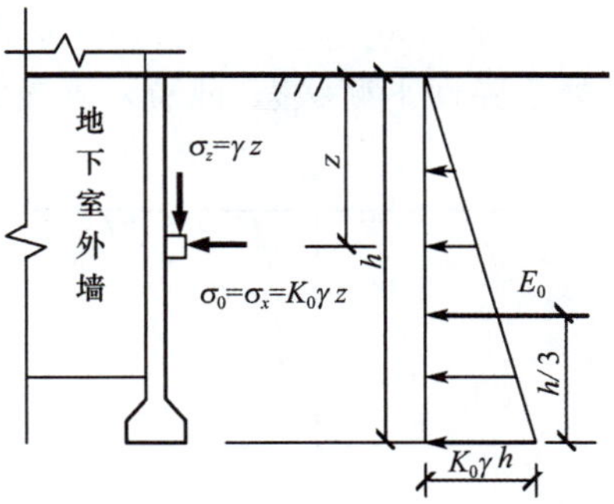

图 5-2 静止土压力的三角形分布

由式(5-1)可知，静止土压力沿墙高呈三角形分布，若取纵向单位墙长为计算单元，则作用在墙背上的静止土压力合力大小与作用点分别如下：

静止土压力合力大小为

$$E_0=\frac{1}{2}\gamma h^2 K_0 \tag{5-2}$$

式中 E_0——单位墙长上的静止土压力，kN/m，如图 5-2 所示；

h——挡土墙的高度，m。

静止土压力合力作用点：压力三角形重心，距墙底 $h/3$ 处(可用静力等效原理求得)，水平方向。

3. 静止土压力计算应用

①地下室侧墙。

②基岩上的挡土墙。

③拱座。

④水闸、船闸的边墙。

5.3 朗肯土压力

5.3.1 朗肯土压力理论

朗肯土压力理论(Rankine，1857)是根据土的应力状态和极限平衡条件建立的。假设：

①挡土墙为刚性。

②挡土墙背垂直、光滑。

③挡土墙后填土表面水平并无限延伸。

根据上述假定，墙背与填土的摩擦力可忽略，土体内每一竖直面都是对称面，墙背土体内竖直和水平截面上均无剪应力而成为主平面。如图 5-3(a)所示为一水平面的半空间，即土体向下和沿水平方向都伸展至无穷，在距地表 z 处取一单位微体 M，当整个土体都处于静止状态时，各点都处于弹性平衡状态。设土的重度为 γ，显然 M 单元：

水平截面上的法向应力等于该处土的自重应力，即 $\sigma_z=\gamma z$；

竖直截面上的法向应力为 $\sigma_x = K_0 \gamma z$。

于是 σ_z、σ_x 都是主应力，此时的应力状态用莫尔圆表示为如图 5-3(b)所示的圆Ⅱ，由于该点处于弹性平衡状态，故莫尔圆没和抗剪强度包线相切。

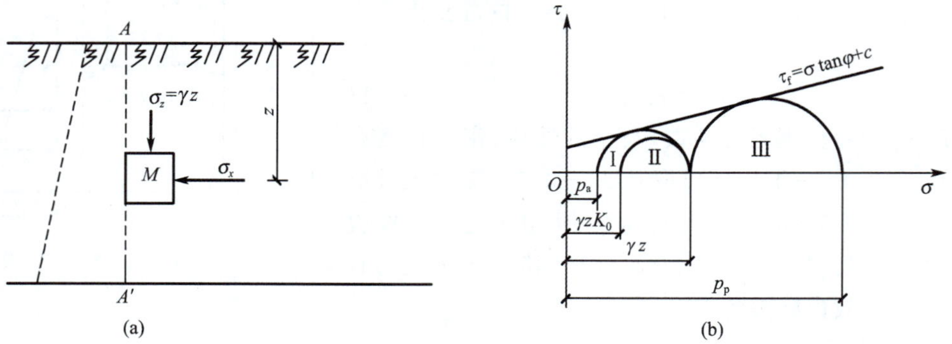

图 5-3 朗肯土压力

设想用挡土墙代替 M 点左侧的土体，墙背 AA' 如同半空间土体内一铅直面，若挡土墙无位移，墙后土体处于弹性状态，则墙背上的应力状态与弹性半空间土体的应力状态相同。若挡土墙由于某种原因将使整个土体在水平方向均匀地伸展或压缩，使土体由弹性平衡状态转为极限平衡状态，此时作用在挡土墙上的压力即为朗肯主动土压力或朗肯被动土压力，对应状态下的莫尔圆分别为图 5-3(b)中与抗剪强度包线相切的圆Ⅰ或圆Ⅲ，具体分析如下所述。

5.3.2 朗肯土压力计算

微 课

朗肯理论计算主动土压力

1. 朗肯主动土压力

(1)朗肯主动土压力分析

假设挡土墙放松对墙后土体的约束，墙后土体在土压力作用下在水平方向得到均匀地伸展，竖向应力 σ_z 不变，水平应力 σ_x 逐渐减小以至达到最小值 p_a 时，即土体达到了极限平衡状态(称为主动朗肯状态)，这时 p_a 是小主应力，而 σ_z 是大主应力，对应状态下的莫尔圆如图 5-4(b)中圆Ⅰ所示，与土体强度线相切。其应力状态为

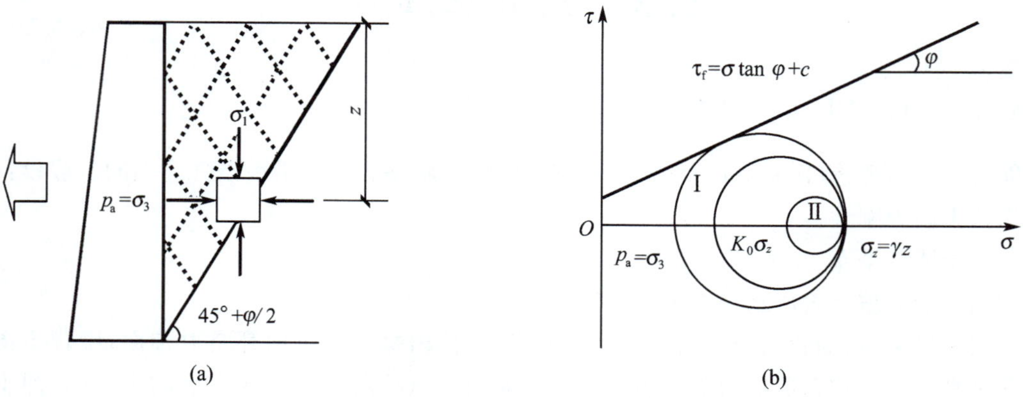

图 5-4 极限平衡应力状态

竖向应力为大主应力 $\sigma_1=\sigma_z=\gamma z$

水平应力为小主应力 $\sigma_3=\sigma_x=p_a$

此时作用在挡土墙上的小主应力 p_a 即为朗肯主动土压力，其计算及分布规律依据土体的极限平衡条件即可推出。

(2)朗肯主动土压力计算

①填土为无黏性土(砂土)

根据极限平衡条件

$$\sigma_3=\sigma_1\tan^2(45°-\varphi/2)$$

可得主动土压力强度为

$$p_a=\sigma_x=\sigma_3=\gamma z\cdot\tan^2(45°-\varphi/2) \tag{5-3}$$

令朗肯主动土压力系数 K_a 为

$$K_a=\tan^2(45°-\varphi/2) \tag{5-4}$$

将式(5-4)代入式(5-3)可得无黏性土土压力强度为

$$p_a=\gamma z K_a \tag{5-5}$$

式中 p_a——土压力强度，kPa，为三角形分布，见图 5-5；

K_a——主动土压力系数，$K_a=\tan^2(45°-\varphi/2)$，$\varphi$ 为墙后填土内摩擦角，(°)；

γ——墙后填土重度，kN/m^3，地下水位以下用有效重度；

z——计算点在填土下面的深度，m。

无黏性土总主动土压力为

$$E_a=\frac{1}{2}\gamma H^2 K_a \tag{5-6}$$

式中 E_a——单位墙长上的主动土压力，kN/m，其值为图 5-5 三角形土压力强度分布图的面积，作用点在 $H/3$ 处；

H——挡土墙的高度，m。

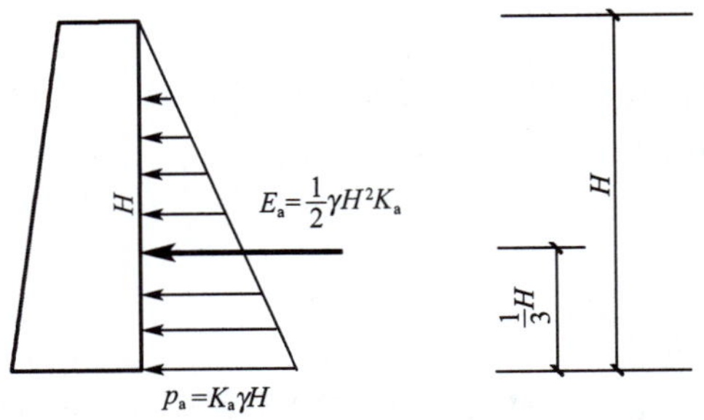

图 5-5 无黏性土朗肯主动土压力分布

②填土为黏性土

根据极限平衡条件

$$\sigma_3=\sigma_1\tan^2(45°-\varphi/2)-2c\tan(45°-\varphi/2)$$

可得主动土压力强度为

$$p_a=\sigma_x=\sigma_3=\gamma z\tan^2(45°-\varphi/2)-2c\tan(45°-\varphi/2) \tag{5-7}$$

将式(5-7)引入朗肯主动土压力系数 $K_a=\tan^2(45°-\varphi/2)$ 得黏性土主动土压力强度为

$$p_a=\gamma z K_a-2c\sqrt{K_a} \tag{5-8}$$

式中 p_a——主动土压力强度，kPa；

c——墙后填土黏聚力，kPa。

由此可见，黏性土的主动土压力强度是由土重力引起的对墙的压力和由黏聚力引起的对墙的拉力两部分组成，其分布如图 5-6(b)所示。

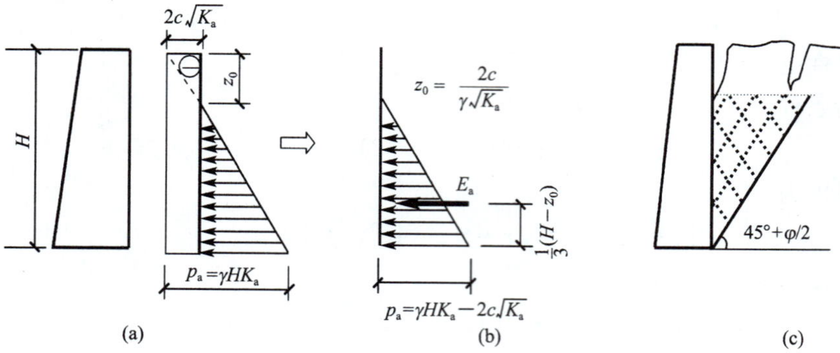

图 5-6 黏性土朗肯主动土压力分布

黏性土总主动土压力为

$$E_a=\frac{1}{2}(\gamma HK_a-2c\sqrt{K_a})(H-z_0)=\frac{1}{2}\gamma H^2K_a-2cH\sqrt{K_a}+\frac{2c^2}{\gamma} \tag{5-9}$$

式中 E_a——单位墙长上的主动土压力合力，kN/m，其值为如图 5-6(b)所示三角形土压力分布图的面积，其方向为垂直墙背，作用点在三角形压力分布图的形心，$(H-z_0)/3$ 处；

z_0——临界深度(即墙与土体的开裂深度)，$z_0=\frac{2c}{\gamma\sqrt{K_a}}$，如图 5-6(c)所示。

当$\begin{cases} z<z_0 & 拉应力，开裂，p_a=0 \\ z>z_0 & p_a=\gamma zK_a-2c\sqrt{K_a} \end{cases}$

讨 论

由黏聚力引起的对墙的拉力是一种脱离墙体的力，由于结构物与土的抗拉强度很低，在拉力作用下极容易开裂，因此拉力是一种不可靠的力，在设计挡土墙时不应计算在内。

2. 朗肯被动土压力

(1)朗肯被动土压力分析

当挡土墙挤压墙背土体，墙背土体在水平方向受到压缩，竖向应力 σ_z 不变，水平应力 σ_x 逐渐增大以至超过竖向应力 σ_z 达到最大值 p_p 时，即土体达到了极限平衡状态(称为被动朗肯状态)，这时 p_p 是大主应力，而 σ_z 是小主应力，对应状态下的莫尔圆如图 5-7 中圆Ⅲ所示，与土体强度线相切。其应力状态为

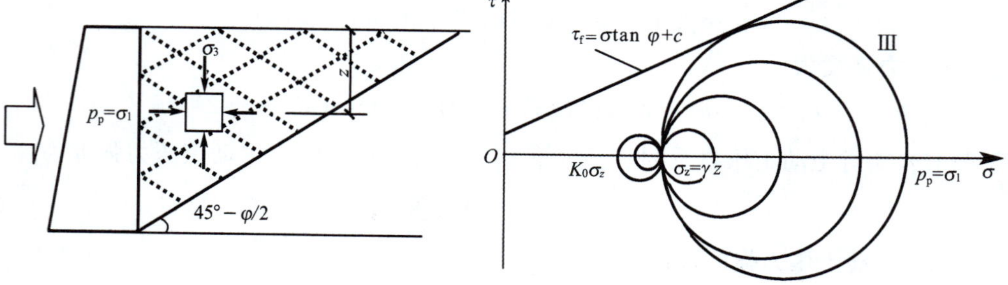

图 5-7 朗肯被动土压力及对应状态下莫尔圆

竖向应力为小主应力　　$\sigma_3=\sigma_z=\gamma z$

水平应力为大主应力　　$\sigma_1=\sigma_x=p_p$

此时作用在挡土墙上的大主应力 p_p 即为朗肯被动土压力，其计算过程可参照上述朗肯主动土压力的计算，即依据土体的极限平衡条件推出。

(2)朗肯被动土压力计算

①填土为无黏性土(砂土)

根据极限平衡条件

$$\sigma_1=\sigma_3\tan^2(45°+\varphi/2)$$

可得被动土压力强度为

$$p_p=\sigma_x=\sigma_1=\gamma z\ \tan^2(45°+\varphi/2) \tag{5-10}$$

引入朗肯被动土压力系数

$$K_p=\tan^2(45°+\varphi/2) \tag{5-11}$$

将式(5-11)代入式(5-10)可得无黏性土被动土压力强度为

$$p_p=\gamma z K_p \tag{5-12}$$

微　课

朗肯理论计算被动土压力

式中　p_p——被动土压力强度，kPa，为三角形分布，如图 5-8 所示。

无黏性土总被动土压力为

$$E_p=\frac{1}{2}K_p\gamma H^2 \tag{5-13}$$

式中　E_p——单位墙长上的被动土压力合力，kN/m，其值为如图 5-8 所示三角形土压力分布图的面积，其方向为垂直墙背，作用点在三角形压力分布图的形心，$H/3$ 处。

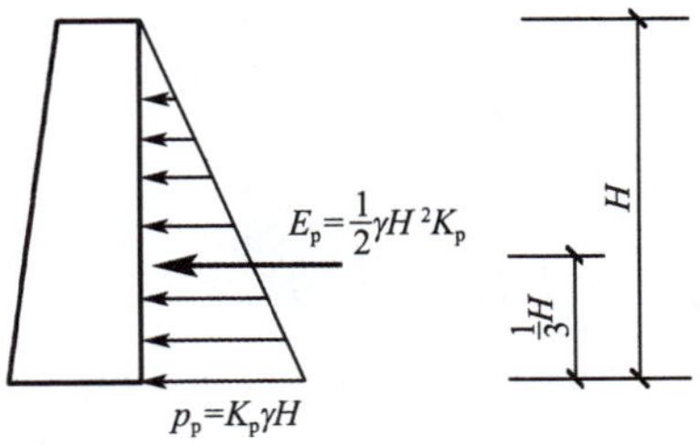

图 5-8　无黏性土朗肯被动土压力分布

②填土为黏性土

根据极限平衡条件

$$\sigma_1=\sigma_3\tan^2(45°+\varphi/2)+2c\tan(45°+\varphi/2)$$

可得被动土压力强度为

$$p_p=\sigma_x=\sigma_1=\gamma z\tan^2(45°+\varphi/2)+2c\tan(45°+\varphi/2) \tag{5-14}$$

引入朗肯被动土压力系数

$$K_p=\tan^2(45°+\varphi/2) \tag{5-15}$$

将式(5-15)代入式(5-14)可得黏性土被动土压力强度为

$$p_p=\gamma z K_p+2c\sqrt{K_p} \tag{5-16}$$

式中　p_p——被动土压力强度，kPa，为梯形分布，如图 5-9 所示。

黏性土总被动土压力为

$$E_p=\frac{1}{2}\gamma H^2K_p+2cH\sqrt{K_p} \tag{5-17}$$

式中　E_p——单位墙长上的被动土压力合力，kN/m，其值为如图 5-9 所示梯形土压力分布图的面积，其方向为垂直墙背，作用点在梯形压力分布图的形心，h_p 处。

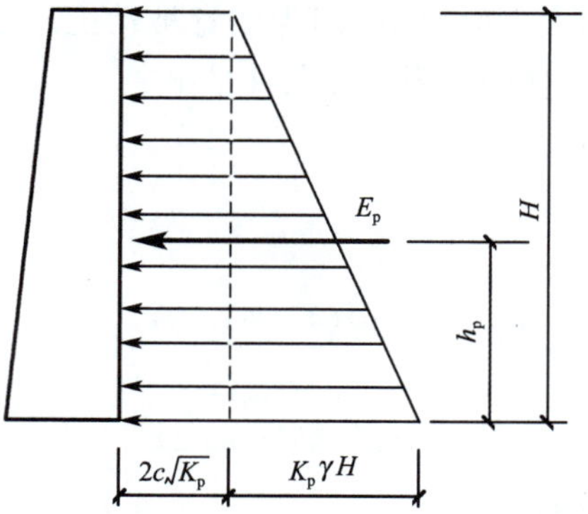

图 5-9　梯形土压力分布

【工程设计计算案例 5-1】　有一挡土墙，高 6 m，墙背直立、光滑，墙后土体水平。土体为黏性土，其重度 $\gamma=17\ kN/m^3$，内摩擦角 $\varphi=20°$，黏聚力 $c=8\ kPa$，试求主动土压力及其作用点，并绘出主动土压力分布图。

【解】　已知符合朗肯土压力理论条件，则有：

微　课

主动土压力例题

(1)主动土压力系数

$$K_a=\tan^2(45°-\frac{\varphi}{2})=\tan^2(45°-\frac{20°}{2})=0.49$$

(2)临界深度

$$z_0=\frac{2c}{\gamma\sqrt{K_a}}=\frac{2\times8}{17\times\sqrt{0.49}}=1.34\ m$$

(3)墙底处的土压力强度

$$\begin{aligned}p_a&=\gamma HK_a-2c\sqrt{K_a}\\&=17\times6\times0.49-2\times8\times\sqrt{0.49}\\&=38.78\ kN/m^2\end{aligned}$$

(4)绘土压力强度分布图并计算其面积求合力(图 5-10)

主动土压力大小 E_a 为

$$\begin{aligned}E_a&=\frac{1}{2}(\gamma HK_a-2c\sqrt{K_a})(H-z_0)\\&=\frac{1}{2}\times38.78\times(6-1.34)\\&=90.36\ kN/m\end{aligned}$$

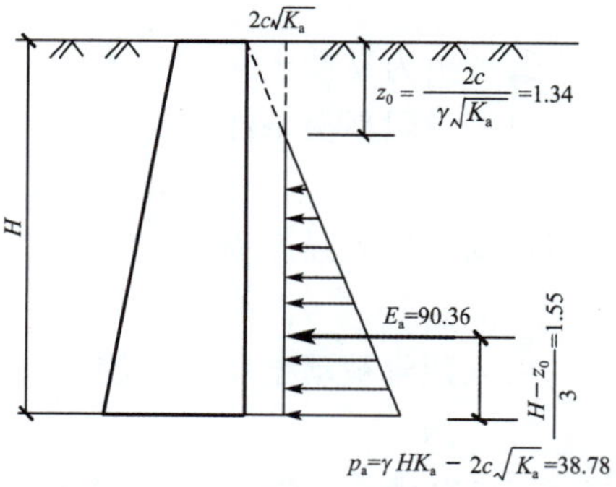

图 5-10　主动土压力分布

主动土压力方向：垂直墙背。

主动土压力作用点为

$$\frac{H-z_0}{3}=\frac{1}{3}\times(6-1.34)=1.55\ m$$

5.4 库仑土压力

1776年法国学者库仑(C. A. Coulomb)提出了适用性较广的库仑土压力理论。

库仑土压力理论是根据墙后土体处于极限平衡状态并形成一滑动楔体时,从楔体的静力平衡条件得出的土压力计算理论。

(1)假设

①墙后的填土是理想的散粒体(黏聚力 $c=0$)。

②滑裂面为一通过墙踵的平面。

③破坏土楔为刚体,滑动楔体整体处于极限平衡状态。

(2)与朗肯土压力理论相比,库仑土压力理论考虑了如下影响因素

①墙背倾斜,具有倾角 α。

②墙背粗糙,与填土摩擦角为 δ。

③填土表面有倾角 β 等。

5.4.1 主动土压力

一般挡土墙的计算均属于平面问题,故在下述讨论中均沿墙的长度方向取1 m进行分析。当墙向前移动或转动而使墙后土体沿通过墙踵 B 点倾角为 θ 的某一破坏面 BC 破坏时,土楔 ABC 向下滑动而处于主动极限平衡状态。如图5-11所示,作用于土楔 ABC 上的力有:

①土楔重力:$W=\gamma S_{\triangle ABC}=\dfrac{1}{2}\gamma\overline{BC}\cdot\overline{AD}=\dfrac{1}{2}\gamma H^2\dfrac{\cos(\alpha-\beta)\cos(\theta-\alpha)}{\cos^2\alpha\sin(\theta-\beta)}$。

②滑裂面 $\overline{BC}$ 上的反力 R:R 为滑动破坏面的法向反力与破坏面上土体间的摩擦力的合力,其大小未知,方向与 $\overline{BC}$ 滑裂面的法线逆时针呈 φ 角,即位于 $\overline{BC}$ 法线的下侧。

③墙背对土楔的反力 E:与墙背的法线呈 δ 角。当土楔下滑时,墙对土楔的阻力是向上的,故反力 E 必在 $\overline{AB}$ 法线的下侧。

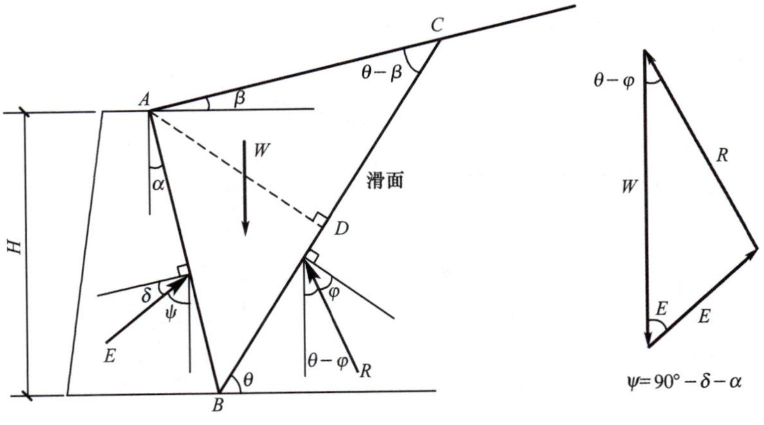

图5-11 库仑主动土压力计算

土楔 ABC 在以上三力作用下处于静力平衡状态,因此必构成一闭合的力矢三角形,按正弦定律可得

$$E=W\frac{\sin(\theta-\varphi)}{\sin[180°-(\theta-\varphi+\psi)]}=W\frac{\sin(\theta-\varphi)}{\sin(\theta-\varphi+\psi)} \tag{5-18}$$

将 W 的表达式代入式(5-17)得

$$E=\frac{1}{2}\gamma H^2\frac{\cos(\alpha-\beta)\cos(\theta-\alpha)\sin(\theta-\varphi)}{\cos^2\alpha\sin(\theta-\beta)\sin(\theta-\varphi+\psi)} \tag{5-19}$$

在此，E 是 θ 的函数，令 $\frac{\mathrm{d}E}{\mathrm{d}\theta}=0$，则当 E 为极大值时所对应的挡土墙后填土的破坏角 θ_{cr}，为真正滑动面的倾角。

经确定 W 和解得使 E 为极大值时填土的破坏角 θ_{cr}，整理后可得：

1. 库仑主动土压力的一般表达式

$$E_a=\frac{1}{2}\gamma H^2K_a \tag{5-20}$$

其中

$$K_a=\frac{\cos^2(\varphi-\alpha)}{\cos^2\alpha\cos(\alpha+\delta)\left[1+\sqrt{\frac{\sin(\varphi+\delta)\sin(\varphi-\beta)}{\cos(\alpha+\delta)\cos(\alpha-\beta)}}\right]^2} \tag{5-21}$$

式中 K_a——库仑主动土压力系数，按式(5-20)确定，也可查表；

α——墙背倾角，(°)；

β——墙后填土表面与水平面夹角，(°)；

δ——墙背与填土外摩擦角，(°)；

φ——填土内摩擦角，(°)。

由式(5-20)可知，主动土压力 E_a 与墙高的平方成正比，为求得离墙顶为任意深度 z 处的主动土压力强度 p_a，可将 E_a 对 z 求导数而得，即主动土压力强度为

$$p_a=\frac{\mathrm{d}E_a}{\mathrm{d}z}=\frac{\mathrm{d}}{\mathrm{d}z}\left(\frac{1}{2}\gamma z^2K_a\right)=\gamma zK_a \tag{5-22}$$

2. 结论

(1)主动土压力强度沿墙高呈三角形分布。

(2)主动土压力的合力作用点在离墙底 $H/3$ 处。

(3)主动土压力方向与墙背法线顺时针呈 δ 角，与水平面呈($\alpha+\delta$)角，如图 5-12 所示。

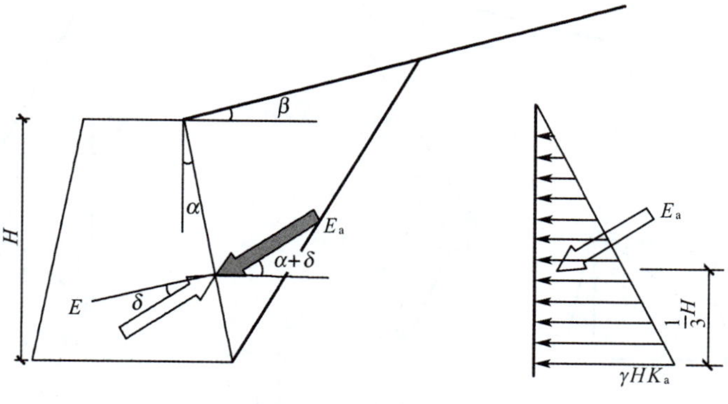

图 5-12 库仑主动土压力分布

3. 库仑土压力公式与朗肯土压力公式的关系

当符合朗肯土压力条件即墙背垂直($\alpha=0$)、光滑($\delta=0$)、填土面水平($\beta=0$)时，可得

$$K_a=\tan^2(45°-\varphi/2)$$

即 $$E=\frac{1}{2}\gamma H^2\frac{\cos(\alpha-\beta)\cos(\theta-\alpha)\sin(\theta-\varphi)}{\cos^2\alpha\sin(\theta-\beta)\sin(\theta-\varphi+\psi)}=\frac{1}{2}\gamma H^2\tan^2(45°-\frac{\varphi}{2})$$

由此可以看出朗肯土压力公式是库仑土压力公式的一种特例。

【工程设计计算案例 5-2】 挡土墙如图 5-13 所示，墙与土的摩擦角 δ 为 $2\varphi/3$，求作用在墙上的主动土压力和它的垂直与水平分力。

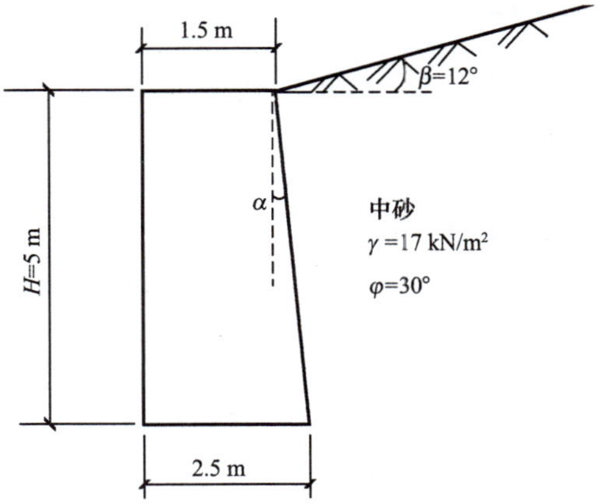

图 5-13 工程设计计算案例 5-2

【解】 已知

$$\delta=\frac{2}{3}\varphi=\frac{2}{3}\times30°=20°,\qquad \tan\alpha=\frac{2.5-1.5}{5}=0.2$$

则有 $$\alpha=11.31°$$

(1)根据 $\alpha=11.31°,\beta=12°,\delta=20°,\varphi=30°$，主动土压力系数为

$$K_a=\frac{\cos^2(\varphi-\alpha)}{\cos^2\alpha\cos(\alpha+\delta)\left[1+\sqrt{\frac{\sin(\varphi+\delta)\sin(\varphi-\beta)}{\cos(\alpha+\delta)\cos(\alpha-\beta)}}\right]^2}=$$

$$\frac{\cos^2(30°-11.31°)}{\cos^2 11.31°\cos(11.31°+20°)\left[1+\sqrt{\frac{\sin(30°+20°)\sin(30°-12°)}{\cos(11.31°+20°)\cos(11.31°-12°)}}\right]^2}=0.46$$

(2)主动土压力合力为

$$E_a=\frac{1}{2}\gamma H^2K_a=\frac{17\times5^2\times0.46}{2}=97.75\ \text{kN/m}$$

其水平分力为

$$E_a\sin(90°-\alpha-\delta)=97.75\times\cos(11.31°+20°)=83.51\ \text{kN/m}$$

其作用点为距墙底 $H/3$ 处，与墙背法线呈 20°。

5.4.2 被动土压力

当墙受外力作用推向填土，直至土体沿某一破裂面 BC 破坏时，土楔 ABC 向上滑动，并处于被动极限平衡状态，如图 5-14 所示。此时土楔 ABC 在其自重 W 和反力 R 与 E 的作用下平衡，R 和 E 的方向分别在 BC 和 AB 面法线的上方。

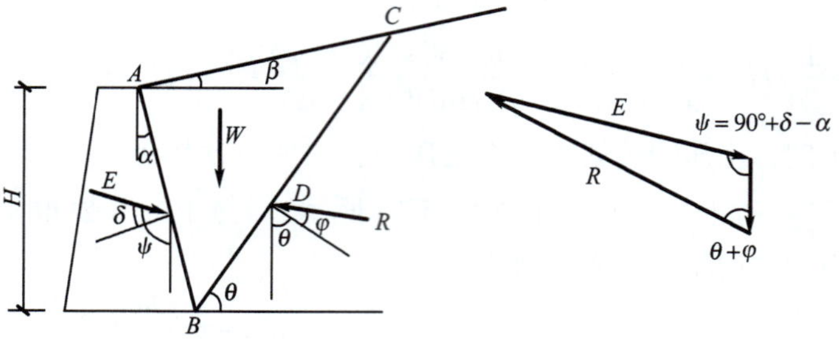

图 5-14 库仑被动土压力计算图

按上述求库仑主动土压力同样的原理求得库仑被动土压力为

$$E_p=\frac{W\sin(\theta+\varphi)}{\sin\left[180°-(\theta+\varphi+\psi)\right]}=f(\theta),\quad \frac{\mathrm{d}f}{\mathrm{d}\theta}\Longrightarrow\theta_{cr}、E_p$$

经确定 W 和解得使 E 为极大值时填土的破坏角 θ_{cr}，整理后可得

1. 库仑被动土压力的一般表达式

$$E_p=\frac{1}{2}\gamma H^2K_p \tag{5-23}$$

其中

$$K_p=\frac{\cos^2(\varphi+\alpha)}{\cos^2\alpha\cos(\alpha-\delta)\left[1-\sqrt{\frac{\sin(\varphi+\delta)\sin(\varphi+\beta)}{\cos(\alpha-\delta)\cos(\alpha-\beta)}}\right]^2} \tag{5-24}$$

式中 K_p——库仑被动土压力系数，按式(5-24)确定，也可查表。

由式(5-23)可知，被动土压力 E_p 与墙高的平方成正比，为求得离墙顶为任意深度 z 处的被动土压力强度 p_p，可将 E_p 对 z 求导数而得，即被动土压力强度为

$$p_p=\frac{\mathrm{d}E_p}{\mathrm{d}z}=\frac{\mathrm{d}}{\mathrm{d}z}\left(\frac{1}{2}\gamma z^2K_p\right)=\gamma zK_p \tag{5-25}$$

2. 结论

(1)被动土压力强度沿墙高呈三角形分布。

(2)被动土压力的合力作用点在离墙底 $H/3$ 处。

(3)被动土压力方向与墙背法线逆时针呈 δ 角，与水平面呈 $(\delta-\alpha)$ 角，如图 5-15 所示。

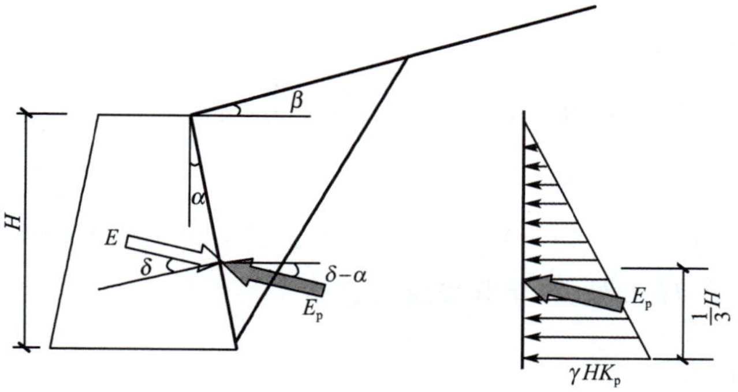

图 5-15 库仑被动土压力分布

5.5 几种常见情况的土压力计算

5.5.1 填土表面作用有均布荷载

当墙后填土表面有连续均布荷载 q 时，如图 5-16 所示。若墙背竖直光滑、填土面水平，可采用朗肯土压力理论计算。此时，墙顶以下任意深度 z 处竖向应力为 $\sigma_1=\gamma z+q$。

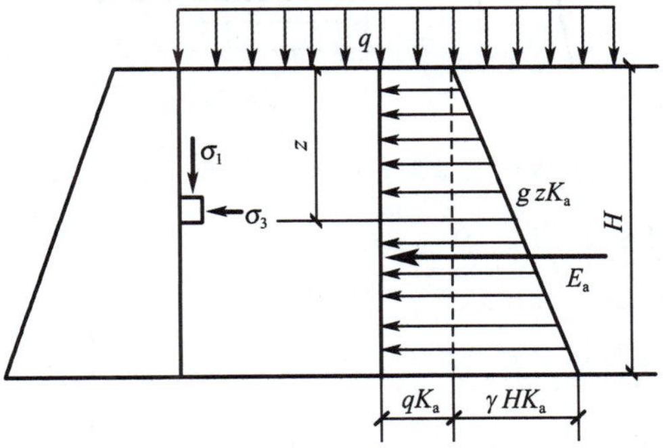

图 5-16 填土表面有连续均布荷载

微 课

地面有均布荷载的土压力计算

1. 求相关点的主动土压力强度 p_a 与合力 E_a

(1)利用公式

$$p_a=\sigma_3=\sigma_1\tan^2(45°-\varphi/2)-2c\tan(45°-\varphi/2)$$

将 $\sigma_1=\gamma z+q$ 代入上式可得

$$p_a=(\gamma z+q)\tan^2(45°-\varphi/2)-2c\tan(45°-\varphi/2)$$

①若填土为黏性土　　$p_a=(q+\gamma z)K_a-2c\sqrt{K_a}$

②若填土为无黏性土　　$p_a=(q+\gamma z)K_a$

(2)绘制土压力分布图，算出分布图的面积，该面积在数值上等于主动土压力合力。

如图 5-16 所示为无黏性土主动土压力分布图，E_a 通过梯形压力分布图的形心。

$$E_a=\frac{1}{2}\gamma z^2K_a+qzK_a$$

(3)求出分布图的形心，即作用点。

2. 求相关点的被动土压力强度 p_p 与合力 E_p

若填土为黏性土

$$p_p=(q+\gamma z)K_p+2c\sqrt{K_p}$$

$$E_p=\frac{1}{2}\gamma z^2K_p+(qzK_p+2cz\sqrt{K_p})$$

若填土为无黏性土

$$p_p=(q+\gamma z)K_p$$

$$E_p=\frac{1}{2}\gamma z^2K_p+qzK_p$$

【工程设计计算案例 5-3】 如图 5-17 所示挡土墙高 6 m，墙背竖直、光滑；填土表面水平，其上作用有均布荷载 $q=20$ kPa。填土的物理力学性质指标为：$\varphi=20°$，$c=10$ kPa，$\gamma=16\ \mathrm{kN/m^3}$。试求主动土压力 E_a，并绘出主动土压力强度分布图。

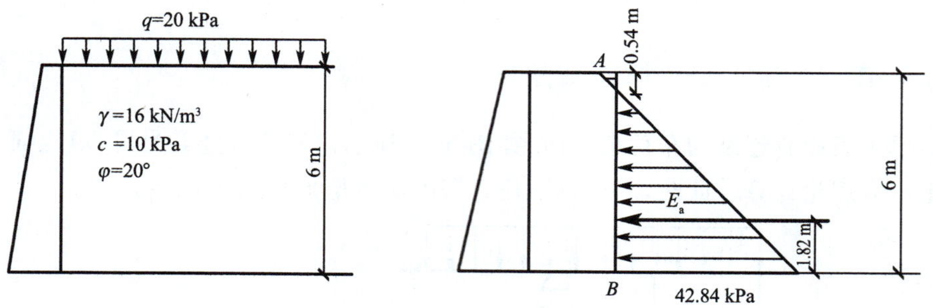

图 5-17 工程设计计算案例 5-3

【解】 已知符合朗肯条件，则土压力系数为

$$K_a=\tan^2(45°-\varphi/2)=\tan^2(45°-20°/2)=0.49$$

(1)墙顶处土压力强度

$$p_{aA}=p_0K_a-2c\sqrt{K_a}=20\times0.49-2\times10\times\sqrt{0.49}=-4.20\ \text{kPa}$$

(2)墙底处土压力强度

$$p_{aB}=(p_0+\gamma H)K_a-2c\sqrt{K_a}=(20+16\times6)\times0.49-2\times10\times\sqrt{0.49}=42.84\ \text{kPa}$$

(3)临界深度 z_0

$$(p_0+\gamma z_0)K_a-2c\sqrt{K_a}=0\Rightarrow z_0=\frac{2\times10\times\sqrt{0.49}-20\times0.49}{16\times0.49}=0.54\ \text{m}$$

(4)绘制土压力强度分布图并计算其面积 E_a（图 5-17）

主动土压力大小 E_a $\qquad E_a=\frac{1}{2}\times42.84\times(6-0.54)=116.95\ \text{kN/m}$

主动土压力方向 $\qquad$ 水平向左

主动土压力作用点 $\qquad \frac{1}{3}\times(6-0.54)=1.82\ \text{m}$

5.5.2 墙后填土分层

当墙后填土由不同性质的土分层填筑时，第一层土的土压力按均质土方法计算。计算第二层土的土压力时，将第一层土的重量 γ_1h_1 作为超载作用在第二层的顶面，并按第二层土的性质指标计算土压力，但仅在第二层厚度范围内有效。由于各层土的性质不同，土压力系数也不同，在土层的分界处将有两个土压力值，一个是上层底面的土压力，另一个是下层顶面的土压力。

【工程设计计算案例 5-4】 如图 5-18(a)所示挡土墙，$q=10$ kPa，墙背竖直光滑，墙后填土面水平，墙后填土为非黏性土，求挡土墙的主动土压力分布图。

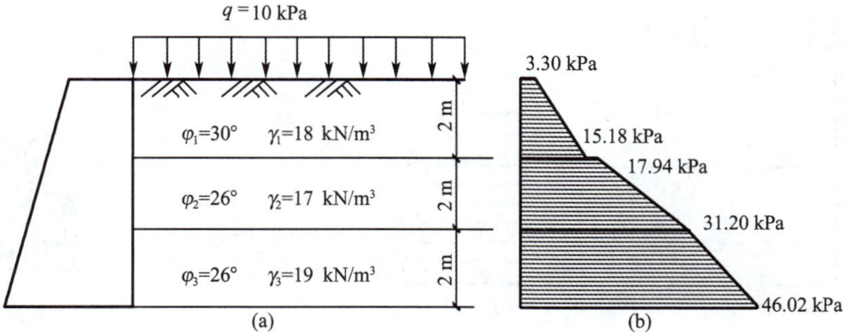

图 5-18 工程设计计算案例 5-4

【解】 依本题所给条件，可按朗肯土压力理论计算。

(1)各层土的土压力系数

第一层 $K_{a1}=\tan^2(45°-\varphi_1/2)=\tan^2(45°-30°/2)=0.33$

第二层 $K_{a2}=\tan^2(45°-\varphi_2/2)=\tan^2(45°-26°/2)=0.39$

第三层 $K_{a3}=\tan^2(45°-\varphi_3/2)=\tan^2(45°-26°/2)=0.39$

微 课

分层土的土压力计算

(2)各土层顶、底墙背上的土压力

第一层顶 $p_a=qK_{a1}=10\times0.33=3.30$ kPa

第一层底 $p_a=(q+\gamma_1h_1)K_{a1}=(10+18\times2)\times0.33=15.18$ kPa

第二层顶 $p_a=(q+\gamma_1h_1)K_{a2}=(10+18\times2)\times0.39=17.94$ kPa

第二层底 $p_a=(q+\gamma_1h_1+\gamma_2h_2)K_{a2}=(10+18\times2+17\times2)\times0.39=31.20$ kPa

第三层顶 $p_a=(q+\gamma_1h_1+\gamma_2h_2)K_{a3}=(10+18\times2+17\times2)\times0.39=31.20$ kPa

第三层底 $p_a=(q+\gamma_1h_1+\gamma_2h_2+\gamma_3h_3)K_{a3}=(10+18\times2+17\times2+19\times2)\times0.39=46.02$ kPa

(3)按比例绘制挡土墙后土压力分布图[图 5-18(b)]。

5.5.3 墙后填土中有地下水

当墙后填土中有水时，需考虑地下水位以下的填土由于浮力作用使有效重量减轻引起的土压力减小，水下填土部分采用浮容重进行计算。在计算作用在墙背上的总压力中应包括水压力的作用。

在计算墙体受到的总的侧向压力时，对地下水位以上部分的土压力计算同前，对地下水位以下部分的土压力，一般采用水土分算和水土合算两种方法。

对于砂性土和粉土，可按水土分算原则进行，即分别计算土压力和水压力，然后两者叠加；对于黏性土可根据现场情况和工程经验，按水土分算或水土合算进行。

【工程设计计算案例 5-5】 某挡土墙的墙背垂直、光滑，墙高 7.0 m，墙后两层填土，性质如图 5-19(a)所示，地下水位在填土表面下 3.5 m 处与第二层填土面齐平。填土表面作用有 $q=100$ kPa 的连续均布荷载。试求作用在墙上的主动土压力 E_a 和水压力 E_w 的大小。

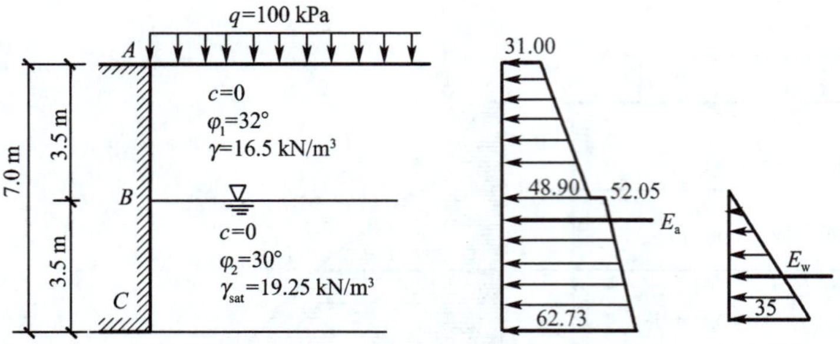

(a)计算图　(b)土压力　(c)水压力

图 5-19　工程设计计算案例 5-5

微　课

受地下水位影响的土压力水压力计算

【解】 依本题所给条件，可按朗肯理论计算。

(1)求两层土的主动土压力系数 K_{a1} 和 K_{a2}

$$K_{a1}=\tan^2(45°-\varphi_1/2)=\tan^2(45°-32°/2)=0.31$$

$$K_{a2}=\tan^2(45°-\varphi_2/2)=\tan^2(45°-30°/2)=0.33$$

(2)求墙背 A、B、C 三点的土压力强度

A 点：　$z=0, p_{aA}=qK_{a1}=100\times0.31=31.00$ kPa

B 点：　分界面以上　$h_1=3.5$ m, $\gamma_1=16.5$ kN/m³

$$p_{aB}=qK_{a1}+\gamma_1 h_1 K_{a1}=31.00+16.5\times3.5\times0.31=31.00+17.90=48.90 \text{ kPa}$$

分界面以下　$p_{aB}=(q+\gamma_1 h_1)K_{a2}=(100+16.5\times3.5)\times0.33=52.05$ kPa

C 点：　$h_2=3.5$ m, $\gamma'_2=19.25-10=9.25$ kN/m³

$$p_{aC}=(q+\gamma_1 h_1+\gamma'_2 h_2)K_{a2}=(100+16.5\times3.5+9.25\times3.5)\times0.33=62.73 \text{ kPa}$$

A、B、C 三点土压力分布图如图 5-19(b)所示。

(3)求主动土压力 E_a

作用于挡土墙上的总土压力，即为土压力分布面积之和，故

$$E_a=[(31.00+48.90)\times3.5+(52.05+62.73)\times3.5]/2=340.69 \text{ kN/m}$$

(4)求水压力 E_w

C 点的水压力强度为　$p_{wC}=\gamma_w h_2=10\times3.5=35$ kPa

水压力合力为　$E_w=p_{wC}h_2/2=35\times3.5/2=61.3$ kN/m

水压力分布图如图 5-19(c)所示。

5.6　挡土墙设计

5.6.1　挡土墙的类型

为防止深基坑开挖，路基填土或山坡土体坍塌而修筑的承受土体侧压力的墙式构造物，称为挡土墙。在公路工程中，它广泛地用于支撑路堤填土或路堑边坡，以及桥台、隧道洞口和河

流堤岸等处。工程中的挡土墙主要按下述几种方法进行分类。

按照挡土墙设置的位置，挡土墙可分为：路堑墙、路堤墙、路肩墙和山坡墙等，如图5-20所示。

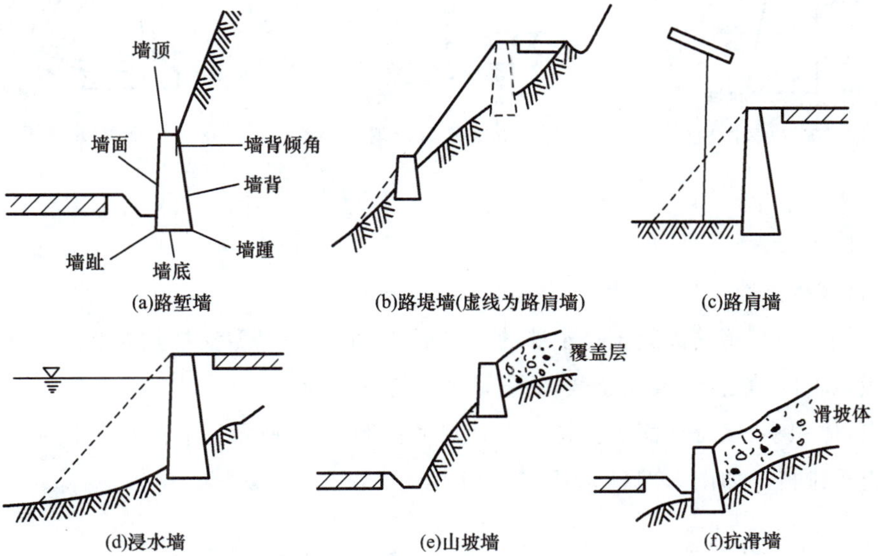

图5-20 设置挡土墙的位置

按照结构形式，挡土墙可分为：重力式挡土墙、薄壁式挡土墙（悬臂式、扶壁式）、拉锚式挡土墙（锚定板挡土墙和锚杆式挡土墙）、加筋土挡土墙等。

按照墙体材料，挡土墙可分为：石砌挡土墙、混凝土挡土墙、钢筋混凝土挡土墙、钢板挡土墙等。

路堑墙各部分名称如图5-20(a)所示。靠回填土或山体的一侧称为墙背；外露的一侧称为墙面，也称为墙胸；墙的顶面部分称为墙顶；墙的底面部分称为墙基或墙底；墙面与墙基的交线称为墙趾；墙背与墙基的交线称为墙踵；墙背与铅垂线的夹角称为墙背倾角α。

常用挡土墙的类型可分为：重力式、薄壁式、拉锚式等。一般应根据工程类别、土质状态、材料供应、施工技术以及造价等因素来合理选择。

1. 重力式挡土墙

微 课

重力式挡土墙设计

重力式挡土墙，是指依靠墙身自重抵抗土体侧压力的挡土墙。它是我国目前常用的一种挡土墙。重力式挡土墙可用石砌或混凝土建成，一般都做成简单的梯形。

(1)特点：体积大，靠墙自重保持稳定性。如图5-21(a)所示。

(2)适用：地层稳定、小型工程，挡土墙高度小于5 m。

(3)材料：就地取材，砖、石、素混凝土。

(4)形式：俯斜、直立、仰斜和衡重式四种。

(5)优点：结构简单，施工方便，应用较广。

(6)缺点：工程量大，沉降大。

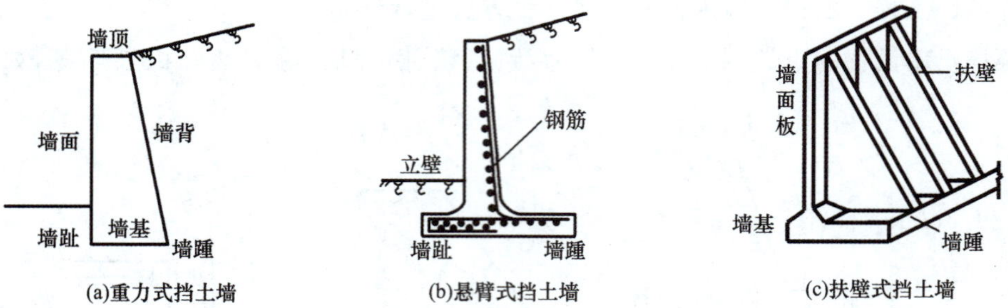

图 5-21　常用挡土墙的类型

2. 薄壁式挡土墙

(1)悬臂式挡土墙

悬臂式挡土墙是钢筋混凝土挡土墙的主要形式，是一种轻型支挡构筑物。它依靠墙身的重量及底板以上的填土(含表面超载)的重量来维持其平衡。

①特点：体积小、墙身截面小。初步设计尺寸如图 5-22 所示。墙的稳定性主要依靠墙踵悬臂以上土重维持。如图 5-21(b)和图 5-23 所示。

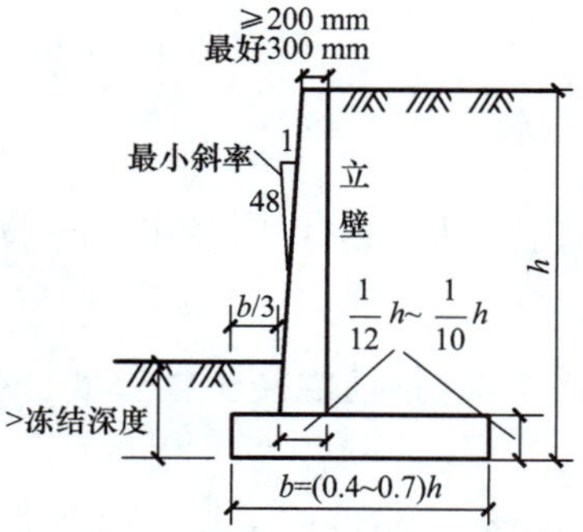

图 5-22　悬臂式挡土墙初步设计尺寸

图 5-23　悬臂式挡土墙实际工程应用

②适用：地层土质差，储料仓库及市政等重要工程，墙高大于 5 m。

③材料：钢筋混凝土，钢筋承受拉力。

④优点：工程量小。

⑤缺点：费钢材，技术复杂。

(2)扶壁式挡土墙

①特点：为增强挡土墙的抗弯性能，沿长度方向每隔 $0.3h \sim 0.6h$ 做一垛扶壁。初步设计尺寸如图 5-24 所示。

②适用：重要大型土建工程，墙高大于 10 m，如图 5-21(c)所示。

③材料：钢筋混凝土。

④优点：工程量小。

⑤缺点：技术复杂，费钢材。

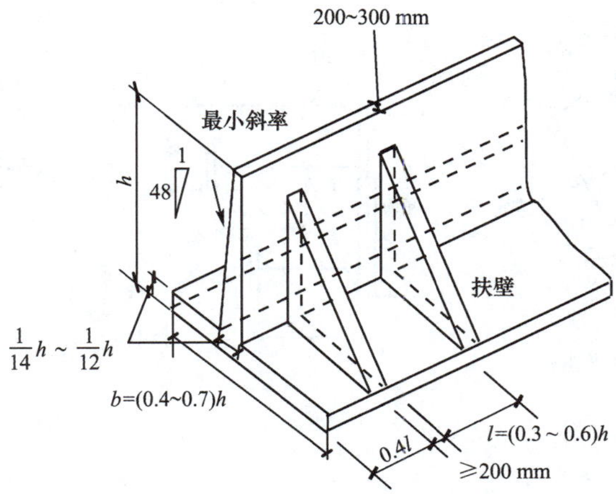

图 5-24 扶壁式挡土墙初步设计尺寸

3. 拉锚式挡土墙

拉锚式挡土墙包括锚定板式挡土墙和锚杆式挡土墙。

(1)锚定板式挡土墙

锚定板式挡土墙是由钢筋混凝土墙面、钢拉杆、锚定板以及其间的填土共同形成的一种组合挡土结构，它借助埋在填土内的锚定板的抗拔力抵抗侧土压力，保持墙的稳定。

①特点：新型结构。由预制钢筋混凝土立柱、墙面板、钢拉杆和锚定板组成，在现场拼装。

②受力：所受土压力完全由墙面板传给拉杆和锚定板；挡土墙的稳定性完全决定于锚定板的抗拔能力。

③适用：填土中的挡土结构，也常用于基坑围护结构。重要工程墙高可达 27 m。

④材料：钢筋混凝土、钢材。

⑤优点：结构轻、柔性大、工程量少、造价低、施工方便。

⑥缺点：技术复杂。

⑦形式：图 5-25 为锚定板式挡土墙的两种基本形式。

如图 5-25(a)所示，锚定板式挡土墙的面板为断续式，结构轻便且有柔性。

如图 5-25(b)所示是另一种形式的锚定板式挡土墙，其面板为上下一体的钢筋混凝土板。

(2)锚杆式挡土墙

锚杆式挡土墙是由预制的钢筋混凝土立柱、挡土板构成墙面，与水平或倾斜的钢锚杆联合组成，锚杆的一端与立柱连接，另一端被高强度砂浆固定在山坡深处的稳定岩层或土层中。

①特点：由预制的钢筋混凝土立柱、挡土面板构成墙面，与水平或倾斜的钢锚杆共同组成挡土墙。锚杆的一端与立柱连接，另一端被固定在边坡深处的稳定岩层或土层中。

②受力：墙后土压力由挡土板传给立柱，由锚杆与稳定层间的锚固力(即锚杆的抗拔力)使墙壁获得稳定。

③适用：一般多用于路堑挡土墙。在土方开挖的边坡支护中常用喷锚支护形式。喷锚支护是用钢筋网配合喷射混凝土代替锚杆式挡土墙的面板，形成喷锚支护挡土结构，工程中也称为土钉墙，如图 5-26 所示。

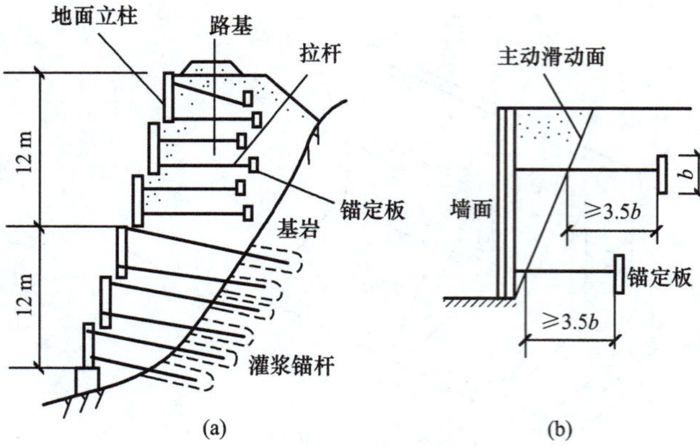

图 5-25 锚定板式挡土墙

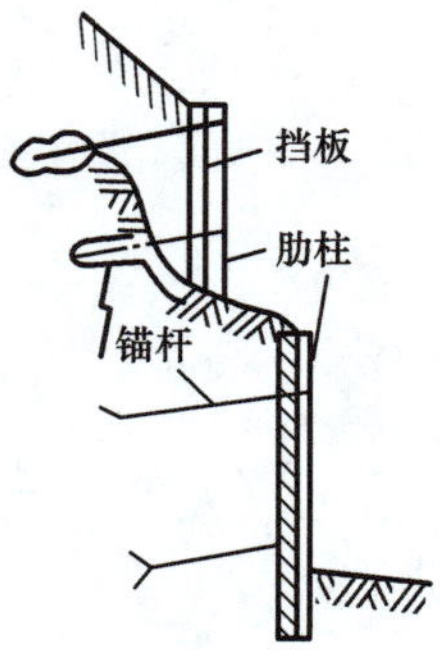

图 5-26 锚杆式挡土墙

④材料：钢筋混凝土、钢材。

⑤优点：结构轻、柔性大、工程量少、造价低、施工方便。

⑥缺点：技术复杂。

5.6.2 重力式挡土墙设计

本小节着重介绍重力式挡土墙设计过程中的稳定性问题与提高稳定性的构造措施。

1. 挡土墙设计过程

(1)根据地形和地质条件确定挡土墙类型。

(2)根据工程经验初步拟定断面尺寸。

(3)进行断面材料强度验算、地基强度验算、抗滑移稳定性验算及抗倾覆稳定性验算，必要时进行配筋计算和地基变形验算。

(4)若不满足要求需要采取如下措施：

①材料强度不满足要求时，可改变截面尺寸或材料强度。

②挡土墙稳定性不满足要求时，可以修改底面尺寸或采取其他措施。

2. 挡土墙的受力

(1)墙身自重 G。

(2)土压力 E_a(墙基埋入土中部分受被动土压力，一般可忽略不计，其结果偏于安全)。

(3)基底反力，在某些情况下，尚应计算墙背的水压力和墙身的水浮力，对地震区还要考虑地震效应。

3. 挡土墙的验算

挡土墙的验算包括：稳定性验算、地基的承载力验算、墙身强度验算。

(1)稳定性验算

①抗倾覆稳定性验算

如图 5-27(a)所示是基底倾斜的挡土墙，在主动土压力作用下可能绕墙趾 O 点向外倾覆，抗倾覆力矩与倾覆力矩之比称为抗倾覆安全系数 K_t，应满足式(5-26)抗倾覆稳定条件要求。

$$K_t=\frac{M_1}{M_2}=\frac{Gx_0+E_{az}x_f}{E_{ax}z_f}\geq 1.6 \tag{5-26}$$

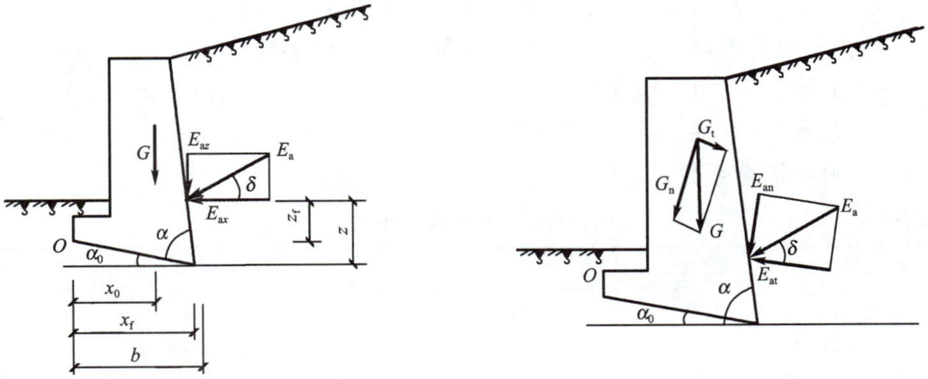

(a)抗倾覆稳定性验算　　(b)抗滑移稳定性验算

图 5-27　挡土墙的稳定性验算

z——土压力作用点与墙踵的高差，m；b——基底的水平投影宽度，m；α_0——挡土墙基底对水平面的倾角，(°)

$$E_a = \psi_c \frac{1}{2}\gamma h^2 K_a$$

$$E_{az} = E_a \cos(\alpha - \delta)$$

$$E_{ax} = E_a \sin(\alpha - \delta)$$

微　课

抗倾覆验算

式中　G——挡土墙每延米自重，kN/m，荷载分项系数为 1.0；

E_{az}——主动土压力 E_a 在 z 方向投影，kN/m；

E_{ax}——主动土压力 E_a 在 x 方向投影，kN/m；

ψ_c——主动土压力增大系数，土坡高度小于 5 m 时，取 1.0；高度为 5～8 m 时，取 1.1；高度大于 8 m 时，取 1.2；

x_0——挡土墙重心离墙趾的水平距离，m；

x_f——土压力作用点与墙趾的水平距离，m；

z_f——土压力作用点与墙趾的高差，m；

α——挡土墙墙背对水平面的倾角，(°)；

δ——土对挡土墙墙背的摩擦角，(°)。

若验算结果不能满足式(5-26)的要求，常按以下措施处理：

- 增大挡土墙横截面面积，使 G 增大，但此时工程量也增大。
- 加大 x_0，墙趾伸长。
- 墙背做成仰斜，可减少土压力。
- 在挡土墙墙背做卸荷台。
- 对软弱地基，墙趾可能陷入土中，产生稳定力矩的力臂将减小，抗倾覆安全系数就会降低，因此在运用式(5-26)时要注意地基土的压缩性。

②抗滑移稳定性验算

微　课

抗滑移验算

挡土墙在土压力作用下可能沿基础底面发生滑动，验算时，将 G 和 E_a 分别分解为垂直和平行于基底的分力，总抗滑力 F_1 与总滑动力 F_2 之比称为抗滑安全系数。抗滑安全系数 K_s 应符合式(5-27)的要求。

$$K_s = \frac{F_1}{F_2} = \frac{(G_n + E_{an})\mu}{E_{at} - G_t} \geqslant 1.3 \tag{5-27}$$

式中 G_n——挡土墙自重 G 垂直于基底平面方向的分力，$G_n=G\cos\alpha_0$；

G_t——挡土墙自重 G 平行于基底平面方向的分力，$G_t=G\sin\alpha_0$；

E_{an}——主动土压力 E_a 垂直于基底平面方向的分力，$E_{an}=E\cos(\alpha-\alpha_0-\delta)$；

E_{at}——主动土压力 E_a 平行于基底平面方向的分力，$E_{at}=E\sin(\alpha-\alpha_0-\delta)$；

μ——基底的摩擦系数，根据土的类别查表 5-1 得到。

表 5-1　土对挡土墙的摩擦系数

土的类别		摩擦系数 μ
黏性土	可塑	0.25～0.30
	硬塑	0.30～0.35
	坚塑	0.35～0.45
粉土	—	0.30～0.40
中砂、粗砂、砾砂	—	0.40～0.50
碎石土		0.40～0.60
软质岩石		0.40～0.60
表面粗糙的硬质岩石		0.65～0.75

注：1. 对易风化的软质岩和塑性指数 I_p 大于 22 的黏性土，基底摩擦系数应通过试验确定。

2. 对碎石土，可根据其密实程度、填充物状况、风化程度等确定。

若验算结果不能满足式(5-27)的要求，常按以下措施处理：

①修改挡土墙截面尺寸，使 G 值增大。

②挡土墙底部做成砂石垫层，加大摩阻力以提高 μ 值。

③挡土墙底部做成逆坡(图 5-28)，阻滑以利于滑动面上部分反力来抗滑。

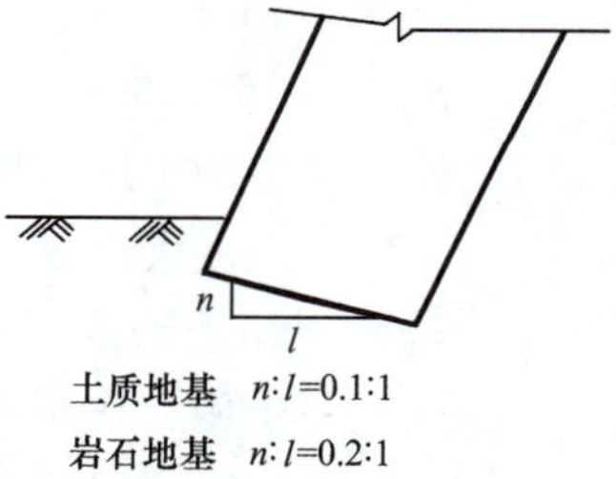

图 5-28　基底逆坡

④挡土墙底部墙踵处做混凝土拖板，利用拖板上的土重来抗滑。

(2)地基的承载力验算

挡土墙在自重及土压力垂直分力作用下，基底压力按线性分布计算。其验算方法及要求同天然浅基础验算方法。

①基底平均应力 $p \leqslant f_a$(f_a 为地基承载力设计值)。

②基底最大应力 $p_{max} \leqslant 1.2f_a$。

(3)墙身强度验算

根据墙身材料分别按砌体结构、素混凝土结构或钢筋混凝土结构的有关计算方法进行强度验算。

4. 重力式挡土墙的体型选择与构造措施

挡土墙的设计，除进行前述验算外，还必须合理地选择墙型和采取必要的构造措施，以保证其安全、经济和合理。

(1)墙背的倾斜形式

①按墙背的倾斜方向可分为仰斜、直立和俯斜三种形式(图 5-29)。

②按相同的计算方法和计算指标，其主动土压力以仰斜为最小，直立居中，俯斜最大。

③选用哪一种墙背倾斜形式，应根据使用要求、地形和施工条件等综合考虑决定。

(2)墙面坡度的选择

①当墙前地面陡时，墙面可取 1∶0.05～1∶0.2 仰斜坡度，也可直立。

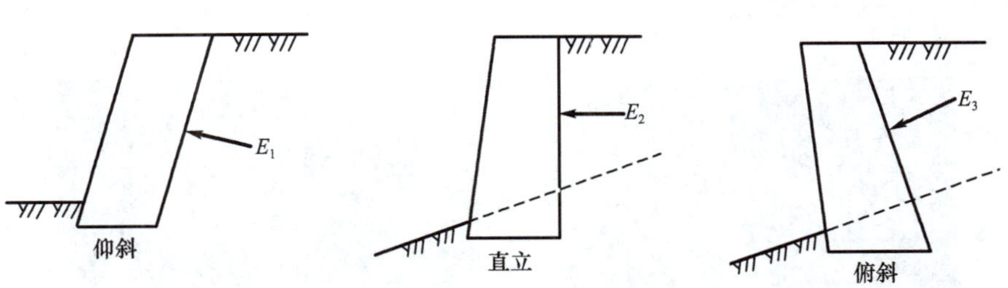

图 5-29 重力式挡土墙墙背的倾斜

②当墙前地形较为平坦时，对于中、高挡土墙，墙面坡度可较缓，但不宜缓于 1∶0.4。

③为了避免施工困难，仰斜墙背坡度一般不宜缓于 1∶0.25，墙面坡应尽量与墙背坡平行。

(3)基底逆坡坡度

为增加挡土墙的抗滑稳定性，可将基底做成逆坡，如图 5-28 所示。

(4)墙趾台阶和墙顶宽度

①当墙高较大时，为了使基底压力不超过地基承载力设计值，可加设墙趾台阶，其高宽比可取 $h:a=2:1$，a 不得小于 20 cm，如图 5-30 所示。

②块石的挡土墙顶宽不宜小于 0.4 m，混凝土墙顶宽不宜小于 0.2 m。

(5)墙背高度和基础底宽

①墙背高度：$H<6$ m，挡土墙宜建在地层稳定、开挖土石方时不会危及相邻建筑物安全的地段。

②基础底宽：$B=(1/2\sim1/3)H$。

(6)基础埋置深度与伸缩缝设置

基础埋置深度应根据地基承载力、冻结深度、水流冲刷、岩石裂隙发育及风化程度等因素确定；在特强冻胀、强冻胀地区应考虑冻胀的影响。

①基础埋置深度：土质地基，基础埋置深度不宜小于 0.5 m；软质岩石地基，基础埋置深度不宜小于 0.3 m。

②伸缩缝(图 5-31)设置：每间隔 10～20 m 设置一道伸缩缝；当地基有变化时宜加设沉降缝。

③在挡土结构的拐角处，应适当采取加强的构造措施。

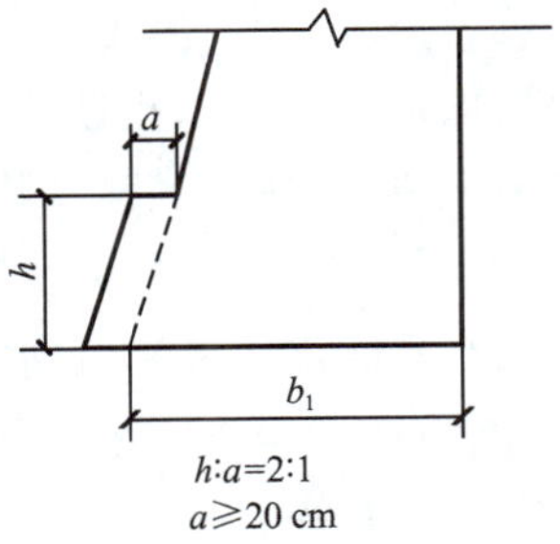

图 5-30 墙趾台阶尺寸

图 5-31 伸缩缝

(7)墙后排水措施

挡土墙常因雨水下渗而排水不良，地表水渗入墙后填土，使填土的抗剪强度降低，土压力增大，对挡土墙稳定性不利。因此，应设置以下排水措施：

①墙身泄水孔(图 5-32)：沿挡土墙纵、横两向设置泄水孔，其间距宜取 2～3 m，外斜 5%。

孔眼直径不宜小于 100 mm。

图 5-32 墙身泄水孔

②墙后做滤水层。

③墙顶背后地面宜铺设防水层。

④墙后设排水暗沟:对不能向坡外排水的边坡应在墙背填土体中设置足够多的排水暗沟。

⑤墙后土坡设置截水沟。

如图 5-33 所示为两个挡土墙排水处理工程实例。

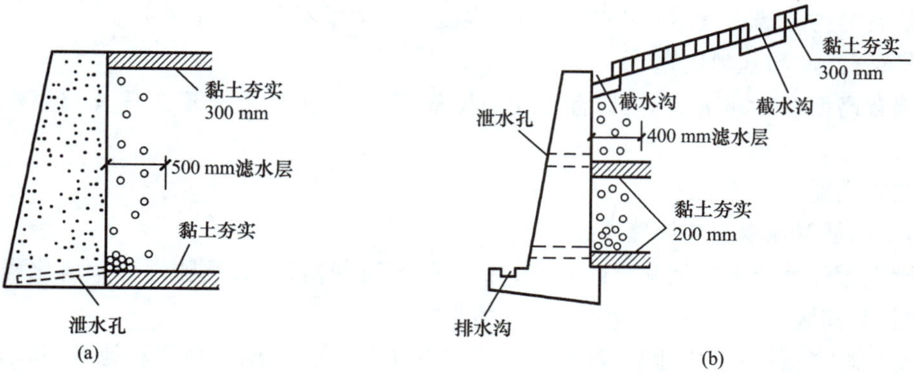

图 5-33 挡土墙排水处理工程实例

(8)填土质量要求

①宜选择透水性较强的填料,如砂土、砾石、碎石等,因为这类土的抗剪强度较稳定,易于排水。

②若采用黏土,应混入一定量的块石,增大透水性和抗剪强度,墙后填土应分层夯实。

③在季节性冻土地区,墙后填土应选用非冻胀性填料(如炉渣、碎石、粗砂等),不应采用淤泥、耕植土、膨胀性黏土等填料。填料中不应杂有大的冻结土块、木块或其他杂物。

5. 重力式挡土墙设计实例

【工程设计计算案例 5-6】 如图 5-34 所示,已知某挡土墙高度 $h=5$ m,墙身自重 $G_1=130$ kN/m,$G_2=110$ kN/m,墙背垂直光滑,填土面水平,内摩擦角 $\varphi=30°$,黏聚力 $c=0$,填土重度 $\gamma=19$ kN/m^3,基底的摩擦系数 $\mu=0.5$,试求主动土压力 E_a 并验算挡土墙抗滑移和抗倾覆稳定性。

抗倾覆抗滑移验算例题

【解】 已知符合朗肯条件,则有

(1)主动土压力系数

$$K_a=\tan^2(45°-\varphi/2)=\tan^2(45°-30°/2)=0.33$$

(2)主动土压力

$$E_a=\frac{1}{2}\gamma h^2 K_a=\frac{1}{2}\times 19\times 5^2\times 0.33=78.38\ \text{kN/m}$$

作用点距墙底

$$h/3=5/3=1.67\ \text{m}$$

图 5-35 所示为其受力分析。

(3)验算抗倾覆稳定条件要求

$$K_t=\frac{M_1}{M_2}=\frac{G_1x_1+G_2x_2}{E_{ax}z_f}=\frac{130\times 1.4+110\times 2.6}{78.38\times 1.67}=3.58\geqslant 1.6$$

满足要求。

(4)验算挡土墙抗滑动要求

$$K_s=\frac{F_1}{F_2}=\frac{(G_1+G_2)\mu}{E_a}=\frac{(130+110)\times 0.5}{78.38}=1.53\geqslant 1.3$$

满足要求。

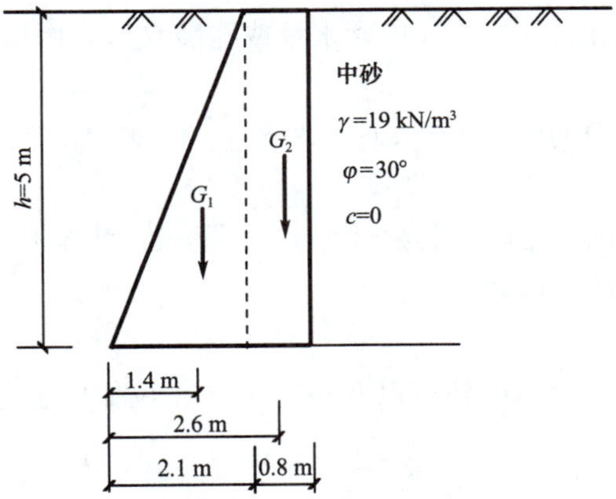

图 5-34 工程设计计算案例 5-6 图

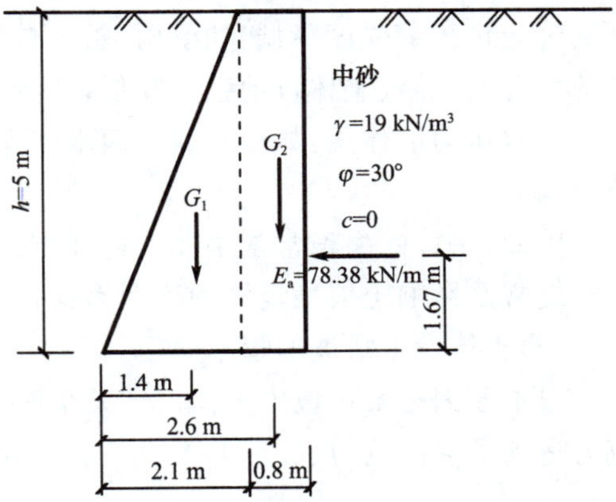

图 5-35 工程设计计算案例 5-6 受力分析

5.7 土坡稳定分析

土坡是指具有倾斜坡面的土体,是一种常见的土工建筑物。它的设计是否合理,不但影响到工程的经济效益高低,而且会直接涉及人身安危。

土坡稳定分析是土工建筑物设计中的一个重要内容,属力学中的稳定问题,也是工程中非常重要的实际问题。本节主要介绍简单土坡的稳定分析方法。

所谓简单土坡是指土坡的坡度不变,顶面和底面水平,且土质均匀,无地下水。如图 5-36 所示为简单土坡各部位名称。

通过本节内容的学习,重点掌握土坡稳定分析的基本原理和计算方法,并能应用到解决实际工程问题中。

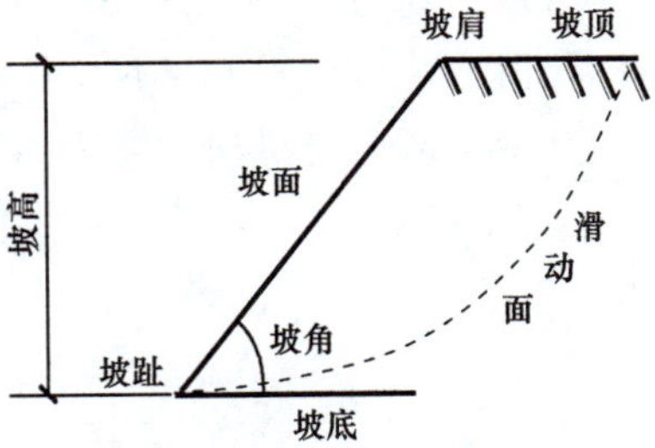

图 5-36 简单土坡各部位名称

5.7.1 土坡的类型及稳定性评价

1. 土坡的类型

土坡种类包括天然土坡和人工土坡。

天然土坡是指具有倾斜坡面且由自然地质作用所形成的土坡，如山、岭、丘、岗、天然坡等，称为天然土坡。

人工土坡是指由人工开挖或回填而形成的土坡，如挖方：沟、渠、坑、池等边坡，填方：堤、坝、路基、堆料等，称为人工土坡。

2. 稳定性评价

土坡的滑坡是指一部分土体在外因作用下，相对于另一部分土体沿某一滑动面向下和向外滑动而丧失其稳定性。

(1)影响土坡稳定的不利因素

①土坡作用力发生变化：如在坡顶堆放材料或建造建筑物使坡顶受荷，或因打桩、车辆行驶、爆破、地震等引起振动而改变原来的平衡状态。

②土体抗剪强度降低：如受雨、雪等自然天气的影响，土体中含水量或孔隙水压力增加，有效应力降低，导致土体抗剪强度降低，抗滑力减小。

③水压力的作用：如雨水或地面水流入土坡中的竖向裂缝，对土坡产生侧向压力，促使土坡滑动。

因此，土坡的失稳常常是在上述外界的不利因素影响下触发和加剧的。例如，黏性土体发生裂缝常是影响土坡稳定性的不利因素，也是滑坡的预兆之一。

(2)土体发生滑坡的根本原因

根本原因是由边坡中土体内部某个面上由土体自重、外荷以及渗透力等在坡体内引起剪应力达到了它的抗剪强度。

5.7.2 无黏性土坡的稳定分析

如图 5-37 所示为一坡角为 β 的无黏性土坡。由于无黏性土土粒之间无黏聚力，因此，只要位于坡面上的土单元能够保持稳定，则整个土坡就是稳定的。

设土坡与水平面夹角为 β，砂土内摩擦角为 φ。取坡面某土颗粒微单元 A 为研究对象，当表面出现浅层滑动时，其受力状态如下：

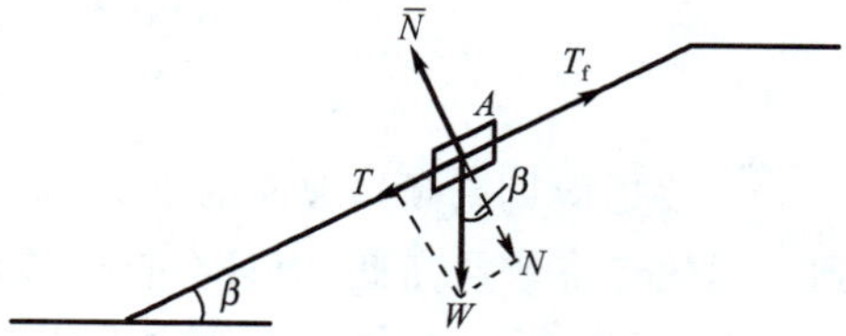

图 5-37 无黏性土坡稳定性分析

微单元 A 自重 $W=\gamma\,\Delta V$

对坡面压力 $N=W\cos\beta$

沿坡滑动力 $T=W\sin\beta$

抗滑力 $T_f=N\tan\varphi=W\cos\beta\tan\varphi$

其中抗滑力与滑动力之比称为稳定安全系数，用 K 表示，即

$$K=\frac{T_f}{T}=\frac{W\cos\beta\tan\varphi}{W\sin\beta}=\frac{\tan\varphi}{\tan\beta} \tag{5-28}$$

讨 论

(1)当 $\beta=\varphi$ 时,$K=1.0$,即抗滑力等于滑动力,此时土坡处于极限平衡状态;土坡稳定的极限坡角等于砂土的内摩擦角 φ,此坡角称为自然休止角,即砂土自然堆放状态时的坡角。

(2)安全系数 K 与土重度 γ 无关;与所选的微单元大小无关;与坡高无关。

(3)安全系数 K 仅取决于坡角 β,只要 $\beta<\varphi(K>1)$,土坡即稳定。为了保证土坡有足够的安全储备,一般要求 K 值为 1.2～1.35。

(4)土坡内任一点或平行于土坡的任一滑裂面上的安全系数 K 都相等。

5.7.3 黏性土坡的稳定分析

黏性土由于土粒间存在黏聚力,发生滑坡时是整块土体向下滑动,坡面上任一单元体的稳定条件不能用来代表整个土坡的稳定条件。

为了简化,稳定分析中常假设滑动面为圆筒面,并按平面问题进行分析。将滑动面以上土体看作刚体,并以它为脱离体,分析在极限平衡条件下其上各种作用力,以整个滑动面上的平均抗剪强度与平均剪应力之比来定义土坡的安全系数。

黏性土坡稳定分析方法有整体圆弧滑动法、瑞典条分法、毕肖普法、稳定数法和有效应力法等。具体计算方法本书不做介绍,应用时可参考土力学方面书籍。

项目式工程案例

一、工作任务

1. 挡土墙设计任务要求

试对某气化站的挡土墙工程进行设计。确定挡土墙类型、构造尺寸及墙体材料。对地基进行处理,并阐明施工注意事项等。挡土墙计算书包括:土压力计算、抗滑移稳定性验算、抗倾覆稳定性验算及地基承载力验算。

2. 工程地质情况

某市管道燃气有限公司拟兴建气化站挡土墙,挡土墙高 9 m。经钻探查明,场地内岩土层主要为素填土和第三系湖相沉积的泥岩系列,自上而下各岩土层依次为:

(1)素填土。以黄色、灰黄色为主,松散状态。成分主要为泥岩弃土,含少量植物根,新近回填。层厚 0.50～2.20 m。

(2)素填土。以黄色、灰黄色为主,稍密状态。成分主要为泥岩弃土,含少量植物根,新近回填,经过分层碾压。重型动力触探修正后锤击数平均值 4.2 击。层厚 8.60～9.80 m。

(3)全风化泥岩。黄色,硬塑状态为主,局部坚硬状。发育闭合状微风化裂隙。无摇震反应,干强度高,韧性高。压缩系数平均值为 0.14 Pa,为中压缩性土。标准贯入试验实测锤击数平均值 10.5 击。层厚 1.10～2.60 m。

(4)强风化泥岩:灰色,坚硬状态为主,局部硬塑状,低压缩性。发育闭合状微风化裂隙。成分以泥岩为主,局部夹粉质泥岩或粉砂岩,呈互层状产出。标准贯入试验实测锤击数平均值26.1击。属极软岩,岩体完整程度为完整,岩体基本质量等级为Ⅴ级。分布于整个场地,未揭穿,揭露层厚1.70～10.50 m。根据分层统计结果,参照同类场地资料和结合生产经验综合确定的各岩土层的物理力学性质指标建议采用值见表5-2。

表5-2 场地土的主要物理力学性质指标

土层类型	天然含水量 w/%	天然重度 γ/(kN·m^{-3})	孔隙比 e	直剪		压缩模量 E_s/MPa	承载力特征值 f_{ak}/kPa	挡土墙与地基岩土的摩擦系数 μ
				内摩擦角 φ/(°)	黏聚力 c/kPa			
素填土①	—	18.0	—	6*	10*	—	—	—
素填土②	—	18.5*	—	10*	15*	—	—	—
全风化泥岩③	25.3	19.79	—	10	78	12.0	255	0.30
强风化泥岩④	17.9	20.87	0.522	14	99	15.0	330	0.40

注:有“*”者为经验值。

二、工作项目

(1)确定挡土墙类型。

(2)初步拟定截面尺寸。

(3)墙体材料及构造措施。

(4)地基及墙背填土。

(5)施工注意事项。

(6)挡土墙计算书。

三、工作手段

本挡土墙工程设计依据《建筑地基基础设计规范》(GB 50007—2011)、《建筑与市政地基基础通用规范》(GB 55003—2021),涉及主要业务内容包括:场地工程地质勘察报告、墙体材料及构造措施、挡土墙施工要点、土压力计算、抗滑移稳定性验算、抗倾覆稳定性验算、地基承载力验算等。

四、案例分析与实施

1. 挡土墙类型

根据本场地的具体情况,可分2级或3级放坡后,用重力式挡土墙支护。

2. 挡土墙截面尺寸

根据设计要求、结合工程具体情况和经验,初步拟定截面尺寸见图5-38及表5-3。

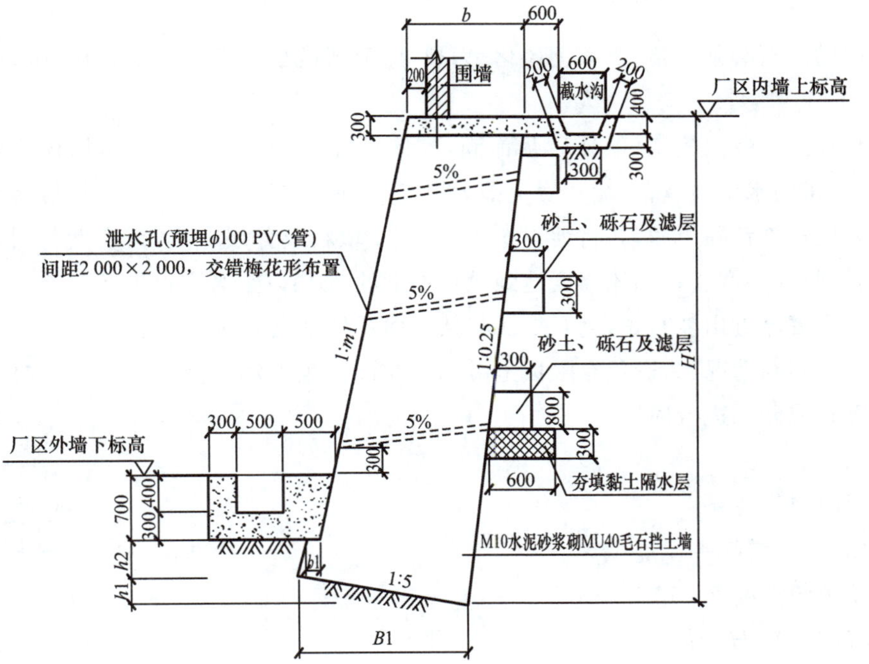

图 5-38　毛石挡土墙截面尺寸

表 5-3　　挡土墙截面尺寸

墙高/m		2	3	4	5	6	7	8	9	10
截面尺寸	b/mm	910	1 080	1 290	1 370	1 490	1 730	1 860	1 980	2 090
	$B1$	860	1 200	1 420	1 970	2 200	2 530	2 770	3 120	3 370
	$b1$	170	190	210	230	250	270	290	310	340
	$h1$	230	270	310	390	430	480	520	610	660
	$h2$	400	450	500	550	600	650	700	750	800
	$m1$	0.25	0.25	0.25	0.35	0.35	0.35	0.35	0.35	0.35

3. 墙体材料及构造措施

①墙身及基础采用 M10 水泥砂浆砌 MU40 毛石。

②墙顶用 1∶3 水泥砂浆抹成 5%外斜护顶，厚度不小于 30 mm。

③外露面用 M7.5 砂浆勾缝。

④结合地质情况及墙身断面的变化情况，该挡土墙每 8 m 设置一道伸缩缝，缝宽 20～30 mm。缝中填塞沥青麻筋、沥青木板或其他有弹性的防水材料，沿内外顶三方堵塞深度不小于 200 mm。

4. 地基及墙背填土

根据以上地质情况，挡土墙地基采用换填处理，其底部用非膨胀的砾石或砂土进行换填处理 1 m 深，每边宽出基础 0.8 m，夯实系数不小于 0.97；地基承载力特征值 f_{ak} 不小于 210 kPa；严禁使用膨胀土作为地基持力层。

墙背填料根据附近土源，尽量选用抗剪强度高和透水性强的砾石或砂土，不得选用膨胀土、淤泥质土及耕植土作为填料。

5. 施工注意事项

①选用的毛石必须合格，要求无风化、无裂纹、中部最小厚度不小于 200 mm、强度等级不小于 MU40。

②严格按照挤浆法施工，保证砂浆饱满，砌体重度不小于 22 kN/m^3，墙体不应出现垂直通缝，避免通常的水平通缝；当墙背后全部为填土，且地形横坡大于 1∶5 时，应将墙背后 3 倍墙高范围内的植被铲除干净，并将地表挖成台阶形，填料应分层夯实，压实度与附近场地或路基的要求相同，填料夯实在砌体强度达到设计强度的 75%以上时方可进行。

③如挡土墙靠近山坡布置，且开挖面与挡土墙踵处垂直面的夹角小于 45°－0.5φ 时，可产生有限范围的不利情况，为避免有限填土沿此开挖面产生滑动，应将开挖面挖成凹凸不平状，然后再用砾石或砂土进行回填。

6. 挡土墙计算书

(1)设计资料

①原始计算数据

墙后填土的重度 $\gamma=18$ kN/m^3

挡土墙的高度 $H=9$ m

主动土压力增大系数 $\Psi_c=1.2$

土的黏聚力 $c=0$ kPa

地表均布荷载 $q=20$ kN/m^2

墙背填土内摩擦角 $\varphi=30°$

挡土墙背的倾斜角 $\alpha=102°$

墙后填土面的倾角 $\beta=0°$

土对挡土墙背的摩擦角 $\delta=15°$

土对挡土墙基底的摩擦系数 $\mu=0.4$

其他参数如图 5-39 所示。

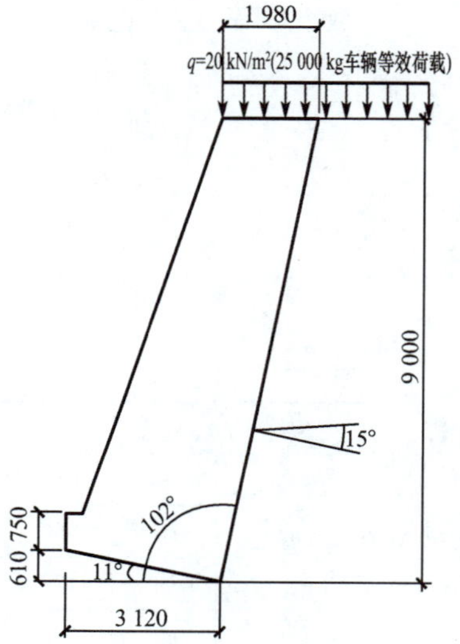

图 5-39 挡土墙示意图

②设计依据规范

《建筑地基基础设计规范》(GB 50007—2011)。

(2)计算主动土压力系数

根据规范公式(L.0.1-1)，主动土压力系数

$$K_a=\frac{\sin(\alpha+\beta)}{\sin^2\alpha\sin^2(\alpha+\beta-\varphi-\delta)}\{K_q[\sin(\alpha+\beta)\sin(\alpha-\delta)+\sin(\varphi+\delta)\sin(\varphi-\beta)]+2\eta\sin\alpha\cos\varphi\cos(\alpha+\beta-\varphi-\delta)-2[(K_q\sin(\alpha+\beta)\sin(\varphi-\delta)+\eta\sin\alpha\cos\varphi)(K_q\sin(\alpha-\delta)\sin(\varphi+\delta)+\eta\sin\alpha\cos\varphi)]^{0.5}\}$$

①根据规范公式(L.0.1-2)得

$$K_q=1+\frac{2q}{\gamma H}\frac{\sin\alpha\cos\beta}{\sin(\alpha+\beta)}=1+\frac{2\times20}{18\times9}\times\frac{\sin102°\times\cos0°}{\sin(102°+0°)}=1.25$$

②根据规范公式(L.0.1-3)得

$$\eta=\frac{2c}{\gamma H}=\frac{2\times0}{18\times9}=0$$

③令 $A=\dfrac{\sin(\alpha+\beta)}{\sin^2\alpha\sin^2(\alpha+\beta-\varphi-\delta)}$得

$$A=\frac{\sin(102°+0°)}{\sin^2 102°\times\sin^2(102°+0°-30°-15°)}=1.45$$

④令 $B=K_q[\sin(\alpha+\beta)\sin(\alpha-\delta)+\sin(\varphi+\delta)\sin(\varphi-\beta)]$得

$$B=1.25\times[\sin(102°+0°)\times\sin(102°-15°)+\sin(30°+15°)\times\sin(30°-0°)]=1.66$$

⑤令 $C=2\eta\sin\alpha\cos\varphi\cos(\alpha+\beta-\varphi-\delta)$得

$$C=2\times0\times\sin 102°\times\cos 30°\times\cos(102°+0°-30°-15°)=0$$

⑥令 $D=K_q\sin(\alpha+\beta)\sin(\varphi-\beta)+\eta\sin\alpha\cos\varphi$ 得

$$D=1.25\times\sin(102°+0°)\times\sin(30°-0°)+0.11\times\sin 102°\times\cos 30°=0.61$$

⑦令 $E=K_q\sin(\alpha-\delta)\sin(\varphi+\delta)+\eta\sin\alpha\cos\varphi$ 得

$$E=1.25\times\sin(102°-15°)\times\sin(30°+15°)+0\times\sin 102°\times\cos 30°=0.88$$

⑧根据上面的计算结果，可得

$$K_q=A(B+C-2\sqrt{DE})=1.45\times(1.66+0-2\times\sqrt{0.61\times0.88})=0.28$$

(3)计算主动土压力

根据规范公式(6.7.3-1)得

$$E_a=\frac{1}{2}\Psi_c\gamma H^2K_a=\frac{1}{2}\times1.2\times18\times9^2\times0.28=244.9\ \text{kN}$$

(4)抗滑移稳定性验算

根据规范公式(6.7.5-1)有

$$(G_n+E_{an})u/(E_{at}-G_t)\geqslant1.3$$

其中，$G_n=G\cos\alpha_0=SLr\cos\alpha_0=22.80\times1\times22\times\cos 11°=492.4$ kN(取1 m长的挡土墙作为计算单元)

$$G_t=G\sin\alpha_0=SLr\sin\alpha_0=22.80\times1\times22\times\sin 11°=95.7\ \text{kN}$$

$$E_{at}=E_a\sin(\alpha-\alpha_0-\delta)=244.9\times\sin(102°-11°-15°)=237.6\ \text{kN}$$

$$E_{an}=E_a\cos(\alpha-\alpha_0-\delta)=244.9\cos(102°-11°-15°)=59.2\ \text{kN}$$

所以，$(G_n+E_{an})u/(E_{at}-G_t)=(492.4+59.2)\times0.4/(237.6-95.7)=1.55>1.3$，满足规范要求。

(5)抗倾覆稳定性验算

根据规范公式(6.7.5-6)有

$$(Gx_0+E_{az}X_f)/E_{ax}Z_f\geqslant1.6$$

其中

$$G=SLr=22.80\times1\times22=501.60\ \text{kN}$$

$$E_{ax}=E_a\sin(\alpha-\delta)=244.9\times\sin 87°=244.6\ \text{kN}$$

$$E_{az}=E_a\cos(\alpha-\delta)=244.9\times\cos 87°=12.8\ \text{kN}$$

$$X_f=b-z\cot\alpha=3.12-3.3\times\cot 102°=3.82\ \text{m}$$

$$Z_f=z-b\tan\alpha_0=3.3-3.12\times\tan 11°=2.69\ \text{m}$$

挡土墙墙趾距离墙体重心的水平距离 $X_0=2.63$ m，所以，$(GX_0+E_{az}X_f)/E_{ax}Z_f=$

(501.60×2.63+12.8×3.82)/(244.6×2.69)=2.08>1.6,满足规范要求。

(6)地基承载力验算

根据规范公式(5.2.4)及(5.2.2-2、5.2.2-3),修正后地基承载力特征值为

$$f_a = f_{ak} + \eta b\gamma(b-3) + \eta_d \gamma_m (d-0.5)$$
$$=210+0\times18\times(3-3)+1.2\times18\times(2-0.5)$$
$$=242.40 \text{ kPa}$$

挡土墙作用在基底的总的垂直力

$$N=G=501.60 \text{ kN}$$

合力作用点距墙趾的距离

$$C=(NX_0-E_aZ_f)/N=(501.60\times2.63-244.9\times2.69)/501.60=1.32 \text{ m}$$

偏心距

$$e=b/2-C=3.12/2-1.32=0.24<b/6=0.52 \text{ 且} <0.25b=0.25\times3.12=0.78$$

$$p_{max(min)}=N/b(1\pm6e/b)=501.6/3.12\times(1\pm6\times0.24/3.12)=234.97\times(86.82) \text{ kN/m}^2$$

所以,$p_{max}=234.97<1.2f_a=1.2\times242.40=290.88 \text{ kN/m}^2$,满足规范要求。

本章小结

本章主要介绍了土压力的形成过程、土压力计算的朗肯土压力理论和库仑土压力理论、挡土墙的类型、重力式挡土墙的设计以及土坡稳定的分析方法。

复习思考题

5-1 什么是土压力？土压力的种类有哪些？

5-2 什么是主动土压力、被动土压力和静止土压力？三者的关系是什么？

5-3 说明土的极限平衡状态是什么意思？挡土墙应如何移动,才能产生主动土压力？

5-4 朗肯土压力理论和库仑土压力理论有何区别？

5-5 挡土墙为何经常在下暴雨期间被破坏？

5-6 挡土墙设计中需要验算什么内容,各有什么要求？

5-7 当重力式挡土墙抗滑稳定性不满足要求时,应采取哪些工程措施？

综合练习题

5-1 某挡土墙高 6 m,墙背垂直、光滑,填土面水平,作用有均布荷载 $q=20$ kPa,墙后填土为黏性土,物理力学性质指标如下:$\gamma=16 \text{ kN/m}^3$,$\varphi=20°$,$c=10$ kPa。试计算墙背所受主动土压力大小、方向及作用点,并绘出土压力沿墙高分布图。

5-2 用朗肯土压力公式计算如图 5-40 所示挡土墙的主动土压力分布及合力。已知填土为砂土,填土面作用有均布荷载 $q=20$ kPa。

5-3 挡土墙高 4.5 m,墙背倾斜角 $\alpha=10°$(俯斜),填土坡角 $\beta=15°$,填土为砂土,$\gamma=17.5 \text{ kN/m}^3$,$\varphi=30°$,填土与墙背的摩擦角 $\delta=\frac{2}{3}\varphi$,试按库仑土压力理论求主动土压力及作用点。

5-4 某挡土墙高5 m，墙背垂直、光滑，墙后填土为两层砂土且水平，如图5-41所示，$\varphi=30^\circ$，$\gamma=15\ \mathrm{kN/m^3}$。

(1)计算挡土墙后主动土压力强度及总压力E；

(2)绘出压力强度分布图。

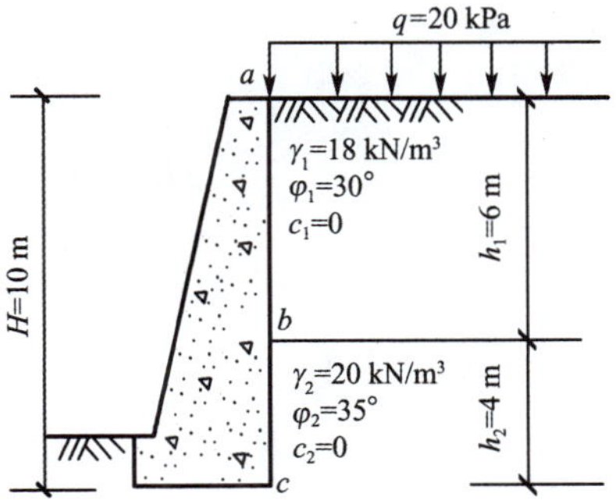

图5-40 综合练习题5-2图

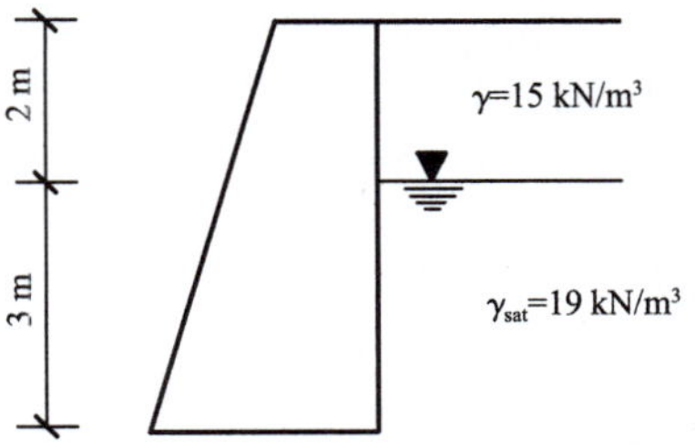

图5-41 综合练习题5-4图

课程思政参考案例

汶川地震救援

第6章 岩土工程勘察

学习目标

了解:岩土工程勘察的内容、方法和岩土工程勘察报告的内容。

理解:工程地质的基本知识。

掌握:岩土工程勘察报告的阅读与使用,验槽的内容和常见地基局部处理的方法。

素养目标

1. 培养学生爱护环境、注重人文生态的环保意识。
2. 树立质量第一的意识、培养精益求精的工匠精神。

6.1 概　述

岩土工程勘察是指根据建设工程的要求,查明、分析及评价建设场地的地质、环境特征和岩土工程条件,编制勘察文件的活动。岩土工程勘察是工程建设的前期准备工作,它综合运用地质学、工程地质学、力学及相关学科的基本理论知识和相应技术方法,在拟建场地及其附近进行调查研究,以获取工程建设场地原始工程地质资料,为工程建设制定技术可行、经济合理和有明显综合效益的设计与施工方案,达到合理利用自然资源和保护自然环境的目的。《岩土工程勘察规范(2009年版)》(GB 50021—2001)第1.0.3条规定:"各项工程建设在设计和施工之前,必须按基本建设程序进行岩土工程勘察。岩土工程勘察应按工程建设各勘察阶段的要求,正确反映工程地质条件,查明不良地质作用和地质灾害,精心勘察,精心分析,提出资料完整、评价正确的勘察报告。"

6.1.1 工程地质基本知识

1. 地质作用及地质年代

地球自形成以来,已有46亿年历史,在漫长的地质历史中,它时刻在发展演化。地球的演化包括地表形态的不断改观和地球内部结构及物质成分的不断变化。常见的有火山喷发,它把地球深部的岩浆带至地球表面，在地壳上堆积起来，形成锥形的火山；而江河又把高山及陆地上的泥砂带至大海之中沉积下来，经过成岩作用，成为沉积岩等。这种由自然动力引起地球和地壳物质组成、内部结构和地表形态不断变化和发展的作用，称为地质作用。

根据地质作用的能量来源，可将其分为两类：一类是能量来源于地球本身，称为内动力地质作用，它包括构造运动及地震、岩浆作用和变质作用等。内动力地质作用往往导致地球的物质成分、内部结构和地表形态的突然变化，如火山喷发、地震作用等；另一类是来源于地球以外的能源，称为外动力地质作用，包括风化作用、剥蚀作用、搬运作用和沉积作用等。外动力地质作用往往引起地表形态和物质成分的缓慢变化，其最终结果是消减内动力地质作用造成地壳的凹凸不平，使其趋于平整。

所谓地质年代，实际上是指从最老的地层到最新的地层所代表的整个时代。确定地层新老关系的方法有两种，即相对年代法和绝对年代法。相对地质年代是指地层形成的先后顺序和地层的相对新老关系，是由该岩石地层单位与相邻已知岩石地层单位的相对层位关系来决定的，它只表示前后顺序，不包含各个时代延续的长短。绝对地质年代是指地层形成到现在的实际年数，用距今多少年来表示。目前，主要根据岩石中所含放射性元素的衰变来确定。在地质工作中，用得较多的是相对地质年代。地质学家根据地壳上不同地质历史时期沉积形成的岩石与地层、古代生物的标准化石和地质构造运动规律，将地质年代分为5代12纪。每个年代有相应的地层，同一年代地层具有相同的时限，并且地层顶底的时间界线是同时的。地质年代单位包括宙、代、纪、世，地层单位包括宇、界、系、统。地质时代及生物历史对照表见表6-1。

第四纪是地球发展的最新阶段，它包括更新世（又可分为早更新世 Q_1、中更新世 Q_2、晚更新世 Q_3 和全新世 Q_4）。第四纪沉积物形成时间短，成岩作用不充分，常常成为松散、多孔、软弱的土层覆盖在前第四纪坚硬岩层之上，称为土层（或覆盖层）。特别是全新世晚期（Q_4^2）形成的土，多分布在地表附近，其工程性质较差，明显区别于第四纪一般土类，称为新近沉积土。新近沉积土由于沉积时间短，呈欠压密状态，强度相对较低，分布变化比较大而且不均匀，同时与工程建设关系密切。

2. 地形和地貌

地形是指地球表面的形态特征，如高低起伏、坡度大小和空间分布等。地形可以分为陆地地形和海底地形。地壳的升降运动造成了地表起伏的基本轮廓，而剥蚀与沉积又力图破坏起伏不平的地表形态，将其削平补齐，从而形成了现在地壳表面的起伏不平，形成了高山、丘陵、平原、湖盆地和海洋盆地等千差万别、丰富多样的地球外貌，地质学上称为地貌。

由于不同地貌单元的成因不同，其具有不同工程特征和性质，在工程建设选址时应充分考虑地貌条件。比如在山区，由于暂时性水流和河流的冲刷作用形成沟谷，当地形变缓时，水流所携带的碎屑物质在山坡、山麓和沟口堆积起来，形成坡积物、洪积物或冲积物；在丘陵地区，基岩一般埋置深度较浅，山顶基岩裸露，风化严重，有时表层被残积物所覆盖，丘陵斜坡地带堆积有较厚的坡积物、洪积物，特别是坡积物、洪积物边缘地带堆积土体多为结构疏松的新近堆积土，承载力低；平原地区，基岩一般埋置深度较深，第四纪沉积物很厚，相对于山区、丘陵地区，土体颗粒细小，地下水位较浅，地基土的承载力偏低。

表 6-1　　地质时代及生物历史对照表

宙	代	纪		世	代号	距今大约年代/百万年	主要生物进化 动物		主要生物进化 植物	
显生宙	新生代Kz	第四纪		全新世	Q		人类出现		现代植物时代	
				更新世		2 或 3				
		第三纪R	晚第三纪	上新世	N		哺乳动物时代	古猿出现 灵长类出现	被子植物时代	草原面积扩大 被子植物繁殖
				中新世		25				
			早第三纪	渐新世	E					
				始新世						
				古新世		65				
	中生代Mz	白垩纪			K	136	爬行动物时代	鸟类出现 恐龙繁殖 恐龙、哺乳类出现	裸子植物时代	被子植物出现 裸子植物繁殖
		侏罗纪			J	190				
		三叠纪			T	225			孢子植物时代	裸子植物出现 大规模森林出现 小型森林出现 陆生维管植物出现
	古生代Pz	二叠纪			P	280	两栖动物时代	爬行类出现 两栖类繁殖		
		石炭纪			C	345				
		泥盆纪			D	395	鱼类时代	陆生无脊椎动物发展和两栖类出现		
		志留纪			S	430				
		奥陶纪			O	500	海生无脊椎动物时代	带壳动物爆发 软躯体动物爆发		
		寒武纪			ε	570				
隐生宙		震旦纪			Z	800				
	元古代Pt					2 500	低等无脊椎动物出现		高级藻类出现 海生藻类出现	
	太古代Ar					4 000	原核生物(细菌、蓝藻)出现 (原始生命蛋白质出现)			
地球天文时期						4 600				

6.1.2　常见的不良地质作用

1. 岩溶

岩溶又称喀斯特，在我国是一种相当普遍的不良地质作用。它是指可溶性岩层(如石灰岩、石膏、岩盐等)受水的化学和物理作用产生的沟槽、裂隙和空洞，以及由于空洞顶板塌落使地表产生陷穴、洼地等特殊的地貌形态和水文地质现象的总称。常见的喀斯特地貌有石芽、石林、溶沟、落水洞、溶洞、地下河、地下湖等。岩溶对建筑稳定性和安全性有很大影响，有许多建筑在岩溶化岩层上的建筑，由于没有掌握岩溶的发育规律和进行适当处理，以致造成严重事故。

2. 滑坡

斜坡上的部分岩体和土体，受河流冲刷、地下水活动、降雨、地震及人工切坡等因素影响，在重力作用下沿着一定的软弱面或者软弱带，整体或者分散地顺坡向下滑动的自然现象称为滑坡。滑坡是斜坡岩土体沿着贯通的剪切破坏面所发生的滑移现象，其机制是滑移面上剪应力超过了该面的抗剪强度。

一般江、河、湖(水库)、海、沟的斜坡，前缘开阔的山坡，铁路、公路和工程建筑物的边坡等都是易发生滑坡的地貌部位。大规模的滑坡，可以堵塞河道、摧毁公路、破坏厂矿、掩埋村庄，对山区建设和交通设施危害很大。因此，工程在选择场址时，应通过搜集资料、调查访问和现场踏勘等方式，查明是否有滑坡存在，并对场址的整体稳定性做出判断，对场址有直接危害的大、中型滑坡应避开为宜。

3. 危岩体和崩塌

危岩体是指位于陡崖或陡坡上被岩体结构面切割且稳定性较差的岩石块体。危岩体一般存在于高陡边坡及陡崖上，其失稳、运动而形成崩塌，是山丘地区常见的地质灾害类型之一。规模巨大的崩塌也称山崩。危岩体的孕育过程是渐进的，直到失稳发展成崩塌时才具有突变性。因此，其潜在威胁严重。崩塌直接威胁到危岩体前方的居民、公路、铁路、航道及其相应的建筑的安全与营运。

4. 泥石流

泥石流是一种广泛分布于世界各国的一些具有特殊地形、地貌状况地区的自然灾害。泥石流是指在山区或者其他沟深谷壑、地形险峻的地区，因为暴雨、冰雪融水或其他自然灾害引发的携带有大量泥沙以及石块的特殊洪流。泥石流危害程度比单一的崩塌、滑坡和洪水的危害更为广泛和严重。

5. 采空区

采空区是指地下矿产被采出后留下的空洞区。按矿产被开采的时间，可分为老采区、现采区和未来采区。出现采空区后，其上覆盖的岩层将失去支撑，原来的平衡条件被破坏，使得上覆岩层产生移动变形，直到破坏塌落，造成地面塌陷、位移，最后导致地表各类建筑变形破坏，地表大面积下沉、凹陷。

6.1.3 地下水

地下水是贮存于地表以下岩土空隙中的各种状态的水。地下水的存在和改变会影响岩土的物理力学性质，引起岩土变形，甚至破坏场地的稳定性。地下水是工程地质分析评价和地质灾害防治中的一个极其重要的因素。

1. 地下水的分类

地下水按埋藏条件分为：包气带水、潜水、承压水。包气带水，是指地表面与潜水面的非饱和带中的地下水。它一般分为两种：一种是土壤层内的结合水和毛细水；另一种是局部隔水层(不透水或透水相对微弱的岩土层称为隔水层)上的重力水，又称上层滞水(图 6-1)。上层滞水的分布范围有限，其来源主要是由大气降水补给。上层滞水危害工程建设，常常突然涌入基坑，危害基坑施工安全。

潜水是指地表以下，第一个稳定隔水层以上具有自由水面的地下水。潜水一般埋藏在第四纪沉积层及基岩的风化层中。潜水的自由水面称为潜水面，潜水面相对于基准的高程称为潜水位，地面至潜水面的距离称为潜水埋藏深度。

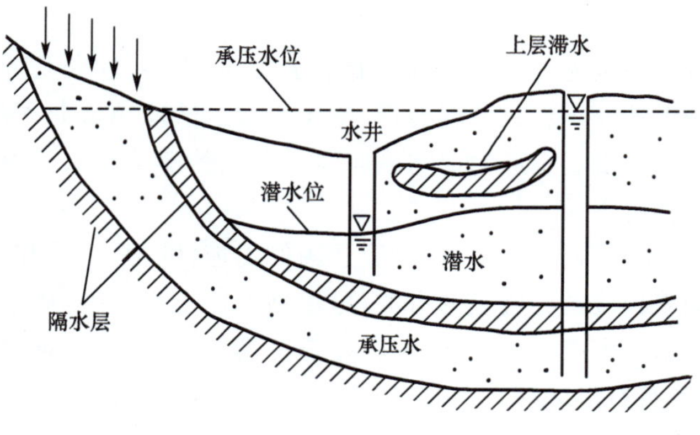

图 6-1 上层滞水、潜水和承压水

承压水是指充满于上下两个隔水层之间的承受静水压力的地下水。当凿穿上部隔水层时，井中水位在压力作用下会上升超过含水层的顶面而稳定在一定的高度上，这时的地下水面称为承压水面，它的标高称为承压水位或测压水位。承压水面不是真正的地下水面，它只是一个压力面。从承压水位到含水层顶板的距离称为承压水头。承压水是良好的供水水源，但承压水的水头压力能引起基坑突涌，破坏坑底的稳定性。

2. 地下水的腐蚀性

地下水在沿着岩土体的空隙渗流的过程中，能溶解岩土体中的可溶物质，使得地下水成为溶解有气体、离子以及矿物和生物胶体物质的复杂综合体。自然界中地下水的酸碱程度用 pH 表示，并据此把地下水分为强酸性水(pH 小于 5)、弱酸性水(pH 为 5～7)、中性水(pH 等于 7)、弱碱性水(pH 为 7～9)、强碱性水(pH 大于 9)五类。

由于水、土对钢筋、混凝土的腐蚀性是在一定环境、条件下进行的，腐蚀的发展在不同环境、条件下显著不同。根据工程建设场地所处的气候(如干旱区、高寒区、湿润区)，以及地层渗透性，可将场地环境划分为Ⅰ、Ⅱ、Ⅲ三类，其腐蚀性由强到弱。在评价地下水是否具有腐蚀性时，应结合场地环境条件，根据《岩土工程勘察规范(2009 年版)》(GB 50021—2001)相关条文和与之配套的技术标准进行评价。

6.2 岩土工程勘察的任务和内容

6.2.1 岩土工程勘察的目的与任务

建筑场地的岩土工程勘察目的是以各种勘察方法为基础，调查、研究和分析评价建筑场地和地基的工程地质条件，为设计和施工提供所需的岩土参数，建议经济合理的地基基础方案。其基本任务包括：

(1)查明建筑地区的地形、地貌以及水文、气象等自然条件。

(2)查明地基岩土层的岩性、构造、形成年代、成因、类型及其埋藏分布情况；查明岩土层的物理力学性质，尤其应查明基础下软弱地层和坚硬地层的分布，评价建筑场地地基的均匀性。

(3)查明地下水类型、埋藏情况、地下水位季节性变化幅度，判定地下水的腐蚀性。评价地下水对工程施工可能带来的不利影响及采取的对策。

(4)评价场地地震效应,划分建筑场地类别,提供抗震设防烈度、设计基本地震加速度、设计地震分组及特征周期等抗震参数,查明有无可液化地层,并对液化可能性做出评价。

(5)查明不良地质作用的类型、成因、分布范围、发展趋势及危害程度,对不符合建筑物安全稳定性要求的不利地质条件、拟定采取的措施及处理方案做出评价。

(6)按照设计和施工要求,对场地和地基的工程地质条件进行综合评价。

(7)根据场地岩土工程地质条件及工程特点对地基基础进行论证分析,提出经济合理的地基基础方案,提出地基基础设计、施工方法及施工中应注意的问题。

岩土工程勘察任务和内容的确定与勘察的详细程度及工作方法的选择,不仅取决于拟建工程的类别、规模和不同设计阶段,还取决于场地的复杂程度、对场地地质条件已有的研究程度和当地的建筑经验等。例如,在湿陷性黄土地区,就需增加查明黄土的湿陷性、确定建筑场地的湿陷类型、地基湿陷等级等内容。

在工业与民用建筑岩土工程勘察中,勘察还与建筑物地基基础设计等级有关。《建筑地基基础设计规范》(GB 50007—2011)根据地基复杂程度、建筑物规模和功能特征以及由于地基问题可能造成建筑物破坏或影响正常使用的程度,将地基基础设计分为三个安全等级(表6-2)。不同设计等级的建筑物对勘察工作的要求不同,《岩土工程勘察规范(2009年版)》(GB 50021—2001)将建筑物的岩土工程勘察等级划分为三个等级。其中,以甲级岩土工程的自然条件最为复杂,技术要求的难度最大,工作环境最不利。岩土工程的等级划分有利于对岩土工程各个工作环节按等级区别对待,确保工程质量和安全。

表6-2　　建筑地基基础设计安全等级

安全等级	破坏后果	建筑类型
甲级	很严重	重要的工业与民用建筑; 三十层以上的高层建筑; 体型复杂、层数相差超过十层的高低层连成一体建筑; 大面积的多层地下建筑(如地下车库、商场、运动场等); 对地基变形有特殊要求的建筑; 复杂地质条件下的坡上建筑(包括高边坡); 对原有工程影响较大的新建建筑; 场地和地基条件复杂的一般建筑; 位于复杂地质条件及软土地区的二层及二层以上地下室的基坑工程
乙级	严重	除甲级、丙级以外的工业与民用建筑
丙级	不严重	场地和地基条件简单、荷载分布均匀的七层及七层以下民用建筑及一般工业建筑; 次要的轻型建筑

6.2.2 勘察阶段的划分

工业与民用建筑工程的设计分为场址选择、初步设计和施工图绘制三个阶段。为了提供各设计阶段所需的工程地质资料,勘察工作也相应分为选址勘察、初步勘察和详细勘察三个阶段。对一些面积不大且工程地质条件简单的场地或有建筑经验的地区,可以简化勘察阶段;而对于大、深、难的工程,或有特殊施工要求的工程,当工程地质条件复杂时,尚需开展施工勘察。各勘察阶段的任务和工作内容简述如下:

1. 选址勘察

通过搜集、分析已有资料，进行现场踏勘，了解场地的地层岩性、地质构造、岩石和土的性质、地下水情况以及不良地质现象等工程地质条件，取得几个场址方案的主要工程地质资料，对拟选场址的稳定性及适宜性做出岩土工程评价，进行技术经济论证和方案比较，以满足确定场地方案的要求。

在确定拟建工程场地时，在方案允许情况下，宜避开以下区段：不良地质现象发育且对场地稳定性有直接危害或潜在威胁的地段；地基土性质严重不良的地段；不利的抗震地段；洪水或地下水对场地有严重不良影响且又难以有效预防和控制的地段；地下有未开采的有价值矿藏地段；埋藏有重要意义的文物古迹或未稳定的地下采空区的地段。

2. 初步勘察

初步勘察是在选址勘察的基础上，查明建筑场地不良地质现象的成因、分布范围、危害程度及其发展趋势，初步查明地层及其构造，岩石和土的物理力学性质、地下水埋藏条件以及土的冻结深度，对场地内建筑地段的稳定性做出岩土工程评价，并为确定建筑物总平面布置、主要建筑物地基基础方案和不良地质现象的防治方案进行论证，以满足初步设计或扩大初步设计的要求。

3. 详细勘察

详细勘察必须查明建筑范围内的地层结构、岩石和土的物理力学性质，对地基的稳定性及承载能力做出评价，并提供不良地质现象防治工作所需的计算指标及资料。此外，还要查明有关地下水的埋藏条件和腐蚀性、地层的透水性和水位变化规律等情况；应对地基基础设计、地基处理和加固、不良地质现象的防治进行岩土工程计算与评价，为进行施工图设计和施工提供可靠的依据和设计计算参数。

详细勘察的手段主要是以勘探、原位测试和室内土工试验为主，必要时可以补充一些地球物理勘探和工程地质测绘及调查工作。

4. 施工勘察

施工勘察一般不作为一个固定的阶段，是否开展施工勘察应根据工程的实际需要而定，其主要解决与施工有关的岩土工程问题，为设计变更提供相应的地质资料。在工程地质条件复杂的场地，通常在进行地基验槽时会发现地质条件与勘察报告不符，需对设计进行变更，这时需进行施工勘察，对深基础工程与地基处理的质量和效果的检测亦需专门的施工勘察。

需要指出的是，并不是每项工程都严格遵守上述阶段进行勘察，有些工程项目的用地有限，没有选择场地的余地，如遇到地质条件不是很好时，则通过采取地基处理或其他的措施来改善，这时施工勘察尤为重要。

6.3 岩土工程勘察的方法

岩土工程勘察常用的方法有：工程地质测绘与调查、勘探、原位测试。各种方法在各个工程勘察阶段中使用的数量、深度与广度也各不相同。

6.3.1 工程地质测绘与调查

岩石露出或地貌、地质条件较复杂的场地应进行工程地质测绘。对地质条件简单的场地，可用调查代替工程地质测绘。工程地质测绘是指采用搜集资料、调查访问、地质测量、遥感解译等方法，查明场地及附近的地貌、地质条件，并绘制相应的工程地质图件，对稳定性和适宜性做出评价。工程地质测绘与调查宜在选址勘察或初步勘察阶段进行，可在详细勘察阶段对某些不良地质作用(如滑坡、采空区等)做必要调查。

工程地质测绘与调查的内容包括：查明地形、地貌特征及地貌单元形成过程，并划分地貌单元；查明岩土层的性质、成因、年代、厚度和分布，对岩层应查明风化程度，对土层则应区分新近堆积土、特殊性土的分布；查明岩层的产状及构造类型、软弱结构面的产状及性质，第四纪构造活动的形迹、特点及与地震活动的关系；查明地下水的类型、埋藏深度、水位变化、污染情况及其与地表水体的关系等；搜集气象、水文、植被、土的最大冻结深度等资料，调查最高洪水水位及其发生时间、淹没范围；查明岩溶、土洞、滑坡、泥石流、崩塌、冲沟、地震灾害等不良地质现象的分布、类型、规模，并分析其对工程结构的影响；对测区内及附近短程地区可以利用的石料、砂料及土料等天然建筑材料资源进行附带调查。

测绘与调查的范围，应包括场地及其附近与研究内容有关的地段。常用的测绘方法是在地形图上布置一定数量的观察点或观察线，以便按点或沿线观察地质现象。观察点一般选择在不同地貌单元、不同地层的交界处以及对工程有意义的地质构造和可能出现不良地质现象的地段。观察线通常与岩层走向、构造线方向以及地貌单元轴线相垂直(例如，横穿河谷阶地)，以便能观察到较多的地质现象。有时为了追索地层界线或断层等构造线，观察线也可以顺着走向布置。观察到的地质现象应标示于地形图上。工程地质测绘和调查的成果资料宜包括实际材料图、综合工程地质图、工程地质分区图、综合地质柱状图、工程地质剖面图以及各种素描图、照片和文字说明等。

6.3.2 勘探

勘探是查明地下地质情况的一种必要手段，它是在地面的工程地质测绘和调查所取得的各项定性资料的基础上，取地下深部岩土层的工程地质资料而进行的勘察工作，以进一步对场地的工程地质条件进行定量评价。一般勘探工作包括开挖勘探、钻探、取样和地球物理勘探等。

1. 开挖勘探

开挖勘探就是对地表及其以下浅部局部土层直接开挖，以便直接观察岩土层的天然状态以及各地层之间的接触关系，并能取出接近实际的原状结构岩土样进行详细观察并描述其工程地质特性的勘探方法。根据开挖空间形状的不同，开挖勘探可分为槽探、井探和硐探等。

(1)槽探就是在地表挖掘呈长条形且两壁常为上宽下窄的沟槽进行地质观察和描述的明挖勘探方法。槽探的探槽挖掘深度较浅，在覆盖层深度小于 3 m 时使用，宽度一般为 0.6～1.0 m，长度可根据所了解的地质条件和需要确定。槽探主要用于追索地质构造线、破碎带宽度、地层分界线、岩脉宽度及其延伸方向，探查残积层、坡积层的厚度和岩石性质及采取试样等。

(2)井探的平面形状一般采用 1.5 m×1.0 m 的矩形或直径为 0.8～1.0 m 的圆形，其深度视地层的土质和地下水埋藏深度等条件而定。井探能直接观察地质情况，详细描述岩性和分层，还能从井中取出接近实际的原状结构的土试样。井探用于了解覆盖层厚度及性质、构造线、岩石破碎情况、滑坡等。

(3)在坝址、大型边坡勘察中，为查明深部岩层性质、构造特征，在指定标高的指定方向开挖竖井或水平探硐的勘探方法称为硐探。硐探除用于了解地下一定深度的地质情况并取样外，还可在探硐内进行大型的原位剪切试验。

2. 钻探

钻探是岩土工程勘察最主要、最有效的手段。钻探是用钻机在地层中钻孔，以鉴别和划分地层，并可沿孔深取样，用以测定岩石和土层的物理力学性质，揭露并量测地下水的埋藏深度，了解地下水的类型，采取水试样，分析地下水的物理和化学性质，也可直接在孔内进行原位测试以测定土的某些性质。

钻探方法可分为：冲击钻探、回转钻探、冲洗钻探、振动钻探。每种钻探各有独自的特点，在选择钻探方法时应根据岩土类别和勘察要求进行选择，原则上应满足下列要求：

(1)地层特点及钻探方法的有效性。

(2)能保证以一定精度鉴别土层，了解地下水情况。

(3)尽量避免或减轻对取样段或原位测试试验段的扰动影响。

场地内布置的钻孔，一般分技术孔和鉴别孔两类。在技术孔中按不同的土层和深度采取原状土样或进行原位测试。

3. 取样

取样进行室内土工试验是确定岩土物理力学性质手段之一。取样的钻探方法和取土设备将不同程度地影响试样的质量。鉴于不同试验项目对土样扰动的敏感程度不同，可以针对不同的试验目的来划分试样的质量等级。试样质量可根据试样被扰动的程度分为四个级别(表6-3)。绝对不扰动的土样从理论上说是无法取得的，表中的“不扰动”是指土样的原位压力状态虽已改变，但土的结构、密度、含水率变化很小，能满足室内试验各项要求。

在人工探井中可直接从井壁上刻取土样，所取试样质量等级为Ⅰ级；而在钻孔中取样则需借助于取土器，取样时将取土器贯入(静压或锤击)土层中或使取土器回转进入土层中进行取样。取土器按壁厚可分为薄壁和厚壁两类。不同等级试样的取样工具和方法可参看《岩土工程勘察规范(2009 年版)》(GB 50021—2001)第 9.4.2 条规定。Ⅰ、Ⅱ、Ⅲ级试样应妥善密封，防止湿度变化，严防暴晒或冰冻，保存时间不宜超过三周，在运输过程中应避免震动，对于易震动液化和水分离析的试样宜就近进行试验。岩石试样可利用钻探岩芯制作，或在探井、探槽、竖井和平洞中刻取，所取毛试样尺寸应满足试块加工的要求。

表 6-3 试样质量等级

级别	扰动程度	试验内容
Ⅰ	不扰动	土类定名、含水率、密度、强度试验、固结试验
Ⅱ	轻微扰动	土类定名、含水率、密度
Ⅲ	显著扰动	土类定名、含水率
Ⅳ	完全扰动	土类定名、含水率

4. 地球物理勘探

地球物理勘探(简称物探),是利用专门仪器来探测地壳表层各种地质体的物理场,包括电场、磁场、重力场、辐射场、弹性波等,通过测得的物理场特性和差异来判明地下各种地质现象,获得岩土某些物理力学性质参数的一种勘探方法。地球物理勘探之所以能够被用来研究和解决各种地质问题,主要是因为不同的岩石、土层和地质构造往往具有不同的物理性质,利用诸如其导电性、磁性、波速、湿度、密度、天然放射性等的差异,通过专门的物探仪器的量测,结合已知的地质资料进行分析和研究,就可区别和推断有关地质问题。地球物理勘探不能取样直接观察,故常与钻探配合使用。常用的地球物理勘探方法主要有:电阻率法、电磁法、地震、声波、电视测井等。

岩土工程勘察中可在下列方面采用地球物理勘探:

(1)作为钻探的先行手段,了解隐蔽的地质界线,界面或异常点、异常带,为确定经济合理的钻探方案提供依据。

(2)作为钻探的辅助手段,在钻孔之间增加地球物理勘探点,为钻探成果的内插、外推提供依据。

(3)测定岩土体某些特殊参数,如波速、动弹性模量和土对金属的腐蚀等。

6.3.3 现场原位测试

现场原位测试是在勘察现场且在岩土体原有结构、含水率及应力状态尽量不被扰动和破坏的条件下,测定岩土各种物理力学性能指标的测试。现场原位测试不仅能保持岩土体天然状态和原有结构,避免岩土样在取样、运输及室内准备试验过程中被扰动,而且其测试对象的尺寸或范围比室内试验的试件大,更能反映各种结构面切割引起的强度下降和土体的不均一性,比室内试验更合乎实际情况。现场原位测试也有一定局限性和不足之处,应注意各现场原位测试方法之间及其与钻探、室内试验的配合和对比。

现场原位测试是进行岩土工程评价、提供建筑物设计参数的重要手段。岩土工程勘察中常用的原位测试有:静力触探、圆锥动力触探、标准贯入试验、十字板剪切试验、荷载试验、旁压试验、波速测试等。现场原位测试方法应根据岩土条件、设计对参数的要求、地区经验和测试方法的适用性等因素选用。下面对常见的一些现场原位测试进行介绍。

1. 静力触探

静力触探是用静力匀速将标准规格的探头压入土中,利用电测技术测得探头阻力,由于贯入阻力与土层的性质相关,再通过贯入阻力与土的岩土工程特性之间的定量关系和统计关系,来测定土的力学特性。静力触探适用于黏性土、粉土、疏松-中密的砂土及含少量碎石的土层,对杂填土、密实的砂土和碎石土则不适用。

按探头传感器的功能,静力触探可分为常规静力触探(包括单桥和双桥)和孔压静力触探。单桥探头测定的是土层的比贯入阻力(p_s),双桥探头测定的是土层的锥尖阻力(q_c)和侧壁摩阻力(f_s)(图6-2、图6-3)。孔压静力触探探头是在单桥探头或双桥探头上增加量测贯入土中时土中的孔隙水压力(u,简称孔压)的传感器。

地基土的承载力取决于土本身的力学性质,而静力触探所得的贯入阻力等指标在一定程度上也反映了土的某些力学性质。根据静力触探资料可间接地按地区性的经验关系估算土的承载力、压缩性指标和单桩承载力等。

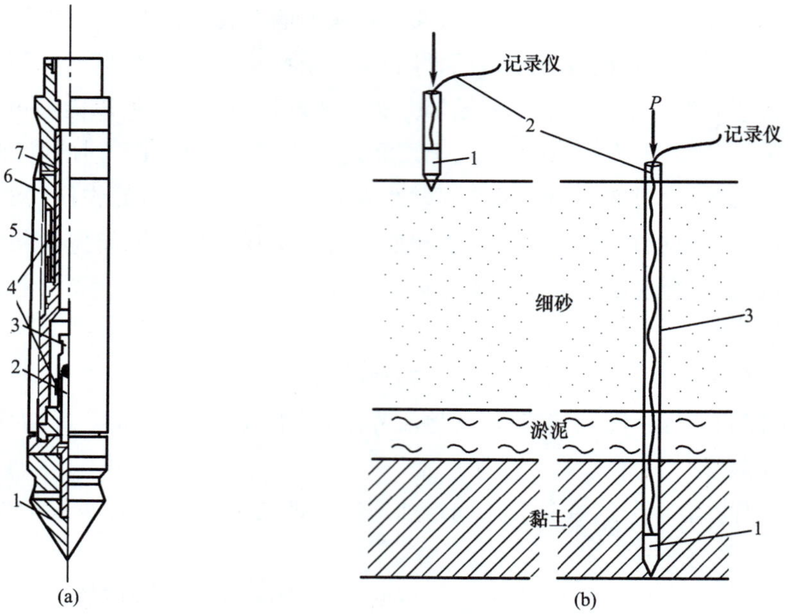

图 6-2 双桥探头和孔压静力触探探头

图 6-2(a)：1—锥头；2—顶柱；3—锥尖传感器；4—应变片；5—摩擦筒；6—摩擦传感器；7—传力杆

图 6-2(b)：1—锥头；2—电缆；3—探杆

层号	土层名称	层厚/m	$\overline{q}_c$/MPa	$\overline{f}_s$/kPa
①	黄土状粉土	4.4	3.67	84.6
②	黄土状粉土	2.4	6.54	288.9
③	黄土状粉质黏土	1.6	4.75	266.4
④	黄土状粉质黏土	3.5	7.78	396.2
⑤	黄土状粉质黏土	3.4	6.46	331.9
⑥	黄土状粉质黏土	未穿透	4.31	272.2

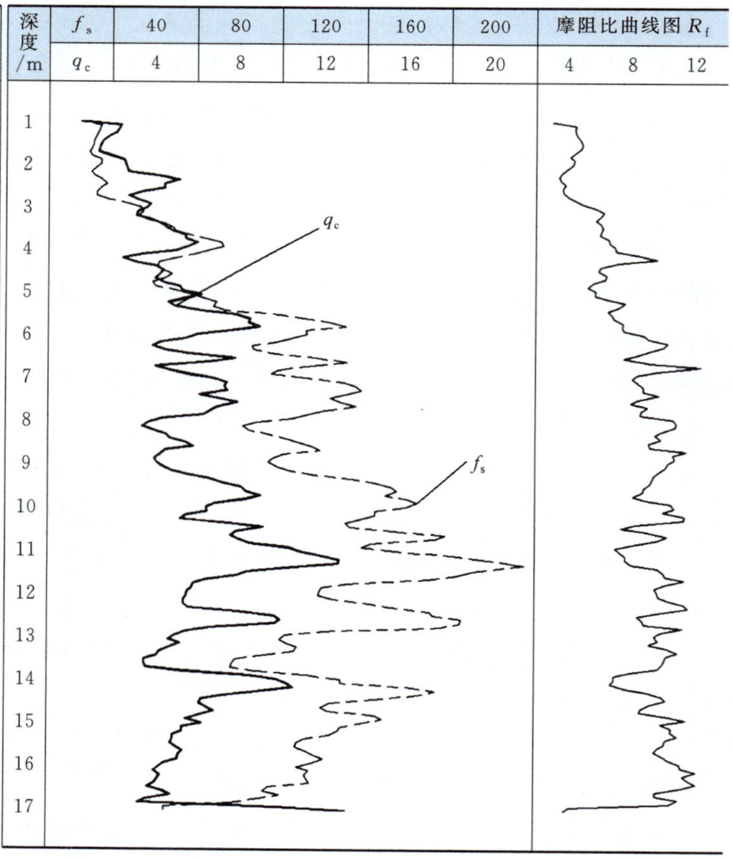

图 6-3 静力触探成果

2. 圆锥动力触探

圆锥动力触探是用一定质量的落锤，以一定的落距自由落下将一定规格的探头打入土层中，记录贯入一定厚度土层所需锤击数的一种原位测试方法。由于土层的种类、性质和状态等的差异，贯入同样深度土层所需的锤击数不同，因而可以根据锤击数来评价土的工程性质。

圆锥动力触探是国内外广泛使用的原位测试方法之一，该方法的使用历史悠久并已积累了丰富的经验。动力触探试验设备主要由圆锥触探头、触探杆和穿心锤组成。根据探头规格、落锤质量、落锤距离的不同，圆锥动力触探可分为轻型、重型及超重型，其规格和适用岩土见表6-4。轻型圆锥动力触探试验设备如图6-4所示，重型和超重型圆锥动力触探试验设备的探头如图6-5所示。

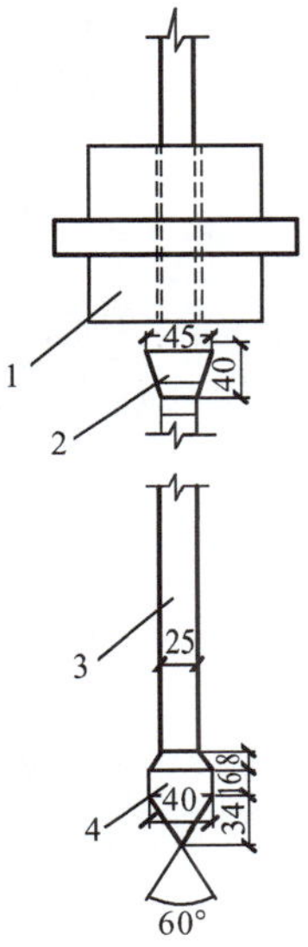

图6-4 轻型圆锥动力触探试验设备

1—穿心锤；2—锤垫；3—触探杆；4—圆锥触探头

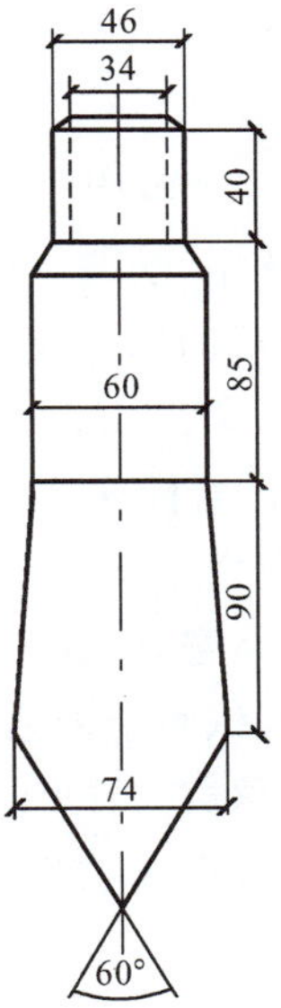

图6-5 重型和超重型圆锥动力触探试验设备的探头

圆锥动力触探主要用于砂土、碎石土等无黏性土的勘察，其成果可以用来定性评价地基土工程性质，确定砂土密度，还可以判别砂土液化，评价静力触探难于穿透的砂砾、卵砾石层的承载力等。此外，还可根据地区经验估算桩基础承载力、天然地基承载力以及压缩特性。我国各勘察、设计单位根据各自的生产实践经验和研究成果，总结出一些定量估算的经验公式和经验方法。

表6-4 圆锥动力触探类型

类型		轻型	重型	超重型
落锤质量/kg		10	63.5	120
落锤距离/cm		50	76	100
探头规格	锥角/(°)	60	60	60
	直径/cm	40	74	74
触探杆外径/mm		25	42	50～60
触探指标（贯入一定深度的锤击数）		贯入30 cm锤击数 N_{10}	贯入10 cm锤击数 $N_{63.5}$	贯入10 cm锤击数 N_{120}
适用岩土		浅部的填土、砂土、粉土、黏性土	砂土、中密以下的碎石土、极软岩	密实和很密实碎石土、软岩、极软岩

3. 标准贯入试验

标准贯入试验是将质量为63.5 kg的穿心锤以76 cm的落距自由下落，将一定规格尺寸的标准贯入器(图6-6)在孔底预打入土中15 cm(此时不计锤击数)，测记，再贯入30 cm所需的锤击数，根据打入土中的贯入阻抗，判别土层的工程性质。贯入阻抗用标准贯入器贯入土中30 cm的锤击数N表示，N也称为标准贯入试验锤击数。标准贯入试验仅适用于砂土、粉土和一般黏性土，不适用于软塑-流塑软土。

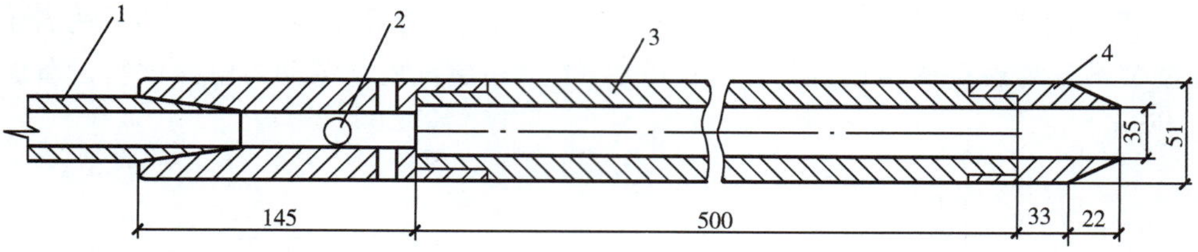

图6-6 标准贯入器

1—触探杆；2—排水孔；3—由两个半圆形管组成的贯入器身；4—贯入器靴

标准贯入试验中，随着钻杆入土长度的增加，杆侧土层的摩阻力以及其他形式的能量消耗也增大，因而使测得的锤击数N值偏大。当钻杆长度大于3 m时，锤击数应按式(6-1)校正。

$$N'=\alpha N \tag{6-1}$$

式中 N'——修正后标准贯入试验锤击数；

N——标准贯入试验锤击数；

α——修正系数，应根据具体情况确定。

利用标准贯入试验锤击数N值可对砂土、粉土、黏性土的物理状态、土的强度、变形参数、地基承载力、单桩承载力、砂土和粉土的液化、沉桩的可能性等做出评价。应用N值时是否修正及如何修正，应根据建立统计关系时的具体情况确定，但进行砂土的液化评定时N值不作修正。

4. 十字板剪切试验

室内的抗剪强度测试要求取得原状土样，但由于饱和软土试样在采取、运送、保存和制备等方面不可避免地受到扰动，含水率也很难保持，特别是对于高灵敏度的软黏土，室内试验结果的精度会受到影响。十字板剪切试验不需取原状土样，试验时，的排水条件、受力状态与土所处的天然状态比较接近，不必取土样，故土体所受的扰动较小，能较好反映土体原位强度。试验时将一定规格的十字板头插入软黏土中，然后以一定的速率扭转，量测土被破坏时的抵抗力矩，测定土的不排水抗剪强度(图6-7)。十字板剪切试验适用于测定饱和软黏性土($\varphi\approx0$)的不排水抗剪强度和灵敏度。

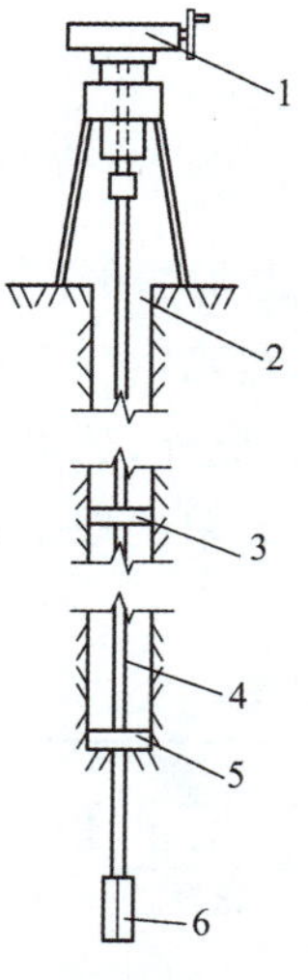

图6-7 十字板剪切试验

1—扭力量测仪；2—钻孔；3—中间支撑；4—伸长杆；5—底部支撑；6—十字板

计算方法见本书4.3.2有关内容。

十字板剪切试验构造简单、操作方便，原位测试时对土的扰动较小，因此在工程实际中得到广泛的应用。可根据原状土样与重塑土不排水抗剪强度的比值，计算软土的灵敏度；根据所绘制抗剪强度与扭转角的关系曲线，可了解土体受剪时的剪切破坏过程，确定软土的不排水抗剪强度峰值残余值及剪切模量(不排水)；还可按地区经验，确定地基承载力、单桩承载力，计算边坡稳定，判定软黏性土的固结历史。

5. 荷载试验

荷载试验是模拟建筑物基础工作条件的一种测试方法，是确定天然地基、复合地基、桩基础承载力和变形特性参数的综合性测试手段。其方法是在岩土体原位，用一定尺寸的承压板施加竖向荷载，同时观测承压板沉降，测定岩土体的承载力和变形特性。

荷载试验的类型按试验目的、适用条件等可分为平板荷载试验、螺旋板荷载试验和桩基础荷载试验三大类。浅层平板荷载试验(图 6-8)适用于浅层地基土，深层平板荷载试验适用于埋置深度等于或大于 3 m 和地下水位以上的地基土，螺旋板荷载试验适用于深层地基土或地下水位以下的地基土，桩基础荷载试验适用各种土质条件下的桩基础。

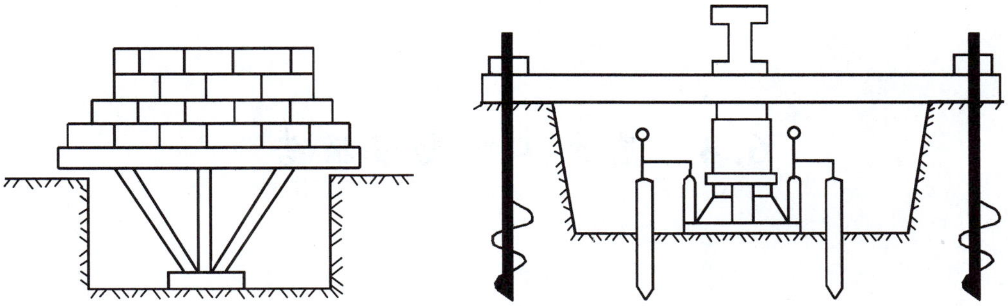

图 6-8 浅层平板荷载试验

下面以浅层平板荷载试验为例介绍荷载试验的方法。

荷载试验一般在方形试坑中进行，试坑应布置在有代表性的地点，承压板底面应放置在基础底面标高处。试坑底的宽度应不小于承压板宽度(或直径)的 3 倍，以消除侧向土自重引起的超载影响使其达到或接近地基的半无限空间平面问题边界条件的要求，应注意保持测试时地基土的原状结构与天然湿度。

试验时荷载按等量分级施加，每级荷载增量为预估极限荷载的 1/8～1/10。观察记录在各级荷载作用下沉降量 s 随时间 t 的变化，如图 6-9(a)所示。一般待前级荷载作用下的沉降稳定后，再加下一级荷载，直至某级荷载作用下，沉降量随时间增大而能稳定为止。沉降稳定标准为当连续两小时每小时沉降量小于或等于 0.1 mm。在每级荷载作用下观测沉降量的时间间隔，在加荷的初期次数要多、间隔要短，2 h 以后可长些，但不宜大于 1 h。回弹观测的卸荷分级可为加荷的 2 倍，当荷载全部卸完时，应观测至回弹趋于稳定为止。稳定标准和时间间隔与加荷时相同。

平板荷载试验得到的 p-s 关系曲线[图 6-9(b)]综合反映了承压板下 1.5～2 倍承压板宽度的深度范围内土层的强度和变形特征。该曲线是确定地基承载力、地基土变形模量和土的应力-应变关系的重要依据。具体承载力的确定和相关变形参数的计算方法详见本书 3.2.3 与 4.4.4 有关内容。

总之，原位测试方法的选择应根据建筑类型、岩土条件、设计对参数的要求、地区经验和测试方法的适用条件等因素选用。在选用原位测试方法时，应注意各原位测试方法之间及其与钻探、室内试验的配合和对比。分析原位测试成果资料时，应注意仪器设备、试验条件、试验方法等对试验成果的影响，结合地层条件，剔除异常数据。

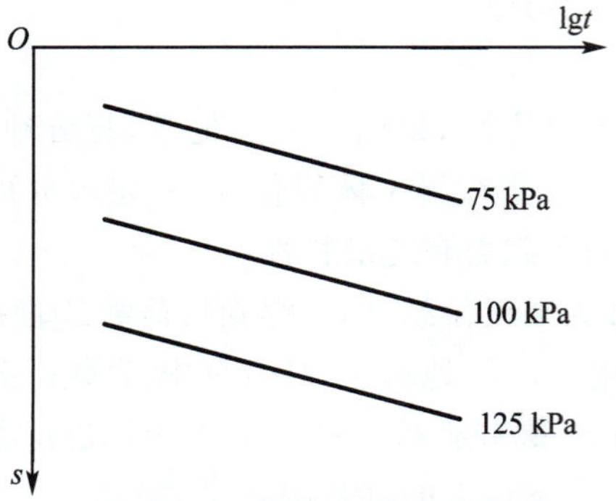

(a)各级荷载下的s-lg$t$关系曲线

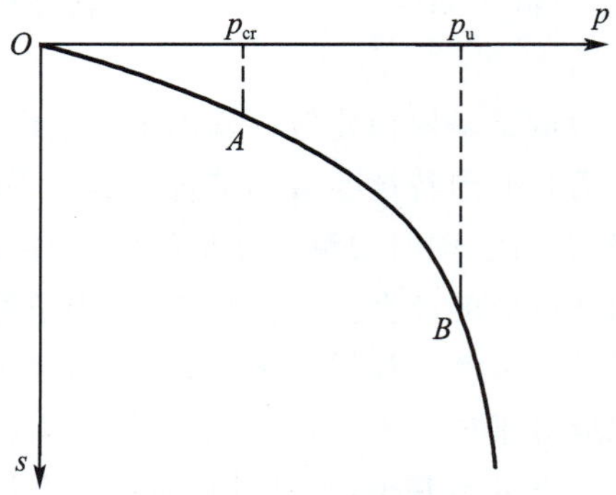

(b) p-s关系曲线

图 6-9 荷载试验成果图

6.4 岩土工程勘察报告

6.4.1 岩土工程勘察报告的内容

岩土工程勘察报告是在勘察工作结束时，将直接和间接获得的各种工程资料，经过分析整理、检查校对和归纳总结后，采用文字及相关图表形成的正式书面材料，以报告书的形式向规划、设计及施工等部门直接提交和使用的文件性资料。

岩土工程勘察报告的内容应根据任务要求、勘察阶段、地质条件、工程特点等情况确定，并应针对设计和施工的要求，提出选择地基基础方案的依据和设计计算数据，指出存在的问题以及解决问题的途径和方法。一个单项工程的勘察报告一般包括下列内容：

(1)勘察的目的、任务、方法和勘察工作量布置。

(2)场地的工程地质条件，主要包括场地所处位置及其地形地貌、地质构造、场地的地层分布、不良地质现象、土层的冻结深度及地震设计烈度等。

(3)场地的水文地质条件，主要包括地下水的埋藏条件、补给和排泄、地下水位年变化幅度、腐蚀性等。

(4)场地的工程地质条件评价，主要包括场地稳定性和适宜性，岩土的均匀性及其物理力学性质指标的分析与选用，地基承载力和其他设计计算指标。

(5)根据地质和岩土条件、工程结构特点及场地环境情况，提出地基基础方案、不良地质现象整治方案、开挖和边坡加固方案等岩土利用、整治和改造方案的建议，并进行技术经济论证；对工程施工和运营期间可能发生的岩土工程问题的预测及监控、预防措施的建议。

岩土工程勘察报告除了文字资料部分外，还有一整套与文字内容密切相关的图表。报告应附主要图表类型包括：勘探点平面布置图、综合工程地质平面图、工程地质剖面图或立体投影图、钻孔柱状图、地质柱状图或综合地质柱状图、室内试验和原位测试成果图表、岩土工程计算简图及计算成果图表。常用图表的编制内容简述如下：

1. 勘探点平面布置图

当地形起伏时，该图应绘在地形图上，应把建筑物的位置、各勘探点(如探井、钻孔等)的平面位置、各现场原位测试点的平面位置和勘探剖面线的位置标明，并附场地位置示意图以及各类勘探点、原位测试点的坐标及高程数据表。

2. 工程地质剖面图

工程地质剖面图是勘察区在一定方向上工程地质条件的断面图，其纵横比例一般是不一样的。它能反映地层沿竖直方向和水平方向的分布变化情况，如地质构造、岩性、分层、地下水埋藏条件、各分层岩土的物理力学性质指标等。其绘制依据是各勘探点的钻探、测试成果和土工试验成果。由于勘探线的布置常与主要地貌单元或地质构造轴线相垂直，或与建筑物的轴线相一致，故工程地质剖面图是勘察报告最基本的图件。

3. 钻孔柱状图

钻孔柱状图是根据钻孔的现场记录整理而来的，是表示场地或测区工程地质条件随深度变化的图件。图中内容主要包括地层的分布，对地层自上而下进行编号和地层特征进行简要描述。此外，图中还应注明钻进工具、方法和具体事项，并指出取土深度、标准贯入试验位置及地下水水位等资料。

4. 综合地质柱状图

为了简明扼要地表示所勘察地层的层次及其主要特征和性质，可将该区地层按新老次序自上而下以1∶50～1∶200的比例绘成柱状图。图上注明层厚、地质年代，并对岩石或土的特征和性质进行概括性的描述。这种图件称为综合地质柱状图。

5. 室内试验和原位测试成果图表

岩土的物理力学指标和状态指标以及地基承载力是工程设计和施工的重要依据，应将原位测试和室内试验(包括模型试验)的成果汇总列表。主要包括荷载试验、标准贯入试验、十字板剪切试验、静力触探试验、土的抗剪强度、土的压缩曲线等成果图表。

6.4.2 岩土工程勘察报告的阅读与使用

岩土工程勘察报告是建筑基础设计和基础施工的依据，因此对设计和施工人员来说，正确阅读、理解和使用岩土工程勘察报告是非常重要的。设计时应当在熟悉岩土工程勘察报告的文字和图表内容的基础上，了解勘察的结论建议和岩土参数的可靠程度，把拟建场地的工程地质条件与拟建建筑物的具体情况和要求联合起来进行综合分析，进而判断报告中的建议对该项工程的适用性。

下面主要介绍岩土工程勘察报告的阅读与使用的重点内容。

1. 场地稳定性评价

场地的稳定性决定工程建设的适宜及其造价。它包括一个地区或区域的整体稳定，如有无新的、活动的构造断裂带通过，以及一个具体的工程建筑场地有无不良地质现象等。

对勘察中指明宜避开的危险场地，则不宜布置建筑物。如必须进行建设，则须事先采取有效的防范措施。对建筑场地可能发生的不良地质现象，如泥石流、滑坡、崩塌、岩溶、塌陷、采空区等，应查明其成因、类型、分布范围、发展趋势及危害程度，采取适当的整治措施。如果建筑物建在倾斜场地上，亦应考虑地基的稳定性问题。因此，岩土工程勘察报告的综合分析首先是评价场地的稳定性和适宜性，然后才是地基土的承载力和变形问题。

2. 地基基础方案

岩土工程勘察报告所建议的地基基础方案是否经济合理，应根据场地的工程地质条件，结合上部结构类型、荷载大小等进行分析评价。评价原则是安全可靠、经济合理且在技术上可以实施。地基基础的设计方案在满足地基承载力和基础沉降要求的前提下，应尽量采用比较经济的天然地基上的浅基础，当地基土体承载力不能满足设计要求时，应进行地基处理或选用桩基础。

对于天然地基上的浅基础方案，基础应尽量浅埋。设计时应认真阅读勘察报告，仔细分析各土层的分布和力学性质，对浅部土层进行承载力和沉降试算，当各土层都能满足时，基础持力层尽量选择上部土层。如果荷载影响范围内的地层不均匀，有可能产生不均匀沉降时，应采取适当的防治措施，或加固处理，或调整上部荷载的大小。如果持力层承载力不能满足设计要求，则可采取适当的地基处理措施，如换土垫层、深层搅拌、预压堆载、强夯等。需要指出的是，勘察报告不可能做到完全准确地反映场地的全部特征，因而在阅读和使用勘察报告时，应注意分析和发现问题，对有疑问的关键性问题应设法进一步查明，布置补充勘察，确保工程万无一失。

当地基处理成本较高，或上覆软弱土层较厚而其下部适宜深度处有承载力较高的持力层时，应采用桩基础。桩基础类型（端承桩和摩擦桩）的选择，应根据地基的工程地质特性和施工条件确定。对桩基础而言，主要的问题是合理选择桩端持力层。一般地，桩端持力层宜选择层位稳定的硬塑-坚硬状态的低压缩性黏性土层和粉土层，中密以上的砂土和碎石土层，中-微风化的基岩。持力层的下部不应有软弱地层和可液化地层。当持力层下的软弱地层不可避免时，应从持力层的整体强度及变形要求考虑，保证持力层有足够的厚度。此外，还应结合地层的分布情况和岩土层特征，考虑成桩时穿过持力层以上各地层的可能性。

3. 基坑开挖和环境问题

当建筑设有一层或多层地下室时，施工时必须进行基坑开挖。基坑开挖将引起一系列岩土工程问题。如基坑开挖放坡所形成的深基坑边坡的稳定性和支护问题；开挖引起坑外土体的位移变形，造成紧邻基坑的城市道路、地下管线和其他城市生命线工程的变形和破坏；地下水水位较高时，人工降低水位可能引起基坑稳定性问题，同时亦会引起周围邻近建筑物附加沉降而开裂等。

基坑开挖不仅会引起环境问题，还应注意在城市市区不宜采用噪声大的打入桩；饱和土地区采用挤土桩时造成周围土体位移；灌注桩施工时泥浆排放对环境产生污染等。因此，选定基础方案时就要预测施工过程中可能出现的岩土工程问题，并提出相应的防治措施和合理的施工方法。

项目式工程案例 6-1

为了便于对岩土工程勘察报告有直观的了解，以伊川县某工程的岩土勘察报告为例，介绍岩土工程勘察报告的主要内容。

一、工作任务

根据国家和地方的行业标准，对伊川县某大厦项目进行岩土工程勘察，主要任务是查明场地的工程地质条件、岩土体的物理力学性质、评价场地稳定性、建议合理的地基基础形式等。

二、工作项目

（1）场地的工程地质调查与测绘。

(2)现场的钻探、取样、原位测试。

(3)室内试验。

(4)内业资料分析。

(5)形成岩土工程勘察报告。

三、工作手段

对应不同的工作项目,需要采用不同的工作手段。

(1)场地的工程地质测绘与调查:利用地形图、罗盘、经纬仪、水准仪、简易钻探设备等。

(2)现场的钻探、取样、原位测试:钻探设备、取样器、标准贯入器、静力触探仪等。

(3)室内试验:固结仪、直剪仪、天平、烘箱、液塑限联合测定仪、环刀、切土刀、百分表、三轴压缩仪等。

(4)内业资料分析:图板、丁字尺、分析软件等。

(5)形成岩土工程勘察报告:专业软件、电脑、打印、复印、装订。

四、案例分析与实施

伊川县某大厦岩土工程勘察报告

1. 工程概况、勘察目的和任务

拟建某大厦位于伊川县县城西部,人民西路南侧,交通较便利。该工程为一幢高层建筑,呈东西向展布,东西长为 32.5 m,南北宽为 22.6 m,建筑结构类型为剪力墙结构,根据设计单位提供的《工程地质勘察任务书》,建筑物结构特点见表 6-5。

表 6-5 建筑物结构特点

建筑物名称	层数	结构类型	拟采用基础形式	均布荷载		基础埋置深度/m	地下室层高/m	±0 标高/m	对差异沉降要求
				筏基	独基				
主楼	地上 26 层 地下 1 层	剪力墙	筏基	480 kPa	—	6.3	4.85	260.5	敏感
地下车库	1 层	框架	独基	—	2 100 kN	6.3	4.85	—	敏感

本次勘察为详细勘察阶段,是为建筑物施工图设计提供详细的岩土工程资料和有关技术参数,对地基持力层做出岩土工程分析与评价。根据《建筑地基基础设计规范》(GB 50007—2011)判定该工程地基基础设计等级为乙级;根据《岩土工程勘察规范(2009 年版)》(GB 50021—2001),该工程重要性等级为二级,场地的复杂程度为中等复杂场地,地基复杂程度为二级地基,该工程岩土工程勘察等级为乙级,勘探点布置如图 6-10 所示。

2. 工程地质条件

拟建场地位于伊川盆地,伊川盆地系于中生代末期形成的北东向断陷盆地,伊川县位于洛阳盆地的南端,控制其发育的构造主要有东西向、北东向、北西向三组断裂构造。断裂构造呈深部隐伏状态,在地表出露不明显,中更新世以来处于稳定状态,不存在全新活动断裂。

场地地貌单元为伊河Ⅱ级阶地后缘。

(1)地层分布

拟建区表层分布有厚度变化较大的杂填土,其下为第四系全新统坡洪积的黄土状粉质黏土,中部为第四系上更新统冲洪积的黄土状粉质黏土及卵石层,下部为第四系下更新统坡洪积成因的粉质黏土、卵石及第三系(E)泥质粉砂岩。现自上而下分层描述如下:

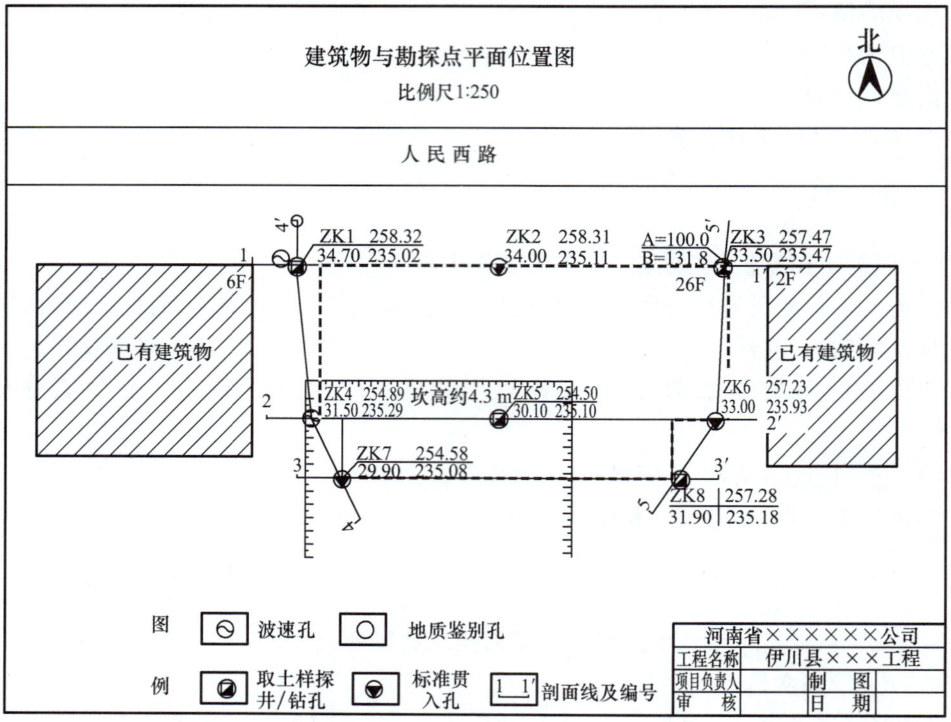

图 6-10 建筑物与勘探点平面位置图

①素填土（Q^{ml}）

褐黄色，可塑状，以粉质黏土为主，偶见小砖块，局部分布，仅在第 ZK1、ZK3、ZK6 号孔一带可见；最薄处为 0.90 m，最厚处为 6.00 m。局部夹①－1 层杂填土。

②黄土状粉质黏土（Q_{4-2}^{dl+pl}）

浅黄褐色，可塑～硬塑状，具虫孔及针状孔隙，含有褐色斑点及灰白色条带，上部含较多钙质结核，局部分布，仅在第 ZK3、ZK6 号孔一带可见；最薄处为 2.20 m，最厚处为 3.50 m。

③黄土状粉质黏土（Q_{4-1}^{dl+pl}）

浅褐黄色、浅褐红色，可塑～硬塑状，含少量钙质结核，钙核粒径多为 1～2 cm，可见较多黑色星点，钙核粒径多为 2～4 cm，全场地分布；最薄处为 1.50 m，最厚处为 5.50 m。

④黄土状粉质黏土（Q_{4-1}^{dl+pl}）

浅褐黄色、浅褐红色，可塑状，局部硬塑状，含少量钙质结核，局部钙质结核含量较高，富集成层状，厚 5～10 cm，钙核粒径多为 2～4 cm，具褐黑色薄膜及星点，见白色钙质网纹；全场地分布；最薄处为 1.80 m，最厚处为 3.90 m。

⑤粉质黏土（Q_3^{al+pl}）

浅褐黄色、微红，可塑～硬塑状，含少量钙质结核，见较多褐色星点，全场地分布；最薄处为 2.50 m，最厚处为 4.40 m。

⑥粉质黏土（Q_3^{al+pl}）

棕黄色、微红，可塑～硬塑状，该层上部大部分孔钙质结核含量较高，富集成薄层状，厚 0.3～0.6 m，钙质结核粒径 0.5～5 cm，见较多黑色斑及星点，局部见较多白色网纹，全场地分布；最薄处为 2.00 m，最厚处为 4.50 m。

⑦粉质黏土夹粉土（Q_3^{al+pl}）

浅褐黄色、浅褐红黄色，可塑状，见较多黑色斑及星点，局部见较多白色网纹，含少量钙质结核，偶含卵、砾石，全场地分布；最薄处为0.90 m，最厚处为2.60 m。

⑧卵石（Q_3^{al+pl}）

杂色，稍湿～饱和，中密～很密，以密实为主，卵石粒径一般为2～7 cm，个别大于15 cm，占52%～65%，磨圆度一般，多为次棱角～次圆状，母岩成分以安山岩、石英岩、灰岩为主，少量泥岩、砂岩，上部卵石骨架间的充填物中泥质含量较高，占5%～10%，含中～粗砂颗粒及小砾石，占20%～30%，全场地分布；最薄处为2.50 m，最厚处为3.60 m。

⑨粉质黏土（Q_1^{al+l}）

浅棕红色、灰绿色，可塑状，上部断面可见较多灰绿色斑块及棕黄色斑块，可见少量褐色星点及小钙核，下部较纯，浅灰白色斑块较少，全场地分布；最薄处为2.10 m，最厚处为 2.60 m。

⑩卵石（Q_1^{al+pl}）

杂色，饱和，中密～实密，以密实为主，卵石粒径一般为2～7 cm，个别大于25 cm，约占52%～65%，磨圆度一般，多为次棱角～次圆状，母岩成分以安山岩、石英岩、灰岩为主，少量泥岩、砂岩，上部卵石骨架间的充填物中泥质局部含量较高，占3.2%～5.5%，含中～粗砂颗粒及小砾石，占20%～30%，全场地分布；最薄处为2.50 m，最厚处为5.00 m。

⑪泥质粉砂岩（E）

砖红色，岩芯多呈柱状，结构体形状呈层状、板状，岩石以黏土为主，含少量粉砂，泥质弱胶结，局部见灰绿色斑块，用手可掰掉碎块并可捻成粉末状，部分地段夹薄层暗褐红色黏土岩，呈油脂光泽，含大量粉砂颗粒，厚为0.3～0.5 m。仅主楼一带揭露，最大揭露厚度3.7 m，未揭穿。

（2）地下水

勘察期间地下水初见水位埋置深度为18.8～23.5 m，稳定水位埋置深度为18.70～23.30 m，稳定水位标高为234.98～236.08 m，地下水类型为孔隙潜水，含水层主要为⑧层卵石层，根据附近供水井抽水试验资料，该卵石层的渗透系数K为70～120 m/d；地下水补给途径主要是大气降水及侧向径流补给，排泄途径主要是侧向径流和人工抽取地下水；据区域资料，地下水年变幅为2.0～3.0 m，近三至五年最高地下水位标高为237.00 m。

（3）不良地质作用

据区域地质资料，场区勘探深度范围内无全新活动断裂通过，无岩溶、滑坡、危岩、崩塌、泥石流、震陷、大面积沉降等影响场地稳定性的不良地质作用。

3.场地岩土工程分析与评价

（1）地基均匀性和黄土湿陷性评价（表6-6）

从勘察资料分析，拟建物地基持力层处于同一地貌单元，根据工程地质剖面图，场地地基土厚度变化较大，其层面坡度局部大于10%，持力层及下卧土层在基础宽度方向的厚度差值局部大于0.05 b，天然地基为不均匀地基。

表6-6　地基均匀性评价

拟建物名称	基础持力层底标高/m	基础埋置深度/m	基础持力层	层面坡度（10%）	厚度差（0.05 b）	均匀性评价
主楼	254.2	6.3	①层及①－1层	＞10%	＞0.05 b	不均匀
地下车库	254.2	6.3	①－1层及①层			不均匀

室内土工试验结果表明，本场地土湿陷系数小于0.015，不具湿陷性。

(2)岩土参数、地基承载力及变形参数

本次室内试验各试样上部土层为探井取样，下部地层采用回转钻机取样。现场分层后按层次取样，经对室内土工试验成果分析筛选，按《岩土工程勘察规范》[GB 50021—2001(2009)]的 14.2.2.2 条进行各层土的物理力学性质指标统计计算。岩土物理力学性质指标见表 6-7。

表 6-7　　岩土物理力学性质指标

地层编号	天然含水量 w/%	天然重度 γ/(kN·m^{-3})	干重度 γ_d/(kN·m^{-3})	孔隙比 e	饱和度 S_r/%	液限 w_L/%	塑限 w_p/%	塑性指数 I_p	液性指数 I_L	内摩擦角 φ/(°)	黏聚力 c/kPa	压缩系数 a_{1-2}/MPa^{-1}	压缩模量 E_s/MPa
①	22.1	18.2	14.9	0.826	73	33.7	20.6	13.1	0.11	20	30	0.205	8.9
②	18.2	18.2	15.4	0.772	64	35.7	21.4	14.3	−0.22	22.5	39.3	0.127	14.4
③	22.4	18.3	14.9	0.823	74	34.0	20.5	13.5	0.14	22.3	35.3	0.165	11.5
④	22.9	19.2	15.6	0.745	84	35.1	21.1	13.9	0.13			0.142	12.6
⑤	22.1	19.4	15.9	0.713	84	35.5	21.3	14.2	0.06			0.121	14.4
⑥	22.4	19.4	15.8	0.716	85	31.5	19.7	11.8	0.23			0.122	14.2
⑦	26.3	19.5	15.4	0.764	94	34.9	20.8	14.1	0.39			0.087	20.4

根据地基各土层的时代、成因和原位测试结果，各土层的承载力特征值 f_{ak} 及压缩模量 E_{s1-2}(或变形模量 E_0)，建议采用表 6-8 所列数值。

表 6-8　　变形参数及承载力表

层号及岩性	压缩系数 α_{1-2}/MPa^{-1}	压缩模量 E_{s1-2}/MPa	变形模量 E_0/MPa	承载力特征值 f_{ak}/kPa
①素填土	0.205	8.9		80
②黄土状粉质黏土	0.127	14.4		125
③黄土状粉质黏土	0.165	11.5		130
④黄土状粉质黏土	0.142	12.6		135
⑤粉质黏土	0.121	14.4		150
⑥粉质黏土	0.136	13.4		150
⑦粉质黏土夹粉土	0.122	14.2		160
⑧卵石			40.0	400
⑨粉质黏土	0.087	20.4		260
⑩卵石			40.0	400
⑪泥质粉砂岩			45.0	450

(3)场地稳定性和适宜性评价

拟建场地位于旧房改造区，经原有建筑物拆迁及地表建筑垃圾清理，现地表相对较平坦，从地貌单元看该场地位于伊河Ⅱ级阶地后缘，上部以坡洪积堆积为主，下部为河流冲洪积及冲湖积为主，整体看地层较稳定，场地内及周围无不良地质作用存在，亦无全新活动断裂通过，场地稳定性较好，适宜本工程建设。

4. 地基基础方案

(1)天然地基浅基础

根据设计单位提供的勘察任务书，拟建主楼基础埋置深度均为 6.3 m，拟采用筏形基础，设计基底均布荷载为 480 kPa，地下车库层高为 4.85 m，地下室基础埋置深度为 1.45 m，拟采用独立基础，单柱荷载为 2 100 kN。

由工程地质剖面图（图 6-11）可知，该工程各拟建物的天然地基持力层均为①－1 层杂填土及①层素填土，由于①层及①－1 层为近代人工堆积物，结构松散，承载力低，均匀性较差，故高层建筑不宜采用天然地基浅基础方案。

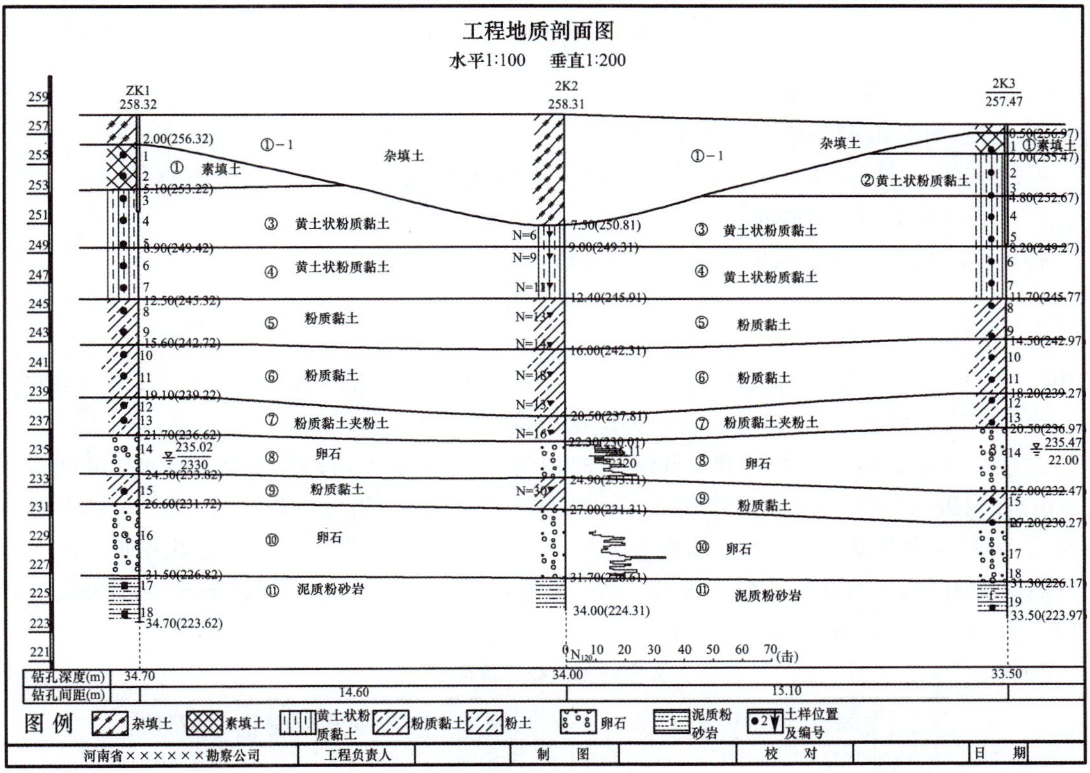

图 6-11 工程地质剖面图

拟建地下车库竖向集中荷载较小，地基浅部的杂填土虽然已完成自重固结，但承载力较低，且其成分杂乱，如选为持力层则需进行地基处理；②层黄土状粉质黏土埋置深度 2.5 m 左右，承载力高，分布均匀，下部无软弱下卧层，是良好的天然地基。建议采用天然地基上的独立基础设计，以②层黄土状粉质黏土为持力层。

（2）CFG 桩（素混凝土桩）复合地基筏板基础

根据场地岩土工程地质条件，⑩层卵石在场地内分布均匀稳定，且承载力较高，可采用 CFG 桩（素混凝土桩）对地基进行处理，处理范围可只在基础范围内进行，故主楼和地下车库均可采用 CFG 桩（素混凝土桩）复合地基浅基础方案。

基底下的杂填土应挖除，再用素土回填至设计标高，方可进行 CFG 桩的施工。复合地基承载力特征值初步设计时可按式（6-2）估算

$$f_{spk}=m\frac{R_a}{A_p}+\beta(1-m)f_{ak} \tag{6-2}$$

式中 f_{spk} ——复合地基承载力特征值，kPa；

m ——面积置换率；

R_a ——单桩竖向承载力特征值，kN；

A_p——桩的横截面面积，m^2；

β——桩间土承载力折减系数，可取 0.8；

f_{ak}——处理后的桩间土承载力特征值，kPa，宜按当地经验取值，如无经验时，可取天然地基承载力特征值。

式(6-2)中 R_a 可按式(6-3)和式(6-4)确定，R_a 值需同时满足式(6-3)和式(6-4)。

$$R_a = u_p \sum_{i=1}^{n} q_{si} l_i + q_p A_p \tag{6-3}$$

式中 u_p——桩的周长，m；

i——桩长范围内所划分的土层数；

q_{si}、q_p——桩周第 i 层土的侧阻力、桩端阻力特征值，kPa，可按表 6-10 取值；

l_i——第 i 层土的厚度，m。

桩体试块抗压强度平均值应满足式(6-4)。

$$f_{cu} = 3\frac{R_a}{A_p} \tag{6-4}$$

式中 f_{cu}——桩体混合料试块(边长为 150 mm 的立方体)标准养护 28 d 立方体抗压强度平均值，kPa，设计时可根据经验暂取 20 MPa。

主楼以 ZK3、ZK5 号孔为例，当设计桩径为 500 mm 时，按正三角形布桩，桩间距取 2.0 m，桩端进入⑩层卵石不小于 1d；车库以 ZK8 号孔为例，当设计桩径为 500 mm 时，按正三角形布桩，桩间距取 2.0 m，桩端进入⑧层卵石不小于 1d。褥垫层材料宜用中砂、粗砂、级配砂石或碎石等，最大粒径不宜大于 30 mm，褥垫层厚度宜选取 150～300 mm，经计算裙房部位的复合地基承载力特征值见表 6-9。

表 6-9　复合地基承载力特征值

建筑物	布桩形式	孔号	桩端持力层	桩径/mm	桩距/m	桩长/m	面积置换率 m	复合地基承载力特征值 f_{spk}/kPa	建议值 f_{spk}/kPa	备注
主楼	正三角形	ZK3	⑩	500	2.0	23.6	0.056 7	505.4	480	满足要求
		ZK5	⑩	500	2.0	23.5	0.056 7	513.0		
地下车库		ZK8	⑧	500	2.0	17.5	0.056 7	319.0	300	$A \geqslant 7.8\ m^2$

由表 6-9 可知，当拟建车库采用 CFG 桩(素混凝土桩)复合地基时，以⑧层卵石为持力层且独立基础面积 A 不小于 7.8 m^2 时可满足上部荷载要求。主楼采用 CFG 桩(素混凝土桩)复合地基时，以⑩层卵石为持力层，进入持力层不小于 1d，且桩长不小于 23.4 m，方可满足上部均布荷载要求。

(3)桩基础

拟建 26 层主楼设计均布荷载 480 kPa，对地基强度及变形要求较高，为较重要的建筑物，可采用桩基础。根据勘察分析，场地中下部的⑩层卵石及⑪层泥质粉砂岩承载能力高，厚度大，分布稳定，且其下无软弱层存在，是较理想的桩端持力层。以⑩层卵石及⑪层泥质粉砂岩为持力层，桩端全断面进入该层不小于 1d，桩基础类型设计为端承摩擦桩，桩基础类型采用钻孔灌注桩。按照《建筑桩基技术规范》(JGJ 94—2008)给出的各层土的 q_{sik} 和 q_{pk} 值，结合当地类似场地建筑工程经验，确定各层土桩的极限侧阻力和极限端阻力标准值见表 6-10。

表 6-10　　各层土桩的极限侧阻力及极限端阻力标准值

层号及岩性	桩的极限侧阻力标准值 q_{sik}/kPa	桩的极限端阻力标准值 q_{pk}/kPa
压实填土	20	
①素填土	10	
②黄土状粉质黏土	45	
③黄土状粉质黏土	50	
④黄土状粉质黏土	58	500
⑤粉质黏土	65	600
⑥粉质黏土	60	
⑦粉质黏土夹粉土	58	
⑧卵石	120	2 600(泥浆护壁)
⑨粉质黏土	65	1 400(泥浆护壁)
⑩卵石	130	3 000(泥浆护壁)
⑪泥质粉砂岩	160	3 000(泥浆护壁)

$$R_a = \frac{1}{K} Q_{uk} \tag{6-5}$$

$$Q_{uk} = u \sum q_{sik} l_i + q_{pk} A_p \tag{6-6}$$

式中　Q_{uk}——单桩竖向极限承载力标准值,kN;

R_a——单桩竖向承载力特征值,kN;

K——安全系数,取 $K=2$;

u——桩身周长,m;

l_i——桩周第 i 层土的厚度,m;

q_{pk}、q_{sik}——桩的极限端阻力、极限侧阻力标准值,按表 6-10 取值。

桩径采用 600 mm 或 800 mm,估算的单桩竖向承载力特征值估算结果见表 6-11。单桩竖向承载力特征值最终应通过现场荷载试验确定,有关桩径和桩的布局,由设计单位根据建筑物荷载分布情况确定。

表 6-11　　单桩竖向承载力特征值估算结果

计算孔号	布桩方式	桩端持力层编号	有效桩长/m	桩径/mm	桩距/m	单桩竖向承载力特征值 R_a/kN	备　注
ZK3	正三角形	⑩	23.5	600	2.1	1 877.3	单桩承担荷载 1 832.01 kN
			23.5	800	2.8	2 691.5	单桩承担荷载 3 256.9 kN
ZK5	正方形	⑪	27.9	600	2.1	2 438.7	单桩承担荷载 2 121.9 kN
			27.9	800	2.8	3 440.1	单桩承担荷载 3 772.2 kN
ZK8	正三角形	⑧	17.5	500	2.0	890.0	承台下需布 3 根桩

当车库部分采用桩基础方案时,上部荷载较小,可以⑧层为桩端持力层,根据规范要求,桩距不小于 3 d,因此在进行桩基荷载估算时,桩孔位按正三角形,桩距为 2.0 m,以 ZK8 号孔为

例，估算桩竖向承载力特征值为 890.0 kN，承台下需布三根桩方可满足要求。

5. 基坑开挖与支护

在基坑开挖时，由于主楼部位分布有较厚的杂填土，该层结构松散，组成混杂，根据工程环境情况，四周距已有建筑较近，不能放坡开挖，为了施工时不影响已有建筑，故采用基坑支护措施，进行围桩支护，具体支护方案应选择具备相应资质的基坑支护单位进行基坑支护方案设计。基坑裸露期间，应采取防水措施，避免坑外积水进入基坑，雨季施工应采取一定的坡面防水措施并注意及时排水，以防止坑壁坍塌；基坑周边不得长期堆放弃土，基坑运行期间应进行变化观测，以便尽早发现险情，采取补救措施。

6. 结论与建议

（1）勘探深度范围内分布有第四系全新统坡洪积成因的黄土状粉质黏土、河流冲洪积的粉质黏土和卵石层，下部为沉积的粉质黏土、卵石及第三系（E）沉积泥质粉砂岩，场地稳定性较好，适宜本工程建设。

（2）综合判定拟建区地基为不均匀地基。

（3）拟建物基底下土均不具湿陷性，地基设计时可按一般性地基考虑。

（4）场区范围内无全新活动断裂通过，无岩溶、滑坡、危岩、崩塌、泥石流、震陷、大面积沉降等影响场地稳定性的不良地质作用。场地内亦无防空洞等人防工事。

（5）复合地基承载力特征值及单桩竖向承载力特征值应通过现场荷载试验确定。

（6）当采取钻孔灌注桩施工方案时，应严格控制桩底沉渣和孔壁泥皮厚度，应严格按规范进行设计和施工，桩基础大面积施工前应先进行试桩，在取得可靠技术参数后再进行施工，以确保单桩承载力满足设计要求。

项目式工程案例 6-2

作为设计、施工技术人员，在进行地基基础设计、施工时，应认真阅读岩土工程勘察报告，掌握场地的工程地质条件，结合工程项目的具体情况，对岩土工程勘察报告所提的结论和建议进行分析和选用。若遇到十分复杂的岩土条件，应和勘察单位共同协商，优选合理的地基基础形式和施工方案。

一、工作任务

以“项目式工程案例 6-1”中的岩土工程勘察报告为例，说明岩土工程勘察报告的阅读与使用的重点内容。

二、工作项目

“项目式工程案例 6-1”中的岩土工程勘察报告。

三、工作手段

通过阅读、绘图等方式，将岩土工程勘察报告中的相关数据进行综合分析，根据工程的上部结构形式、荷载等因素，初步对岩土工程勘察报告中建议的地基基础形式进行估算，然后分析选择合理的地基基础方案。

四、案例分析与实施

1. 场地稳定性的判断

根据岩土工程勘察报告中“地基均匀性和黄土湿陷性评价”的内容，可知场地是稳定的，适宜建筑；另外，根据岩土工程勘察报告中结论与建议的第(4)条可知，场地附近无影响场地稳定性的不良地质作用，同时亦无防空洞等人防工事。前者说明区域的整体稳定，后者说明工程建筑场地无不良地质现象及其他潜在危害。因此，该场地是稳定的，下面就可以进行地基基础方案的分析与选择了。

2. 地基基础方案的分析与选择

本工程主楼采用剪力墙结构，拟采用筏板基础，基底压力为480 kPa，上部结构对差异沉降敏感。通常在进行地基基础方案设计时，天然地基因为经济、施工方便等因素是优选方案。本工程±0标高为260.5 m，相应基础持力层底标高为254.2 m，场地的现状标高为257～258 m，局部为254 m左右，意味着基础埋置深度浅，而浅部地基土的承载力相对太低，天然地基上的筏板基础不能实现。

下面就要考虑人工处理地基上的筏板基础和桩筏基础方案。一般的地基处理方法难以达到本工程的地基承载力要求，而CFG桩工艺的素混凝土桩复合地基处理方法可以达到本工程地基承载力的要求，而且施工工艺也成熟、可靠。本场地深处有密实的卵石层和基岩，是良好的桩端持力层，采用桩筏基础设计也可以满足要求。这就需要比较两者的安全性、经济性和合理性。岩土工程勘察报告对这两种地基基础形式都进行了评价，从安全方面考虑，两种地基基础形式都能满足设计要求，素混凝土桩复合地基也可以荷载向深度传递，而对两侧建筑的地基产生很小的附加应力，不会引起很大的差异沉降而造成建筑物破坏；但是从经济性考虑，素混凝土桩复合地基相对桩筏基础，可以节省桩筏基础中桩体的所配钢筋，而且由于素混凝土桩复合地基基底反力分布均匀，筏板受力更合理一些，筏板厚度、配筋相对桩筏基础形式较为经济。此外，素混凝土桩复合地基处理方法与施工工艺成熟、可靠，在技术上可以实施，还可以避免灌注桩施工时泥浆排放对环境产生污染等。因此，本工程最后选用素混凝土桩复合地基上的筏板基础形式。

3. 基坑开挖和环境问题

本工程场地因为基础埋置深度较浅，开挖深度为1～3 m，东西两侧建筑物、道路、市政管线在一倍的基坑开挖深度以外，且地下水位埋置深度大，因此本基坑工程等级较低。在南侧可以采用放坡的方式，其余方面采用土钉墙支护形式，可以保证基坑及周边环境的安全。

6.5 基槽检验与地基的局部处理

6.5.1 基槽检验

基槽检验(简称验槽)工作是指天然地基的基槽(或桩孔)开挖后，均应检验合格后方能进行基础施工，以防基底下隐藏与岩土工程勘察报告不符的异常地质情况，给建筑物的施工留下隐患。在建筑施工时，对安全要求为二级和二级以上的建筑物必须施工验槽。

验槽任务如下：

(1)检验岩土工程勘察报告中所提各项地质条件及结论建议是否正确，是否与基槽开挖后的地质情况相符合。

(2)根据开挖后出现的异常地质情况，提出处理措施。

(3)解决岩土工程勘察报告中未能解决的遗留问题。

验槽的主要内容如下：

(1)基槽开挖后，核对基槽位置、平面尺寸和槽底标高是否满足设计要求。

(2)当持力层为细粒土时应采用钎探或轻型动力触探试验对基槽进行全面检查，以了解基底以下土层的均匀性，对试验异常点应分析其异常的原因，查明其分布地段及其分布规律；判定是否有软弱夹层、古井、坑穴、古墓等存在，必要时可采用钻探、井探手段来验证；当持力层为粗粒土时，可采用重型动力触探试验对异常点进行检查，判断是否有软弱夹层的存在。

(3)对基槽应逐段检查槽壁，特别是基底土质是否与岩土工程勘察报告所建议的持力层相符；在城市中应特别注意基底有无杂填土分布或其他人工填土，若有，宜采用圆锥动力触探或其他手段查明其分布范围。

(4)桩孔检验时，对于无岩芯成孔的桩基础，应在施工时进行，根据钻进时返浆新带上的岩屑，判断桩端是否进入预定的桩端持力层；对于人工成孔桩(或旋挖桩机成孔时)，应在桩孔清理完毕后进行，检验现场挖出的岩土，必要时可下至桩孔内检查桩周土层和判断桩端是否进入预定的桩端持力层。

6.5.2 地基的局部处理

验槽时经常会遇到基槽内局部土层与岩土工程勘察报告不相符的情况，常见问题有古河道、古井、填土坑、古墓等。

当基槽内有填土出现时，应根据填土的范围、厚度和周围岩土性质分别采用不同处理方式。基槽内有小面积且深度不大的填土时，可用灰土或素土进行处理。当填土面积、厚度较大而持力层较软弱时，一般不建议用灰土进行局部处理，因为灰土的强度高，相对于持力层，其压缩性小，易引起建筑物的不均匀沉降。此时，下部宜用灰土垫层或挤密桩处理，上部宜用素土垫层或砂垫层等柔性垫层处理。

验槽时如发现古河道穿过场地，其力学性质相对持力层软弱，但厚度不大时，可采用换土垫层法进行局部处理；若厚度较大，换填范围大，仍采用浅基础容易产生不均匀沉降，此时宜改用桩基础形式。当基槽内有古井时，一般情况下不可能把填土清到井底，对主要压缩层内采用换土处理，主要压缩层以下可用过梁跨过。

在历史文化名城中验槽时，一般应有文物普探资料，以确定场地内的古墓数量、范围、深度等，还需详细了解古墓挖掘范围、回填措施、回填质量等情况。在古墓少、深度浅的情况下，可采用填土坑处理方案；在发掘范围广、深度较大的情况下，可要求文物开挖坑回填与地基处理同时考虑或采用桩基础。对经过长时间压密的老路基应全部清除，对老建筑的三七灰土基础、毛石基础及坚硬垫层，原则上应全部清除，若不能全部清除的，按土岩组合地基处理。

项目式工程案例 6-3

一、工作任务

以“项目式工程案例 6-1”中的工程为例，说明验槽与地基局部处理的方法。

二、工作项目

“项目式工程案例 6-1”中的岩土工程勘察报告。

三、工作手段

以目力观测、锹镐挖掘、触探设备等为手段，判断基底土质是否与岩土工程勘察报告一致。

四、案例分析与实施

本工程地基基础施工时，先进行基坑开挖，然后进行刚性桩复合地基的施工。基坑开挖完毕后，勘察和设计技术人员多次到现场会同施工和监理人员进行验槽。

首先，要从整体上观察基槽土质情况，看槽底暴露出的土的颜色、含水量、坚硬状态等特性，此外，也要观察槽壁土体的分层、起伏等特征，总体上与岩土工程勘察报告一致，仅在西北部局部靠近北侧壁土体色深、含水量高，与周边土质有明显的界线，初步判定是一回填的土坑。然后，下到基坑底部，采用镐、铁锹挖探正常的地基土，判断其坚硬程度，用手搓捻挖出的地基土，了解其含水量、液性指数等物理性质与岩土工程勘察报告的差异，通过这种手段判断正常土层与岩土工程勘察报告一致。接着，对东北部异常的基底土进行探查，通过铁锹挖掘，感到土质松散易挖，土中含炭渣、砖屑等杂质，土质杂乱，随后用轻型触探仪选择几个点进行测试，在 4～5 m 处，触探击数与正常土层接近，即为土坑底部，根据探查结果，绘出简单的平面图、剖面图。最后，技术人员商讨处理方法，由于该填土松散，其承载力低、变形大，虽然后面还要用 CFG 桩处理，但根据经验对填土处理效果不好，因此，决定将填土挖除，用素土分层夯填到基底标高。这里采用素土垫层而不用灰土垫层，是因为素土垫层与周边土体的承载力相近，也利于后期 CFG 桩的成孔。本工程投入使用 1 年时，沉降观测结果正常。

本章小结

本章主要介绍工程地质的基本知识、岩土工程勘察的内容和方法、岩土工程勘察报告的内容、阅读和使用、验槽的方法。

复习思考题

6-1 新近沉积土的形成时代及其工程特性是什么？

6-2 常见的不良地质作用有哪些？特点是什么？

6-3 地下水按埋藏条件可分为哪几种类型？它们有什么不同？

6-4 简述岩土工程勘察方法,并说明勘察各阶段及其主要任务。

6-5 常用的原位试验手段有哪些,分别适用于哪些条件？

6-6 如何阅读和使用岩土工程勘察报告？

6-6 验槽的内容是什么？常用的地基局部处理方法是什么？

课程思政参考案例

青藏铁路的领路人

第7章 地基浅基础设计

学习目标

了解：柱下钢筋混凝土条形基础、筏板基础、箱形基础的构造特点，人工地基的换填垫层厚度、宽度的设计；减少地基不均匀沉降的措施。

理解：天然地基上浅基础的类型及特点，正确选择基础埋置深度需考虑的因素。

掌握：无筋扩展基础、钢筋混凝土扩展基础的设计方法。

素养目标

1. 提升学生的科研创新能力和思辨能力。
2. 培养学生分析问题和解决问题的能力。
3. 培养学生团结合作精神。

地基按其是否经过人工处理分为天然地基和人工地基。基础按其埋置深度的不同，分为浅基础和深基础。由于在天然地基上修建浅基础往往施工简单，造价较低，因此在保证建筑物的安全和正常使用的前提下，应首先选用在天然地基上修建浅基础的方案。若满足设计要求的方案有多个，则要进行经济技术比较，选择其中的最优方案。

7.1 地基基础设计的基本规定

7.1.1 地基基础设计等级

地基基础设计的内容和要求与建筑物的地基基础设计等级有关。根据地基复杂程度、建筑物规模和功能特征，以及由于地基问题可能造成建筑物破坏或影响正常使用的程度，《建筑地基基础设计规范》(GB 50007—2011)将地基基础设计分为三个设计等级，设计时应根据具体情况，按表7-1选用。

表 7-1　　地基基础设计等级

设计等级	建筑和地基类型
甲级	重要的工业与民用建筑 30 层以上的高层建筑物 体型复杂，层数相差超过 10 层的高低层连成一体的建筑物 大面积的多层地下建筑物(如地下车库、商场、运动场等) 对地基变形有特殊要求的建筑物 复杂地质条件下的坡上建筑物(包括高边坡) 对原有工程影响较大的新建筑物 场地和地基条件复杂的一般建筑物 位于复杂地质条件及软土地区的二层及二层以上地下室的基坑工程 开挖深度大于 15 m 的基坑工程 周边环境条件复杂、环境保护要求高的基坑工程
乙级	除甲级、丙级以外的工业与民用建筑物 除甲级、丙级以外的基坑工程
丙级	场地和地基条件简单、荷载分布均匀的七层及七层以下民用建筑及一般工业建筑物；次要的轻型建筑物 非软土地区且场地地质条件简单、基坑周边环境条件简单、环境保护要求不高且开挖深度小于 5.0 m 的基坑工程

7.1.2　地基基础设计规定

为了保证建筑物的安全和正常使用，并根据建筑物地基基础设计等级及长期荷载作用下地基变形对上部结构的影响程度，地基基础设计应符合下列规定：

(1)所有建筑物的地基计算均应满足承载力计算的有关规定。

(2)设计等级为甲级、乙级的建筑物，均应按地基变形设计。

(3)表 7-2 所列范围内设计等级为丙级的建筑物可不作地基变形验算，如有下列情况之一时，仍应做变形验算：

表 7-2　　可不做地基变形验算设计等级为丙级的建筑物范围

地基主要受力层情况	地基承载力特征值 f_{ak}/kPa			$80\leqslant f_{ak}<100$	$100\leqslant f_{ak}<130$	$130\leqslant f_{ak}<160$	$160\leqslant f_{ak}<200$	$200\leqslant f_{ak}<300$
	各土层坡度/%			≤5	≤10	≤10	≤10	≤10
建筑类型	砌体承重结构、框架结构(层数)			≤5	≤5	≤6	≤6	≤7
	单层排架结构(6 m 柱距)	单跨	吊车额定起重量/t	10～15	15～20	20～30	30～50	50～100
			厂房跨度/m	≤18	≤24	≤30	≤30	≤30
		多跨	吊车额定起重量/t	5～10	10～15	15～20	20～30	30～75
			厂房跨度/m	≤18	≤24	≤30	≤30	≤30
	烟囱	高度/m		≤40	≤50	≤75		≤100
	水塔	高度/m		≤20	≤30	≤30		≤30
		容积/m^3		50～100	100～200	200～300	300～500	500～1 000

注：1. 地基主要受力层是指条形基础底面下深度为 $3b$(b 为基础底面宽度)，独立基础下为 $1.5b$，且厚度均不小于 5 m 的范围(二层以下一般的民用建筑除外)。

2. 地基主要受力层中如有承载力特征值小于 130 kPa 的土层时，表中砌体承重结构的设计，应符合《建筑地基基础设计规范》(GB 50007—2011)中第七章的有关要求。

3. 表中砌体承重结构和框架结构均指民用建筑，对于工业建筑可按厂房高度、荷载情况折合成与其相当的民用建筑层数。

4. 表中吊车额定起重量、烟囱高度和水塔容积的数值是指最大值。

①地基承载力特征值小于 130 kPa，且体型复杂的建筑。

②在基础上及其附近有地面堆载或相邻基础荷载差异较大，可能引起地基产生过大的不均匀沉降时。

③软弱地基上的建筑物存在偏心荷载时。

④相邻建筑距离过近，可能发生倾斜时。

⑤地基内有厚度较大或厚薄不均匀填土，其自重固结未完成时。

(4)对经常受水平荷载作用的高层建筑、高耸结构和挡土墙等，以及建造在斜坡上或边坡附近的建筑和构筑物，尚应验算其稳定性。

(5)基坑工程应进行稳定性验算。

(6)当地下水埋藏较浅，建筑地下室或地下构筑物存在上浮问题时，尚应进行抗浮验算。

微 课

荷载效应组合规定

7.1.3 荷载效应组合规定与计算

地基基础设计时，所采用的荷载效应最不利组合与相应的抗力限值应按下列规定：

(1)按地基承载力确定基础底面积及埋置深度或按单桩承载力确定桩数时，传至基础或承台底面上的荷载效应应按正常使用极限状态下荷载效应的标准组合。相应的抗力应采用地基承载力特征值或单桩承载力特征值。

浅基础设计时，承载力极限状态应保证地基具有足够的强度和稳定性。

(2)计算地基变形时，传至基础底面上的荷载效应应按正常使用极限状态下荷载效应的准永久组合，不应计入风荷载和地震作用，相应的限值应为地基变形允许值。

(3)在确定基础或桩台高度、支挡结构截面、计算基础或支挡结构内力、确定配筋和验算材料强度时，上部结构传来的荷载效应组合和相应的基底反力，应按承载力极限状态下荷载效应的基本组合，采用相应的分项系数。

(4)基础设计安全等级、结构设计使用年限、结构重要性系数应按有关规范的规定采用，但结构重要性系数不应小于 1.0。

7.1.4 天然地基上浅基础设计内容与步骤

天然地基上浅基础设计的一般步骤如下：

(1)选择基础的材料和类型。

(2)选择持力层及基础的埋置深度。

(3)确定修正后的地基承载力特征值。

(4)确定基础底面尺寸，必要时进行软弱下卧层的计算。

(5)进行必要的地基验算(如变形、稳定性等)。

(6)进行基础的结构和构造设计。

(7)绘制基础施工图。

7.2 浅基础类型

按《建筑地基基础设计规范》(GB 50007—2011)把浅基础形式分成五大类：无筋扩展基础、扩展基础、柱下钢筋混凝土条形基础、筏板基础、箱形基础。

7.2.1 无筋扩展基础

无筋扩展基础是由砖、毛石、混凝土或毛石混凝土、灰土和三合土等材料组成的，且不需配置钢筋的墙下条形基础或柱下独立基础，其中混凝土基础和毛石混凝土基础如图 7-1 所示。此基础的优点是施工技术简单，可就地取材，造价低廉，适用于多层民用建筑和轻型厂房。

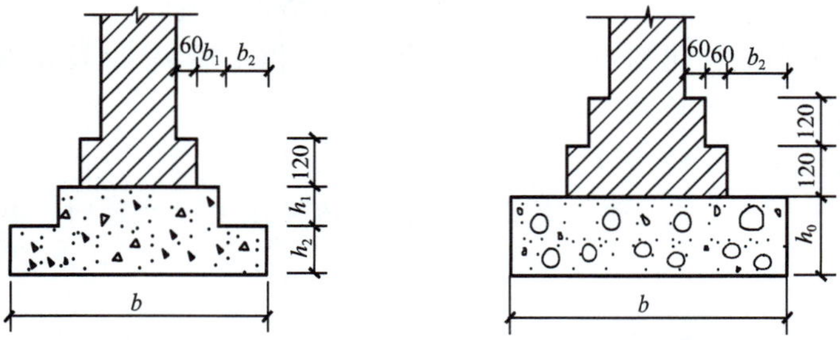

(a)混凝土基础　　(b)毛石混凝土基础

图 7-1　混凝土基础与毛石混凝土基础

1. 混凝土基础和毛石混凝土基础

混凝土基础的强度、耐久性和抗冻性都较好。当荷载较大或位于地下水位以下时，常采用混凝土基础。混凝土基础水泥用量较大，造价较砖、毛石基础高。混凝土基础的混凝土强度等级一般选用 C20；在严寒地区，应采用强度等级不低于 C30 的混凝土。

毛石混凝土基础一般用强度等级不低于 C20 的混凝土，掺入不超过基础体积 30% 的毛石，并应冲洗干净，其强度等级不应低于 MU20，长度不宜大于 300 mm，如图 7-1 所示。

2. 砖基础

砖基础采用的砖强度等级不应低于 MU10，砂浆强度等级不应低于 M5。因为砖的抗冻性较差，所以在严寒地区、地下水位以下或地基土潮湿时应采用水泥砂浆砌筑。现因土地、环境等原因，黏土砖使用受到限制，这种基础形式已很少采用。砖基础一般做成阶梯形，俗称“大放脚”，一种为“两皮一收”（等高收）砌法，另一种为“二一间隔收”（不等高收）砌法，如图 7-2 所示。

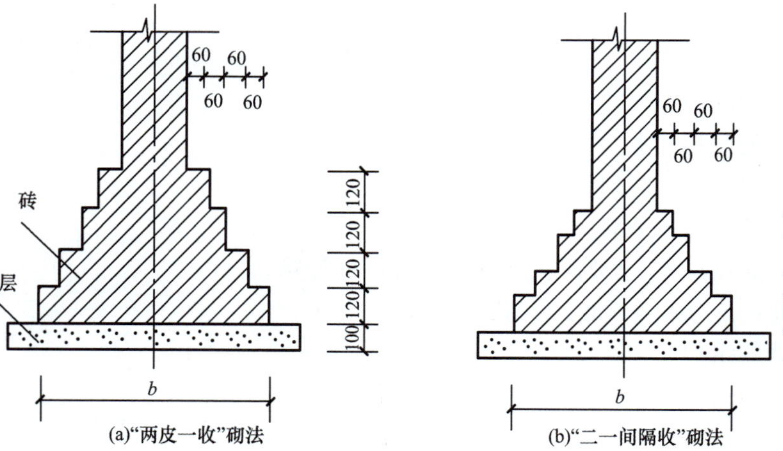

(a)“两皮一收”砌法　　(b)“二一间隔收”砌法

图 7-2　砖基础

3. 毛石基础

毛石基础是选用未经风化的、强度等级不低于 MU20 的硬质岩石，用水泥砂浆砌筑而成的基础。由于毛石之间间隙较大，如果砂浆黏结的性能较差，则不能用于层数较多的建筑物，且不宜用于地下水位以下。为了保证锁结作用，每一台阶梯宜砌成3排或3排以上的毛石。阶梯形毛石基础的每一阶伸出宽度不宜大于200 mm，如图7-3所示。

4. 灰土基础和三合土基础

灰土基础是用熟化的石灰粉和黏土按一定比例加适量的水拌和夯实而成，其配合比(体积比)为3∶7或2∶8，一般多用3∶7，通常称"三七灰土"。灰土按厚度可分成三步灰土和二步灰土(每层虚铺220～250 mm，夯实至150 mm，通称一步)，厚度为300～450 mm，如图7-4所示。灰土基础适用于六层和六层以下、地下水位比较低的混合结构房屋和墙承重的轻型厂房，地下水位较高时不宜采用。

三合土基础是由石灰，砂，碎石、碎砖或矿渣等，按一定的比例配制而成。一般其配合比为1∶2∶4或1∶3∶6，加适量水拌和后，均匀分层铺入基槽，每层虚铺220 mm，夯至150 mm。铺至设计标高后再在其上砌砖"大放脚"，如图7-4所示。三合土基础在我国南方地区常用，一般用于地下水位较低的四层及四层以下的民用建筑。

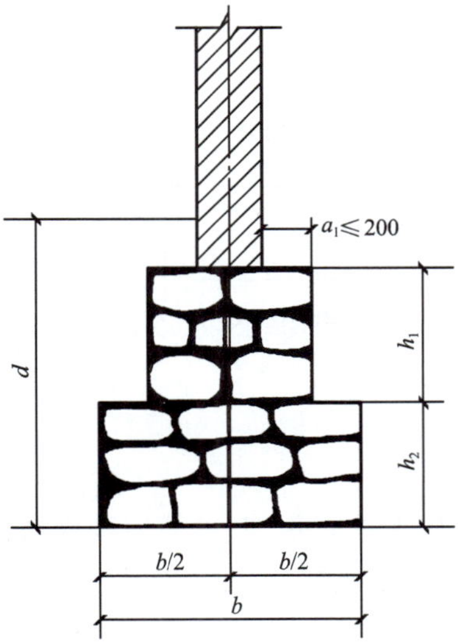

图7-3 毛石基础

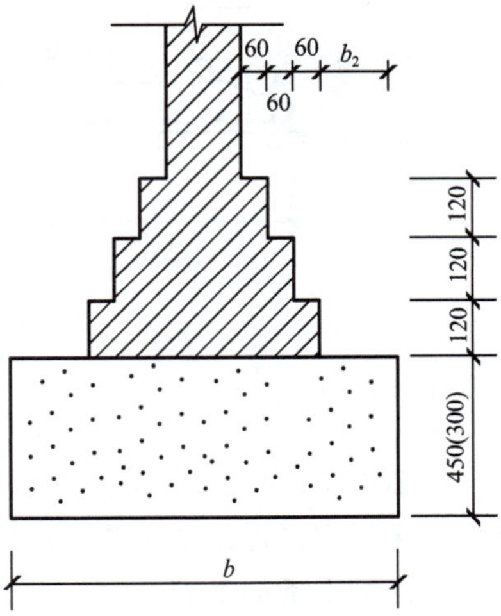

图7-4 灰土或三合土基础

7.2.2 扩展基础

扩展基础是指柱下钢筋混凝土独立基础和墙下钢筋混凝土条形基础。

当基础荷载较大时，基础底面尺寸也将扩大。为了满足高宽比的要求，相应的基础埋置深度也较大，往往给施工带来不便。此外，无筋扩展基础还存在着用料多、自重大等缺点。此时，可采用扩展基础，由于扩展基础是钢筋受拉、混凝土受压的结构，即当考虑地基与基础相互作用时，将考虑基础的挠曲变形。这种基础的抗弯和抗剪性能好，可在竖向荷载较大、地基承载力不高以及承受水平力和力矩荷载等情况下使用。由于这类基础的高度不受台阶宽高比的限制，故适用于需要"宽基浅埋"的情况。

1. 柱下钢筋混凝土独立基础

如图7-5所示为柱下钢筋混凝土独立基础，它是柱基础中比较常用和经济的形式，它所用材料依柱的形式和荷载大小而定。柱下现浇钢筋混凝土基础常采用柱下现浇钢筋混凝土独立基础，基础截面可做成阶梯形或锥形。预制钢筋混凝土柱下基础一般采用杯形基础(现场预制)。

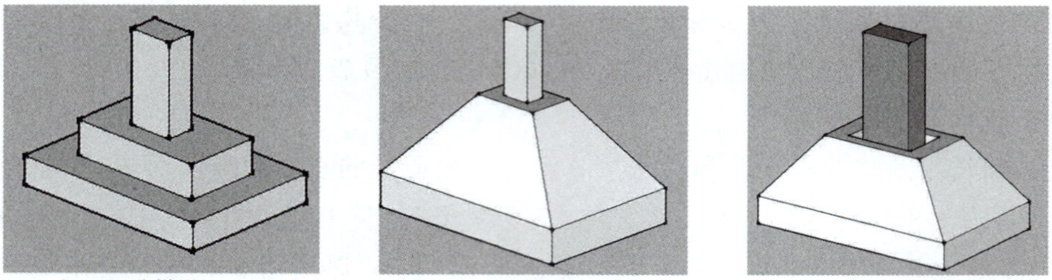

图 7-5 柱下钢筋混凝土独立基础

2. 墙下钢筋混凝土条形基础

墙下钢筋混凝土条形基础一般做成板式(或称为无肋式)。但当基础延伸方向的墙上荷载及地基土的压缩性不均匀时,为了增强基础的整体性和纵向抗弯能力,减小不均匀沉降,常采用有肋的墙下钢筋混凝土条形基础,如图 7-6 所示。

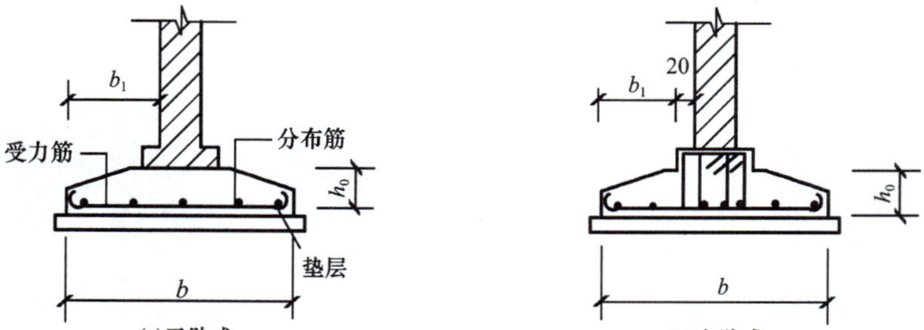

图 7-6 墙下钢筋混凝土条形基础

7.2.3 柱下钢筋混凝土条形基础

在框架结构中,当地基软弱而荷载较大时,若采用柱下独立基础,可能因基础底面积很大而使基础边缘互相接近甚至重叠;为增加基础的整体性并方便施工,可将同一排的柱基础连通成柱下钢筋混凝土条形基础,如图 7-7 所示。

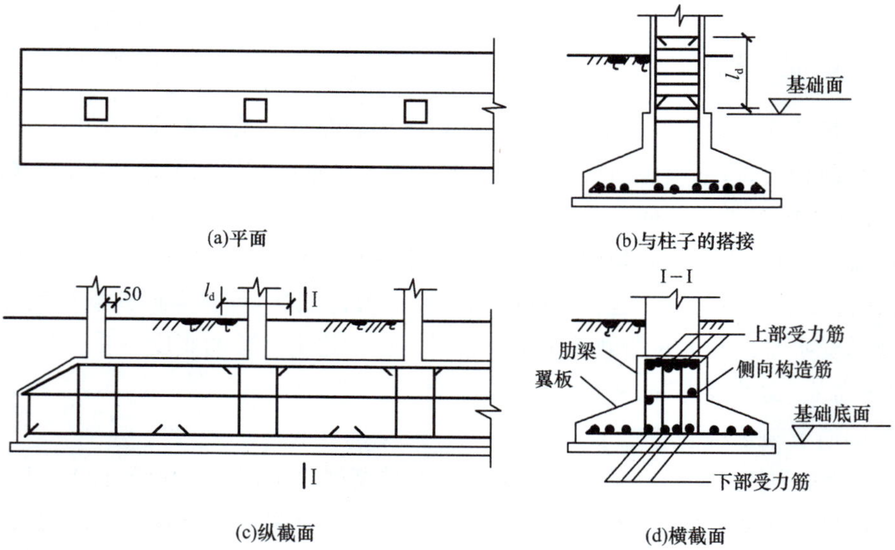

图 7-7 柱下钢筋混凝土条形基础

当荷载较大，采用柱下钢筋混凝土条形基础不能满足地基基础设计要求时，可采用十字交叉条形基础(也称为十字交梁基础或交叉条形基础)。这种基础在纵、横两个方向均具有一定的刚度，具有良好的调整不均匀沉降的能力，如图 7-8 所示。

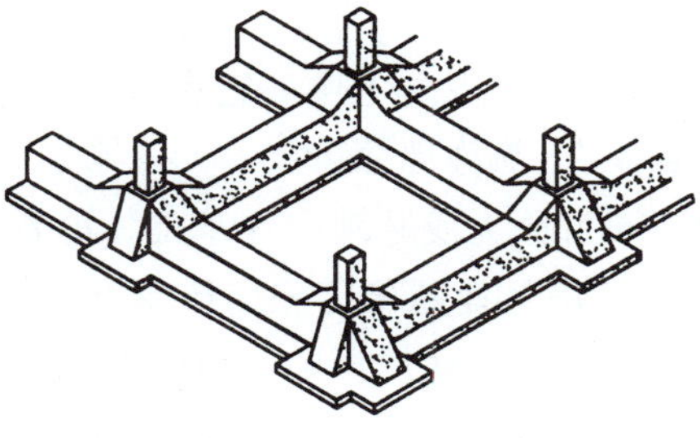

图 7-8　十字交叉条形基础

7.2.4　筏板基础

上部结构荷载较大，地基承载力较低，采用一般基础不能满足要求时，可将基础扩大成支撑整个结构的大型钢筋混凝土板，即筏板基础或称为片筏基础。筏板基础不仅能减小地基土的单位面积压力，提高地基承载力，还能增强基础的整体刚度，调整不均匀沉降，故在多层和高层建筑中被广泛采用，如图 7-9 所示。

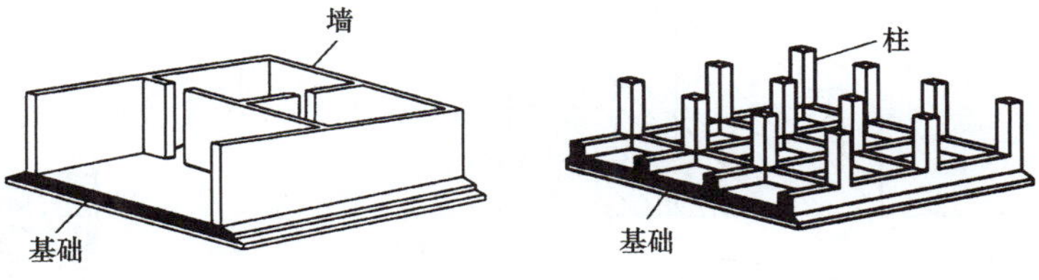

(a)平板式　　(b)梁板式

图 7-9　筏板基础

当柱荷载不大、柱距较小且柱距相等时，筏板基础常做成一块等厚的钢筋混凝土板，称为平板式筏板基础，如图 7-9(a)所示。当柱荷载较大且不均匀，柱距又较大时，将产生较大的弯曲应力，可沿柱轴线纵横向设肋梁，就成为梁板式筏板基础。肋梁常设在板上方，施工方便，但要架空地坪，如图 7-9(b)所示。

7.2.5　箱形基础

箱形基础是多层和高层建筑中广泛采用的一种基础形式，一般由钢筋混凝土建造，顶板、底板、外墙和内墙组成空间整体结构，可结合建筑使用功能设计成地下室，如图 7-10 所示。

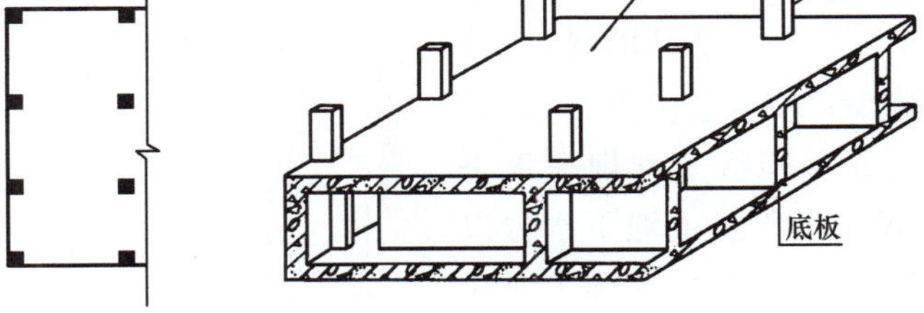

图 7-10　箱形基础

7.3 基础埋置深度的影响因素与确定

为确保建筑物的安全使用，基础要埋入土层一定深度。一般把从室外设计地面到基础底面的垂直高度称为基础的埋置深度，简称埋深。

基础通常按照埋置深度不同可分为浅基础和深基础。埋置深度小于 5 m 时为浅基础，埋置深度大于 5 m 时为深基础。在满足地基稳定和变形要求的前提下，基础宜浅埋。由于气温变化、雨水侵蚀、动植物生长以及人为活动的影响，基础埋置深度不宜小于 0.5 m。为确保基础不外露，基础顶面应低于室外地面至少 0.1 m；基础下持力层土厚度不少于 0.1 m，如图 7-11 所示。

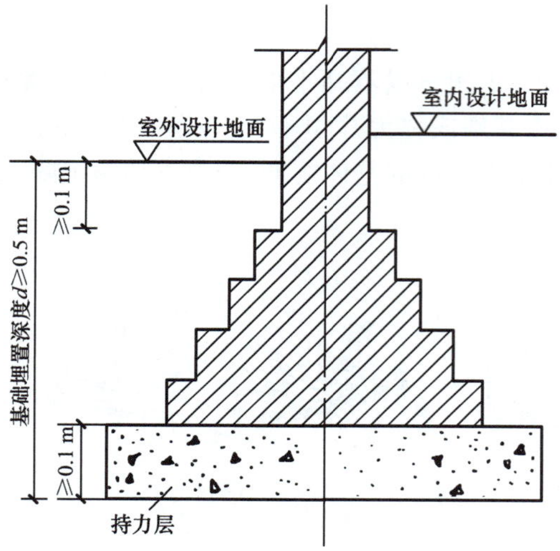

图 7-11 基础埋置深度的构造要求

微 课

基础埋置深度概念

7.3.1 工程地质条件

基底下的第一层土为持力层，其下的各土层称为下卧层。为了保证建筑物的安全和正常使用，必须根据荷载的大小和性质选择可靠的持力层。一般当上层土的承载力能满足要求时，就应选择浅埋，以减少造价；当其下有软弱土层时，应根据上层土的薄厚、软弱土层的情况综合考虑，必要时应根据结构安全、施工难易、材料用量等进行方案优选。

7.3.2 水文地质条件

选择基础埋置深度时应考虑水文地质条件的影响。对于天然地基上浅基础的设计，首先应考虑尽量将基础置于地下水位以上，以避免施工降水的麻烦。如必须将基础埋在地下水位以下时，应使基底在常年最低地下水位以下 200 mm，如图 7-12 所示。并且在施工时应考虑基坑排水、坑壁围护等措施，避免出现涌

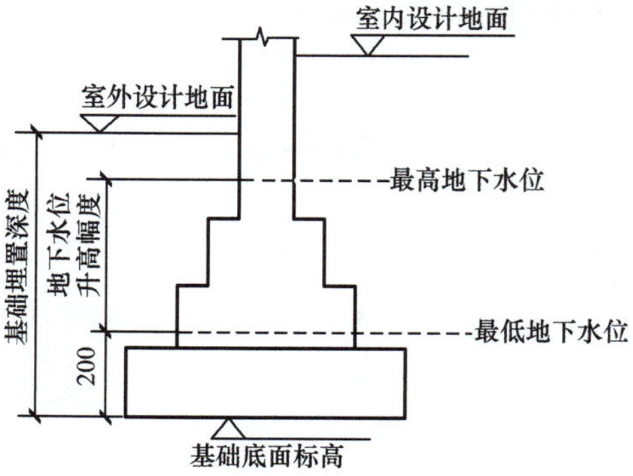

图 7-12 地下水位对基础埋置深度的影响

土、流砂等现象，以保证地基土不受扰动。当地下水具有侵蚀性时，应根据地下水侵蚀程度不同，对基础材料选用相应等级的保护措施。地下室防渗、轻型结构物由于地下水浮力引起基础底板的内力等也不容忽视。

7.3.3 建筑物用途与基础构造

某些建筑物需要具备一定的使用功能或宜采用某种基础形式，这些要求常成为其基础埋置深度选择的先决条件。对筏板基础和箱形基础，其埋置深度应满足地基承载力、变形和稳定性的要求。在抗震设防地区，天然地基（岩石除外）上的箱形和筏板基础其埋置深度不宜小于建筑物高度的1/15；桩箱或桩筏基础的埋置深度（不计桩长）不宜小于建筑物高度的1/20～1/18。位于岩石地基上的高层建筑，其基础埋置深度应满足抗滑移要求。

当在基础范围内有管线或坑沟等地下设施通过时，基础的顶板原则上应低于这些设施的底面，否则应采取有效措施，消除基础对地下设施的不利影响。

7.3.4 作用于基础上的荷载大小与性质

基础上的荷载大小和性质不同，对地基土的要求也不同，因而会影响基础埋置深度的选择。浅于某一深度的土层，对荷载小的基础可能是很好的持力层，而对荷载较大的基础就可能不宜作为持力层。荷载的性质对基础埋置深度的影响也很明显。对于承受水平荷载的基础，必须有足够的埋置深度来获得土的侧向抗力，以保证基础的稳定性，减少建筑物的整体倾斜，防止倾覆和滑移。

7.3.5 相邻建筑物的影响

当新建建筑物邻近有旧建筑物时，为保证原有建筑物的安全和正常使用，要求新建建筑物的基础埋置深度不宜大于原有建筑物基础埋置深度。否则，应控制两建筑物基础间的净距不小于两基底高差的1～2倍，如图7-13所示。如上述要求不能满足，应采取分段施工、设临时加固支撑、打板桩、地下连续墙等施工措施，必要时应进行基坑开挖设计或对原有建筑物地基进行加固。

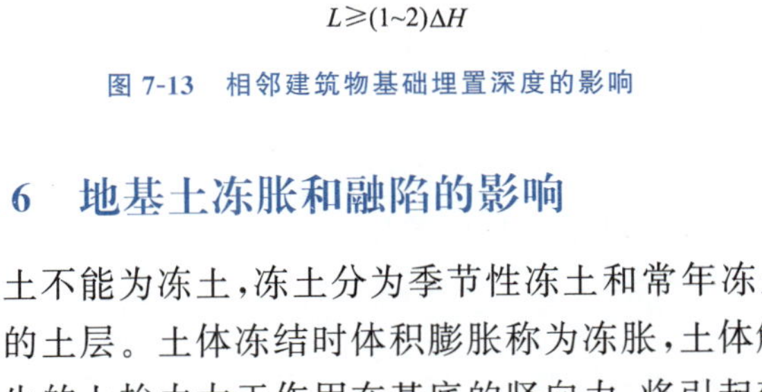

图7-13 相邻建筑物基础埋置深度的影响

微 课

地基土冻胀对基础深度的影响

7.3.6 地基土冻胀和融陷的影响

地基土不能为冻土，冻土分为季节性冻土和常年冻土。季节性冻土是指一年冻结与解冻交替出现的土层。土体冻结时体积膨胀称为冻胀，土体解冻时将产生较大附加沉降称为融陷。若冻胀产生的上抬力大于作用在基底的竖向力，将引起建筑物基础抬高，使上部结构薄弱环节处开裂。因此，在季节性冻土地区进行基础埋置深度设计时，必须考虑地基的冻胀性。《建筑地基基础设计规范》(GB 50007—2011)根据冻土层的平均冻胀率的大小，把地基冻胀性分为不冻胀、弱冻胀、冻胀、强冻胀和特强冻胀五个等级。对于不冻胀土的基础埋置深度，可不考虑季节性冻土的影响；对于弱冻胀、冻胀、强冻胀的基础，最小埋置深度可按有关规定确定。一般经验公式为

$$d_{min}=Z_0+(0.1\sim0.2) \tag{7-1}$$

式中 d_{min}——基础最小埋置深度，m；

Z_0——当地标准冻深，m，按《建筑地基基础设计规范》(GB 50007—2011)查取。

季节性冻土地区基础埋置深度宜大于场地冻结深度。对于深厚季节冻土地区，当建筑基础底面为不冻胀、弱冻胀、冻胀土时，基础埋置深度可以小于场地冻结深度，基底允许土层最大厚度应根据当地经验确定。没有地区经验时可按《建筑地基基础设计规范》(GB 50007—2011)附录 G 查取。

7.4 基础底面尺寸的确定

在初步选择基础类型和埋置深度后，就可以根据地基承载力特征值计算基础底面的尺寸。如果持力层较薄，且其下存在承载力显著低于持力层的下卧层(软弱下卧层)时，尚需对其进行承载力验算。根据承载力确定基础底面尺寸后，必要时应对地基变形或稳定性进行验算。

7.4.1 轴心荷载作用下基础底面尺寸的确定

基础在荷载效应标准组合的轴心荷载 F_k、G_k 作用下，如图 7-14 所示，按均匀分布简化计算方法，基底压力 p_k 可按式(7-2)计算，即

$$p_k=\frac{F_k+G_k}{A} \tag{7-2}$$

式中 p_k——相应于作用的标准组合时，基础底面处的平均压力值(基底压力)，kPa；

F_k——相应于作用的标准组合时，上部结构传至基础顶面的竖向力值，kN；

G_k——基础自重及其上的土重，kN；$G_k=\gamma_G A\bar{h}$，γ_G 为基础及其上土的平均重度，一般取 $\gamma_G=20\ \text{kN/m}^3$；$\bar{h}$ 为基底至两侧地面距离的平均值，m；A 为基础底面积，m^2。

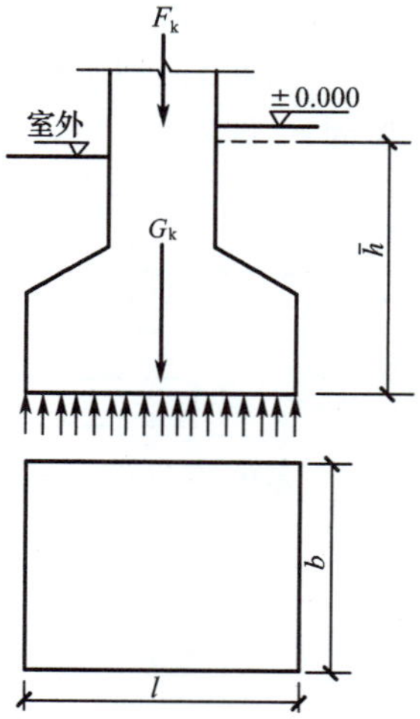

图 7-14 轴心荷载作用下的基础

要求作用在基础底面的基底压力不大于修正后的地基承载力特征值，即

$$p_k\leqslant f_a \tag{7-3}$$

将式(7-3)及 $G_k=\gamma_G A\bar{h}$ 代入式(7-2)，可得到轴心荷载作用下的基础底面积 A 的计算公式

$$A\geqslant\frac{F_k}{f_a-\gamma_G\bar{h}} \tag{7-4}$$

对于方形基础有

$$b=\sqrt{A}\geqslant\sqrt{\frac{F_k}{f_a-\gamma_G\bar{h}}} \tag{7-5}$$

式中 b——方形基础的边长，m。

对于矩形基础有

$$bl=A\geqslant\frac{F_k}{f_a-\gamma_G\bar{h}} \tag{7-6}$$

按式(7-6)计算出基底面积 A 后，先选定 b 或 l，再计算出另一边长。一般取 $l/b\leqslant2$，最大不能超过 3。

对于条形基础，沿基础长度方向取 1 m 作为计算单元，故基底宽度为

$$b\geqslant\frac{F_k}{f_a-\gamma_G\bar{h}} \tag{7-7}$$

式中 b——条形基础宽度，m；

F_k——相应于作用的标准组合时，沿长度方向 1 m 范围内上部结构传至地面标高处的竖向力值，kN/m。

在上面的计算中，需要先确定地基承载力特征值 f_a，但 f_a 与基础底面宽度 b 有关，即 b 与 f_a 都是未知数，因此必须通过试算确定。计算时可先对地基承载力特征值按基础埋置深度进行修正，然后计算出所需要的基础底面积和宽度，再考虑是否需要进行宽度修正。

【工程设计计算案例 7-1】 如图 7-15 所示为某教学楼外墙条形基础剖面图，基础埋置深度 $d=2$ m，室内外高差为 0.45 m，相应于作用的标准组合上部结构传至基础顶面的荷载值 $F_k=240$ kN/m，基础埋置深度范围内土的重度 $\gamma_m=18$ kN/m^3，地基持力层为粉质黏土，孔隙比 $e=0.8$，液性指数 $I_L=0.833$，地基承载力特征值 $f_{ak}=190$ kPa。试确定基础底面尺寸。

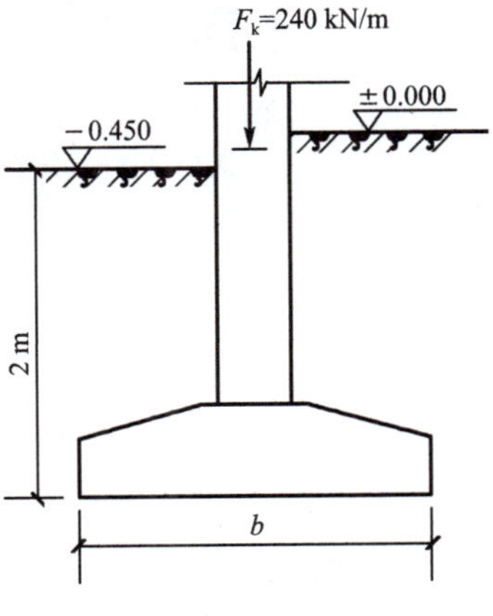

图 7-15 工程设计计算案例 7-1 图

微 课

中心荷载作用下基础底面尺寸的确定

【解】 (1)求修正后的地基承载力特征值

假设 $b<3$ m，因 $d=2$ m>0.5 m，故只需对地基承载力特征值进行深度修正。

已知地基持力层为粉质黏土，孔隙比 $e=0.8$，液性指数 $I_L=0.833$，查表 4-2 得 $\eta_d=1.6$，则修正后的地基承载力特征值为

$$f_a=f_{ak}+\eta_d\gamma_m(d-0.5)=190+1.6\times18\times(2-0.5)=233.2\text{ kPa}$$

(2)求基础宽度

因室内外高差为 0.45 m,基础的平均埋置深度为

$$\bar{h}=2+\frac{1}{2}\times 0.45=2.23\ \mathrm{m}$$

条形基础宽度

$$b\geqslant\frac{F_k}{f_a-\gamma_G\bar{h}}=\frac{240}{233.2-20\times 2.23}=1.27\ \mathrm{m}$$

取 $b=1.3$ m,也满足小于 3 m 的假设。

【工程设计计算案例 7-2】 图 7-16 为某柱下基础剖面图,上部结构传来的荷载值为 $F_k=470$ kN/m,基础埋置深度 $d=1.8$ m,埋置深度范围内土的重度 $\gamma_m=19\ \mathrm{kN/m^3}$,室内外高差为 0.6 m,地基持力层为中砂,地基承载力特征值 $f_{ak}=170$ kPa,试确定基础底面尺寸(因轴心受压,故为方形基础)。

【解】 (1)求修正后的地基承载力特征值

假设 $b<3$ m,因 $d=1.8\ \mathrm{m}>0.5$ m,故只需对地基承载力特征值进行深度修正。

已知地基持力层为中砂,查表 4-2 得 $\eta_d=4.4$,则修正后的地基承载力特征值 f_a 为

$$f_a=f_{ak}+\eta_d\gamma_m(d-0.5)=170+4.4\times 19\times(1.8-0.5)=278.7\ \mathrm{kPa}$$

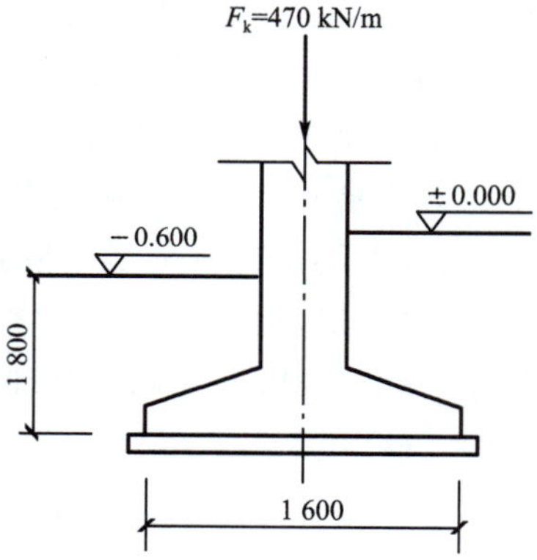

图 7-16 工程设计计算案例 7-2 图

微 课

轴心荷载作用下基础底面尺寸例题

(2)求基础底面尺寸

因室内外高差为 0.6 m,基础的平均埋置深度为

$$\bar{h}=1.8+\frac{1}{2}\times 0.6=2.1\ \mathrm{m}$$

基础底面积为

$$A=lb\geqslant\frac{F_k}{f_a-\gamma_G\bar{h}}=\frac{470}{278.7-20\times 2.1}=1.985\,6\ \mathrm{m^2}$$

取 $l/b=1$,则 $l=b=\sqrt{\dfrac{F_k}{f_a-\gamma_G\bar{h}}}=\sqrt{1.985\,6}=1.41$ m,取 $l=b=1.45$ m。

应当指出,只有符合表 7-2 中规定可不做地基变形计算设计等级为丙级的建筑物,按式(7-4)所求得的基础底面尺寸,才是最后尺寸,否则尚应进行地基变形计算。

7.4.2 偏心荷载作用下基础底面尺寸的确定

在荷载 F_k、G_k 和单向弯矩(与长轴相平行)M_k 的共同作用下,如图 7-17 所示,根据基底

压力呈直线分布的假定，在满足 $p_{kmin}>0$ 的条件下，p_k 为梯形分布，在满足 $p_{kmin}=0$ 的条件下，p_k 为三角形分布，基底边缘最大、最小压力为

$$\left.\begin{matrix}p_{kmax}\\p_{kmin}\end{matrix}\right\}=\frac{F_k+G_k}{A}\pm\frac{M_k}{W} \tag{7-8}$$

对于矩形基础有

$$\left.\begin{matrix}p_{kmax}\\p_{kmin}\end{matrix}\right\}=\frac{F_k+G_k}{A}\left(1\pm\frac{6e}{l}\right) \tag{7-9}$$

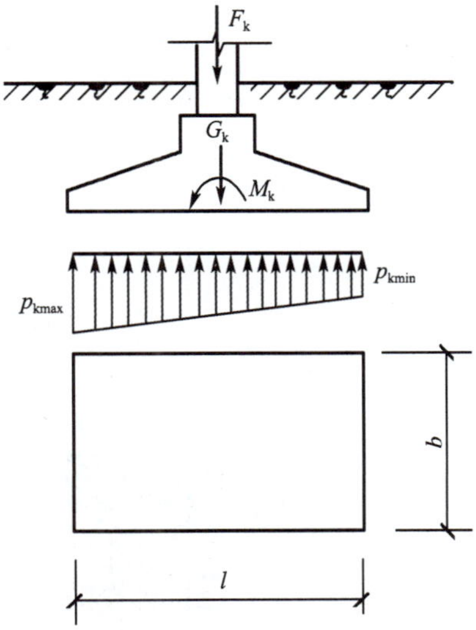

图 7-17 单向偏心荷载作用下的基础

微 课

偏心受压柱下独立浅基础

式中 M_k——相应于作用的标准组合时，作用于基础底面的力矩，kN·m；

e——偏心距，$e=\dfrac{M_k}{F_k+G_k}$，m；

l——基础底面偏心方向的边长，m。

对于条形基础有

$$\left.\begin{matrix}p_{kmax}\\p_{kmin}\end{matrix}\right\}=\frac{F_k+G_k}{b}\left(1\pm\frac{6e}{b}\right) \tag{7-10}$$

式(7-9)适用条件为 $e<l/6$，如图 7-18(a)所示；当 $e=l/6$ 时，$p_{kmin}=0$，如图 7-18(b)所示；当 $e>l/6$ 时，按式(7-11)计算 p_{kmax}，如图 7-18(c)所示。

$$p_{kmax}=\frac{2(F_k+G_k)}{3ab} \tag{7-11}$$

偏心荷载作用时，除需要满足 $p_k=\dfrac{p_{kmax}+p_{kmin}}{2}\leqslant f_a$ 外，尚应符合式(7-12)的要求，即

$$p_{kmax}\leqslant 1.2f_a \tag{7-12}$$

根据上述承载力计算的要求，在计算偏心荷载作用下的基础底面尺寸时，应通过试算确定，具体步骤如下：

(1)按轴心荷载作用求基础底面积 A_0。

(2)考虑偏心荷载作用应力分布不均匀，将基础底面积增大 10%～40%，即

$$A=(1.1\sim1.4)A_0$$

(3)按式(7-8)计算基底压力并验算地基承载力。如果不满足要求，则调整基础底面积 A，

直至满足要求为止。

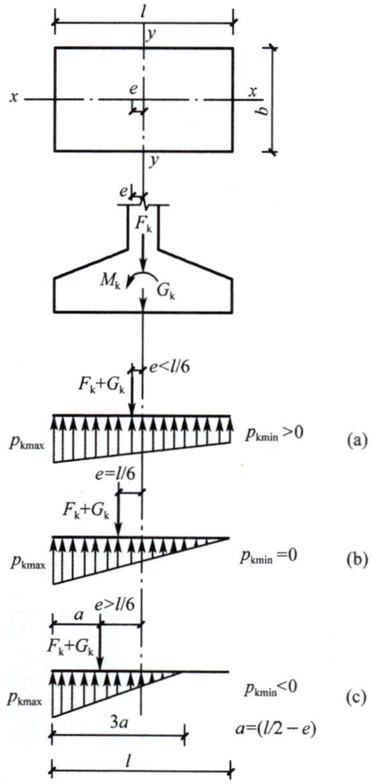

图 7-18 单向偏心荷载作用下的矩形基底压力分布

微 课

偏心荷载作用下基础底面尺寸

【工程设计计算案例 7-3】 已知某厂房柱基础所受到的荷载如图 7-19 所示，地基土为较均匀的黏性土，孔隙比 $e=0.7$，液性指数 $I_L=0.78$，其重度 $\gamma_m=19\ kN/m^3$，地基承载力特征值 $f_{ak}=180\ kPa$。试根据持力层地基承载力确定柱下独立基础的底面尺寸。

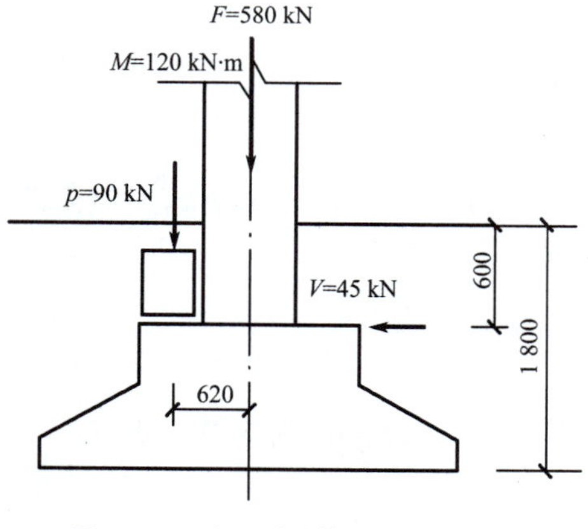

图 7-19 工程设计计算案例 7-3 图

微 课

偏心荷载作用下底面尺寸例题

【解】 (1)求修正后的地基承载力特征值 f_a

假设 $b<3$ m，因 $d=1.8$ m>0.5 m，故只需对地基承载力特征值进行深度修正。

根据已知条件：黏性土 $e=0.7$，$I_L=0.78$，查表 4-2 可得 $\eta_d=1.6$，则持力层承载力 f_a 为

$$f_a=f_{ak}+\eta_d\gamma_m(d-0.5)=180+1.6\times19\times(1.8-0.5)=219.52\ kPa$$

(2)按轴心受压估算基础底面尺寸

$$A_0 \geqslant \frac{F_k}{f_a-\gamma_G \bar{h}}=\frac{580+90}{219.52-20\times1.8}=3.65\ m^2$$

(3)将基础底面积增大40%,即

$$A=1.4A_0=1.4\times3.65=5.11\ m^2$$

控制 $l/b=1.6$,则 $b=\sqrt{\frac{5.11}{1.6}}=1.79$ m,取 $b=1.8$ m,则 $l=2.9$ m。所以,初步选择基础底面积为

$$A=lb=1.8\times2.9=5.22\ m^2$$

(4)验算基础底面尺寸取值是否合适

基础及其回填土的自重 G_k 为

$$G_k=\gamma_G A\bar{h}=20\times5.22\times1.8=187.92\ kN$$

$$F_k+G_k=580+90+187.92=857.92\ kN$$

$$M_k=120+90\times0.62+(1.8-0.6)\times45=229.80\ kN\cdot m$$

偏心距为

$$e=\frac{M_k}{F_k+G_k}=\frac{229.80}{857.92}=0.27\ m<\frac{l}{6}=0.48\ m$$

所以,基底压力最大、最小值为

$$\left.\begin{matrix}p_{kmax}\\p_{kmin}\end{matrix}\right\}=\frac{F_k+G_k}{A}\left(1\pm\frac{6e}{l}\right)=\frac{857.92}{5.22}\times\left(1\pm\frac{6\times0.27}{2.9}\right)=\left\{\begin{matrix}256.16\\72.54\end{matrix}\right.\ kPa$$

$$p_k=\frac{p_{kmax}+p_{kmin}}{2}=\frac{256.16+72.54}{2}=164.35\ kPa<f_a=219.52\ kPa$$

$$p_{kmax}=256.16\ kPa<1.2f_a=1.2\times219.52=263.42\ kPa$$

$$p_{kmin}=72.54\ kPa>0$$

故基础底面尺寸取 $b=1.8$ m,$l=2.9$ m 满足地基承载力要求。

在确定基础底面边长时,应注意荷载对基础的偏心距不宜过大,以保证基础不致发生过大的倾斜。一般情况下,对中、高压缩性土上的基础(包括设吊车的工业厂房柱基础),偏心距 e 不宜大于 $l/6$;对低压缩性土,可适当放宽,但偏心距不得大于 $l/4$。

7.4.3 软弱下卧层承载力验算

由持力层土的地基承载力计算得出基础底面积后,如果在地基土持力层以下的压缩层范围内存在软弱下卧层,尚需验算其地基强度,要求作用在软弱下卧层顶面处的附加应力与自重应力之和不超过其承载力特征值(只经深度修正),即

$$p_z+p_{cz}\leqslant f_{az} \tag{7-13}$$

式中 p_z——相应于作用的标准组合时,软弱下卧层顶面处的附加应力值,kPa;

p_{cz}——软弱下卧层顶面处土的自重应力值,kPa;

f_{az}——软弱下卧层顶面处经深度$(d+z)$修正后的地基承载力特征值,kPa;

d——基础埋置深度,m;

z——软弱下卧层顶面至基底的距离,m。

关于附加应力 p_z 的计算,《建筑地基基础设计规范》(GB 50007—2011)提出了按压力扩

散角原理的简化计算方法。当上层土与下层土的压缩模量比值 $E_{s1}/E_{s2} \geq 3$ 时，对矩形和条形基础，假设基底处的附加压力向下传递时按某一角度 θ 向外扩散分布于较大的面积上，如图 7-20 所示。根据扩散前后基底与软弱下卧层顶面处总压力相等的条件，可得基底下深度为 z 处的附加应力为

矩形基础
$$p_z = \frac{lbp_0}{(b+2z\tan\theta)(l+2z\tan\theta)} \tag{7-14}$$

条形基础
$$p_z = \frac{bp_0}{b+2z\tan\theta} \tag{7-15}$$

式中 b——矩形基础或条形基础宽度，m；

l——矩形基础长度，m；

p_0——基础底面处土的附加压力，kPa；

θ——地基压力扩散角(地基压力扩散线与垂直线的夹角)，(°)，可按表 7-3 采用。

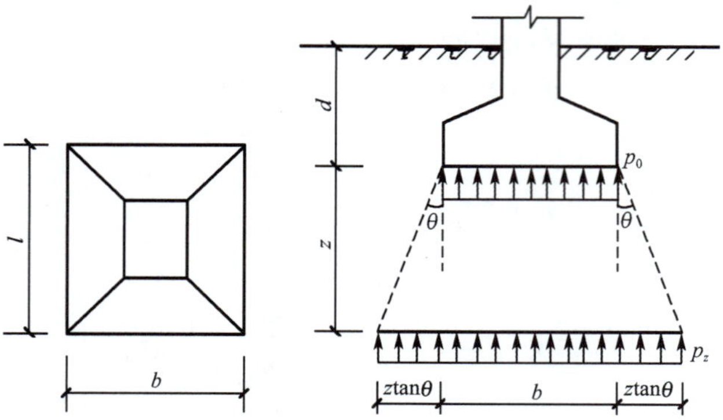

图 7-20 软弱下卧层强度验算计算简图

微 课

软弱下卧层承载力验算

试验研究表明：基底压力增大到一定数值后，传至软弱下卧层顶面的压力将随之迅速增大，即 θ 角迅速减小，直到持力层冲切破坏时的值为最小，试验结果一般不超过 30°，因此表 7-3 中的值取 30°为上限。由此可见，如果满足软弱下卧层验算要求，实际上也就保证了上覆持力层将不发生冲切破坏。如果软弱下卧层承载力验算不满足要求，基础的沉降可能较大，或地基土可能产生剪切破坏，应考虑增大基础底面积或改变埋置深度。如果这样处理仍未能符合要求，则应考虑另拟地基基础方案。

表 7-3　　地基压力扩散角 θ

E_{s1}/E_{s2}	z/b	
	0.25	0.50
3	6°	23°
5	10°	25°
10	20°	30°

注：1. E_{s1} 为上层土压缩模量；E_{s2} 为下层土压缩模量。

2. 当 $z/b < 0.25$ 时，取 $\theta = 0°$，必要时宜由试验确定；当 $z/b > 0.50$ 时，θ 值不变。

3. 当 $0.25 < z/b < 0.50$ 时，可插值使用。

【工程设计计算案例 7-4】 某一砖承重墙下条形无筋扩展基础，相应于荷载效应标准组合时，上部结构传来竖向力值 $F_k = 180$ kN/m，地质资料如图 7-21 所示，基础埋置深度 1.0 m，基础宽度 $b = 1.25$ m，试验算基础宽度及软弱下卧层强度。

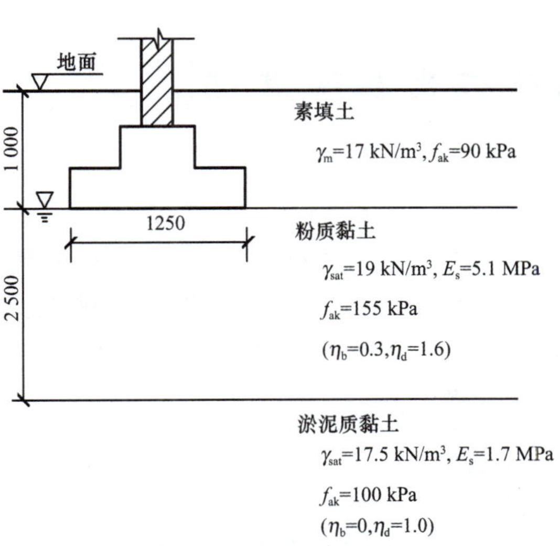

图 7-21 工程设计计算案例 7-4 图

微 课

软弱下卧层承载力验算例题

【解】 (1)持力层土修正后的地基承载力特征值

假设 $b<3$ m,因 $d=1.0$ m>0.5 m,故只需对地基承载力特征值进行深度修正。

根据已知条件则持力层承载力为

$$f_a=f_{ak}+\eta_d\gamma_m(d-0.5)=155+1.6\times17\times(1.0-0.5)=168.60 \text{ kPa}$$

(2)验算基础宽度

$$b\geqslant\frac{F_k}{f_a-\gamma_G\bar{h}}=\frac{180}{168.6-20\times1.0}=1.21 \text{ m}$$

所以基础宽度 $b=1.25$ m,满足持力层强度要求。

(3)验算软弱下卧层强度

①基底处附加压力

$$p_0=p_k-p_c=\frac{F_k+G_k}{A}-\gamma_m\cdot d=\frac{180+20\times1.25\times1\times1}{1.25\times1}-17\times1=147.00 \text{ kPa}$$

②软弱下卧层顶面处附加压力设计值

因 $\frac{E_{s1}}{E_{s2}}=\frac{5.1}{1.7}=3$,$\frac{z}{b}=\frac{2.5}{1.25}=2.0>0.5$,按 0.5 考虑,查表 7-3,$\theta=23°$,则

$$p_z=\frac{bp_0}{b+2z\tan\theta}=\frac{1.25\times147.00}{1.25+2\times2.5\times0.4245}=54.48 \text{ kPa}$$

③软弱下卧层顶面处自重应力标准值

$$p_{cz}=17\times1+(19-9.8)\times2.5=40.00 \text{ kPa}$$

④软弱下卧层顶面以上至基底各层土的加权平均重度

$$\gamma_m=\frac{17\times1+(19-9.8)\times2.5}{1+2.5}=11.43 \text{ kN/m}^3$$

⑤软弱下卧层顶面处修正后的地基承载力特征值

$$f_{az}=f_{ak}+\eta_d\gamma_m(d+z-0.5)=100+1.0\times11.43\times(1+2.5-0.5)=134.29 \text{ kPa}$$

所以

$$p_z+p_{cz}=54.48+40.00=94.48 \text{ kPa}<f_{az}=134.29 \text{ kPa}$$

因此,此题的软弱下卧层承载力满足要求。

7.5 无筋扩展基础设计

7.5.1 设计原理

由于无筋扩展基础所用材料具有较好的抗压性能而抗拉强度较低，抗拉、抗剪强度不高，不能承受较大的弯曲应力和剪应力。所以，设计时必须保证在基础内产生的拉应力和剪应力不超过材料强度设计值，一般设计成轴心受压基础，如图 7-22 所示。

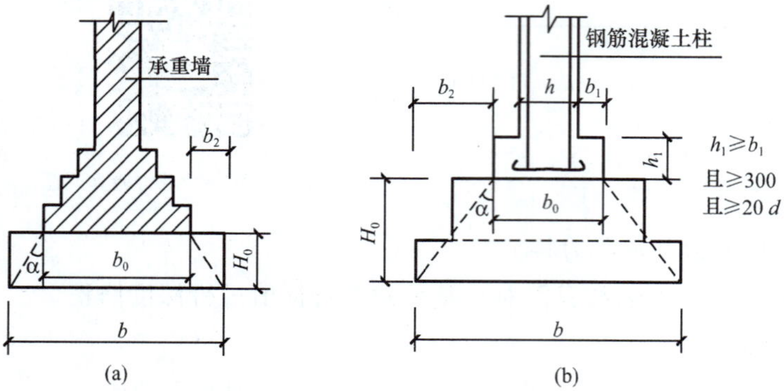

图 7-22 无筋扩展基础

微 课

刚性基础设计

7.5.2 台阶宽高比允许值

设计原则可以通过限制基础每个台阶的宽高比（$\left[\dfrac{b_2}{H_0}\right]$）不超过《建筑地基基础设计规范》(GB 50007—2011)规定的允许宽高比(即刚性角 α 小于允许刚性角 $[\alpha]_{max}$)，见表 7-4。

采用无筋扩展基础的钢筋混凝土柱，其柱脚高度 h_1 不得小于 b_1，如图 7-22(b)所示，并不应小于 300 mm 且不小于 $20d$(d 为柱中的纵向受力钢筋的最大直径)。当柱中的纵向钢筋在柱脚内的竖向锚固长度不满足锚固要求时，可沿水平方向弯折，弯折后的水平锚固长度不应小于 $10d$ 也不应大于 $20d$。

根据以上无筋扩展基础设计原则，基础底面宽度应符合式(7-16)的要求。

$$b \leqslant b_0 + 2H_0 \tan\alpha \tag{7-16}$$

式中 b ——基础底面的宽度，m；

b_0——基础顶面的砌体宽度，m；

H_0——基础高度，m；

$\tan\alpha$——基础形成的刚性角正切值，即基础台阶宽高比 $b_2 : H_0$，其允许值可按表 7-4 选用。

表 7-4 无筋扩展基础台阶宽高比的允许值

基础材料	质量要求	混凝土基础台阶宽高比的允许值		
		$p_k \leqslant 100$	$100 < p_k \leqslant 200$	$200 < p_k \leqslant 300$
C15 混凝土	C15 混凝土	1∶1.00	1∶1.00	1∶1.25
毛石混凝土基础	C15 混凝土	1∶1.00	1∶1.25	1∶1.50
砖基础	砖不低于 MU10，砂浆不低于 M5	1∶1.50	1∶1.50	1∶1.50

续表

基础材料	质量要求	混凝土基础台阶宽高比的允许值		
		$p_k \leqslant 100$	$100 < p_k \leqslant 200$	$200 < p_k \leqslant 300$
毛石基础	砂浆不低于 M5	1∶1.25	1∶1.50	—
灰土基础	体积比为为 3∶7 或 2∶8 的灰土，其最小干密度： 粉土 $1.55 \times 10^3\ kg/m^3$ 粉质黏土 $1.5 \times 10^3\ kg/m^3$ 黏土 $1.45 \times 10^3\ kg/m^3$	1∶1.25	1∶1.50	—
三合土基础	体积比 1∶2∶4～1∶3∶6（石灰∶砂∶骨料），每层约虚铺 200 mm，夯至 150 mm	1∶1.50	1∶2.00	—

注：1. p_k 为作用的标准组合时基础底面处的平均压力值，kPa。

2. 阶梯形毛石基础的每阶伸出宽度不宜大于 200 mm。

3. 当基础由不同材料叠合组成时，还应对接触部分做抗压验算。

4. 混凝土基础单侧扩展范围内基础底面处的平均压力值超过 300 kPa 的混凝土基础，尚应对台阶高度变化处的断面进行抗剪验算；对于基底反力集中于立柱附近的岩石地基，应进行局部受压承载力验算。

7.5.3 设计实例

【工程设计计算案例 7-5】 某住宅楼的承重墙厚为 240 mm，上部结构传来荷载 $F_k = 190\ kN/m$，地基承载力特征值 $f_{ak} = 170\ kPa$，地下水位在地表下 0.8 m，持力层为粉质黏土，$\gamma_m = 18\ kN/m^3$，$\eta_d = 1.6$，试设计此承重墙下无筋扩展基础。

【解】(1)求修正后的地基承载力特征值

为便于施工，基础宜建在地下水位以上，初选基础埋置深度 $d = 0.8$ m，假设 $b < 3$ m，因 $d = 0.8\ m > 0.5\ m$，故只需对地基承载力特征值进行深度修正。

修正后的地基承载力特征值 f_a 为

$$f_a = f_{ak} + \eta_d \gamma_m (d - 0.5) = 170 + 1.6 \times 18 \times (0.8 - 0.5) = 178.64\ kPa$$

(2)确定基底宽度 b

微 课

刚性基础设计例题

$$b \geqslant \frac{F_k}{f_a - \gamma_G h} = \frac{190}{178.64 - 20 \times 0.8} = 1.17\ m$$

故取基底宽度 $b = 1.2$ m。

(3)选择基础材料并确定基础剖面尺寸

方案Ⅰ：采用 MU10 砖和 M5 砂浆，砌“二一间隔收”砖基础。每层台阶宽度 $b_1 = 60$ mm，基础下做 100 mm 厚 C15 素混凝土垫层，砖基础每侧所需台阶数为

$$n \geqslant \frac{b - b_0}{2b_1} = \frac{1\ 200 - 240}{2 \times 60} = 8$$

基础高度为

$$H_0 = (120 + 60) \times 4 = 720\ mm$$

若满足基础埋置深度构造（基础顶在室外地坪下至少 100 mm）要求，基础底将在地下水位线以下，必然给施工带来麻烦，故方案Ⅰ不是最佳方案。

方案Ⅱ：基础由两种材料叠合而成，下层采用 C15 素混凝土，厚 300 mm，其上仍采用“二一间隔收”砖基础。

混凝土垫层设计如下：

①基底压力

$$p_k=\frac{F_k+G_k}{b}=\frac{190+20\times0.8\times1.2}{1.2}=174.33\ \text{kPa}<f_a=178.64\ \text{kPa}$$

②基础高度

查表 7-4 所得 C15 素混凝土（$p_k=174$ kPa）台阶允许宽高比 $[b_2/H_0]=1:1.25$，所以混凝土台阶收进宽度为

$$b_2\leqslant[b_2/H_0]\times300=\frac{1}{1.25}\times300=240\ \text{mm}$$

砖基础所需台阶数为

$$n\geqslant\frac{b-b_0}{2b_1}=\frac{1\ 200-240-240\times2}{2\times60}=4$$

故基础高度为

$$H_0=300+(120+60)\times2=660\ \text{mm}$$

若基础埋置深度为 0.8 m 时，基础顶面在室外地坪下 140 mm，满足基础埋置深度构造要求。可见方案Ⅱ较合理。

(4)绘制基础剖面图

基础剖面形状及尺寸如图 7-23 所示。

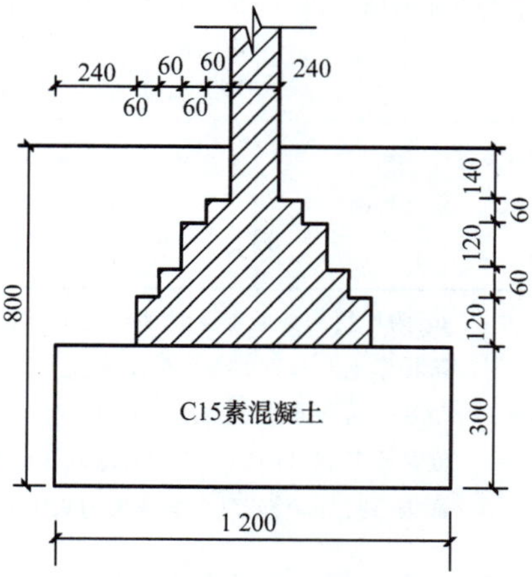

图 7-23 工程设计计算案例 7-5 图

7.6 扩展基础设计

钢筋混凝土扩展基础是较常用的一种基础形式。柱下钢筋混凝土独立基础按制作方式分为现浇钢筋混凝土独立基础和预制钢筋混凝土独立基础——杯形基础。现浇钢筋混凝土独立基础按构造形式分锥形基础和阶梯形基础。

7.6.1 扩展基础的构造要求

1. 一般构造要求

(1)基础边缘高度：锥形基础的边缘高度一般不宜小于 200 mm，且两个方向的坡度不宜大于 1∶3；其顶部四周应水平放宽至少 50 mm，以方便柱模板的安装。阶梯形基础的每阶高度宜为 300～500 mm，如图 7-24 所示。

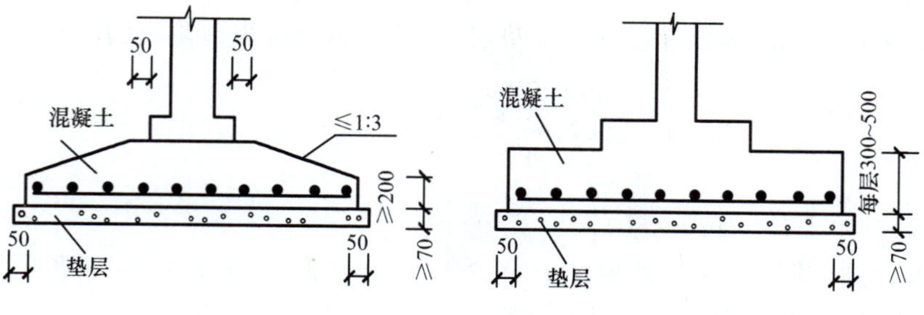

(a) 锥形基础　　(b) 阶梯形基础

图 7-24 扩展基础一般构造要求

微 课

扩展基础的构造基本要求

(2)基底垫层：垫层的厚度不宜小于 70 mm；垫层混凝土强度等级不宜低于 C20，垫层四周较基础放宽 50 mm。

(3)钢筋：钢筋混凝土扩展基础的受力钢筋最小配筋率不应小于 0.15%，底板受力钢筋的最小直径不宜小于 10 mm；间距不宜大于 200 mm，也不宜小于 100 mm。墙下钢筋混凝土条形基础的纵向分布钢筋的直径不宜小于 8 mm；间距不宜大于 300 mm；每延米分布钢筋的面积应不小于受力钢筋面积的 15%。当有垫层时，钢筋保护层的厚度不宜小于 40 mm；无垫层时，钢筋保护层的厚度不宜小于 70 mm。

(4)混凝土：基础底板混凝土强度等级不应低于 C20。

(5)当柱下钢筋混凝土独立基础的边长和墙下钢筋混凝土条形基础的宽度大于或等于 2.5 m 时，底板受力钢筋的长度可取边长或宽度的 90%，并宜交错布置，如图 7-25(a)所示。

(6)钢筋混凝土条形基础底板在 T 形及十字形交接处，底板横向受力钢筋仅沿一个主要受力方向通长布置，另一方向的横向受力钢筋可布置到主要受力方向底板宽度四分之一处，如图 7-25(b)所示。在拐角处底板横向受力钢筋应沿两个方向布置，如图 7-25(c)所示。

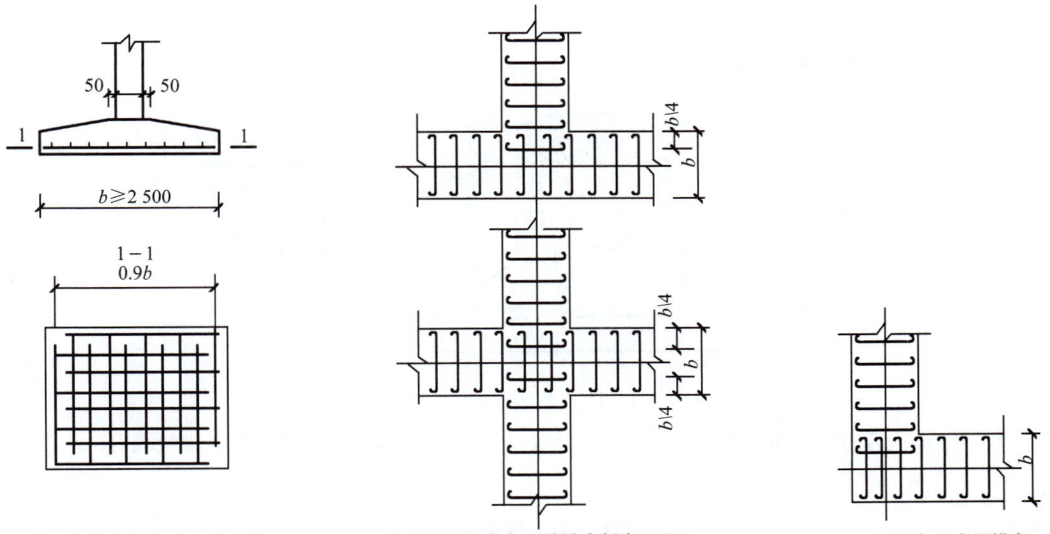

(a)柱下钢筋混凝土独立基础底板受力钢筋布置　(b)钢筋混凝土条形基础底板在T形及十字形交接处受力钢筋布置　(c)拐角处底板横向受力钢筋布置

图 7-25　扩展基础底板受力钢筋布置

2. 现浇柱下独立基础的构造要求

(1) 钢筋混凝土柱和剪力墙纵向受力钢筋在基础内的锚固长度 l_a 应根据钢筋在基础内的最小保护层厚度按《混凝土结构设计规范(2015 年版)》(GB 50010—2010)有关规定确定。

有抗震设防要求时，纵向受力钢筋的抗震锚固长度 l_{aE} 应按式(7-17)～式(7-19)计算

一、二级抗震等级　$l_{aE}=1.15l_a$　(7-17)

三级抗震等级　$l_{aE}=1.05l_a$　(7-18)

四级抗震等级　$l_{aE}=l_a$　(7-19)

式中　l_a——钢筋混凝土柱和剪力墙纵向受力钢筋在基础内的锚固长度，m。

现浇柱的基础，其插筋的数量、直径以及钢筋的种类应与柱内纵向受力钢筋相同，如图 7-26 所示。插筋的抗震锚固长度应满足式(7-17)～式(7-19)的要求，插筋与柱的纵向受力

钢筋的连接方法应符合《混凝土结构设计规范(2015 年版)》(GB 50010—2010)的规定。插筋的下端宜做成直钩放在基础底板钢筋网上。

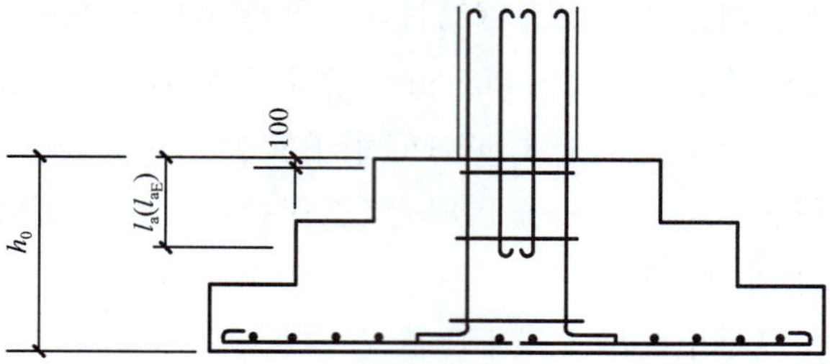

图 7-26 现浇柱的基础中插筋构造示意图

(2)柱为轴心受压或小偏心受压时,基础高度应大于等于 1 200 mm。

(3)柱为大偏心受压时,基础高度应大于等于 1 400 mm。

(4)当基础高度小于 l_a(l_{aE})时,纵向受力钢筋的锚固总长度除符合上述要求外,其最小直锚段的长度不应小于 $20d$,弯折段的长度不应小于 150 mm。

3. 杯形基础的构造要求

预制钢筋混凝土柱与杯形基础的连接应符合下列要求,如图 7-27 所示。

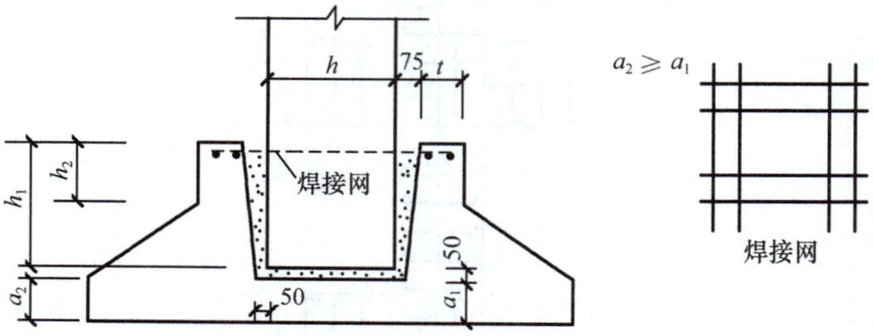

图 7-27 预制钢筋混凝土柱与杯形基础的连接

(1)柱的插入深度 h_1 可按表 7-5 选用,并满足钢筋锚固长度的要求及吊装时柱的稳定性要求。

表 7-5 柱的插入深度 h_1

矩形或工字形柱				双肢柱
$h<500$	$500\leqslant h<800$	$800\leqslant h<1\ 000$	$h\geqslant 1\ 000$	
h~$1.2h$	h	$0.9h$ 且$\geqslant 800$	$0.8h$ 且$\geqslant 1\ 000$	$(1/3\sim 2/3)h_a$ $(1.5\sim 1.8)h_b$

注:1. h 为柱截面长边尺寸;h_a 为双肢柱全截面长边尺寸;h_b 为双肢柱全截面短边尺寸。

2. 柱轴心受压或小偏心受压时,h_1 可适当减小;偏心距大于 $2h$ 时,h_1 应适当增大。

(2)基础的杯底厚度和杯壁厚度,可按表 7-6 选用。

(3)当柱为轴心受压或小偏心受压且 $t/h_2\geqslant 0.65$ 时,或大偏心受压 $t/h_2\geqslant 0.75$ 时,杯壁可不配筋;当柱为轴心受压或小偏心受压且 $0.5\leqslant t/h_2<0.65$ 时,杯壁可按表 7-7 构造配筋;其他情况下应按计算配筋。

表 7-6 基础的杯底厚度和杯壁厚度

柱截面长边尺寸 h/mm	杯底厚度 a_1/mm	杯壁厚度 t/mm
$h<500$	≥150	150～200
$500\leqslant h<800$	≥200	≥200
$800\leqslant h<1\,000$	≥200	≥300
$1\,000\leqslant h<1\,500$	≥250	≥350
$1\,500\leqslant h<2\,000$	≥300	≥400

注：1. 双肢柱的杯底厚度值，可适当加大。
2. 当有基础梁时，基础梁下的杯壁厚度应满足其支撑宽度的要求。
3. 柱子插入杯口部分的表面应凿毛，柱子与杯口的空隙，应用比基础混凝土强度等级高一级的细石混凝土充填密实，当达到材料设计强度的 70%以上时，方能进行上部吊装。

表 7-7 杯壁构造配筋

柱截面长边尺寸 h/mm	$h<1\,000$	$1\,000\leqslant h<1\,500$	$1\,500\leqslant h<2\,000$
钢筋直径/mm	8～10	10～12	12～16

7.6.2 墙下钢筋混凝土条形基础设计

墙下钢筋混凝土条形基础的设计主要包括确定基础宽度、基础高度和基础底板配筋。在确定基础高度和基础底板配筋计算时，上部结构传至基础底面上的荷载效应和相应的基底反力应按承载力极限状态下荷载效应的基本组合计算。

基础一般做成无肋式的板，采用对称形式。当地基较软弱时，可采用有肋式的板，增加基础的刚度以减小不均匀沉降，如图 7-28 所示。

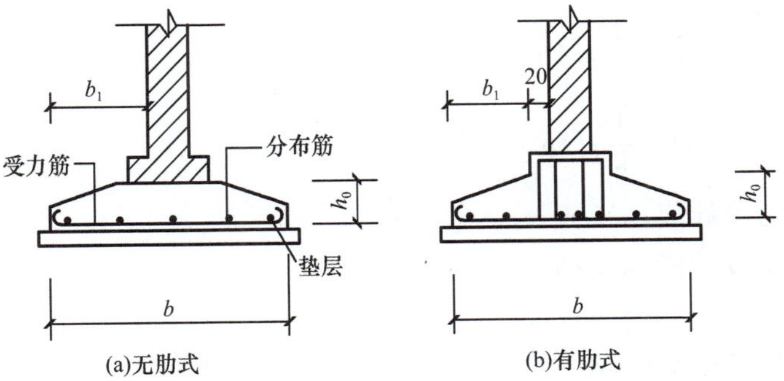

图 7-28 墙下钢筋混凝土条形基础

微 课

墙下钢筋混凝土条形基础设计

1. 基础宽度

基础宽度计算一般与浅基础相同，取 1 m 长为计算单元。当为轴心受压时，按式(7-7) 计算；当为偏心受压时，按式(7-10)计算。

2. 基础底板高度确定

钢筋混凝土条形基础在均布线荷载 F(kN/m)作用下的受力分析可简化为图 7-29 所示情况。其受力情况如同一受 p_j 作用的倒置悬臂板。由自重 G 产生的均布压力与相应的地基反力相抵消，底板仅受到上部结构传来的荷载设计值产生的地基净反力的作用。

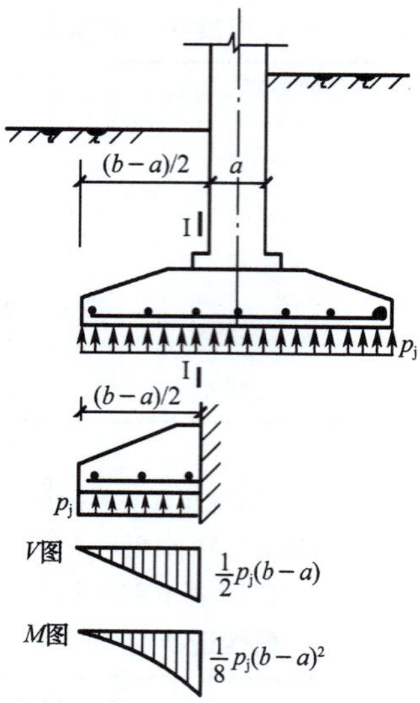

图 7-29 墙下条形基础轴心荷载作用

(1)轴心荷载作用时

①地基净反力计算

地基净反力是扣除基础自重及其上土重后相应于荷载效应基本组合时的地基土单位面积净反力，可按式(7-20)计算

$$p_j=\frac{F}{b} \tag{7-20}$$

式中 F——相应于荷载效应基本组合时，上部结构传至地面标高处的荷载设计值，kN/m。

②最大内力设计值（取墙边截面）

$$V=\frac{1}{2}p_j(b-a) \tag{7-21}$$

$$M=\frac{1}{8}p_j(b-a)^2 \tag{7-22}$$

式中 V——基础底板根部的剪力设计值，kN/m；

M——基础底板支座的弯矩设计值，kN・m；

a——砖墙厚，m；

b——墙下钢筋混凝土条形基础宽度，m。

③基础底板厚度

为了防止因剪力作用使基础底板产生剪切破坏，要求底板应有足够的厚度。因基础底板内配置箍筋和弯筋，所以基础底板厚度应满足式(7-23)或式(7-24)的要求

$$V=0.7f_th_0 \tag{7-23}$$

$$h_0\geqslant\frac{V}{0.7f_t} \tag{7-24}$$

式中 f_t——混凝土轴心抗拉强度设计值，N/mm^2；

h_0——基础底板有效厚度，mm；有垫层时 $h_0=h-40$，无垫层时 $h_0=h-70$；

h——基础底板厚度，mm。

④基础底板配筋

在 p_j 作用下，基础底板发生向上的弯曲变形。截面 Ⅰ—Ⅰ 将产生弯矩 M。如果 M 过大，配筋不足，基础底板就会沿截面 Ⅰ—Ⅰ 裂开。计算公式为

$$A_s=\frac{M}{0.9h_0 f_y} \tag{7-25}$$

式中 A_s——条形基础底板每延米长受力钢筋面积，mm^2/m；

f_y——钢筋抗拉强度设计值，N/mm^2。

(2)偏心荷载作用时(图 7-30)

①地基净反力

基础边缘处最大和最小净反力为

$$\left.\begin{matrix} p_{jmax} \\ p_{jmin} \end{matrix}\right\}=\frac{F}{b}\left(1\pm\frac{6e_{j0}}{b}\right) \tag{7-26}$$

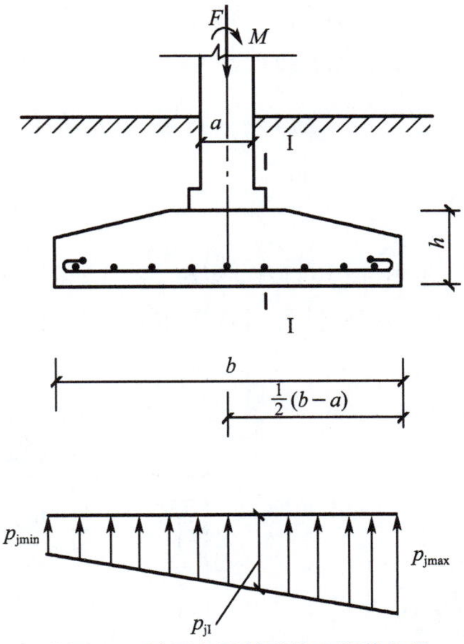

图 7-30 墙下条形基础偏心荷载作用

则悬臂支座处，即截面 Ⅰ—Ⅰ 的地基净反力为

$$p_{jⅠ}=p_{jmin}+\frac{b+a}{2b}(p_{jmax}-p_{jmin}) \tag{7-27}$$

②最大内力设计值

$$V=\frac{1}{2}\left(\frac{p_{jmax}+p_{jⅠ}}{2}\right)(b-a) \tag{7-28}$$

$$M=\frac{1}{8}\left(\frac{p_{jmax}+p_{jⅠ}}{2}\right)(b-a)^2 \tag{7-29}$$

③基础底板厚度及基础配筋计算

仍用式(7-23)或式(7-24)和式(7-25)计算。

【工程设计计算案例 7-6】 上部结构传来荷载效应标准值 $F_k=360$ kN/m(主要为永久荷载)，基础埋置深度 $d=1.3$ m，室内外高差为 0.9 m，修正后的地基承载力特征值 $f_a=165$ kPa。混凝土强度等级为 C25，$f_t=1.27\ N/mm^2$，钢筋采用 HPB235 级，$f_y=210\ N/mm^2$，试设计某教学楼外墙下钢筋混凝土条形基础。

【解】 (1)求基础宽度

$$b\geqslant\frac{F_k}{f_a-\gamma_G\bar{h}}=\frac{360}{165-20\times\frac{1}{2}(1.3\times2+0.9)}=2.77\ \text{m}$$

微 课

墙下钢筋混凝土条形基础例题

取基础宽度为 $b=2.80\ \text{m}=2\ 800\ \text{mm}$。

(2)确定基础底板厚度

由《混凝土结构设计规范(2015 年版)》(GB 50010—2010)可知，当 F_k 主要为永久荷载时，$F=1.35F_k$。

$$p_j=\frac{F}{b}=\frac{1.35F_k}{b}=\frac{1.35\times360}{2.8}=173.57\ \text{kN/m}^2$$

$$V=\frac{1}{2}p_j(b-a)=\frac{1}{2}\times173.57\times(2.8-0.37)=210.89\ \text{kN/m}$$

$$h_0\geqslant\frac{V}{0.7f_t}=\frac{210.89}{0.7\times1.27}=237.22\ \text{mm}$$

若基础底面下采用厚 100 mm 的 C15 素混凝土垫层，则 $h=h_0+40=237.22+40=$

277.22 mm，取 $h=300$ mm，此时 $h_0=260$ mm。

(3)底板配筋计算

$$M=\frac{1}{8}p_j(b-a)^2=\frac{1}{8}\times 173.57\times(2.8-0.37)^2=128.11\ \text{kN}\cdot\text{m}$$

$$A_s=\frac{M}{0.9h_0f_y}=\frac{128.11\times 10^6}{0.9\times 260\times 210}=2\ 607.04\ \text{mm}^2/\text{m}$$

实际选用 ϕ20@120，实配 $A_s=2\ 618\ \text{mm}^2$，横向分布筋构造配置为 ϕ8@250。

(4)基础剖面图及配筋(图 7-31)

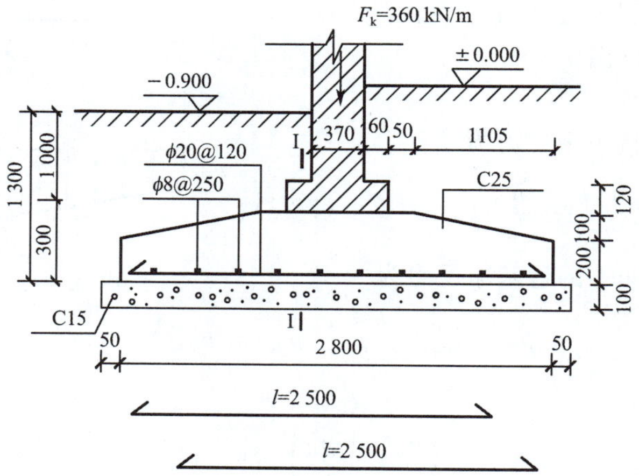

图 7-31 墙下钢筋混凝土条形基础剖面图

【工程设计计算案例 7-7】 某承重墙下条形基础，如图 7-32 所示。上部结构传来荷载标准值，$F_k=200$ kN/m，$M_k=16$ kN·m，主要是永久荷载，基础埋置深度 $d=1.2$ m，修正后的地基承载力特征值 $f_a=160$ kPa，试设计此基础。

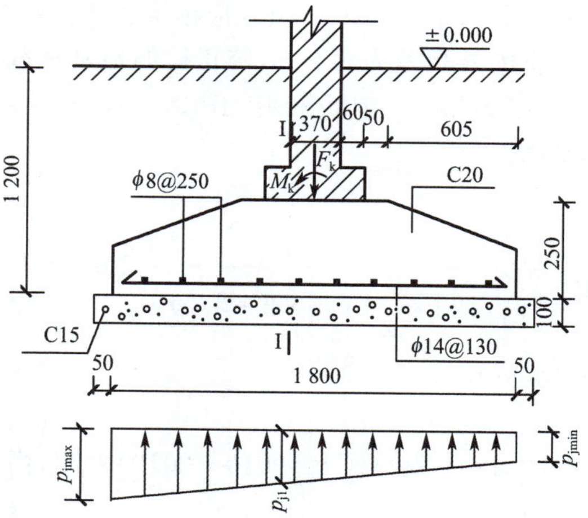

图 7-32 工程设计计算案例 7-7 图

【解】 (1)基础宽度确定

首先按轴心荷载作用时初估，取 $l=1$ m。

$$b'\geqslant\frac{F_k}{f_a-\gamma_G h}=\frac{200}{160-20\times 1.2}=1.47\ \text{m}$$

考虑偏心荷载作用，取 $b=1.2b'=1.2\times 1.47=1.76$ m，取 $b=1.8$ m，则有

$$F_k+G_k=F_k+\gamma_G bl\bar{h}=200+20\times1.8\times1\times1.2=243.20\ \text{kN/m}$$

$$e=\frac{M_k}{F_k}=\frac{16}{243.20}=0.066\ \text{m}<\frac{b}{6}=\frac{1.8}{6}=0.3\ \text{m}$$

$$\left.\begin{matrix}p_{kmax}\\p_{kmin}\end{matrix}\right\}=\frac{F_k+G_k}{b}(1\pm\frac{6e}{b})=\frac{243.20}{1.8}\times(1\pm\frac{6\times0.066}{1.8})=\left\{\begin{matrix}164.84\\105.39\end{matrix}\right.\ \text{kPa}$$

$$p_{kmax}=164.84\ \text{kPa}<1.2f_a=1.2\times160=192\ \text{kPa}$$

$$p_k=\frac{1}{2}(p_{kmax}+p_{kmin})=\frac{1}{2}\times(164.84+105.39)=135.12\ \text{kPa}<f_a=192\ \text{kPa}$$

所以，取基础宽度 $b=1.8$ m 满足要求。

(2)地基净反力确定

$$e_{j0}=\frac{M}{F}=\frac{1.35M_k}{1.35F_k}=\frac{16}{200}=0.08\ \text{m}$$

$$\left.\begin{matrix}p_{jmax}\\p_{jmin}\end{matrix}\right\}=\frac{F}{b}\left(1\pm\frac{6e_{j0}}{b}\right)=\frac{1.35\times200}{1.8}\times\left(1\pm\frac{6\times0.08}{1.8}\right)=\left.\begin{matrix}190\\110\end{matrix}\right\}\ \text{kPa}$$

(3)底板高度确定(选用 C20 混凝土，$f_t=1.1\ \text{N/mm}^2$)

$$p_{jI}=p_{jmin}+\frac{b+a}{2b}(p_{jmax}-p_{jmin})=110+\frac{1.8+0.37}{2\times1.8}\times(190-110)=158.22\ \text{kPa}$$

$$V=\frac{1}{2}\times\frac{p_{jmax}+p_{jI}}{2}(b-a)=\frac{1}{2}\times\frac{190+158.22}{2}\times(1.8-0.37)=124.49\ \text{kN/m}$$

$$h_0\geqslant\frac{V}{0.7f_t}=\frac{124.49}{0.7\times1.1}=161.68\ \text{mm}$$

若在基础下设厚为 100 mm 的 C20 混凝土垫层，则 $h=h_0+40=161.68+40=201.68$ mm，取 $h=250$ mm，此时 $h_0=210$ mm。

(4)底板配筋计算(选用 HPB235 级钢筋，$f_y=210\ \text{N/mm}^2$)

$$M=\frac{1}{8}\left(\frac{p_{jmax}+p_{jI}}{2}\right)(b-a)^2=\frac{1}{8}\times\left(\frac{190+158.22}{2}\right)\times(1.8-0.37)^2=44.50\ \text{kN}\cdot\text{m}$$

$$A_s=\frac{M}{0.9h_0f_y}=\frac{44.50\times10^6}{0.9\times210\times210}=1\ 121\ \text{mm}^2/\text{m}$$

选用 ϕ14@130，实际 $A_s=1\ 184\ \text{mm}^2$，横向分布筋构造配置选 ϕ8@250。

(5)基础剖面图绘制(图 7-32)

7.6.3 柱下钢筋混凝土独立基础设计

《建筑与市政地基基础通用规范》(GB 55003 —2021)规定：对柱下独立基础，当冲切破坏锥体落在基础底面以内时，应验算柱与基础交接处以及基础变阶处的受冲切承载力；对基础底面短边尺寸小于或等于柱宽加两倍基础有效高度的柱下独立基础，以及墙下条形基础，应验算柱(墙)与基础交接处的基础受剪切承载力；基础底板的配筋，应按抗弯计算确定。当基础混凝土强度等级小于柱或桩的混凝土强度等级时，应验算柱下基础或桩上承台的局部受压承载力。

1. 基础底板厚度

在柱轴心荷载 F_k 作用下，如果基础高度(或阶梯高度)不足，则将沿着柱周边(或阶梯高度变化处)产生冲切破坏，破坏特征是形成 45°斜裂面的角锥体，如图 7-33 所示。因此，由冲切破坏锥体以外的地基净反力所产生的冲切力应小于冲切面处混凝土的抗冲切能力。对于矩形基础，往往柱短边一侧冲切破坏较柱长边一侧危险，故仅需根据短边一侧冲切破坏条件来确定

底板厚度，即要求

$$p_j A_L \leqslant 0.7\beta_{hp} f_t A_m \tag{7-30}$$

式中 β_{hp}——截面高度影响系数。当 $h \leqslant 800$ mm 时，β_{hp} 取 1.0；当 $h \geqslant 2\ 000$ mm 时，β_{hp} 取 0.9，其间按线性内插取值；

p_j——相应于荷载效应取基本组合时的地基净反力值，kPa；轴心受压 $p_j = \dfrac{F}{A}$，偏心受压 $p_j = p_{jmax}$；

A_L——冲切力的作用面积，m^2；

f_t——混凝土抗拉强度设计值，kPa；

A_m——冲切破坏面在基础底面上的水平投影面积，m^2。

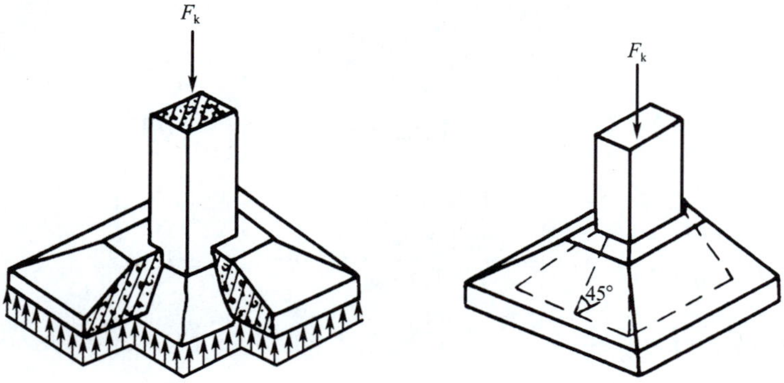

微 课

冲切验算

图 7-33 基础冲切破坏

A_L、A_m 的计算，按冲切破坏锥体的底边与基础宽度 b 的关系计算，即 $b \geqslant b_z + 2h_0$ 或 $b < b_z + 2h_0$，计算方法如下：

(1)当 $b \geqslant b_z + 2h_0$ 时，如图 7-34(a)、图 7-34(c)、图 7-34(d)所示

$$A_L = \left(\frac{l}{2} - \frac{a_z}{2} - h_0\right)b - \left(\frac{b}{2} - \frac{b_z}{2} - h_0\right)^2 \tag{7-31}$$

$$A_m = (b_z + h_0)h_0 \tag{7-32}$$

式中 a_z、b_z——柱长边、短边尺寸，m；

h_0——基础有效高度，m。

(2)当 $b < b_z + 2h_0$ 时，如图 7-34(b)所示

$$V_s \leqslant 0.7\beta_{hs} f_t A_0 \tag{7-33}$$

$$\beta_{hs} = (800/h_0)^{1/4} \tag{7-34}$$

式中 V_s——柱与基础交接处的剪力设计值，kN，其值为图 7-35 中的阴影面积乘以基底平均净反力；

β_{hs}——受剪切承载力截面高度影响系数，当 $h_0 < 800$ mm 时，取 $h_0 = 800$ mm；当 $h_0 \geqslant 2\ 000$ mm 时，取 $h_0 = 2\ 000$ mm；

A_0——验算截面处基础的有效截面面积，m^2。当验算截面为阶梯形或锥形时，可将其截面折算成矩形截面，截面的折算宽度和截面的有效高度按《建筑地基基础设计规范》(GB 50007 —2011)附录 U 计算。

确定基础高度的方法为试算法，即先按经验选 h，求出对应的 h_0；然后求出 A_L、A_m，代入式(7-30)验算，直至满足要求为止。

当基础底面边缘在 45°冲切破坏线以内时，基础高度满足冲切强度要求，即不需要进行抗冲切验算。

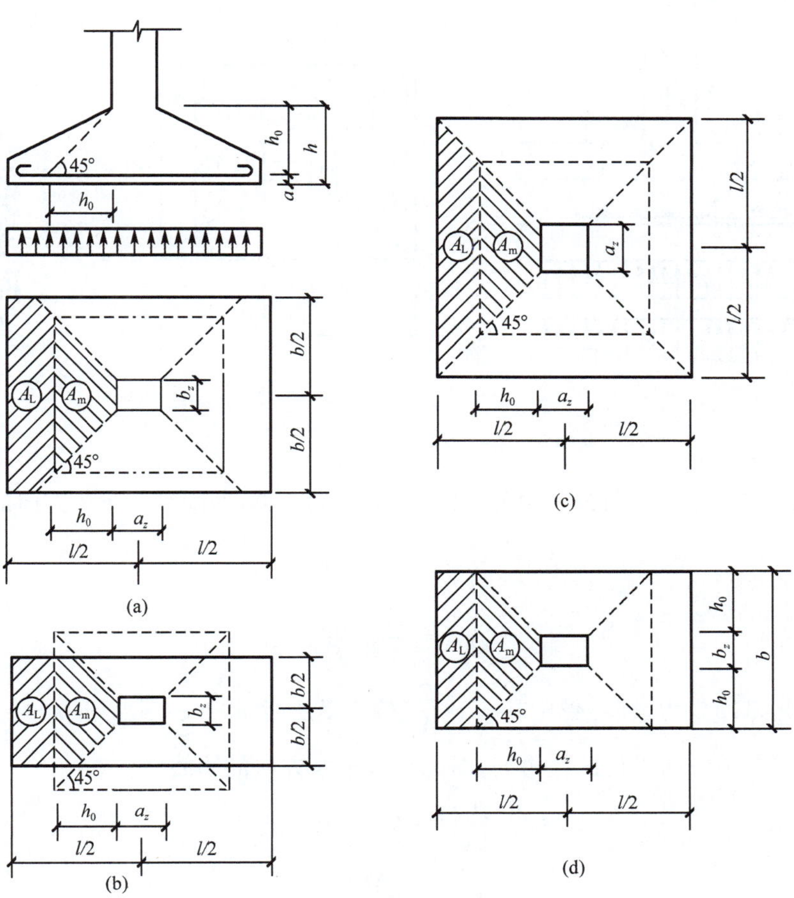

图 7-34 锥形基础冲切计算

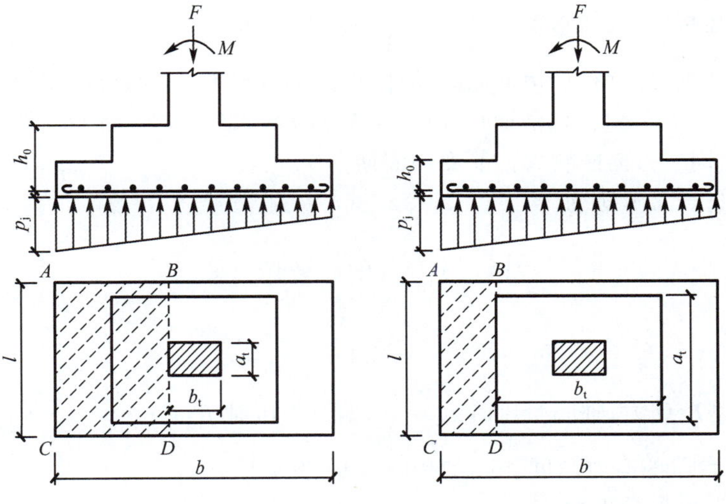

(a)柱与基础交接处　　(b)基础变阶处

图 7-35 验算阶梯形基础受剪切承载力

2. 基础底板配筋

由于单独基础底板在 p_j 作用下，在两个方向均发生弯曲，所以两个方向都要配置受力钢筋，钢筋面积按两个方向的最大弯矩分别计算，如图 7-36 所示。

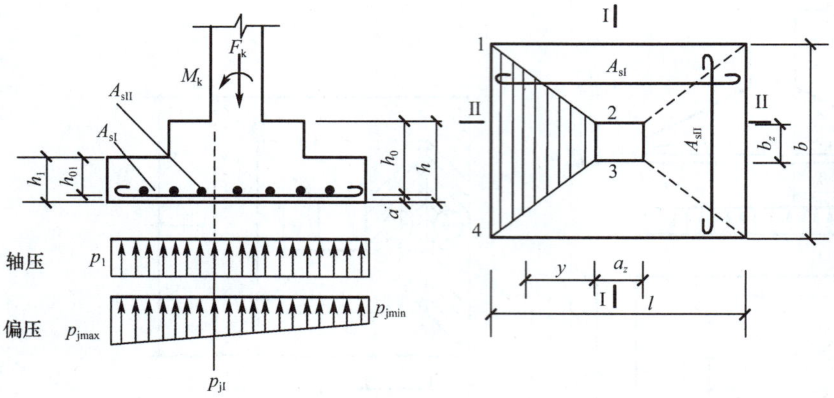

微 课

基础底板配筋

图 7-36　基础底板配筋

截面Ⅰ—Ⅰ(与 b 方向平行的柱边处,并且受力较大一侧,即配平行于 l 方向的钢筋)

$$M_{\mathrm{I}}=\frac{p_j}{24}(l-a_z)^2(2b+b_z) \tag{7-35}$$

$$A_{s\mathrm{I}}=\frac{M_{\mathrm{I}}}{0.9h_0f_y} \tag{7-36}$$

式中　p_j——地基净反力,轴心受压时 $p_j=\dfrac{F}{A}$,偏心受压时 $p_j=\dfrac{1}{2}(p_{j\max}+p_{j\mathrm{I}})$。

截面Ⅱ—Ⅱ(与 l 方向平行的柱边处,即配平行于 b 方向的钢筋)

$$M_{\mathrm{II}}=\frac{p_j}{24}(b-b_z)^2(2l+a_z) \tag{7-37}$$

$$A_{s\mathrm{II}}=\frac{M_{\mathrm{II}}}{0.9h_0f_y} \tag{7-38}$$

式中　p_j——地基净反力,轴心受压时 $p_j=\dfrac{F}{A}$,偏心受压时 $p_j=\dfrac{1}{2}(p_{j\max}+p_{j\min})$。

对于阶梯形基础,除进行柱边截面配筋计算外,尚应计算变阶处截面的配筋,此时只需用台阶平面尺寸($a_{z1}\times b_{z1}$)代替柱截面尺寸($a_z\times b_z$)即可,如图 7-37 所示。按上述方法求出钢筋面积,最后根据同一方向的较大钢筋面积配筋。

变阶处截面Ⅲ—Ⅲ弯矩为

轴心受压
$$M_{\mathrm{III}}=\frac{p_j}{24}(l-a_z)^2(2b+b_z) \tag{7-39}$$

$$A_{s\mathrm{III}}=\frac{M_{\mathrm{III}}}{0.9h_{01}f_y} \tag{7-40}$$

式中　p_j——地基净反力,轴心受压时 $p_j=\dfrac{F}{A}$,偏心受压时 $p_j=\dfrac{1}{2}(p_{j\max}+p_{j\mathrm{III}})$;

h_{01}——下台阶的有效高度,m;$h_{01}=h_1-40$ 或 h_1-70。

变阶处截面Ⅳ—Ⅳ弯矩为

$$M_{\mathrm{IV}}=\frac{p_j}{24}(b-b_{z1})^2(2l+a_{z1}) \tag{7-41}$$

$$A_{s\mathrm{IV}}=\frac{M_{\mathrm{IV}}}{0.9h_{01}f_y} \tag{7-42}$$

式中　p_j——地基净反力,轴心受压时 $p_j=\dfrac{F}{A}$,偏心受压时 $p_j=\dfrac{1}{2}(p_{j\max}+p_{j\min})$。

那么平行于 l 方向的配筋取 A_{I}、A_{III} 的较大者；平行于 b 方向的配筋取 A_{II}、A_{IV} 的较大者。

基础底板配筋除满足计算和最小配筋率要求外，尚应符合其构造要求。计算最小配筋率时，对阶梯形或锥形基础截面，可将其截面折算成矩形截面，截面的折算宽度和截面的有效高度按《建筑地基基础设计规范》(GB 50007 —2011)附录 U 计算。

当柱下独立基础底面长短边之比为 $2 \leqslant \omega \leqslant 3$ 时，基础底板短向钢筋应按下述方法布置：将短向全部钢筋面积乘以 $(1-\lambda)$，求得所需的钢筋，再将钢筋均匀分布在与柱中心线重合的宽度等于基础短边的中间带宽范围内，其余的短向钢筋则均匀分布在中间带宽的两侧，长向配筋应均匀分布在基础全宽范围内，如图 7-38 所示。λ 按式(7-43)计算。

$$\lambda = 1 - \frac{\omega}{6} \tag{7-43}$$

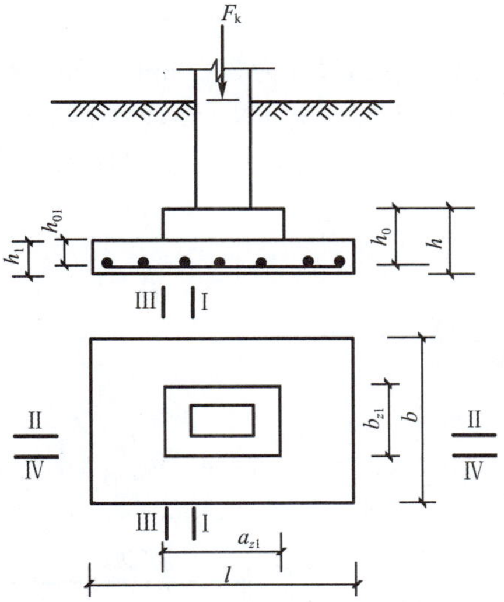

图 7-37 变阶基础配筋计算

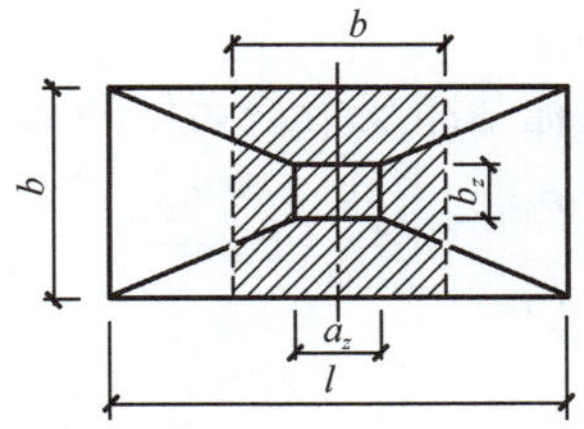

图 7-38 基础底板短向配筋布置

【工程设计计算案例 7-8】 已知上柱(内柱，即轴心受压)结构传来荷载 $F_k = 550$ kN，柱截面尺寸为 350 mm×350 mm，基础埋置深度 $d = 1.8$ m，修正后地基承载力特征值 $f_a = 150$ kN/m²。基础选用 C25 混凝土，$f_t = 1.27$ N/mm²，HPB235 级钢筋，$f_y = 210$ N/mm²，试设计钢筋混凝土内柱基础。

【解】 (1)确定基础底板长度和宽度

$$l = b = \sqrt{\frac{F_k}{f_a - \gamma_G \bar{h}}} = \sqrt{\frac{550}{150 - 20 \times 1.8}} = 2.20 \text{ m}$$

(2)确定基础底板厚度

$$p_j = \frac{F}{A} = \frac{1.35 \times 550}{2.2 \times 2.2} = 153.41 \text{ kPa}$$

初选基础高度 $h = 350$ mm，则 $h_0 = 310$ mm。

$$b_z + 2h_0 = 350 + 2 \times 310 = 970 \text{ mm} < b = 2\ 200 \text{ mm}$$

$$A_L = \left(\frac{l}{2} - \frac{a_z}{2} - h_0\right)b - \left(\frac{b}{2} - \frac{b_z}{2} - h_0\right)^2$$

$$= \left(\frac{2\ 200}{2} - \frac{350}{2} - 310\right) \times 2\ 200 - \left(\frac{2\ 200}{2} - \frac{350}{2} - 310\right)^2$$

$$= 974\ 775 \text{ mm}^2 = 0.975 \text{ m}^2$$

微 课

独立基础验算例题

$$F_L = p_j \times A_L = 153.41 \times 0.975 = 149.57\ \text{kN}$$

$$A_m = (b_z + h_0)h_0 = (350+310) \times 310 = 204\ 600\ \text{mm}^2 = 0.204\ 6\ \text{m}^2$$

$$0.7\beta_{hp} f_t A_m = 0.7 \times 1.0 \times 1.27 \times 10^3 \times 0.204\ 6 = 181.89\ \text{kN}$$

因 $F_L < 0.7 f_t A_m$，故基础高度满足要求。

(3)基础配筋

$$M_{\mathrm{I}} = M_{\mathrm{II}} = \frac{p_j}{24}(l-a_z)^2(2b+b_z) = \frac{153.41}{24} \times (2.20-0.35)^2 \times (2 \times 2.20 + 0.35)$$

$$= 103.91\ \text{kN} \cdot \text{m}$$

$$A_{s\mathrm{I}} = A_{s\mathrm{II}} = \frac{M}{0.9h_0 f_y} = \frac{103.91 \times 10^6}{0.9 \times 310 \times 210} = 1\ 773.51\ \text{mm}^2$$

选配 16ϕ12@140，实际 $A_{s\mathrm{I}} = A_{s\mathrm{II}} = 1\ 810\ \text{mm}^2$。

(4)绘制基础施工图(图 7-39)

【工程设计计算案例 7-9】 如图 7-40 所示，某框架柱截面尺寸为 300 mm×400 mm，相应于荷载效应基本组合时，作用在基础顶的荷载值：$F=700$ kN，$M=80$ kN·m，$V=13$ kN。初选基础底面尺寸为 2.4 m×1.6 m。材料选用 C30 混凝土，$f_t = 1.43$ N/mm²，HPB235 级钢筋，$f_y = 210$ N/mm²，试设计该框架柱下独立基础。

【解】 (1)计算基底净反力

偏心距 $$e_{j0} = \frac{\sum M}{F} = \frac{80 + 13 \times 0.6}{700} = 0.125\ \text{m}$$

基础底面地基净反力最大值和最小值为

$$\left.\begin{matrix} p_{j\max} \\ p_{j\min} \end{matrix}\right\} = \frac{F}{lb}\left(1 \pm \frac{6e_{j0}}{l}\right) = \frac{700}{2.4 \times 1.6} \times \left(1 \pm \frac{6 \times 0.125}{2.4}\right) = \begin{cases} 239.26 \\ 125.33 \end{cases} \text{kPa}$$

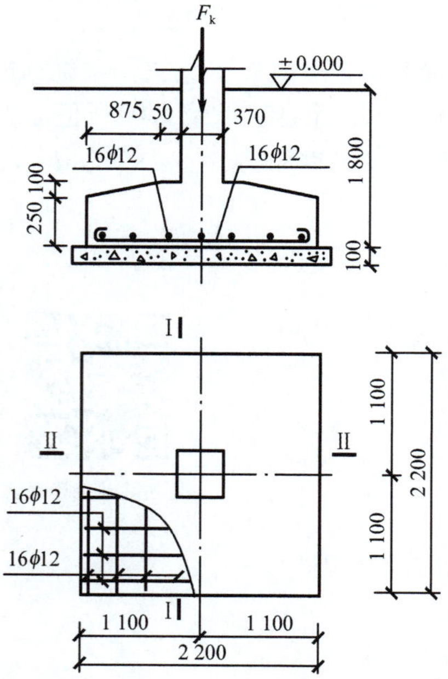

图 7-39 工程设计计算案例 7-8 基础施工图

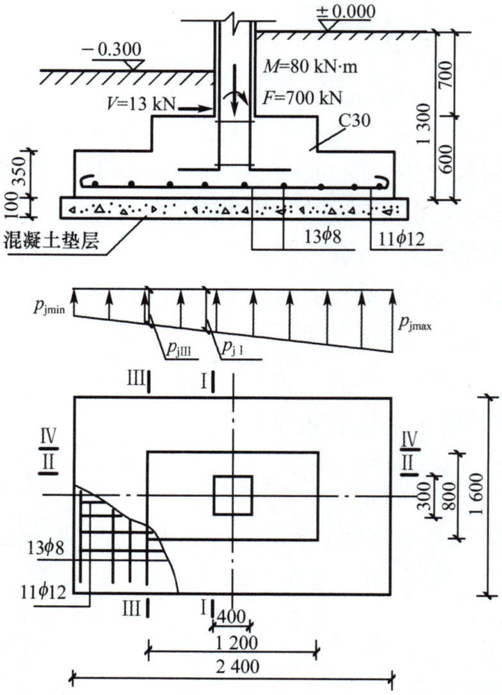

图 7-40 工程设计计算案例 7-9 基础施工图

(2)柱边基础截面抗冲切验算

初步选择基础高度 $h=600$ mm,则

$$h_0=600-40=560\text{ mm (有垫层)}$$

$$b_z+2h_0=0.3+2\times0.56=1.42\text{ m}<b=1.6\text{ m}$$

因偏心受压,冲切力为

$$\begin{aligned}p_jA_L&=p_{jmax}\left[\left(\frac{l}{2}-\frac{a_z}{2}-h_0\right)b-\left(\frac{b}{2}-\frac{b_z}{2}-h_0\right)^2\right]\\&=239.26\times\left[\left(\frac{2.4}{2}-\frac{0.4}{2}-0.56\right)\times1.6-\left(\frac{1.6}{2}-\frac{0.3}{2}-0.56\right)^2\right]\\&=166.50\text{ kN}\end{aligned}$$

抗冲切力:当 $h=600$ mm<800 mm 时,β_{hp} 取 1.0。

$$A_m=(b_z+h_0)h_0=(0.3+0.56)\times0.56=0.48\text{ m}^2$$

$$0.7\beta_{hp}f_tA_m=0.7\times1.0\times1\,430\times0.48=480.48\text{ kN}>166.3\text{ kN}$$

满足抗冲切要求。

(3)变阶处抗冲切验算

基础分为二阶,下阶 $h_1=350$ mm,$h_{01}=350-40=310$ mm,取 $a_{z1}=1.2$ m,$b_{z1}=0.8$ m,则 $b_{z1}+2h_{01}=0.8+2\times0.31=1.42$ m<1.60 m。

冲切力

$$\begin{aligned}p_jA_{L1}&=p_{jmax}\left[\left(\frac{l}{2}-\frac{a_{z1}}{2}-h_{01}\right)b-\left(\frac{b}{2}-\frac{b_{z1}}{2}-h_{01}\right)^2\right]\\&=239.26\times\left[\left(\frac{2.4}{2}-\frac{1.2}{2}-0.31\right)\times1.6-\left(\frac{1.6}{2}-\frac{0.8}{2}-0.31\right)^2\right]\\&=109.08\text{ kN}\end{aligned}$$

抗冲切力:当 $h_1=350$ mm<800 mm 时,β_{hp} 取 1.0。

$$A_{m1}=(b_{z1}+h_{01})h_{01}=(0.8+0.31)\times0.31=0.344\,1\text{ m}^2$$

$$0.7\beta_{hp}f_tA_{m1}=0.7\times1.0\times1\,430\times0.344\,1=344.44\text{ kN}>109.08\text{ kN}$$

满足抗冲切要求。

(4)配筋计算

①基础平行于 l 方向配筋

- 截面Ⅰ—Ⅰ(柱边)

柱边净反力为

$$p_{jI}=p_{jmin}+\frac{l+a_z}{2l}(p_{jmax}-p_{jmin})=125.33+\frac{2.4+0.4}{2\times2.4}\times(239.26-125.33)=191.79\text{ kPa}$$

弯矩为

$$\begin{aligned}M_I&=\frac{1}{24}\left(\frac{p_{jmax}+p_{jI}}{2}\right)(l-a_z)^2(2b+b_z)\\&=\frac{1}{24}\times\left(\frac{239.26+191.79}{2}\right)\times(2.4-0.4)^2\times(2\times1.6+0.3)=125.72\text{ kN}\cdot\text{m}\end{aligned}$$

$$A_{sI}=\frac{M_I}{0.9h_0f_y}=\frac{125.72\times10^6}{0.9\times560\times210}=1\,187.83\text{ mm}^2$$

- 截面Ⅲ—Ⅲ(变阶处)

$$p_{j\text{Ⅲ}}=p_{j\min}+\frac{l+a_{z1}}{2l}(p_{j\max}-p_{j\min})=125.33+\frac{2.4+1.2}{2\times2.4}\times(239.26-125.33)=210.78\text{ kPa}$$

$$M_{\text{Ⅲ}}=\frac{1}{24}\frac{p_{j\max}+p_{j\text{Ⅲ}}}{2}(l-a_{z1})^2(2b+b_{z1})$$

$$=\frac{1}{24}\times\frac{239.26+210.78}{2}\times(2.4-1.2)^2\times(2\times1.6+0.8)=54.00\text{ kN}\cdot\text{m}$$

$$A_{s\text{Ⅲ}}=\frac{M_{\text{Ⅲ}}}{0.9h_{01}f_y}=\frac{54.00\times10^6}{0.9\times310\times210}=921.66\text{ mm}^2$$

比较 $A_{s\text{Ⅰ}}$、$A_{s\text{Ⅲ}}$，取大者，故按 $A_{s\text{Ⅰ}}$ 配筋，实际配 11ϕ12，$A_s=1\ 244\text{ mm}^2>1\ 187.83\text{ mm}^2$。

②基础平行于 b 方向配筋

因该基础受单向偏心荷载作用，所以基础平行于 b 方向配筋时的基底净反力为

$$p_j=\frac{1}{2}(p_{j\max}+p_{j\min})=\frac{239.26+125.33}{2}=182.30\text{ kPa}$$

与平行于 l 方向配筋的计算方法相同，可得截面Ⅱ—Ⅱ(柱边)的计算配筋值 $A_{s\text{Ⅱ}}=629.63\text{ mm}^2$；截面Ⅳ—Ⅳ(变阶处)的计算配筋值 $A_{s\text{Ⅳ}}=497.01\text{ mm}^2$。因此，按 $A_{s\text{Ⅱ}}$ 配筋，选取 13ϕ8，实际 $A_s=654\text{ mm}^2$，符合构造要求。

(5)绘制基础施工图(图 7-40)

7.7 柱下钢筋混凝土条形基础

一般情况下，柱下钢筋混凝土基础应优先考虑设置独立基础。但遇到特殊情况时，可设计成柱下钢筋混凝土条形基础(简称柱下条基)或十字交叉基础，现仅介绍柱下条形基础的构造及简化计算。柱下条形基础是常用于软弱地基上框架或排架结构的一种基础类型，具有刚度大、调整不均匀沉降能力强等优点，但造价较高。

7.7.1 柱下钢筋混凝土条形基础的构造要求

柱下条基由基础梁与翼板两部分组成。柱下条基除满足墙下条形基础与柱下独立基础的构造要求外，还需满足以下规定：

(1)柱下条基的基础梁高度宜为柱距的 1/8～1/4，翼板厚度不应小于 200 mm；当翼板厚度大于 250 mm 时，宜用变厚度翼板，其坡度宜不大于 1∶3。

(2)柱下条基的两端宜外伸，其长度宜为第一跨度的 25%。

(3)一般情况下，基础梁两侧宜宽于柱边 50 mm，否则仅在现浇柱子处将基础梁局部加宽，如图 7-41 所示。

(4)条形基础梁顶部和底部的纵向受力钢筋除满足设计要求外，顶部钢筋按计算配筋全部贯通，底部通长钢筋不应少于底部受力钢筋总面积的 1/3。

7.7.2 柱下钢筋混凝土条形基础的简化计算

柱下条基的计算除应符合扩展基础的要求外，尚应符合下列规定：

在比较均匀的地基上，上部结构刚度较好，荷载分布较均匀，且条形基础梁的高度大于

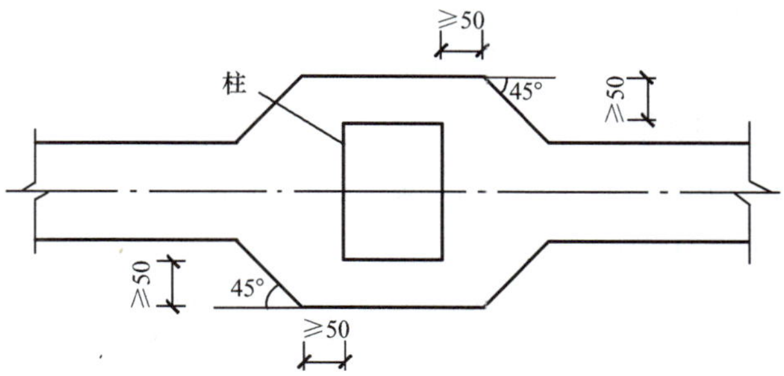

图 7-41 现浇柱与条形基础梁交接处平面尺寸

1/6 柱距时，地基反力可按直线分布，条形基础梁的内力可按连续梁计算，即采用倒梁法计算。此时，边跨跨中弯矩及第一内支座弯矩值宜乘以系数 1.2，否则应按弹性地基梁计算。

1. 基底尺寸及反力计算

假设基底反力是直线分布，因此在确定基底尺寸时将作用在基础上的柱荷载向基础梁中心点 O 简化，如图 7-42 所示。

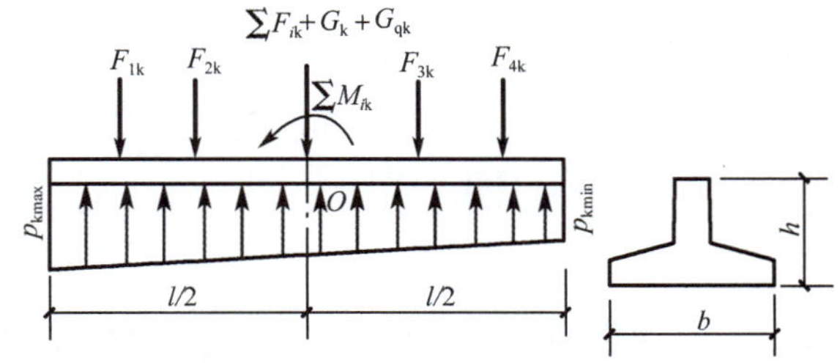

图 7-42 基底反力分布图

轴心荷载作用时，有

$$p_k=\frac{\sum F_{ik}+G_k+G_{qk}}{lb}\leqslant f_a \tag{7-44}$$

偏心荷载作用(平行基础梁方向的单向弯矩)时，除应满足式(7-44)要求外，尚应满足

$$\left.\begin{matrix}p_{kmax}\\p_{kmin}\end{matrix}\right\}=\frac{\sum F_{ik}+G_k+G_{qk}}{bl}\pm\frac{6\sum M_{ik}}{bl^2}\begin{cases}\leqslant 1.2f_a\\ \geqslant 0\end{cases} \tag{7-45}$$

式中 $\sum F_{ik}$——各柱传至基础梁顶面的荷载效应标准组合值，kN；

G_k——基础及上覆土重标准值，kN；

G_{qk}——作用在基础梁上墙重标准值，kN；

$\sum M_{ik}$——各荷载效应标准值对基础中点的力矩代数和，kN·m；

b——柱下条基底面翼板宽度，m；

l——基础梁长度，m；

f_a——修正后地基承载力特征值，kPa。

柱下条基底面积可估算为

$$A_0\geqslant\frac{\sum F_{ik}+G_k+G_{qk}}{f_a-\gamma_G\bar{h}} \tag{7-46}$$

考虑偏心作用将扩大 10%～40%，确定 l、b。基础长度可按主要荷载合力作用点与基底形心尽量靠近的原则，并结合端部伸长尺寸选定，一般采用试算法，按式(7-44)、式(7-45)验算，直至满足为止。

2. 柱下条基翼板计算

由于假定基底反力是直线分布的，所以基础自重及上覆土重产生的基底压力与相应的地基反力相抵消，故地基净反力计算式为

$$\left.\begin{matrix} p_{\text{jmax}} \\ p_{\text{jmin}} \end{matrix}\right\} = \frac{\sum F_i + G_q}{bl} \pm \frac{6\sum M_i}{bl^2} \tag{7-47}$$

式中 $\sum F_i$——各柱传来总荷载效应设计值，kN；

G_q——作用在基础梁上墙重设计值，kN；

$\sum M_i$——各荷载效应设计值对基础中点的力矩代数和，kN·m。

为简化计算，地基净反力在横向按均匀分布考虑。作用在柱下条基翼板上的地基净反力可取每柱距内的最大值，如图7-43所示，故各柱距内翼板的配筋是不同的。当净反力相差不大时，宜采用同一配筋，其计算方法与墙下钢筋混凝土条形基础相同。

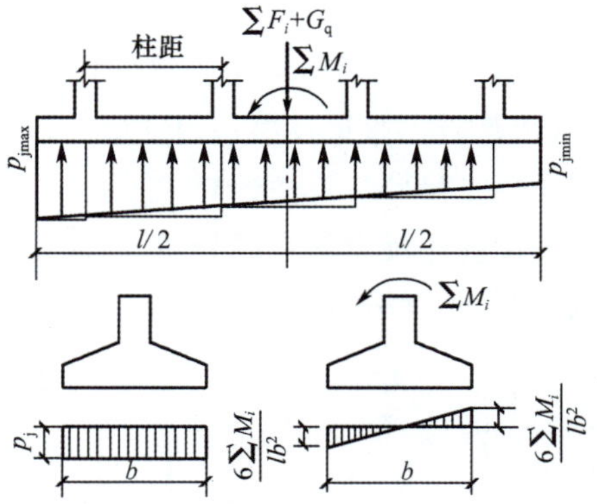

图7-43 柱下条基翼板上的地基净反力

7.8 筏板基础与箱形基础简介

7.8.1 筏板基础

高层建筑筏板基础分为梁板式和平板式两种类型，其选型应根据工程地质、上部结构体系、柱距、荷载大小、使用要求以及施工条件等因素确定。框架-核心筒结构和筒中筒结构宜采用平板式筏板基础。与梁板式筏板基础相比，平板式筏板基础具有抗冲切及抗剪切能力强、构造简单、施工便捷等优点。

筏板基础的结构与钢筋混凝土楼盖结构相似，由柱子或墙传来的荷载，经主、次梁及筏板传给地基。若将地基反力看作作用于筏板基础底板上的荷载，则筏板基础相当于一个倒置的钢筋混凝土平面楼盖。

(1)筏板平面尺寸：筏板基础的平面尺寸应根据上部结构的分布及荷载分布等因素按地基承载力计算公式确定。工程地质条件、上部结构的布置、地下结构底层平面以及荷载分布等因素按《建筑地基基础设计规范》(GB 50007—2011)和《建筑与市政地基基础通用规范》(GB 55003—2021)相关规定确定。对单幢建筑物，在地基比较均匀的条件下，基底平面形心宜与结构竖向永久荷载重心重合，否则应控制偏心距的大小。

(2)筏板厚度：平板式筏板基础的板厚应满足柱下受冲切承载力的要求。计算时应考虑作用在冲切临界面重心上的不平衡弯矩产生的附加剪力。对基础的边柱和角柱进行冲切验算时，其冲切力应分别乘以1.1和1.2的增大系数。板的最小厚度不应小于500 mm。

梁板式筏板基础底板除计算正截面受弯承载力外，其厚度尚应满足受冲切承载力、受剪切承

载力的要求。当底板板格为单向板时，其底板厚度不应小于 400 mm；当底板区格为矩形双向板时，其底板厚度与最大双向板格的短边净跨之比不应小于 1/14，且板厚不应小于 400 mm。

(3)筏板基础的混凝土强度等级不应低于 C30。当有地下室时，应采用防水混凝土，其抗渗等级应满足相关要求，对重要建筑，宜采用自防水及架空排水层。

(4)采用筏板基础的地下室，钢筋混凝土外墙厚度不应小于 250 mm，内墙厚度不应小于 200 mm。墙的截面设计除满足承载力要求外，尚应考虑变形、抗裂及防渗等要求。墙体内应设置双向钢筋，钢筋不宜采用光圆钢筋，水平钢筋的直径不应小于 12 mm，竖向钢筋的直径不应小于 10 mm，间距不应大于 200 mm。

7.8.2 箱形基础

箱形基础具有较大的刚度和整体性，能调整和减小不均匀沉降。箱形基础体现了基础的补偿性设计，增加建筑物抵抗水平荷载的能力，并具有良好的抗震作用。箱形基础内部的空间可作为设备层或人防使用。箱形基础的设计比较复杂，施工技术要求高，且用钢量大，造价相对昂贵，常在 8～20 层的高层建筑物中采用。

地下室底层柱、剪力墙与梁板式筏板基础的基础梁连接的构造应满足下列规定：

(1)柱、墙的边缘至基础边缘的距离不应小于 50 mm，如图 7-44 所示；

(2)单向基础梁与柱的连接，可按图 7-44(a)、图 7-44(b)采用；

(3)当交叉基础梁的宽度小于柱截面边长时，交叉基础梁连接处应设置八字角，柱角与八字角的净距离不宜小于 50 mm，可按图 7-44(c)采用；

(4)基础梁与剪力墙的连接，可按图 7-44(d)采用。

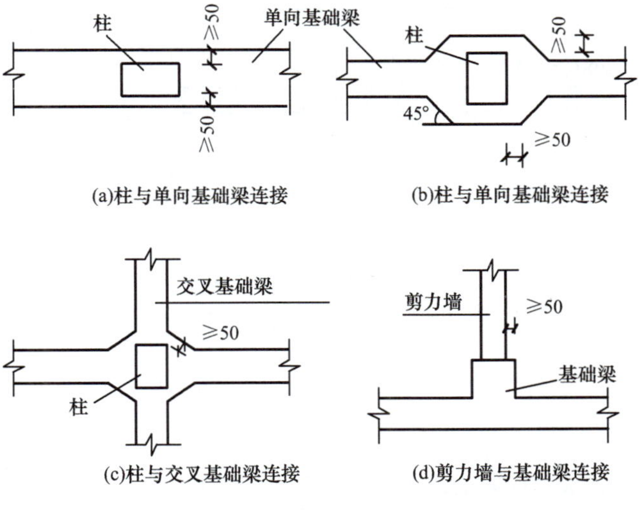

图 7-44 地下室底层柱或剪力墙与基础梁连接的构造要求

7.9 复合地基基础设计

当软弱土地基的承载力和变形满足不了建筑物的要求，而软弱土层的厚度又不很大时，可将基础底面以下处理范围内的软弱土层部分或全部挖去，然后分层换填强度较大的砂、碎石等性能稳定、无侵蚀性材料，并压(夯、振)实至要求的密实度为止，这种地基处理的方法称为换填法。垫层的主要作用是提高浅层地基的承载力，减小沉降量，加速软弱土层的排水固结，防止冻胀，消除膨胀土的胀缩作用。

垫层法地基处理设计不但要求满足建筑物对地基变形及稳定的要求，而且要符合经济合理的原则。垫层设计的主要内容是确定断面合理的厚度和宽度。对于排水垫层，要求有一定的厚度和宽度，并要形成一个排水层。

7.9.1 垫层材料的选择

对于不同特点的工程，应分别考虑换填材料的强度、稳定性、压力扩散能力、密度、渗透性等。常用的垫层材料为砂土、碎石，其中以中粗砂为好。当采用碎石垫层时，为了避免碎石挤入土中，应在坑底先铺一层砂，然后铺碎石垫层。

7.9.2 垫层厚度的确定

垫层铺设厚度应根据需要置换软弱土层的厚度确定，既要在建筑物荷载作用下垫层本身不发生冲剪破坏，同时通过垫层传递至软弱下卧层的应力也不会使下卧层产生局部剪切破坏，即应满足软弱下卧层强度验算的要求，如图 7-45 所示。其表达式如式(7-13)所示。

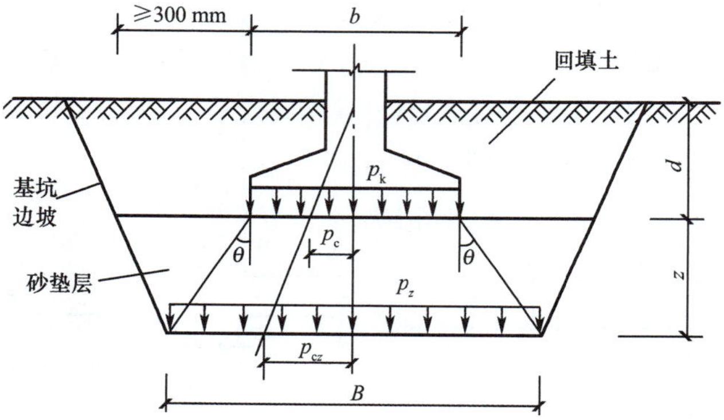

图 7-45 垫层剖面

计算时，先假设垫层的厚度，按式(7-13)验算，如不合要求，则改变厚度，重新验算，直至满足要求为止。一般砂垫层的厚度为 1～2 m，垫层过薄(小于 0.5 m)，作用不明显，垫层太厚(大于 3 m)，则施工较困难。

7.9.3 垫层底面宽度的确定

垫层底面的宽度应满足基础底面应力扩散的要求，并且要考虑垫层侧面土的侧向支撑力。

垫层底面宽度为

$$B=b+2z\tan\theta \tag{7-48}$$

式中 B—— 垫层底面宽度，m；

θ—— 压力扩散角，(°)，可按表 7-8 选用；

z——垫层厚度，m。

表 7-8　　垫层的压力扩散角

z/b	换填材料		
	中砂、粗砂、砾砂、圆砾、角砾、石屑、卵石、碎石、矿渣	粉质黏土、粉煤灰	灰土
0.25	20°	6°	28°
≥0.50	30°	23°	28°

注：1. 当 $z/b<0.25$，除灰土取 $\theta=28°$ 外，其余材料均取 $\theta=0°$，必要时，宜由试验确定。

2. 当 $0.25<z/b<0.50$ 时，θ 值可线性内插求得。

整片垫层的宽度可根据施工的要求适当加宽。垫层顶面每边宜超出基础底边不小于 300 mm，如图 7-45 所示，或从垫层底面两侧向上按当地开挖基坑经验的要求放坡。

7.9.4　垫层沉降的验算

对于表 7-2 所列范围内以外的建筑，还应验算地基的沉降量，并应小于建筑物的允许沉降值。验算时，可不考虑垫层本身的变形。

7.9.5　垫层的设计步骤

设计计算时，先根据垫层（视为持力层）的承载力特征值（表 7-9）确定出基础宽度；然后根据下卧层的承载力特征值确定垫层的厚度；再根据基础宽度确定垫层宽度。垫层的承载力要合理拟定，如定得过高，则换土厚度将很深，对施工不利，也不经济。

表 7-9　　垫层的承载力特征值

换填材料类别	承载力特征值 f_{ak}/kPa	换填材料类别	承载力特征值 f_{ak}/kPa
碎石、卵石	200～300	中砂、粗砂、砾砂、圆砾、角砾、石屑	150～200

【工程设计计算案例 7-10】 某一砖混结构房屋，承重墙下采用条形基础。已知承重墙传至基础顶面荷载标准值 $F_k=215$ kN/m。土层情况：地表为杂填土，厚为 1.2 m，$\gamma=16$ kN/m³，$\gamma_{sat}=17$ kN/m³，其下为淤泥层，$\gamma_{sat}=19$ kN/m³，淤泥层承载力特征值 $f_{ak}=75$ kPa。地下水距地表 0.8 m。现拟采用砂垫层置换软弱土，要求砂垫层承载力特征值应达到 $f_{ak}=150$ kPa。试设计此砂垫层，并确定基础底面宽度。

【解】 (1)确定基础底面宽度 b

取基础埋置深度 $d=1.0$ m，查表 4-2，因砂垫层属人工填土，得 $\eta_b=0$，$\eta_d=1.0$，基础底面以上土的加权平均重度为

$$\gamma_m=\frac{16\times0.8+(17-10)\times0.2}{0.8+0.2}=14.2\ \text{kN/m}^3$$

修正后的砂垫层承载力特征值为

$$f_a=f_{ak}+\eta_d\gamma_m(d-0.5)=150+1.0\times14.2\times(1.0-0.5)=157.1\ \text{kPa}$$

故基础底面积为

$$b\geqslant\frac{F_k}{f_a-\gamma_G\bar{h}}=\frac{215}{157.1-20\times1}=1.57\ \text{m}$$

取 $b=1.6$ m。

(2)砂垫层厚度的确定

取砂垫层厚度 $z=1.5\ \text{m}$，则 $d+z=2.5\ \text{m}$，淤泥土承载力修正系数 $\eta_b=0$，$\eta_d=1.0$。

垫层底面以上土的加权平均重度为

$$\gamma_m=\frac{16\times0.8+(17-10)\times0.4+(19-10)\times1.3}{0.8+0.4+1.3}=10.9\ \text{kN/m}^3$$

垫层底处经修正的淤泥土层承载力特征值为

$$f_{az}=f_{ak}+\eta_d\gamma_m(d+z-0.5)=75+1.0\times10.9\times(2.5-0.5)=96.8\ \text{kPa}$$

垫层底处土的自重应力为

$$p_{cz}=16\times0.8+(17-10)\times0.4+(19-10)\times1.3=27.3\ \text{kPa}$$

基底压力为

$$p_k=\frac{F_k+G_k}{b}=\frac{215+20\times1.0\times1.6}{1.6}=154.4\ \text{kPa}$$

基础底面处土的自重应力为

$$p_c=0.8\times16+(17-10)\times0.2=14.2\ \text{kPa}$$

$$\frac{z}{b}=\frac{1.5}{1.6}=0.94>0.5$$

查表 7-8 可得，应力扩散角 $\theta=30°$，则垫层底处土的附加应力为

$$p_z=\frac{b(p_k-p_c)}{b+2z\tan\theta}=\frac{1.6\times(154.4-14.2)}{1.6+2\times1.5\times\tan30°}=67.3\ \text{kPa}$$

$$p_z+p_{cz}=67.3+27.3=94.6\ \text{kPa}<f_{az}=96.8\ \text{kPa}$$

故砂垫层厚度满足要求。

(3)砂垫层宽度的确定

$$B\geqslant b+2z\tan\theta=1.6+2\times1.5\times\tan30°=3.33\ \text{m}$$

取 $b=3.4\ \text{m}$，砂垫层顶处基础任意一侧边宽度

$$\frac{3.4-1.6}{2}=0.9>0.3\ \text{m}$$

则宽度合适，砂垫层剖面图，如图 7-46 所示。

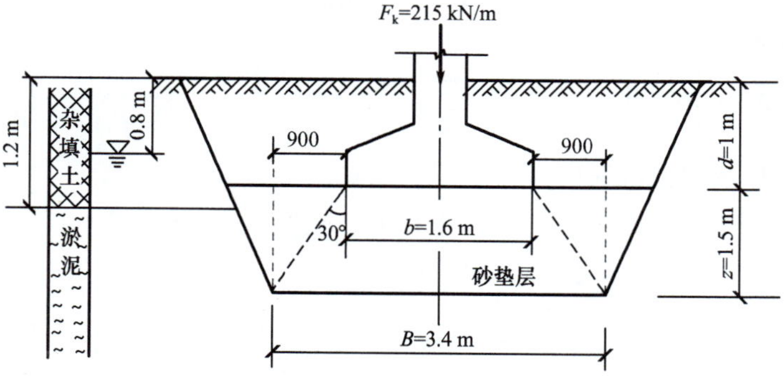

图 7-46　工程设计计算案例 7-10 图

7.10 减少建筑物基础不均匀沉降的措施

在软弱地基上建造建筑物时，应着重考虑上部结构和地基的共同作用、相互影响的关系，对建筑物的体型、荷载情况、结构类型和地质条件进行综合分析，从建筑、结构、施工及地基加固处理等多方面采取综合技术措施，以取得较好的技术效果和经济效益。

7.10.1 建筑措施

提高建筑物的整体刚度，以增强抵抗不均匀沉降危害性的能力是采取建筑措施的目的。

1. 建筑物体型应力求简单

建筑物的体型是指建筑物的平面形状与立面轮廓。建筑平面简单、高度一致的建筑物，基底应力较均匀，圈梁容易拉通，整体刚度好，即使沉降较大，建筑物也不易产生裂缝和损坏。当建筑物体型比较复杂(平面形状复杂、高度相差悬殊)时，宜根据其平面形状和高度差异情况，在适当部位用沉降缝将其划分成若干个刚度较好的单元；当高度差异或荷载差异较大时，可将两者隔开一定距离，当拉开距离后的两个单元必须连接时，应采用能自由沉降的连接构造。因此，建筑物体型力求简单是减小地基不均匀沉降的措施之一。

2. 设置沉降缝

当地基条件不均匀且建筑物平面形状复杂或长度太长以及高度相差悬殊等情况不可避免时，可在建筑物的特定部位设置沉降缝，以有效地减小不均匀沉降的危害。沉降缝是从屋面到基础把建筑物断开，将建筑物划分成若干个长高比较小、体型简单、整体刚度较好、结构类型相同、自成沉降体系的独立单元。建筑物的下列部位宜设置沉降缝：

(1)建筑平面的转折部位。

(2)高度差异或荷载差异处。

(3)长高比过大的砌体承重结构或钢筋混凝土框架结构的适当部位。

(4)地基土的压缩性显著差异处。

(5)建筑结构或基础类型不同处。

(6)分期建造房屋的交界处。

沉降缝应留有足够的宽度，沉降缝的宽度可按表 7-10 采用。一般沉降缝内不填充材料，其构造通常有悬挑式、跨越式、平行式三种，如图 7-47 所示。

表 7-10 建筑物沉降缝的宽度

建筑物层数	2～3	4～5	5 层以上
沉降缝的宽度/mm	50～80	80～120	≥120

3. 控制相邻建筑物基础间的净距

若相邻建筑物太近，由于地基土应力扩散作用，会相互影响，引起相邻建筑物产生附加沉降，其值不均匀将引起建筑物的开裂或倾斜。所以，为了减少或避免相邻建筑物影响的危害，

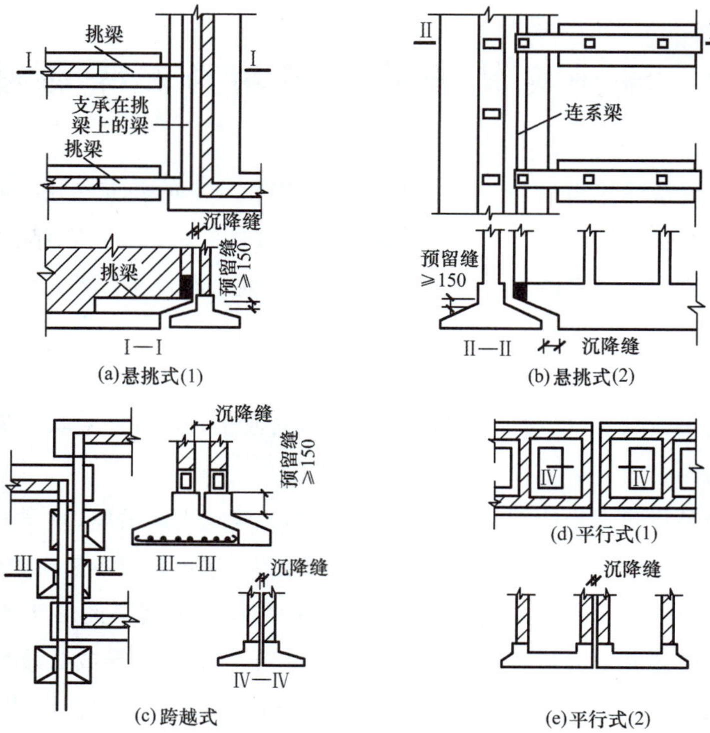

图 7-47 基础沉降缝构造要求

应控制相邻建筑物基础间的净距，见表 7-11。

表 7-11 相邻建筑物基础间的净距 m

影响建筑物的预估平均沉降量 s/mm		70～150	160～250	260～400	＞400
受影响建筑物的长高比	2.0≤L/H_f＜3.0	2～3	3～6	6～9	9～12
	3.0≤L/H_f＜5.0	3～6	6～9	9～12	≥12

注：1. 表中 L 为房屋长度或沉降缝分隔的单元长度(m)；H_f 为自基础底面算起的建筑物高度(m)。

2. 当受影响建筑物长高比为 1.5≤L/H_f＜2.0 时，其间隔距离可适当减小。

4. 控制建筑物标高

由于基础沉降引起建筑物各组成部分标高发生变化，影响建筑物的正常使用。为了减少或防止地基不均匀沉降对建筑物使用功能的不利影响，设计时就应根据基础的预估沉降量适当调整建筑物或其各部分的标高。

根据具体情况，可采取如下措施：

(1)室内地坪和地下设施的标高，应根据预估沉降量予以提高。

(2)建筑物各部分(或各设备)之间有联系时，可将沉降较大者的标高适当提高。

(3)建筑物与设备应留有足够的净空。

(4)建筑物中有管道通过时，应预留孔洞，或采用柔性的管道接头。

7.10.2 结构措施

上部结构的整体刚度很大时，将改善基础的不均匀沉降；反之，上部结构易产生裂缝。所以，加强上部结构的整体刚度可减少建筑物沉降或不均匀沉降，具体可采取以下结构措施：

1. 减轻建筑物自重

建筑物的自重在基底压力中占有较大的比例，工业建筑占40%～50%，民用建筑占60%～70%，因而减轻建筑物自重是减小沉降量最直接的措施。通常采用轻型结构(轻质材料或构件)，减轻墙体自重。

2. 减少或调整基底的附加压力

设置地下室或半地下室，减小基底附加压力。可通过调整建筑与设备荷载的部位以及改变基底的尺寸，控制与调整基底压力，改变不均匀沉降量。

3. 加强基础整体刚度

对于建筑物体型复杂、荷载差异较大的框架结构可采用箱形基础、桩基础、筏板基础等加强基础整体刚度，以减少不均匀沉降。

4. 增强建筑物的整体刚度和强度

(1)控制建筑物的长高比和适当加密横墙，做到纵墙不转折或少转折。

(2)在砌体内的适当部位设置现浇钢筋混凝土圈梁(设置要求按相关规定)，增强建筑物的整体性，提高砌体结构的抗剪、抗拉能力，在一定限度上能防止或减少由于地基不均匀沉降产生的裂缝。在开洞的墙体上，宜在洞口部位配筋或采用构造柱及附加圈梁加强。

7.10.3 施工措施

合理安排施工顺序，注意施工方法，也能收到减小或调整地基不均匀沉降的效果。一般应按先重后轻、先高后低的顺序进行施工。有时还需在重的建筑物竣工后间歇一段时间后再建造轻的、邻近的建筑物或建筑物单元。如果在高低层之间使用连接体时，应最后修建连接体。

开挖基坑时，尽量减少或避免扰动，通常在坑底保留约200 mm厚的土层，待垫层施工时再挖除。如发现坑底土已被扰动，应将已扰动的土挖去，并用砂、碎石回填夯实至要求标高。

项目式工程案例

一、工作任务

1. 设计题目

柱下钢筋混凝土独立基础。

2. 设计资料

(1)地形：拟建建筑场地平整。

(2)工程地质资料(表7-12)自上而下依次为：

①杂填土：厚约0.5 m，含部分建筑垃圾。

②粉质黏土：厚1.2 m，软塑，潮湿，承载力特征值 $f_{ak}=130$ MPa。

③黏土：厚1.5 m，可塑，稍湿，承载力特征值 $f_{ak}=180$ MPa。

表 7-12 地基岩土物理力学参数表

地层代号	土 名	天然地基土							
		重度(γ)	孔隙比(e)	凝聚力(c)	内摩擦角(φ)	压缩系数(a_{1-2})	压缩模量(E_s)	抗压强度(f_{rk})	承载力特征值(f_{ak})
		kN/m^3		kPa	(°)	MPa^{-1}	MPa	MPa	MPa
①	杂填土	18							
②	粉质黏土	20	0.65	34	13	0.20	10.0		130
③	黏土	19.4	0.58	25	23	0.22	8.2		180
④	全风化砂质泥岩	21		22	30			0.8	240
⑤	强风化砂质泥岩	22		20	25			3.0	300
⑥	中风化砂质泥岩	24		15	40			4.0	620

(3)水文资料:地下水对混凝土无侵蚀性。

地下水位深度:位于地表下 1.5 m。

(4)上部结构资料

上部结构为多层全现浇框架结构,室外地坪标高同自然地面,室内外高差为 450 mm。柱网布置如图 7-48 所示,图中仅画出①～⑥列柱子,其余⑦～⑩列柱子和④～①列柱子对称。

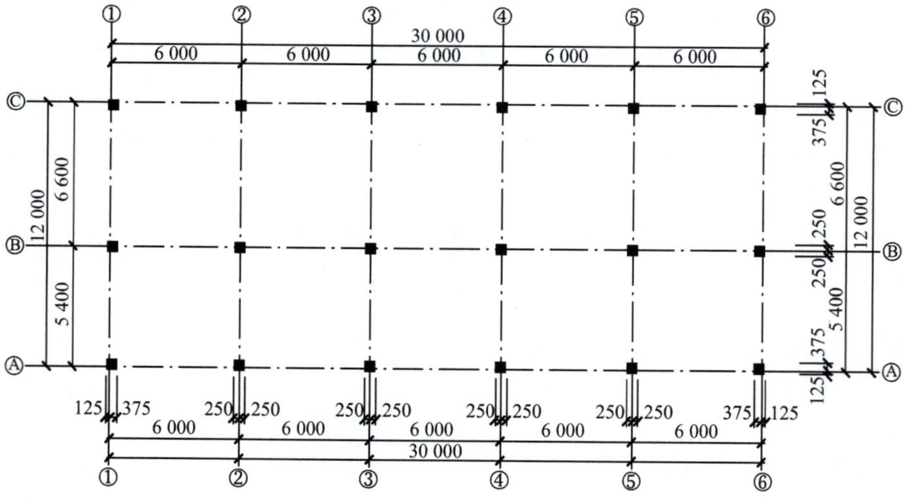

图 7-48 柱网布置图

上部结构作用在柱底的荷载标准值见表 7-13。

上部结构作用在柱底的荷载效应作用的标准组合设计值见表 7-14。

表 7-13　　柱底荷载标准值

柱号	F_k/kN			M_k/(kN·m)			V_k/kN		
	A 轴	B 轴	C 轴	A 轴	B 轴	C 轴	A 轴	B 轴	C 轴
1	975	1 548	1 187	140	100	198	46	48	44
2	1 032	1 615	1 252	164	125	221	55	60	52
3	1 090	1 730	1 312	190	150	242	62	66	57
4	1 150	1 815	1 370	210	175	271	71	73	67
5	1 218	1 873	1 433	235	193	297	80	83	74
6	1 282	1 883	1 496	257	218	325	86	90	83
7	1 339	1 970	1 560	284	242	355	96	95	89
8	1 402	2 057	1 618	231	266	377	102	104	98
9	1 534	2 140	1 677	335	288	402	109	113	106
10	1 598	2 205	1 727	365	309	428	120	117	114

表 7-14　　柱底荷载效应作用的标准组合设计值

柱号	F/kN			M/(kN·m)			V/kN		
	A 轴	B 轴	C 轴	A 轴	B 轴	C 轴	A 轴	B 轴	C 轴
1	1 268	2 012	1 544	183	130	258	60	62	58
2	1 342	2 100	1 627	214	163	288	72	78	67
3	1 418	2 250	1 706	248	195	315	81	86	74
4	1 496	2 360	1 782	274	228	353	93	95	88
5	1 584	2 435	1 863	306	251	386	104	108	96
6	1 667	2 448	1 945	334	284	423	112	117	108
7	1 741	2 562	2 028	369	315	462	125	124	116
8	1 823	2 674	2 104	391	346	491	133	136	128
9	1 995	2 783	2 181	425	375	523	142	147	138
10	2 078	2 866	2 245	455	402	557	156	153	149

(5)材料:混凝土等级 C25～C30,钢筋Ⅰ、Ⅱ级。

(6)根据以上所给资料及学生人数,可划分为若干组,如:

第 1 组共十人,基础持力层选用③土层,设计 A 轴柱下独立基础。

第 2 组共十人,基础持力层选用④土层,设计 B 轴柱下独立基础。

第 3 组共十人,基础持力层选用③土层,设计 C 轴柱下独立基础。

二、工作项目

(1)基础底面尺寸确定。

(2)计算基底净反力。

(3)确定基础高度。

(4)内力计算。

(5)抗弯钢筋的配置。

(6)施工方法的建议。

三、工作手段

本基坑支护工程设计与施工方案采用《建筑地基基础设计规范》(GB 50007—2011)、《建筑地基基础工程施工质量验收标准》(GB 50202—2018)、《混凝土结构设计规范(2015 年版)》(GB 50010—2010)和《建筑与市政地基基础通用规范》(GB 55003—2021)。

四、案例分析与实施

1. 基础底面尺寸确定

(1)已知:$M=386\ \text{kN}\cdot\text{m}$,$V=96\ \text{kN}$,$F_k=1\ 863\ \text{kN}$,$H=1.7\ \text{m}$。

①土层情况(表 7-12)

杂填土:厚约 0.5 m,含部分建筑垃圾。

粉质黏土:厚 1.2 m,软塑,潮湿,承载力特征值 $f_{ak}=130$ MPa。

黏土:厚 1.5 m,可塑,稍湿,承载力特征值 $f_{ak}=180$ MPa。

②水文资料

地下水对混凝土无侵蚀性。

地下水位深度:位于地表下 1.5 m。

③材料:混凝土等级 C25~C30,钢筋Ⅰ、Ⅱ级。

(2)基础底面尺寸拟定

$$M_{总}=M+VH=386+96\times1.7=549.2\ \text{kN}\cdot\text{m}$$

$$A\geqslant\frac{F_k}{f_{ak}-\gamma_G H}=\frac{1\ 863}{180-(20\times1.5+10\times0.2)}=12.59\ \text{m}^2$$

取 $b=3$ m,$l=4$ m。

$$\begin{aligned}f_a&=f_{ak}+\eta_b\gamma(l-3)+\eta_d\gamma_m(d-0.5)\\&=180+0.3\times19.4\times(4-3)+1.6[(0.5\times18+1\times20+0.2\times10)/1.7]\times(1.7-0.5)\\&=220.8\ \text{kPa}>1.1f_{ak}=1.1\times180=198\ \text{kPa}\end{aligned}$$

$$A\geqslant\frac{F_k}{f_a-\gamma_G H}=\frac{1\ 863}{220.8-(20\times1.5+10\times0.2)}=9.87\ \text{m}^2$$

所以,取 $b=3$ m,$l=4$ m 满足要求。

2. 计算基底净反力

$$\left.\begin{matrix}p_{jmax}\\p_{jmin}\end{matrix}\right\}=\frac{F}{A}\pm\frac{M}{W}=\frac{1863}{4\times3}\pm\frac{386+96\times1.7}{1/6\times4^2\times3}=\begin{cases}223.9\\86.6\end{cases}\text{kPa}$$

3. 确定基础高度

初步拟定基础高度 $h=600$ mm,按规范要求,铺设垫层时保护层厚度不应小于 40 mm,故假设钢筋重心到混凝土表面的距离为 50 mm,则钢筋的有效高度 $h_0=600-50=550$ mm。

抗冲切破坏验算公式为

$$F_L\leqslant0.7\beta_{hp}f_t A_m,\ F_L=p_j A_L,\ A_m=a_m h_0$$

$$a' = a_z + 2h_0 = 0.5 + 2 \times 0.55 = 1.60 \text{ m} < l = 4 \text{ m}$$

$$A_L = (\frac{l}{2} - \frac{a_z}{2} - h_0)b - (\frac{b}{2} - \frac{b_z}{2} - h_0)^2 = (\frac{4}{2} - \frac{0.5}{2} - 0.55) \times 3 - (\frac{3}{2} - \frac{0.5}{2} - 0.55)^2 = 3.11 \text{ m}^2$$

近似取
$$p_j = p_{jmax} = 223.9 \text{ kPa}$$

$$F_L = p_j A_L = 223.9 \times 3.11 = 696.3 \text{ kN}$$

式 $0.7\beta_{hp} f_t a_m h_0$ 中，$h_0 = 550 \text{ mm} < 800 \text{ mm}$，故 $\beta_{hp} = 1.0$。

基础混凝土采用C25，其中 $f_t = 1.27$ MPa，则有

$$a_m = \frac{a_z + a'}{2} = \frac{0.5 + 1.6}{2} = 1.05 \text{ m}$$

$$0.7\beta_{hp} f_t a_m h_0 = 0.7 \times 1.0 \times 1.27 \times 10^3 \times 1.05 \times 0.55 = 513.4 \text{ kN} \leqslant F_L = 696.3 \text{ kN}$$

故 $h = 600$ mm 不能满足抗冲切承载能力要求，需要重新拟定基础高度。再次拟定基础高度 $h = 800$ mm，如图7-49所示，按规范要求，铺设垫层时保护层厚度不应小于40 mm，故假设钢筋重心到混凝土表面的距离为50 mm，则钢筋的有效高度 $h_0 = 800 - 50 = 750$ mm。

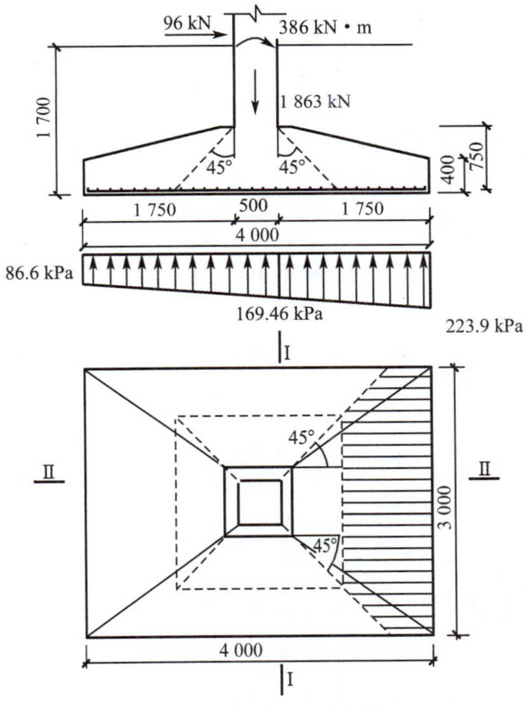

图7-49 项目式工程案例图

抗冲切破坏验算公式为

$$F_L \leqslant 0.7\beta_{hp} f_t A_m ; \quad F_L = p_j A_L , A_m = a_m h_0$$

$$a' = a_z + 2h_0 = 0.5 + 2 \times 0.75 = 2.0 \text{ m} < l = 4 \text{ m}$$

$$A_L = (\frac{l}{2} - \frac{a_z}{2} - h_0)b - (\frac{b}{2} - \frac{b_z}{2} - h_0)^2 = (\frac{4}{2} - \frac{0.5}{2} - 0.75) \times 3 - (\frac{3}{2} - \frac{0.5}{2} - 0.75)^2 = 2.75 \text{ m}^2$$

近似取
$$p_j = p_{jmax} = 223.9 \text{ kPa}$$

$$F_L = p_j A_L = 223.9 \times 2.75 = 615.7 \text{ kN}$$

式 $0.7\beta_{hp} f_t a_m h_0$ 中，$h_0 = 750 \text{ mm} < 800 \text{ mm}$，故 $\beta_{hp} = 1.0$。

基础混凝土采用C25，其中 $f_t=1.27\ \text{MPa}$，则有

$$a_m=\frac{a_z+a'}{2}=\frac{0.5+2}{2}=1.25\ \text{m}$$

$$0.7\beta_{hp}f_t a_m h_0=0.7\times1.0\times1.27\times10^3\times1.25\times0.75=833.4\ \text{kN}>F_L=615.7\ \text{kN}$$

故 $h=800\ \text{mm}$ 能满足抗冲切承载能力要求。

4. 内力计算

台阶高宽比为

$$\frac{l-a_z}{2h}=\frac{4-0.5}{2\times0.8}=2.187\ 5<2.5$$

$$e=\frac{M_{总}}{F_k+G_k}=\frac{549.2}{1\ 863+4\times3\times(20\times1.5+10\times0.2)}=0.24\ \text{m}<\frac{l}{6}=0.67\ \text{m}$$

故控制截面选在柱边处的截面Ⅰ—Ⅰ及截面Ⅱ—Ⅱ，此时有

$$a_{\text{I}}=\frac{l-a_z}{2}=\frac{4-0.5}{2}=1.75\ \text{m}$$

$$p_{j\text{I}}=p_{j\min}+\frac{l-a_{\text{I}}}{l}(p_{j\max}-p_{j\min})=86.6+\frac{4-1.75}{4}\times(223.9-86.6)=163.8\ \text{kPa}$$

$$M_{\text{I}}=\frac{1}{48}(p_{j\max}+p_{j\text{I}})(l-a_z)^2(2b+b_z)=\frac{1}{48}(223.9+163.8)(4-0.5)^2(2\times3+0.5)$$

$$=643.1\ \text{kN}\cdot\text{m}$$

$$M_{\text{II}}=\frac{1}{48}(p_{j\max}+p_{j\min})(b-b_z)^2(2l+a_z)$$

$$=\frac{1}{48}(223.9+86.6)(3-0.5)^2(2\times4+0.5)=343.6\ \text{kN}\cdot\text{m}$$

5. 抗弯钢筋的配置

采用HPB235级钢筋，其 $f_y=210\ \text{N/mm}^2$ 长边方向，$M_{\text{I}}=718.45\ \text{kN}\cdot\text{m}$，$h_{0\text{I}}=750\ \text{mm}$，则

$$A_{s\text{I}}=\frac{M_{\text{I}}}{0.9f_y h_{0\text{I}}}=\frac{643.1\times10^6}{0.9\times210\times750}=4\ 536.8\ \text{mm}^2$$

平行于 L 方向钢筋：选用19ϕ18@166（钢筋总面积为4 836.5 mm^2）。

$$A_{s\text{II}}=\frac{M_{\text{II}}}{0.9f_y h_{0\text{II}}}=\frac{343.6\times10^6}{0.9\times210\times750}=2\ 424.0\ \text{mm}^2$$

平行于 b 方向钢筋：选用23ϕ12@181（钢筋总面积为2 601.3 mm^2）。

基础施工图如图7-50所示，由于基础两个方向尺度均超过了2 500 mm，其受力钢筋的长度取计算长度的90%，并交错布置。

6. 施工方法的建议

与桩基础、沉井基础等深基础不同，浅基础的施工通常不需采用特殊的施工工艺和设备，其中的独立基础及条形基础规模较小，基础开挖较浅，一般不需要降水，且通常不需要设置简单的支护结构，因此施工更为简单，以现浇基础为例，其施工顺序如下：

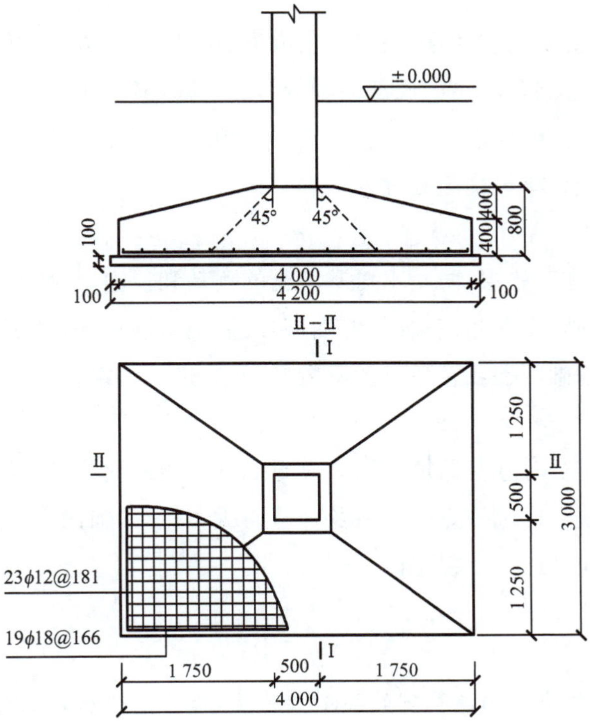

图 7-50 基础施工图

(1)建筑定位

建筑物的布置由建筑总平面图确定,定位一般是先确定主轴线,再根据主轴线确定建筑物的细部。建筑物的位置通常可由建筑红线、已有建筑物、建筑方格网、坐标等确定。

(2)基础放线

在不受施工影响的地方设置基线和水准点,布置测量控制网。根据轴线,放出基槽开挖的边线,放坡的基槽还应放出开挖后的宽度。

(3)土方开挖

土方开挖应先计算好挖填土方量,可根据原地面高程及设计地面高程确定挖土的弃留。

对性质较好的黏性土,可垂直开挖,但深度一般不超过 2 m。当开挖深度较大或土层较好且地下水低于基坑底面高程时,可采用放坡的方式,但开挖深度一般在 5 m 以内。当无法放坡(如建筑物密集的地方)或土质较差使得放坡开挖土方量过大,可设置坑壁支护,如挡板支护、桩板支护等。

基槽土方可采用机械或人工开挖。机械开挖时,为防止超挖,在接近坑底设计高程或边坡面时,应预留 300～500 mm 厚的土层,采用人工开挖或修坡。雨季施工或槽挖好后不能及时进行下一道工序时,应在基底高程以上保留 150～300 mm 厚的土层,待下一工序开始前再挖出。

当有地下水时,可在槽中设置水井将水抽出。

(4)基槽验收

土方开挖完成以后的检验工作称为验槽,由勘察、设计、施工人员共同进行。基槽验收时,主要检查基槽的平面位置、断面位置、底部高程等,还应检查基底土质是否与勘察报告相符合,特别注意基底是否存在古墓、洞穴、古河道、防空洞及地基土有无异常等情况,并做好隐蔽工程记录,如有异常应会同设计单位确定处理办法。

(5)基础施工

验槽完成后应及时施工垫层,防止水对基底土的扰动和浸泡,然后在垫层上定出基础的外边线。对钢筋混凝土基础,先支侧模,再放置钢筋,最后浇筑混凝土,浇筑前应进行隐蔽工程验收。对砖基础,则应在基础两端或转角设置皮数杆,然后进行砌筑。

(6)基槽回填

基础施工完成后,应及时进行回填。回填应与地下管线的埋设工作统筹安排,通常先埋后填,以免二次开挖。回填土应选择好的土料及合适的压实机具,确保填土的密实度。

基础施工完成后,即可进行上部主体结构的施工。

本章小结

本章主要介绍了天然地基上浅基础的类型及特点,正确选择基础埋置深度需考虑的因素,无筋扩展基础、钢筋混凝土扩展基础的设计方法;柱下钢筋混凝土条形基础、筏板基础、箱形基础的构造特点;人工地基的换填垫层厚度、宽度的设计;减少地基不均匀沉降的措施。

复习思考题

7-1 天然地基上的浅基础有哪些类型?各自的特点是什么?

7-2 选择基础埋置深度应考虑哪些因素?

7-3 地基基础的设计有哪些要求和基本规定?

7-4 如何按地基承载力确定基础底面尺寸?

7-5 什么是扩展基础?扩展基础底面尺寸、高度、底板配筋怎样确定?

7-6 减轻地基不均匀沉降的危害应采取哪些有效措施?

综合练习题

7-1 某建筑物柱截面尺寸为 300 mm×400 mm,已知该柱传至基础的荷载标准值 $F_k=900$ kN/m,$M_k=120$ kN·m,地基土为粉土,$\gamma=18$ kN/m^3,$f_{ak}=170$ kPa。若基础埋置深度为 1.5 m,试确定基础的底面尺寸。

7-2 某场地土层分布为:上层为黏性土,厚度为 2.5 m,重度 $\gamma=18$ kN/m^3,压缩模量 $E_{s1}=9$ MPa,承载力特征值为 $f_{ak}=190$ kPa。下层为淤泥质土,压缩模量 $E_{s2}=1.8$ MPa,$f_{ak}=90$ kPa。作用在条形基础顶面的轴心荷载值 $F_k=300$ kN/m。取基础埋置深度为 0.5 m,基础底面宽 2.0 m,如图 7-51 所示。试验算基础底面宽度是否合适(需验算软弱下卧层)。

7-3 某单层工业厂房柱下杯口基础如图 7-52 所示，基础埋置深度 $d=1.2$ m，柱传至杯口的内力值：$F_k=460$ kN/m，$M_k=112$ kN·m，$V_k=20$ kN，$P_k=150$ kN，修正后的地基承载力特征值 $f_a=150$ kPa，混凝土强度等级 C20，采用 HPB235 钢筋，试计算基础尺寸及配筋。

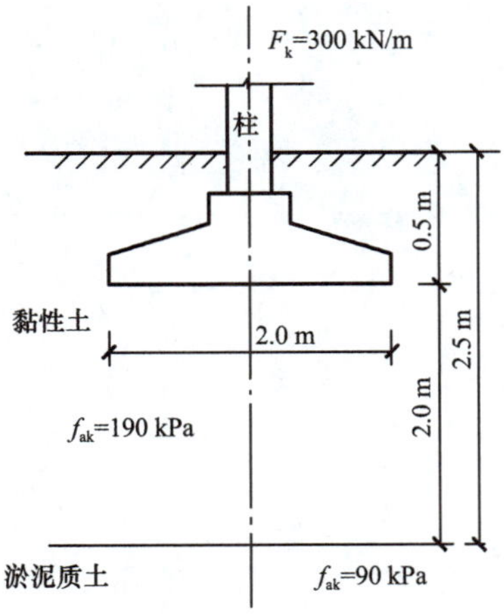

图 7-51 综合练习题 7-2 图

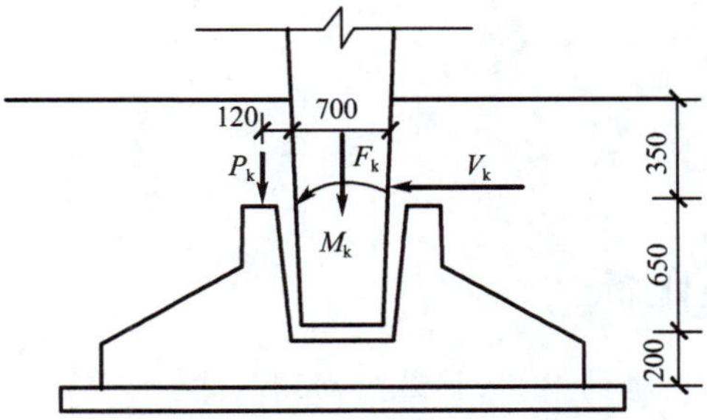

图 7-52 综合练习题 7-3 图

课程思政参考案例

群桩效应：国家工程的智慧与力量——以苏通大桥为例

第8章

桩基础设计

学习目标

了解:桩的类型,桩基础动测技术。

掌握:单桩承载力的计算方法,群桩承载力计算,单桩水平承载力,桩承台设计计算。

素养目标

1. 培养学生的全局观念、大局意识。

2. 拓宽学生的视野格局。

微 课

桩基础的概念、适用范围与特性

8.1 概 述

桩基础是古老的基础形式之一,在古代的建筑中就出现用木桩来解决软土地基的基础问题。随着生产水平、科学技术的飞速发展,桩基础被广泛应用于高层建筑、重型设备基础和桥梁等工程中,桩基础以其适应性强、承载能力好、沉降量低等优点已成为重要的基础形式之一。

桩基础一般由设置于土中的桩和承接上部结构的承台组成。桩的作用在于将上部建筑物的荷载传递到深处承载力较大的土层上,或使软弱土层受挤压,以提高土壤的承载力和密实度,从而保证建筑物的稳定性和减少地基沉降。

绝大多数桩基础的桩数不止一根,各根桩在上端(桩顶)通过承台连成一体。根据承台与地面的相对位置不同,一般有低承台与高承台桩基础之分(图 8-1)。前者的承台底面位于地面以下,而后者则高出地面以上。一般说来,高承台桩基础主要是为了减少水下施工作业和节省基础材料,常用于桥梁和港口工程中。而低承台桩基础承受荷载的能力比高承台桩基础好,特别是在水平荷载作用下,承台周围的土体可以发挥一定的作用。在一般房屋和构筑物中,大多使用低承台桩基础。

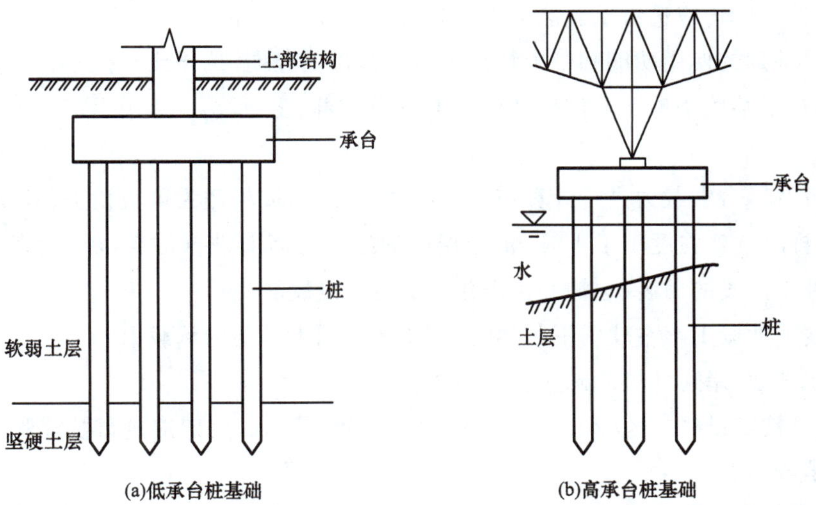

图 8-1 桩基础

8.1.1 桩基础的适用范围

当天然地基上的浅基础不能满足地基基础设计的承载力和变形要求时，可采用地基加固，也可采用桩基础将荷载传至承载力高的深部土层。对下述情况，可考虑选用桩基础方案：

(1)地基上层土的土质太差而下层土的土质较好，或地基土软硬不均，或荷载不均，不能满足上部结构对不均匀变形限制的要求。

(2)地基软弱或存在某些特殊地基土，如存在较深厚的软土、可液化土层、湿陷性黄土、膨胀土及季节性冻土等，采用地基改良和加固措施不经济或时间不允许。

(3)某些结构除承受较大竖向荷载外，尚存在较大的偏心荷载、水平荷载、动力或周期性荷载作用，如烟囱、水塔及地震区建筑物等。

(4)重型工业厂房或荷载很大的建筑物受到大面积地面超载影响，如仓库、料仓等。

(5)地下水位很高，采用其他基础形式施工困难，或位于水中的构筑物基础，如桥梁、码头、采油平台等。

(6)需要长期保存、具有重要历史意义的建筑物。

8.1.2 桩基础的极限状态

桩基础的设计可依据两个规范：《建筑桩基技术规范》(JGJ 94—2008)；《建筑地基基础设计规范》(GB 50007—2011)。现依次对两个规范关于桩基础的设计验算要求加以介绍。

1. 桩基础的极限状态

《建筑桩基技术规范》(JGJ 94—2008)规定桩基础应满足两种极限状态的设计要求：桩基础承载能力极限状态和桩基础正常使用极限状态。

承载能力极限状态：对应于桩基础达到最大承载能力或整体失稳或发生不适于继续承载的变形。正常使用极限状态：对应于桩基础达到建筑物正常使用所规定的变形限值或达到耐久性要求的某项限值。根据承载能力极限状态和正常使用极限状态的要求，桩基础需进行下列计算和验算。

(1)所有桩基础均应进行承载能力极限状态的计算,计算内容包括:

①根据桩基础的使用功能和受力特征进行桩基础的竖向(抗压或抗拔)承载力计算和水平承载力计算;对于某些条件下的群桩基础宜考虑由桩群、土、承台相互作用产生的承载力群桩效应。

②对桩身及承台承载力进行计算;对于桩身露出地面或桩侧为可液化土、极限承载力小于50 kPa(或不排水抗剪强度小于10 kPa)土层中的细长桩尚应进行桩身压屈验算;对混凝土预制桩尚应按施工阶段的吊装、运输和锤击作用进行强度验算。

③当桩端平面以下存在软弱下卧层时,应验算软弱下卧层的承载力。

④对位于坡地、岸边的桩基础应验算整体稳定性。

⑤按《建筑抗震设计规范(2016年版)》(GB 50011—2010)规定应进行抗震验算的桩基础,应验算抗震承载力。

(2)按正常使用极限状态验算桩基础沉降时应采用荷载的长期效应组合;验算桩基础的水平变位、抗裂、裂缝宽度时,根据使用要求和裂缝控制等级应分别采用作用效应的短期效应组合或短期效应组合考虑长期荷载的影响。

2. 桩基础计算的荷载效应组合

根据《建筑地基基础设计规范》(GB 50007—2011)进行设计时:

(1)按单桩承载力确定桩数时,传至承台底面上的荷载效应按正常使用极限状态下荷载效应的标准组合,相应的抗力采用单桩承载力特征值。

(2)计算地基变形时,传至承台底面上的荷载效应按正常使用极限状态下荷载效应的准永久组合,相应的限值为地基变形允许值。

(3)确定桩承台高度、配筋和验算桩身材料强度时,上部结构传来的荷载效应组合按承载能力极限状态下荷载效应的基本组合,采用相应的分项系数。

(4)验算桩台或桩身的裂缝宽度时,按正常使用极限状态下荷载效应的标准组合。

8.1.3 桩基础设计内容

桩基础设计的基本内容包括下列各项:

(1)选择桩的类型和几何尺寸。

(2)确定单桩竖向(和水平向)承载力设计值。

(3)确定桩的数量、间距和布置方式。

(4)验算桩基础的承载力和沉降。

(5)桩身结构设计。

(6)承台设计。

(7)绘制桩基础施工图。

设计桩基础应先根据建筑物的特点和有关要求,进行岩土工程勘察和场地施工条件等资料的搜集工作;设计时应考虑桩的设置方法及其影响。

8.2 桩基础的类型

桩基础的类型随着桩的材料、构造形式和施工技术的发展而名目繁多，可按多种方法分类，现简要分述如下：

微课

桩基础的分类

微课

桩基础类型与工程适用性

8.2.1 按桩身材料分类

根据对桩身材料的处理，可分为木桩、混凝土桩、钢筋混凝土桩、钢桩、水泥土桩、砂浆桩、特种桩(改良型桩)。

1. 木桩

(1)木桩的材料与规格

承重木桩的材料须坚韧耐久，常用杉木、松木、柏木和橡木等木材。木桩的长度一般为4～10 m，直径为18～26 cm。古代中小型工程用密集的柏木短桩，直径仅5 cm左右，长约1 m。木桩的桩顶应平整，并加铁箍，以保护桩顶在打桩时不受损伤。木桩下端应削成棱锥形，桩尖长度为桩直径的1～2倍，便于将桩打入地基中。

(2)木桩的特点

①优点：木桩制作容易，储运方便，打桩设备简单，造价低廉。

②缺点：木桩的承载力较低，如不经防腐处理，使用寿命不长。

(3)木桩适用的范围

①盛产木材的地区。

②小型工程和临时工程，如架设小桥的基础。

③古代文物的基础，例如，上海市龙华塔，高度为40.40 m，建于宋太平兴国二年(公元977年)，地基为淤泥质土，采用14 cm×18 cm的方桩，桩间充填三合土，防腐效果好，距今已有一千多年历史，至今完好。

④桩顶应打入地下水位以下0.5 m左右，木桩的寿命较长，避免干湿交替环境或在地下水位以上。

2. 混凝土桩

(1)适用范围

对桩基础承载力要求较低的中小型工程承压桩。

(2)材料与规格

①混凝土材料：通常混凝土的强度等级不低于C20，混凝土桩不配置受力筋，必要时可配构造钢筋。

②混凝土桩的规格：常用桩径为300～500 mm，长度不超过25 m。

(3)混凝土桩的制作

通常混凝土桩在工地现场制作。先开孔至所需的深度，随即在孔内浇灌混凝土，经捣实后即得混凝土桩。

(4)混凝土桩的特点

①优点：设备简单，操作方便，节约钢材，比较经济。

②缺点：单桩承载力不是很高，不能做抗拔桩或承受较大的弯矩，灌注桩还可能产生缩颈、断桩、局部夹土和混凝土离析等质量事故，应采取必要的措施，防止事故，保证质量。

3. 钢筋混凝土桩

(1)适用范围

钢筋混凝土桩适用于大中型各类建筑工程的承载桩。它不仅可以承压，还可以抗拔和抗弯以及承受水平荷载，因此，这类桩应用很广。

(2)制作

①预制桩，通常采用工厂预制，为标准的规格，若用托换法加固事故建筑，往往就地预制，再用打桩机打入设计标高。

②灌注桩，如重型设备的大直径承重桩，体积大，无法运输，则采用就地灌注桩。

(3)桩的规格

①横截面，常采用正方形、圆形，必要时用管桩，预制桩截面边长一般为 250～400 mm，截面边长太小时，单桩承载力太小，桩的数量多，打桩工作量大；截面边长太大时，桩的自重大，运输量大，打桩较为困难。灌注桩无运输问题，横截面可大些，直径可达 1 000 mm。

②预制桩长，工厂预制桩受运输条件控制，桩长一般不大于 12 m，如需采用长桩，则可以接桩。接桩的方法包括螺栓连接、电焊连接和硫黄胶泥锚固等，根据具体情况选用。

(4)材料与构造

①混凝土强度：预制桩强度要求不低于 C30，预应力混凝土桩要求不低于 C40，采用静压法沉桩时，可适当降低，但不低于 C20。

②受力主筋应按计算确定。根据桩的截面大小，选用 4～8 根钢筋，直径为 12～25 mm。

③配筋率通常为 1%～3%。最小配筋率：预制桩为 0.80%；灌注桩为 0.65%～0.20%，小桩径取高值，大桩径取低值。

④箍筋采用直径为 6～8 mm，间距为 200 mm。桩顶为(3～5)d 时箍筋适当加密。灌注桩钢筋笼长度超过 4 m 时，应每隔 2 m 在左、右各加设一道 $\phi 12$～$\phi 18$ 焊接加劲箍筋。

⑤桩顶和桩尖构造。为保证打桩安全，预制桩的桩顶采用 3 层钢筋网；桩尖钢筋焊成锥形整体，以利沉桩。沉管灌注桩应设 C30 的混凝土预制桩尖。

(5)钢筋混凝土桩的特点

①优点：单桩承载力大，预制桩不受地下水位与土质条件限制，无缩颈等质量事故，安全可靠。

②缺点：预制桩自重大，需运输，需大型打桩机和吊车，若桩长不够需接桩，桩太长需截桩，麻烦且造价高。

4. 钢桩

(1)适用范围

①超重型设备基础。例如，宝钢一号高炉总质量达 5 万吨，地基为淤泥质土，其承载力仅 80 kPa，其他基础形式都无法满足地基承载力与变形要求，采用 $\phi 914$ 大直径钢管桩，桩长 60 m。

②江河深水基础。

③高层建筑深基槽护坡工程。在密集建筑群中的高层建筑深基槽，无法放坡开挖，混凝土护坡桩为一次性应用，基础工程完工，混凝土即报废。钢板桩护坡为多次性应用，在基础工程完工时可将钢板桩拔出，可重复用于其他工程。

(2)钢桩的形式与规格

①钢桩的形式：钢桩一般为预制桩，包括型钢和钢管两大类，主要有钢管桩、钢板桩和H型钢桩。

②钢桩的规格：常用钢桩的截面外径为400～1 000 mm，壁厚为9 mm、12 mm、14 mm、16 mm、18 mm；工字型钢桩常用截面尺寸为200 mm×200 mm、250 mm×250 mm、300 mm×300 mm、350 mm×350 mm、400 mm×400 mm，钢桩的长度根据需要而定，可用对焊连接。

③钢桩的端部形式：钢管桩桩端分敞口与闭口两种，工字型钢桩分带端板和不带端板两种。

(3)钢桩的特点

①优点：钢桩的承载力高，材料强度均匀可靠，用作护坡桩可多次使用。

②缺点：费钢材、价格高、易锈蚀，地面以上钢桩年腐蚀速率为0.05～0.10 mm/a，地下水位以下为0.03 mm/a，若采用防腐措施，如阴极保护，或在外表面涂防腐层，钢管桩内壁与外界隔绝，则可减轻或避免腐蚀。

5. 水泥土桩

水泥土桩采用现场搅拌成桩，用于地基处理，形成复合地基，包括深层粉体喷射搅拌桩、深层水泥搅拌桩、旋喷桩和加筋水泥搅拌桩。

通常，天然材料桩、水泥土桩称为柔性桩，一般用于地基处理；混凝土桩、钢桩称为刚性桩，桩基础中的桩一般应采用刚性桩。

8.2.2 按荷载传递方式分类

按荷载传递方式，可分为摩擦型桩和端承型桩两大类。

摩擦型桩是指在竖向荷载作用下，桩顶荷载全部或主要由桩侧摩阻力承担的桩。根据桩侧摩阻力分担荷载的比例，摩擦型桩又可分为摩擦桩和端承摩擦桩两类。摩擦桩是指桩顶荷载绝大部分由桩侧摩阻力承担，桩端阻力可忽略不计的桩。端承摩擦桩是指桩顶荷载由桩侧摩阻力和桩端阻力共同承担，但桩侧摩阻力分担荷载比较大的桩。

端承型桩是指在竖向荷载作用下，桩顶荷载全部或主要由桩端阻力承担、桩侧摩阻力相对于桩端阻力可忽略不计的桩。根据桩端阻力分担荷载的比例，端承型桩又可分为端承桩和摩擦端承桩两类。端承桩是指桩顶荷载绝大部分由桩端阻力承担，桩侧摩阻力可忽略不计的桩。摩擦端承桩是指桩顶荷载由桩端阻力和桩侧摩阻力共同承担，但桩端阻力分担荷载比较大的桩。

8.2.3 按使用功能分类

1. 竖向抗压桩

建筑物的荷载以竖向荷载为主，桩轴向受压，由桩端阻力和桩侧摩阻力共同承受竖向荷载，工作时，需验算轴心抗压强度。

2. 竖向抗拔桩

当地下室深度较深，地面建筑层数不多时，验算抗浮可能会不满足要求，此时需设置承受上拔力的桩；自重不大的高耸结构物在水平荷载作用下，在基础的一侧会出现拉力，也需验算桩的上拔力。验算上拔力的桩，其侧摩阻力方向相反。

3. 水平受荷桩

承受水平荷载为主的建筑物桩基础或用于防止土体或岩体滑动的抗滑桩，桩的作用主要是抵抗水平力。水平受荷的承载力和桩基础设计原则都不同于竖向承载桩，桩和桩侧土体共同承受水平荷载，桩的水平承载力与桩的水平刚度及土体的水平抗力有关。

4. 复合受荷桩

当建筑物传给桩基础的竖向荷载和水平荷载都较大时，桩的设计应同时验算竖向和水平两个方向的承载力，同时应考虑竖向荷载和水平荷载的相互影响。

8.2.4 按挤土效应分类

不同成桩方法对桩周围土层的扰动程度不同，将影响桩承载力的发挥和计算参数的选用。一般可分为挤土桩、部分挤土桩和非挤土桩三类。

1. 挤土桩

挤土桩也称为排土桩，在成桩过程中，桩周围的土被压密或挤开，因而使周围土层受到严重扰动，土的原始结构遭到破坏，土的工程性质有很大改变(与原始状态相比)。这类桩主要有打入或压入的预制木桩和混凝土桩，打入的封底钢管桩和混凝土管桩以及沉管式就地灌注桩等。

2. 部分挤土桩

部分挤土桩也称为少量排土桩，在成桩过程中，桩周围的土受到相对较少的扰动，土的原状结构和工程性质的变化不明显。这类桩主要有打入小截面的工字型钢桩和 H 型钢桩、钢板桩，开口式的钢管桩(管内土挖除)和螺旋桩等。

3. 非挤土桩

非挤土桩也称为非排土桩，在成桩过程中，将与桩体积相同的土挖出，因而桩周围的土受到较轻的扰动，但有应力松弛现象。这类桩主要有各种形式的挖孔或钻孔桩、井筒管柱和预钻孔埋桩等。

8.2.5 按成桩方法分类

1. 预制桩

预制桩指在地面上制作桩身，然后通过锤击、振动或静压的方法将桩沉至设计标高的桩型。

2. 灌注桩

灌注桩指在设计桩位用钻、冲或挖等方法成孔，然后在孔中灌注混凝土成桩的桩型。

8.2.6 按桩径大小分类

(1)小直径桩：$d \leqslant 250$ mm(d 为桩身设计直径)。

(2)中等直径桩：$250\ \text{mm} < d < 800$ mm。

(3)大直径桩：$d \geqslant 800$ mm。

微 课

竖向荷载下单桩的荷载传递

8.3 竖向荷载作用下的单桩工作性状

8.3.1 竖向荷载下单桩的荷载传递

孤立的一根桩称为单桩，群桩中的一根桩称为基桩，群桩中考虑群桩效应的一根桩称为复合基桩。桩的荷载传递机理的研究揭示的是桩-土之间力的传递与变形协调的规律，因而它是桩的承载力机理和桩-土共同作用分析的重要理论依据。

桩侧摩阻力与桩端阻力的发挥过程就是桩-土体系荷载的传递过程。桩顶受竖向荷载后，桩身压缩而向下移动，桩侧表面受到土的向上摩阻力，桩侧土体产生剪切变形，并使桩身荷载传递到桩周土层中去，从而使桩身荷载与桩身压缩变形随深度增大而递减。随着荷载增大，桩端出现竖向位移和桩端反力。桩端位移加大了桩身各截面的位移，并促使桩侧摩阻力进一步发挥。一般说来，靠近桩身上部土层的侧阻力先于下部土层发挥，而侧阻力先于端阻力发挥。

由图 8-2 看出，根据力的竖向平衡，有

$$Q=Q_s+Q_p \tag{8-1}$$

式中 Q_s——桩侧总摩阻力；

Q_p——桩端总阻力。

根据 Q_s/Q 和 Q_p/Q 的大小，定性地将桩分为摩擦桩（Q_s/Q 在 0.8 以上）和端承摩擦桩（Q_s/Q 为 0.6～0.75）、端承桩（Q_p/Q 在 0.8 以上）和摩擦端承桩（Q_p/Q 为 0.6～0.75）。

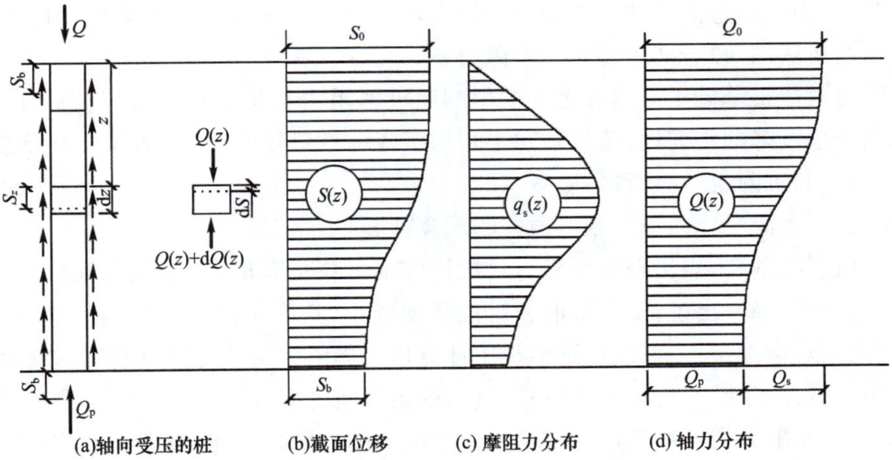

图 8-2 桩土体系荷载传递分析

8.3.2 桩侧负摩阻力问题

1. 产生桩侧负摩阻力的条件

桩在轴向荷载作用下桩身和桩端土将发生压缩，这时桩身各断面将发生相对于周围土层的向下位移，于是桩周土体产生作用于桩身侧面的向上的摩阻力，称为正摩阻力。当桩周土体相对于桩身向下位移时，土体不仅不能起扩散桩身轴向力的作用，反而会产生下拉的摩阻力，使桩身的轴力增大，该下拉的摩阻力称为负摩阻力，如图 8-3 所示。负摩阻力的存在，增大了桩身荷载和桩基础的沉降量。在桩身某一深度处的桩土位移量相等，该处称为中性点，中性点

是正、负摩阻力的分界点。

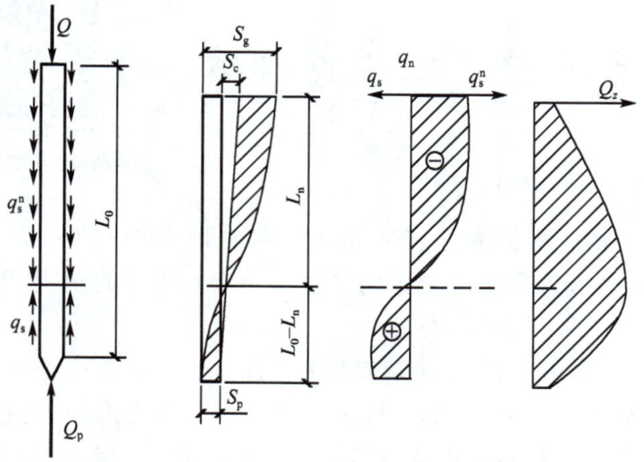

图 8-3　桩的负摩阻力中性点

S_g—地壳沉降量；S_p—桩端沉降量；L_0—压缩土层厚度；Q—桩顶荷载；
L_n—中性点深度；S_c—桩顶沉降量；Q_z—桩身轴向力；Q_p—桩端阻力

微　课

桩的负摩阻力

产生负摩阻力的条件，可归纳为以下三种：

(1)桩周土体在自重作用下固结沉降或浸水，导致土体结构破坏、强度降低而固结(湿陷)，如桩穿越较厚松散填土、自重湿陷性黄土、欠固结土层进入相对较硬土层。

(2)外界荷载作用导致桩周土体固结沉降，如桩周存在软弱土层，邻近桩侧地面承受局部较大的长期荷载或大面积地面堆载(包括填土)。

(3)因降水而导致桩周土体中有效应力增大而固结。软土地区由密集桩群施工造成的土隆起和随后的再固结，也会产生桩侧负摩阻力。

负摩阻力对于桩基础承载力和沉降的影响随桩侧阻力与桩端阻力分担荷载比、建筑物各桩基础周围土层沉降的均匀性、建筑物对不均匀沉降的敏感程度而定。因此，当考虑负摩阻力时，验算承载力和沉降也应有所区别。

2. 考虑桩侧负摩阻力的桩基础承载力和沉降问题

对于摩擦型桩基础，当出现负摩阻力对桩体施加下拉荷载时，持力层压缩性较大，随之引起沉降。桩基础沉降一出现，土对桩的相对位移便减小，负摩阻力便降低，直至转化为零。因此，一般情况下对摩擦型桩基础，可近似视中性点以上侧阻力为零计算桩基础承载力。

对于端承型桩基础，其桩端持力层较坚硬，受负摩阻力引起下拉荷载后不致产生沉降或沉降较小，此时负摩阻力将长期作用于桩身中性点以上侧表面。因此，应计算中性点以上负摩阻力形成的下拉荷载，并以下拉荷载作为外荷载的一部分验算其承载力。

8.4　竖向荷载下单桩承载力的确定方法

8.4.1　单桩承载力的破坏模式

微　课

单桩承载力的破坏模式

单桩承载力的破坏模式是指其达到破坏时所表现出的特征，它取决于桩身的强度、土的工程性质及构造、桩底沉降等因素，主要有五种特征：

(1)桩身材料屈服(压屈),端承桩和超长摩擦桩都可能发生这种破坏。

(2)持力层土整体剪切破坏,当桩穿过软弱土层支撑于较硬持力层时易发生这种破坏。

(3)刺入剪切破坏,常见于均质土中的摩擦桩。

(4)沿桩身侧面纯剪切破坏,当桩底软弱不能提供承载力时,仅靠桩侧摩阻力承担荷载的纯摩擦桩的破坏模式。

(5)在上拔力作用下沿桩身侧面纯剪切破坏。

8.4.2 单桩竖向极限承载力标准值的确定

1. 对不同等级建筑物的规定

(1)设计等级为甲级的建筑桩基础,应通过单桩静载试验确定。

(2)设计等级为乙级的建筑桩基础,当地质条件简单时,可参照地质条件相同的试桩资料,结合静力触探等原位测试和经验参数综合确定,其余均应通过单桩静载试验确定。

(3)设计等级为丙级的建筑桩基础,可根据原位测试和经验参数确定。

2. 原位测试法

(1)单桥探头静力触探

当根据单桥探头静力触探资料确定混凝土预制桩单桩竖向极限承载力标准值 Q_{uk} 时,如无当地经验,可按式(8-2)计算

$$Q_{uk}=Q_{sk}+Q_{pk}=u\sum q_{sik}l_i+\alpha p_{sk}A_p \tag{8-2}$$

当 $p_{sk1}\leqslant p_{sk2}$ 时,有

$$p_{sk}=\frac{1}{2}(p_{sk1}+\beta p_{sk2}) \tag{8-3}$$

当 $p_{sk1}>p_{sk2}$ 时,有

$$p_{sk}=p_{sk2} \tag{8-4}$$

式中 Q_{sk}、Q_{pk}——总极限侧阻力标准值和总极限端阻力标准值;

u——桩身周长,m;

q_{sik}——用静力触探比贯入阻力值估算的桩周第 i 层土的极限侧阻力,MPa;

l_i——桩周第 i 层土的厚度,m;

α——桩端阻力修正系数,可按表 8-1 取值;

p_{sk}——桩端附近的静力触探比贯入阻力标准值(平均值),MPa;

A_p——桩端面积,m^2;

p_{sk1}——桩端全截面以上 8 倍桩径范围内的比贯入阻力平均值,MPa;

p_{sk2}——桩端全截面以下 4 倍桩径范围内的比贯入阻力平均值,MPa;如桩端持力层为密实的砂土层,其比贯入阻力平均值超过 20 MPa 时,则需乘以表 8-2 中系数 C 予以折减后,再计算 p_{sk};

β——折减系数,按表 8-3 选用。

表 8-1 **桩端阻力修正系数 α 值**

桩长 l/m	$l<15$	$15\leqslant l\leqslant 30$	$30<l\leqslant 60$
α	0.75	0.75~0.90	0.90

注:15 m≤l≤30 m,α 值按 l 值直线内插取值;l 为桩长(不包括桩尖高度)。

表 8-2 系数 C

p_{sk}/MPa	20～30	35	>40
C	5/6	2/3	1/2

表 8-3 折减系数 β

p_{sk2}/p_{sk1}	≤5	7.5	12.5	≥15
β	1	5/6	2/3	1/2

注：表 8-2、表 8-3 可内插取值。

(2)双桥探头静力触探

当根据双桥探头静力触探资料确定混凝土预制桩单桩竖向极限承载力标准值 Q_{uk} 时，对于黏性土、粉土和砂土，如无当地经验可按式(8-5)计算

$$Q_{uk}=Q_{sk}+Q_{pk}=u\sum l_i\beta_i f_{si}+\alpha q_c A_p \tag{8-5}$$

式中 β_i——第 i 层土桩侧阻力综合修正系数。黏性土、粉土：$\beta_i=10.04(f_{si})^{-0.55}$；砂土：$\beta_i=5.05(f_{si})^{-0.45}$；

f_{si}——第 i 层土的探头平均侧阻力，kPa；

α——桩端阻力修正系数，对于黏性土、粉土取 2/3，饱和砂土取 1/2；

q_c——桩端平面上、下探头阻力，先取桩端平面以上 $4d$（d 为桩的直径或边长）范围内按土层厚度的探头阻力加权平均值，kPa，再和桩端平面以下 $1d$ 范围内的探头阻力进行平均。

注：双桥探头的圆锥底面积为 15 cm^2，锥角为 60°，摩擦套筒高度为 21.85 cm，侧面积为 300 cm^2。

3. 经验参数法(物理指标法)

(1)单桩竖向极限承载力

当根据土的物理指标与承载力参数的经验关系确定单桩竖向极限承载力标准值 Q_{uk} 时，宜按式(8-6)估算

$$Q_{uk}=Q_{sk}+Q_{pk}=u\sum q_{sik}l_i+q_{pk}A_p \tag{8-6}$$

式中 q_{sik}——桩侧第 i 层土的极限侧阻力标准值，如无当地经验，可按表 8-4 取值；

q_{pk}——极限端阻力标准值，如无当地经验，可按表 8-5 取值。

表 8-4 桩的极限侧阻力标准值 kPa

土的名称	土的状态		混凝土预制桩	泥浆护壁钻(冲)孔桩	干作业钻孔桩
填土			22～30	20～28	20～28
淤泥			14～20	12～18	12～18
淤泥质土			22～30	20～28	20～28
黏性土	流塑	$I_L>1$	24～40	21～38	21～38
	软塑	$0.75<I_L\leq 1$	40～55	38～53	38～53
	可塑	$0.50<I_L\leq 0.75$	55～70	53～68	53～66
	硬可塑	$0.25<I_L\leq 0.50$	70～86	68～84	66～82
	硬塑	$0<I_L\leq 0.25$	86～98	84～96	82～94
	坚硬	$I_L\leq 0$	98～105	96～102	94～104

续表

土的名称	土的状态		混凝土预制桩	泥浆护壁钻(冲)孔桩	干作业钻孔桩
红黏土	$0.7<\alpha_w\leqslant 1$ $0.5<\alpha_w\leqslant 0.7$		13～32 32～74	12～30 30～70	12～30 30～70
粉土	稍密 中密 密实	$e>0.9$ $0.75\leqslant e\leqslant 0.9$ $e<0.75$	26～46 46～66 66～88	24～42 42～62 62～82	24～42 42～62 62～82
粉细砂	稍密 中密 密实	$10<N\leqslant 15$ $15<N\leqslant 30$ $N>30$	24～48 48～66 66～88	22～46 46～64 64～86	22～46 46～64 64～86
中砂	中密 密实	$15<N\leqslant 30$ $N>30$	54～74 74～95	53～72 72～94	53～72 72～94
粗砂	中密 密实	$15<N\leqslant 30$ $N>30$	74～95 95～116	74～95 95～116	76～98 98～120
砾砂	稍密 中密(密实)	$5<N_{63.5}\leqslant 15$ $N_{63.5}>15$	70～110 116～138	50～90 116～130	60～100 112～130
圆砾、角砾	中密、密实	$N_{63.5}>10$	160～200	135～150	135～150
碎石、卵石	中密、密实	$N_{63.5}>10$	200～300	140～170	150～170
全风化软质岩	—	$30<N\leqslant 50$	100～120	80～100	80～100
全风化硬质岩	—	$30<N\leqslant 50$	140～160	120～140	120～150
强风化软质岩	—	$N_{63.5}>10$	160～240	140～200	140～220
强风化硬质岩	—	$N_{63.5}>10$	220～300	160～240	160～260

注:1. 对于尚未完成自重固结的填土和以生活垃圾为主的杂填土,不计算其侧阻力。

2. α_w 为含水比,$\alpha_w=w/w_L$,w 为土的天然含水量,w_L 为土的液限。

3. N 为标准贯入击数,$N_{63.5}$ 为重型圆锥动力触探击数。

4. 全风化、强风化软质岩和全风化、强风化硬质岩系指其母岩分别为 $f_{rk}\leqslant 15$ MPa、$f_{rk}>30$ MPa 的岩石。

表 8-5　　桩的极限端阻力标准值 q_{pk}　　kPa

土名称	土的状态		混凝土预制桩桩长 l/m				泥浆护壁钻(冲)孔桩桩长 l/m				干作业钻孔桩桩长 l/m		
			$l\leqslant 9$	$9<l\leqslant 16$	$16<l\leqslant 30$	$l>30$	$5\leqslant l<10$	$10\leqslant l<15$	$15\leqslant l<30$	$l\geqslant 30$	$5\leqslant l<10$	$10\leqslant l<15$	$l\geqslant 15$
黏性土	软塑	$0.75<I_L\leqslant 1$	210～850	650～1 400	1 200～1 800	1 300～1 900	150～250	250～300	300～450	300～450	200～400	400～700	700～950
	可塑	$0.50<I_L\leqslant 0.75$	850～1 700	1 400～2 200	1 900～2 800	2 300～3 600	350～450	450～600	600～750	750～800	500～700	800～1100	1 000～1 600
	硬可塑	$0.25<I_L\leqslant 0.50$	1 500～2 300	2 300～3 300	2 700～3 600	3 600～4 400	800～900	900～1 000	1 000～1 200	1 200～1 400	850～1 100	1 500～1 700	1 700～1 900
	硬塑	$0<I_L\leqslant 0.25$	2 500～3 800	3 800～5 500	5 500～6 000	6 000～6 800	1 100～1 200	1 200～1 400	1 400～1 600	1 600～1 800	1 600～1 800	2 200～2 400	2 600～2 800
粉土	中密	$0.75\leqslant e\leqslant 0.9$	950～1 700	1 400～2 100	1 900～2 700	2 500～3 400	300～500	500～650	650～750	750～850	800～1 200	1 200～1 400	1 400～1 600
	密实	$e<0.75$	1 500～2 600	2 100～3 000	2 700～3 600	3 600～4 400	650～900	750～950	900～1 100	1 100～1 200	1 200～1 700	1 400～1 900	1 600～2 100
粉砂	稍密	$10<N\leqslant 15$	1 000～1 600	1 500～2 300	1 900～2 700	2 100～3 000	350～500	450～600	600～700	650～750	500～950	1 300～1 600	1 500～1 700
	中密、密实	$N>15$	1 400～2 200	2 100～3 000	3 000～4 500	3 800～5 500	600～750	750～900	900～1 100	1 100～1 200	900～1 000	1 700～1 900	1 700～1 900

续表

土名称	土的状态		混凝土预制桩桩长 l/m				泥浆护壁钻(冲)孔桩桩长 l/m				干作业钻孔桩桩长 l/m		
			$l\leqslant9$	$9<l\leqslant16$	$16<l\leqslant30$	$l>30$	$5\leqslant l<10$	$10\leqslant l<15$	$15\leqslant l<30$	$l\geqslant30$	$5\leqslant l<10$	$10\leqslant l<15$	$l\geqslant15$
细砂	中密、密实	$N>15$	2 500~4 000	3 600~5 000	4 400~6 000	5 300~7 000	650~850	900~1 200	1 200~1 500	1 500~1 800	1 200~1 600	2 000~2 400	2 400~2 700
中砂			4 000~6 000	5 500~7 000	6 500~8 000	7 500~9 000	850~1 050	1 100~1 500	1 500~1 900	1 900~2 100	1 800~2 400	2 800~3 800	3 600~4 400
粗砂			5 700~7 500	7 500~8 500	8 500~10 000	9 500~11 000	1 500~1 800	2 100~2 400	2 400~2 600	2 600~2 800	2 900~3 600	4 000~4 600	4 600~5 200
砾砂	中密、密实	$N>15$	6 000~9 500		9 000~10 500		1 400~2 000		2 000~3 200		3 500~5 000		
角砾、圆砾		$N_{63.5}>10$	7 000~10 000		9 500~11 500		1 800~2 200		2 200~3 600		4 000~5 500		
碎石、卵石		$N_{63.5}>10$	8 000~11 000		10 500~1 000		2 000~3 000		3 000~4 000		4 500~6 500		
全风化软质岩		$30<N\leqslant50$	4 000~6 000				1 000~1 600				1 200~2 000		
全风化硬质岩		$30<N\leqslant50$	5 000~8 000				1 200~2 000				1 400~2 400		
强风化软质岩		$N_{63.5}>10$	6 000~9 000				1 400~2 200				1 600~2 600		
强风化硬质岩		$N_{63.5}>10$	7 000~11 000				1 800~2 800				2 000~3 000		

注:1. 砂土和碎石类土中桩的极限端阻力取值,宜综合考虑土的密实度。桩端进入持力层的深径比 h_b/d。土越密实,h_b/d 越大,取值越高。

2. 预制桩的岩石极限端阻力指桩端支撑于中、微风化基岩表面或进入强风化岩、软质岩一定深度条件下极限端阻力。

3. 全风化、强风化软质岩和全风化、强风化硬质岩指其母岩分别为 $f_{rk}\leqslant15$ MPa、$f_{rk}>30$ MPa 的岩石。

(2)大直径桩单桩极限承载力标准值

根据土的物理指标与承载力参数的经验关系,确定大直径桩单桩极限承载力标准值 Q_{uk} 时,可按式(8-7)计算

$$Q_{uk}=Q_{sk}+Q_{pk}=u\sum\psi_{si}q_{sik}l_i+\psi_p q_{pk}A_p \tag{8-7}$$

式中 q_{sik}——桩侧第 i 层土极限侧阻力标准值,如无当地经验值,可按表 8-4 取值,对于扩底桩变截面以上 $2d$ 长度范围不计侧阻力;

q_{pk}——桩径为 800 mm 的极限端阻力标准值,对于干作业挖孔(清底干净)可采用深层荷载板试验确定;当不能进行深层荷载板试验时,可按表 8-6 取值;

ψ_{si}、ψ_p——大直径桩侧阻力、端阻力尺寸效应系数,可按表 8-7 取值;

u——桩身周长,当人工挖孔桩桩周护壁为振捣密实的混凝土时,桩身周长可按护壁外直径计算。

表 8-6　干作业挖孔桩(清底干净,$D=800$ mm)极限端阻力标准值 q_{pk}　kPa

土的名称	土的状态		
黏性土	$0.25<I_L\leqslant0.75$	$0<I_L\leqslant0.25$	$I_L\leqslant0$
	800~1 800	1 800~2 400	2 400~3 000
粉土	—	$0.75\leqslant e\leqslant0.9$	$e<0.75$
	—	1 000~1 500	1 500~2 000

续表

土的名称		土的状态		
		稍密	中密	密实
砂土、碎石类土	粉砂	500～700	800～1 100	1 200～2 000
	细砂	700～1 100	1 200～1 800	2 000～2 500
	中砂	1 000～2 000	2 200～3 200	3 500～5 000
	粗砂	1 200～2 200	2 500～3 500	4 000～5 500
	砾砂	1 400～2 400	2 600～4 000	5 000～7 000
	圆砾、角砾	1 600～3 000	3 200～5 000	6 000～9 000
	卵石、碎石	2 000～3 000	3 300～5 000	7 000～11 000

注：1. 当桩进入持力层的深度 h_b 分别为 $h_b \leqslant D$，$D < h_b \leqslant 4D$，$h_b > 4D$ 时，q_{pk} 可相应取低、中、高值。

2. 砂土密实度可根据标贯击数判定：$N \leqslant 10$ 为松散，$10 < N \leqslant 15$ 为稍密，$15 < N \leqslant 30$ 为中密，$N > 30$ 为密实。

3. 当桩的长径比 $l/d \leqslant 8$ 时，q_{pk} 宜取较低值。

4. 当对沉降要求不严时，q_{pk} 可取高值。

表 8-7　大直径灌注桩侧阻力尺寸效应系数 ψ_{si}、端阻力尺寸效应系数 ψ_p

土的名称	黏性土、粉土	砂土、碎石类土
ψ_{si}	$(0.8/d)^{1/5}$	$(0.8/d)^{1/3}$
ψ_p	$(0.8/D)^{1/4}$	$(0.8/D)^{1/3}$

注：当为等直径桩时，表中 $D=d$。

8.4.3 单桩竖向承载力设计值的确定

对于桩数 $n \leqslant 3$ 的桩基础，其单桩竖向承载力设计值可以按下述方法确定：

(1)基桩的竖向承载力设计值 R

$$R = Q_{sk}/r_s + Q_{pk}/r_p \tag{8-8}$$

(2)由静荷载试验确定单桩竖向极限荷载标准值时，基桩的竖向承载力设计值 R

$$R = Q_{uk}/r_{sp} \tag{8-9}$$

式中　Q_{sk}——单桩总极限侧阻力标准值，kN；

Q_{pk}——单桩总极限端阻力标准值，kN；

r_s——桩侧阻抗力分项系数；

r_p——桩端阻抗力分项系数；

r_{sp}——桩侧阻端阻综合阻抗力分项系数；当 $r_s = r_p = r_{sp}$ 时，可按表 8-8 取值。

表 8-8　桩基础竖向承载力抗力分项系数

桩型与工艺	$r_s = r_p = r_{sp}$		r_c
	静载试验法	经验参数法	
预制桩、钢管桩	1.60	1.65	1.70
大直径灌注桩(清底干净)	1.60	1.65	1.65
泥浆护壁钻孔灌注桩	1.62	1.67	1.65
干作业钻孔灌注桩($d<0.8$ m)	1.65	1.70	1.65
沉管灌注桩	1.70	1.75	1.70

注：1. 根据静力触探方法确定预制桩、钢管桩承载力时，取 $r_s = r_p = r_{sp} = 1.60$。

2. 抗拔桩的侧阻抗力分项系数 r_s 可取列表中的数值。r_c 为桩基础竖向承载力分项系数。

【工程设计计算案例】 某饭店为一高度超过 100 m 的高层建筑，经对场地进行工程地质勘察，已知建筑地基土层分以下 8 层：

①表层为中密状态人工填土，层厚 1.0 m；②层为软塑粉质黏土，$I_L=0.85$，层厚 2.0 m；③层为流塑粉质黏土，$I_L=1.10$，层厚 2.5 m；④层为软塑粉质黏土，$I_L=0.80$，层厚 2.5 m；⑤层为硬塑粉质黏土，$I_L=0.25$，层厚 2.0 m；⑥层为粗砂，中密状态，层厚为 3.8 m；⑦层为强风化岩石，层厚 1.7 m；⑧层为泥质页岩，微风化，层厚大于 20 m。

因地表 8 m 左右地基软弱，故设计采用桩基础。桩的规格为：外径 550 mm，内径 390 mm，钢筋混凝土预制管桩。桩长 16 m，以⑧层微风化泥质页岩为桩端持力层，共计 314 根桩。试确定此桩基础的单桩竖向承载力。

【解】 按《建筑桩基技术规范》(JGJ 94—2008)计算。采用式(8-6)计算单桩竖向承载力标准值为

$$Q_{uk}=Q_{sk}+Q_{pk}=u\sum q_{sik}l_i+q_{pk}A_p$$

式中 u——管桩周长，$u=0.55\pi=1.728$ m；

q_{sik}——桩周各层土的极限侧阻力标准值，据工程地质报告中各土层土的名称及其状态，查表 8-4 可得：粉质黏土 $q_{s2k}=44$ kPa，$q_{s3k}=33$ kPa，$q_{s4k}=47$ kPa，$q_{s5k}=82$ kPa，粗砂 $q_{s6k}=84$ kPa，强风化岩石 $q_{s7k}=127$ kPa；

l_i——按土层划分的各段桩长，已知 $l_2=2$ m，$l_3=2.5$ m，$l_4=2.5$ m，$l_5=2$ m，$l_6=3.8$ m，$l_7=1.7$ m；

q_{pk}——桩极限侧阻力标准值，桩端土为微风化泥质页岩，查表 8-5 取卵石高值 $q_{pk}=12\ 000$ kPa；

A_p——管桩的横截面面积，$A_p=\dfrac{0.55^2\pi}{4}=0.237\ 6\ \text{m}^2$。

将上述数值代入式(8-6)可得

$$Q_{sk}=u\sum q_{sik}l_i=1.728\times(44\times2+33\times2.5+47\times2.5+82\times2+84\times3.8+127\times1.7)$$
$$=1.728\times987.1=1705.7\ \text{kN}$$

$$Q_{pk}=q_{pk}A_p=12\ 000\times0.237\ 6=2\ 851.2\ \text{kN}$$

根据式(8-8)计算桩的竖向承载力设计值为

$$R=\frac{Q_{sk}}{r_s}+\frac{Q_{pk}}{r_p}$$

式中 r_s——桩侧阻抗力分项系数，查表 8-8 得 $r_s=1.65$；

r_p——桩端阻抗力分项系数，查表 8-8 得 $r_p=1.65$。

将上述数值代入式(8-8)可得

$$R=\frac{1\ 705.7}{1.65}+\frac{2\ 851.2}{1.65}=2\ 761.76\ \text{kN}$$

8.5 竖向荷载下群桩的工作状态

8.5.1 群桩的定义和荷载传递特征

在一个承台下至少有两根以上的桩，这样的桩称为群桩。高层建筑桩基础通常为低承台式，群桩基础受竖向荷载后，承台、桩群与土形成一个相互作用、共同工作体系，其变形和承载力均受相互作用的影响。

8.5.2 群桩的工作状态

微 课

群桩的工作状态

1. 端承型群桩

由端承桩组成的群桩基础，通过承台传递到各桩顶的竖向荷载，其大部分由桩身直接传递到桩端。因此，端承型群桩中基桩（桩群中的单桩）与（独立）单桩相近，桩与桩的相互作用、承台与土的相互作用，都小到可忽略不计，端承型群桩的承载力可近似取为各单桩承载力之和。由于端承型群桩的桩端持力层比较刚硬，因此其沉降也不致因桩端应力的重叠效应而显著增大，一般无须计算沉降。

2. 摩擦型群桩

由摩擦型桩组成的群桩，在竖向荷载作用下，其桩顶荷载的大部分通过桩侧阻力传递到桩侧和桩端土层中，其余部分由桩端承受。桩端的贯入变形和桩身弹性压缩，对于低承台群桩，承台底土也产生一定反力，使得承台底土、桩间土、桩端土都参与工作，形成承台、桩、土共同工作，群桩中基桩的工作性状明显不同于（独立）单桩，群桩承载力不等于各单桩承载力之和，群桩的沉降量也明显地超过单桩，这称为群桩效应。

影响群桩效应的主要因素有两组：一组是群桩自身的几何特征，承台的设置方式（高、低承台）、桩间距 S_a、桩长 l 及桩长与承台宽度比 l/B_c、桩的排列形式、桩数；另一组是桩侧及桩端的土性及其分布、成桩工艺。群桩效应具体反映在以下几个方面：群桩的侧阻力、群桩的端阻力、承台土反力、桩顶荷载分布、群桩的破坏模式、群桩的沉降及其随荷载的变化。现就其一般规律分述如下：

（1）桩侧阻力的群桩效应及群桩侧阻的破坏

桩间土竖向位移受相邻桩影响而增大，桩土相对位移随之减小，这使得在相同沉降条件下，群桩侧阻力发挥值小于单桩。在桩距很小时，即使发生很大沉降，群桩中各基桩的侧阻 力也不能充分发挥。因此，桩距不仅制约桩土相对位移，影响发挥侧阻所需群桩沉降量，而且影响侧阻的破坏性状与破坏值。

对于砂土、粉土、非饱和松散黏性土中的挤土型（打入、压入桩）群桩，在较小桩距（$S_a \leqslant 3d$）条件下，群桩侧阻一般呈整体破坏，即桩、土形成整体，桩侧阻力的破坏面发生于桩群外围，如图 8-4(a)所示；当桩距较大时，则一般呈非整体破坏，即各桩的桩、土产生相对位移，各桩的侧阻力剪切破坏发生于各桩桩周土体中或桩土界面，如图 8-4(b)所示。

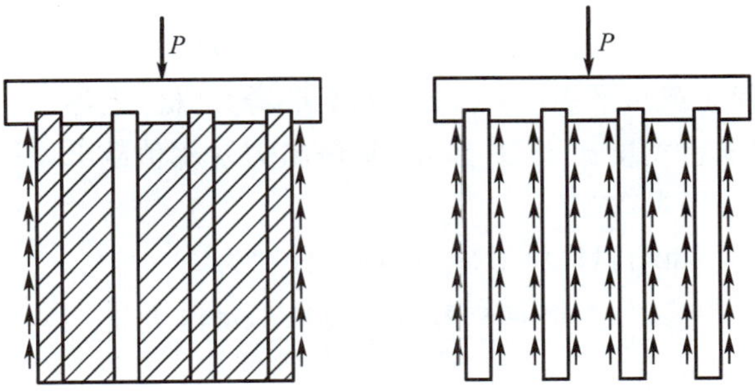

(a)整体破坏　　(b)非整体破坏

图 8-4　群桩侧阻力破坏模式

（2）端阻力的群桩效应及桩端阻的破坏

一般情况下，邻桩的桩侧剪应力在桩端平面上重叠，导致桩端平面的主应力差减小，以及桩端土的侧向变形因受到邻桩逆向变形的制约而减小，使得桩端阻力随桩距减小而增大。

桩距对端阻力的影响程度与持力层土层的性质和成桩工艺有关。在相同成桩工艺下，群桩端阻力受桩距的影响，黏性土较非黏性土大，密实土较非密实土大。就成桩工艺而言，非饱和土与非黏性土中的挤土桩，其群桩端阻力因挤土效应而提高，提高幅度随桩距增大而减小。

当桩长与承台宽度比 $l/B_c \leqslant 2$ 时，承台底土反力传递到桩端平面使主应力差减小，承台还有限制桩土相对位移、减小桩端贯入变形的作用，从而使桩端阻力提高。群桩端阻的破坏与侧阻的破坏模式有关。在群桩侧阻呈整体破坏的情况下，桩端演变为底面积与桩群投影面积相等的单独实体墩基，如图 8-5(a)所示。由于基底面积大，埋置深度大，所以一般不发生整体剪切破坏。只有当桩很短且持力层为密实土层时才可能出现整体剪切破坏。当存在软弱下卧层时，有可能由于软卧下卧层产生侧向挤出而引起群桩整体失稳。当群桩侧阻呈单独破坏时，各桩端阻的破坏与单桩相似，但因桩侧剪应力的重叠效应、相邻桩桩端土逆向变形的制约效应和承台的增强效应而使破坏承载力提高，如图 8-5(b)所示。

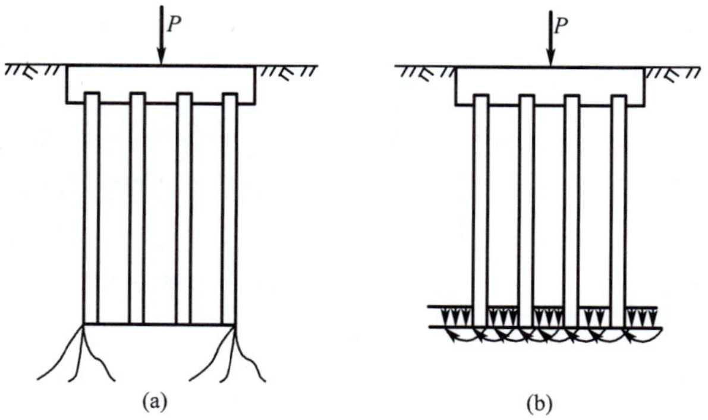

图 8-5 群桩端阻力破坏模式

3. 承台土反力及承台分担荷载的计算

摩擦型桩基础，当其承受竖向荷载而沉降时，承台底一般会产生土反力，从而分担一部分荷载，桩基础的承载力随之提高。

桩基础承台分担荷载的比例随承台底土性、桩侧与桩端土性、桩径与桩长、桩距与排列方式、承台内外区的面积比、施工工艺等诸多因素变化而变化。根据现有试验与工程实测资料，承台分担荷载比例可由零增至 60%～70%。承台土反力变化的一般规律如下：

(1)承台底土的压缩性越低、强度越高，承台土反力越大。

(2)桩距越大，承台土反力越大；承台外区土反力大于承台内区土反力。

(3)承台土反力随着荷载水平提高，桩端贯入变形增大，桩、土界面出现滑移而提高。

(4)桩越短，桩长与承台宽度比 l/B_c 越小，桩侧阻力发挥值越低，承台土反力相应提高。

4. 侧阻和端阻群桩效应系数

侧阻群桩效应系数 η_s 和端阻群桩效应系数 η_p 分别为

$$\eta_s = \frac{\text{群桩中基桩平均极限侧阻力}}{\text{单桩平均极限侧阻力}} \tag{8-10}$$

$$\eta_p = \frac{\text{群桩中基桩平均极限端阻力}}{\text{单桩平均极限端阻力}} \tag{8-11}$$

侧阻端阻综合群桩效应系数 η_{sp} 为

$$\eta_{sp} = \frac{\text{群桩中基桩平均极限承载力}}{\text{单桩极限承载力}} \tag{8-12}$$

则

$$\eta_{sp}=\eta_s\alpha_s+\eta_p\alpha_p=\alpha_s\eta_s+(1-\alpha_s)\eta_p \tag{8-13}$$

式中 α_s——桩侧阻分担荷载比，$\alpha_s=Q_{sk}/Q_{uk}$；

α_p——桩端阻分担荷载比，$\alpha_p=Q_{pk}/Q_{uk}$。

显然 $\alpha_s+\alpha_p=1$。《建筑桩基技术规范》(JGJ 94—2008)根据上述各式以及假定 $\alpha_s=0.85$ 和 $\alpha_p=0.15$，得到群桩效应系数 η_s、η_p 和 η_{sp}。当实际工程中 α_s 和 α_p 不是 0.85 和 0.15 时，应根据实际的 α_s 和 α_p 及 η_s、η_p 计算 η_{sp} 值。

8.5.3 群桩的沉降特性

由摩擦桩与承台组成的群桩，在竖向荷载作用下，其沉降的变形性状是桩、承台、地基土共同作用的结果，影响群桩沉降因素十分复杂且同孤立单桩有明显不同。

群桩沉降由桩间土压缩和桩端以下土压缩变形所组成。从现有试验研究结果看，这两种变形占群桩沉降的比例与土质条件、桩距大小、荷载水平、成桩工艺(挤土桩和非挤土桩)以及承台设置方式(高、低承台)等因素有密切关系。

8.5.4 群桩的竖向承载力计算

群桩的工作性状取决于承台和群桩的几何尺寸与材料性质，以及一定范围内土介质(桩间土与桩底土)的分布与性质。因此，群桩的竖向承载力这一概念实际上有两种含义。首先，是指将群桩和一定范围内的土视为整体时所能承受的竖向总荷载；当桩下一定深度内存在软弱土层时应校核其强度；群桩中各桩应正常工作，即对单桩承载力进行校核。其次，是指所产生沉降小于允许沉降量的竖向荷载，即沉降要求不仅是校核条件，还是确定承载力的依据。群桩的整体竖向承载力计算方法有如下两种：

1. 单桩承载力的简单累加法

假定群桩的极限承载力为 P_u，单桩的极限承载力为 Q_u，则

$$P_u=nQ_u \tag{8-14}$$

式中 n——桩数。

式(8-14)仅适用于端承群桩，以及按《建筑桩基技术规范》(JGJ 94—2008)规定，满足桩数 $n\leqslant 3$ 的摩擦桩。

因此，对大多数建筑的摩擦桩基础不能采用上述简单累加法。

2. 以土强度为参数的极限平衡理论法

前面提及群桩侧阻力破坏分为桩、土整体破坏和非整体破坏(各桩单独破坏)，群桩端阻力的破坏可能呈整体剪切、局部剪切和冲剪(刺入剪切)破坏。因此，还可根据桩侧阻、端阻的破坏模式求群桩的极限承载力。

8.6 桩基础设计与计算

8.6.1 桩的类型、持力层及尺寸的选择

对桩基础而言，与一般基础不同的是，桩基础的选型及其技术经济效果至关重要。为取得

良好的技术经济效果，多方案比较和经多次循环修改设计是完全必要的。桩基础设计的基本要求具体包括如下几个方面：

1. 桩的类型

选择桩的类型，要根据前段所列设计资料综合考虑，确定用摩擦桩还是用端承桩，用预制桩还是灌注桩。用什么类型的预制桩或灌注桩，需进行具体的技术与经济分析，必要时可考虑爆扩桩或组合式桩。

端承桩应在下列情况下选用：地层中有坚实的土层（砂、砾石、卵石、坚硬老黏性土）或岩层，桩的长径比不太大或需要桩底扩大。

摩擦桩应在下列情况下选用：地层中无坚实的土层做持力层，且不宜扩底；虽有较坚实土层，但埋置深度大，桩的长径比很大，传递到桩端荷载较小；施工技术方面，灌注桩桩底沉渣较厚难以清底，或预制桩打入时挤土现象严重，出现上涌使桩端阻力无法充分发挥。

预制钢筋混凝土桩适用于下列情况：持力层顶面起伏不大，且穿越土层为高、中压缩性土或需贯穿厚度不大的中密砂层及不含大卵石或漂石的碎石类土；周围建筑物或地下管线对沉桩挤土效应不敏感或无打桩振动、噪声污染限制；除桩尖外不需要桩进入坚实持力层以及单桩设计承载力不大于 3 000 kN。

钢管桩目前在我国只适宜在极少数深厚软土层上的高层建筑物或海洋平台基础中选用。

灌注桩适宜在下列情况下选用：桩端持力层顶面起伏和坡角变化较大，土层厚度不均、岩石风化程度差异较大、地层成因及构造复杂；桩基础的埋置深度很大，预制桩难以施工；持力层为基岩，桩端需嵌入基岩；地层中有大弧石或存在硬夹层；河床冲刷较大，河道不稳；地基土为黏性土、粉土、碎石土或基岩；根据土层情况和荷载分布，需要不同的桩长或桩径，需要扩底或变化截面及配筋率的桩；高重建筑物承载力很大的一柱一桩等。

对于淤泥，流塑状态淤泥质土，流砂，承压水压力大、透水性强的地基土等，须经过试桩取得经验后方可选用灌注桩。

2. 持力层的选择

正确地选择桩基础持力层，对发挥桩基础的效益十分重要。有坚实土层和岩层做持力层最好，如在一般桩长深度内无坚实土层，也可考虑选择中等强度的土层，如中密以上砂层或中等压缩性的一般黏性土等。

桩端进入持力层的深度，对于黏性土和粉土不宜小于 $2d$，对于砂土不宜小于 $1.5d$，对于碎石类土不宜小于 d。当存在软弱下卧层时，桩基础以下硬持力层厚度不宜小于 $4d$。当硬持力层较厚且施工许可时，桩端进入持力层的深度尽可能达到桩端阻力的临界深度值，对于砂、砾石为 $3d \sim 6d$，对于粉土、黏性土为 $5d \sim 10d$。嵌岩灌注桩的周边嵌入微风化或中等风化岩体的最小深度不宜小于 0.5 m。

注意同一基础相邻桩底标高差，对于非嵌岩端承桩，不宜超过相邻桩中心距；对于摩擦桩，在相同土层中宜超过桩长的 1/10。

3. 桩的尺寸

桩的尺寸主要是桩长和截面尺寸（桩径或边长）。桩长（一般只是桩身长度，不包括桩尖）为承台底面标高与桩端标高之差。在确定持力层及其进入深度后，就要拟定承台底面标高，即承台埋置深度。

承台底面标高的选择应考虑上部建筑物的使用要求、柱下或墙下的桩基础有无地下室箱形基础、承台或筏板基础的预估厚度以及季节性冻土的影响等。一般应使承台顶面低于室外地面 100 mm 以上；如有基础梁、筏板、箱形基础等，其厚(高)度应考虑在内；在季节性冻土地区，应按浅基础埋置深度的确定原则防止土的冻胀影响；为便于开挖施工，应尽量将承台埋置于地下水位以上。

桩截面尺寸(桩径或边长)的确定，要力求既满足使用要求，又能充分发挥地基土的承载性能；既符合成桩技术的现实工艺水平，又能满足工期要求和降低造价。

桩径(边长)的确定，首先要考虑不同桩型(或施工技术)的最小直径要求，例如：钢筋混凝土方桩边长不小于 250 mm；干作业钻孔桩和振动沉管灌注桩不小于 300 mm；泥浆护壁回转或冲击钻孔桩不小于 500 mm；人工挖孔桩不小于 1 m；钢管桩不小于 400 mm 等。摩擦桩为获得较大比表面(桩侧表面积与体积之比)，宜采用细长桩，不宜用短粗桩。当端承桩的持力层强度低于桩材强度而地基土层又适宜时，应优先考虑采用扩底灌注桩。

桩径的确定还要考虑单桩承载力的需求和布桩的构造要求，例如：条形基础不能用过大的桩距以免造成承台梁跨度过大；柱下独立基础不宜使承台板平面尺寸过大。一般建筑的桩基础采用相同桩径，但当荷载分布不均匀时，可根据荷载和地基土条件采用不同桩径的桩(尤其是在采用灌注桩时)。

8.6.2 桩数及桩位布置

1. 桩的数量

根据前述方法确定单桩的承载力设计值后，在初步确定桩数时，可暂不考虑群桩效应和承台底面处地基土的承载力。当桩基础为轴心受压时，桩数可按式(8-15)估算

$$n > \frac{F}{R} \tag{8-15}$$

式中 F——作用在承台上的竖向力设计值。

偏心受压时，对于偏心距固定的桩基础，如果桩的布置使得群桩横截面的形心与上部结构荷载合力作用点重合，桩数仍可按式(8-15)确定。否则，应将式(8-15)确定的桩数增加 10%～20%。所选的桩数是否合适，尚待验算各桩受力后决定。

承受水平荷载的桩基础，桩数的确定还应满足对桩的水平承载力的要求。此时，可以简单地以各单桩水平承载力之和作为桩基础的水平承载力。这样处理是偏于安全的。

在灵敏度高的软弱黏性土中，宜采用桩距大、桩数少的桩基础。

2. 桩的间距

桩的间距过大，会增大承台的体积，使造价提高；桩的间距过小，将给桩基础的施工造成困难，并使桩的承载力得不到充分的发挥。《建筑桩基技术规范》(JGJ 94—2008)规定，一般桩的最小中心距应满足表 8-9 的要求。对于大面积的群桩，尤其是挤土桩，还应根据表 8-9 所列数值适当加大。

表 8-9 桩的最小中心距

土类与成桩工艺		桩排数≥3 且桩根数≥9 的摩擦型桩	其他情况
非挤土灌注桩		$3.0d$	$3.0d$
部分挤土桩	非饱和土、饱和非黏性土	$3.5d$	$3.0d$
	饱和黏性土	$4.0d$	$3.5d$

续表

土类与成桩工艺		桩排数≥3且桩根数≥9的摩擦型桩	其他情况
挤土桩	非饱和土、饱和非黏性土	4.0d	3.5d
	饱和黏性土	4.5d	4.0d
钻、挖孔扩底桩		2D 或 D+2.0 m（当 D>2 m）	1.5D 或 D+1.5 m（当 D>2 m）
沉管夯扩、钻孔挤扩桩		2.0d_b	

注：1. d 为圆柱设计直径或方桩设计边长，D 为扩大端设计直径。

2. 当纵横向桩距不相等时，其最小中心距应满足“其他情况”一栏的规定。

3. 当为端承桩时，非挤土灌注桩的“其他情况”一栏可减小至 2.5d。

3. 桩位的布置

在桩的数量初步确定后，可根据上部结构的特点与荷载性质进行桩的平面布置。桩在平面内可布置成正方形或矩形、三角形和梅花形[图 8-6(a)]。条形基础下的桩，可采用单排或双排布置[图 8-6(b)]，也可采用不等距布置；箱形承台式基础，桩宜布置在墙下；带梁或肋的筏板承台基础，宜将桩布置在梁或肋的下面；对于大直径桩，宜将桩布置在柱下，一柱一桩。

为了使桩基础中各桩受力比较均匀，布置时应尽可能使上部荷载的中心与桩群的形心重合或接近。当作用在承台底面的弯矩较大时，应增大桩基础横截面的惯性矩。对墙下柱基，可在外纵墙之外布设一至两根“探头”桩（图 8-7）。桩离承台边缘的净距应不小于 $d/2$。

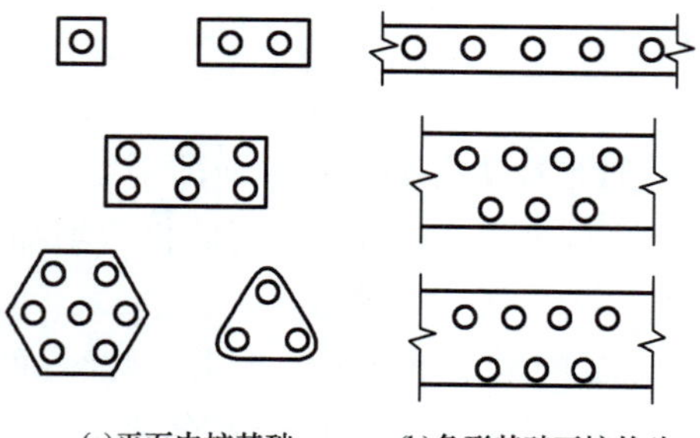

图 8-6　桩的平面布置示例

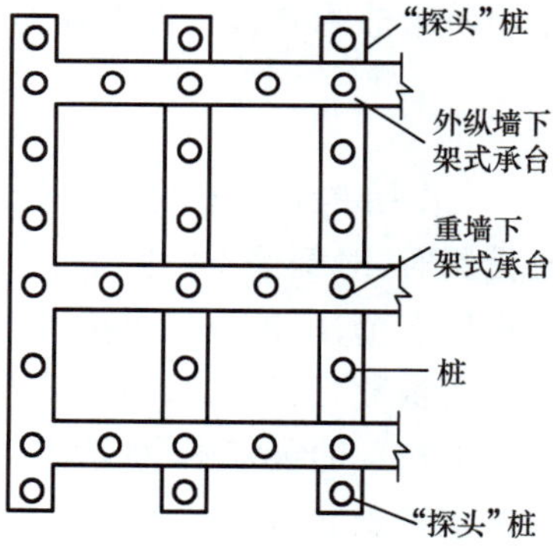

图 8-7　“探头”桩的布置

8.6.3　桩基础中各桩受力验算

1. 荷载效应计算

对于一般建筑物和受水平力较小的高大建筑物桩径相同的群桩基础，按式(8-16)～式(8-18)计算群桩中复合基桩或基桩的桩顶荷载效应。

轴心荷载下的竖向力为

$$Q_k=(F_k+G_k)/n \tag{8-16}$$

偏心荷载下的竖向力为

$$Q_{ik}=(F_k+G_k)/n+M_{xk}y_i/\sum y_i^2+M_{yk}x_i/\sum x_i^2 \tag{8-17}$$

偏心荷载下的最大竖向力为

$$Q_{k\max}=(F_k+G_k)/n+M_{xk}y_{\max}/\sum y_i^2+M_{yk}x_{\max}/\sum x_i^2 \tag{8-18}$$

式中 Q_k——相应于荷载效应标准组合轴心荷载作用下任何一单桩的竖向力；

F_k——相应于荷载效应标准组合时，作用于承台顶面的竖向力；

G_k——承台及其上覆的自重标准值；

M_{xk}、M_{yk}——相应于荷载效应标准组合作用于承台底面通过桩群形心的 x、y 轴线的力矩；

Q_{ik}——相应于荷载效应标准组合时偏心荷载作用下第 i 根桩的竖向力；

Q_{kmax}——作用于复合基桩或基桩的桩顶最大竖向设计值；

x_i、y_i——第 i 根桩至桩群形心的 y、x 轴线的距离；

x_{max}、y_{max}——受力最大的桩至桩群形心的 y、x 轴线的距离；

n——桩基础中的桩数。

2. 地震作用效应计算

对于主要承受竖向荷载的低承台基础，当同时满足下列条件时，在抗震设防区桩顶作用效应可不考虑地震作用。

(1)按《建筑抗震设计规范(2016 年版)》[GB 50011—2010]规定可不进行天然地基和基础抗震承载力计算的建筑物。

(2)不位于斜坡地带或地震可能导致滑移、地裂地段的建筑物。

(3)桩端及桩身周围无液化土层。

(4)承台周围无液化土、淤泥和淤泥质土。

3. 桩基础竖向承载力验算

(1)荷载效应基本组合

轴心竖向力作用下有

$$r_0 Q \leqslant R \tag{8-19}$$

偏心竖向力作用下，除满足式(8-19)的要求外，还应满足式(8-20)的要求。

$$r_0 Q_{max} \leqslant 1.2R \tag{8-20}$$

式中 Q、Q_{max}——桩顶竖向力、最大竖向力设计值；

r_0——建筑桩基础重要性系数，当建筑桩基础安全等级为一、二、三级时，分别取 $r_0=1.1$、1.0、0.9；对柱下单桩按等级提高一级考虑，对柱下单桩的一级建筑桩基础取 $r_0=1.2$。

(2)地震效应组合

对于抗震设防区必须进行抗震验算的桩基础，可按式(8-21)、式(8-22)验算其竖向承载力。

轴心竖向承载力作用下有

$$Q \leqslant 1.25R \tag{8-21}$$

偏心竖向承载力作用下，除满足式(8-19)的要求外，还应满足式(8-22)的要求。

$$Q_{max} \leqslant 1.5R \tag{8-22}$$

8.6.4 桩基础软弱下卧层验算

在土层竖向分布不均匀的情况下，为减小桩长、节约投资，或由于沉桩(管)穿透硬层困难，可将桩端设置于存在软弱下卧层的有限厚度硬层上。该有限厚度硬层是否可作为群桩的可靠持力层，是设计中要考虑的重要问题。设计不当，可能导致两种后果：一是较薄的持力层因冲剪破坏而使桩基础整体失稳(图 8-8)；二是因软弱下卧层的变形而使桩基础沉降过大。

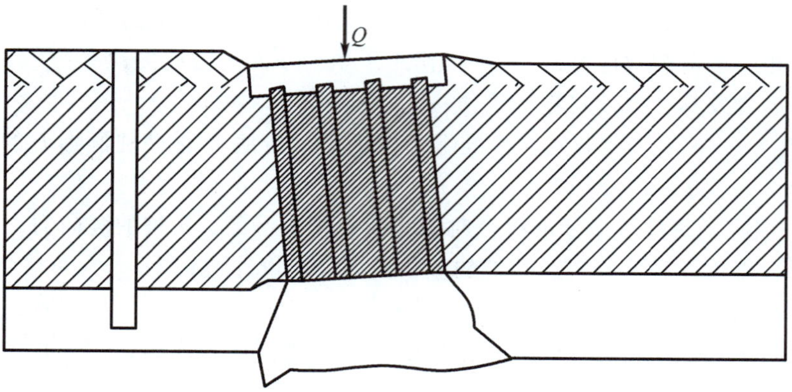

图 8-8 桩基础受软弱下卧层影响发生的冲剪破坏

上述现象的出现与下列因素有关：

(1)软弱下卧层的强度和压缩性。

(2)硬持力层的强度、压缩性和厚度。

(3)群桩的桩距、桩数。

(4)承台的设置方式(高、低承台)及低承台底面处土的性质。

(5)桩基础的荷载水平。

1. 整体冲剪破坏

在下列情况下，桩基础持力层呈整体冲剪破坏[图 8-9(a)]。整体冲剪表现为桩群、桩间土形成如同实体深基础对硬持力层发生冲剪破坏。产生整体冲剪破坏的具体情况为：

①桩距较小($S_a \leqslant 6d$)。

②桩端硬持力层与软弱下卧层的压缩性相差较大($E_{s1}/E_{s2} \geqslant 3$)；各基桩桩端冲剪锥体扩散线在硬持力层中相交重叠。

③桩端持力层为砂、砾层的挤土型低承台群桩，桩距虽较大($S_a > 6d$)，由于成桩挤密效应和承台效应，导致桩端持力层的刚度提高和桩土整体性加强，也可能发生整体冲剪破坏。

对矩形群桩基础，若考虑等效基础自重 G_t 近似等于 $r_0 z a_0 b_0$，则等效基础底面的附加应力为

$$p_0 = \frac{F_k + G_k - 2(A_0 + B_0) \times \sum q_{sik} l_i}{(A_0 + 2t\tan\theta)(B_0 + 2t\tan\theta)} \tag{8-23}$$

式中 F_k——相应于荷载效应标准组合时，作用于承台上的竖向力；

G_k——承台及其上的土的自重标准值；

A_0、B_0——等效实体深基础底面的长、短边；

θ——桩端硬持力层压力扩散角，可按表 8-10 取值。

作用于软弱下卧层顶面的附加应力可按浅基础设计中软弱下卧层的相关公式计算。

表 8-10 桩端硬持力层压力扩散角 θ

E_{s1}/E_{s2}	$t=0.25B_0$	$t \geqslant 0.50B_0$
1	4°	12°
3	6°	23°
5	10°	25°
10	20°	30°

注：1. E_{s1}、E_{s2} 为硬持力层、软弱下卧层的压缩模量。

2. 当 $t<0.25B_0$ 时，θ 降低取值。

2. 各基桩单独冲剪破坏

对于桩距 $S_a > 6d$ 且硬持力层厚度 $t < (S_a - D_e)\cot\theta/2$（$D_e$ 为桩端等代直径）的群桩基础［图 8-9(b)］以及单桩基础，按单独冲剪破坏验算软弱下卧层的承载力。

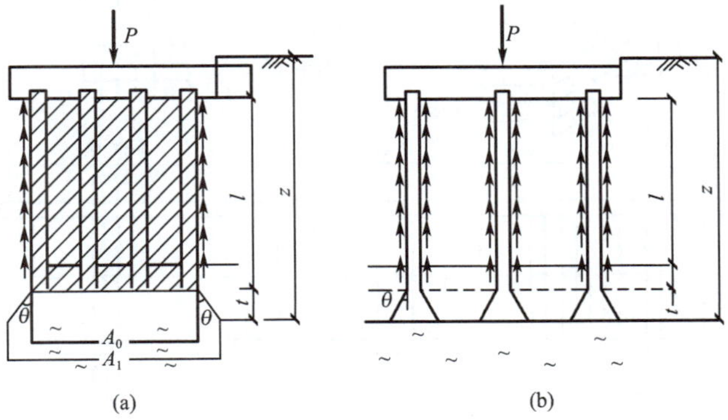

图 8-9 软弱下卧层承载力验算

8.6.5 群桩基础的沉降验算

桩基础因其稳定性好，沉降小而均匀且收敛也快，故很少做沉降计算。一般以承载力计算作为桩基础设计的主要控制条件，而以变形计算作为辅助验算。

《建筑与市政地基基础通用规范》(GB 55003—2021)规定，对以下建筑物的桩基础应进行沉降验算：

摩擦型桩基，对桩基沉降有控制要求的非嵌岩桩和非深厚坚硬持力层的桩基，对结构体形复杂、荷载分布不均匀或桩端平面下存在软弱土层的桩基等。

《建筑地基基础设计规范》(GB 50007—2011)同时规定：

(1)对嵌岩桩、设计等级为丙级的建筑物桩基础、对沉降无特殊要求的条形基础下不超过两排的桩基础、吊车工作级别为 A5 及 A5 以下的单层工业厂房桩基础（桩端下为密实土层），可不进行沉降验算。

(2)当有可靠地区经验时，对地质条件不复杂、荷载均匀、对沉降无特殊要求的端承型桩基础也可不进行沉降验算。

桩基础的沉降不得超过建筑物的沉降允许值。计算桩基础沉降时，最终沉降量宜按单向分层总和法计算。

8.6.6 桩的构造要求

1. 钢筋混凝土预制桩的构造要求

预制桩的混凝土强度等级不应低于 C30，采用静压法沉桩时，可适当降低，但不宜低于 C20；预应力混凝土桩的混凝土强度等级不应低于 C40。图 8-10 为方形截面的钢筋混凝土预制桩的构造示意图。预制桩的主筋（纵向）应按计算确定，并根据断面的大小及形状选用 4～8 根 $\phi14$～$\phi25$ 的钢筋，最小配筋率不宜小于 0.8%，一般可为 1%左右。静压法沉桩时，其最小配筋率不宜小于 0.4%。箍筋采用 $\phi6$～$\phi8$、间距不大于 200 mm，在桩顶和桩尖处应适当加密。用打入法沉桩时，直接受到锤击的桩顶应放置三层钢筋网。桩尖处所有主筋应焊接在一根圆钢上，或在桩尖处用钢板加强。主筋的混凝土保护层不宜小于 30 mm。计算主筋配筋量时，除首先满足工作条件下桩的承载力或抗裂性要求外，还应验算桩在起吊、运输、吊立和锤击打入时的应力。桩的混凝土强度必须达到设计强度的 70%时才可起吊,达到 100%时才可搬运及打桩。

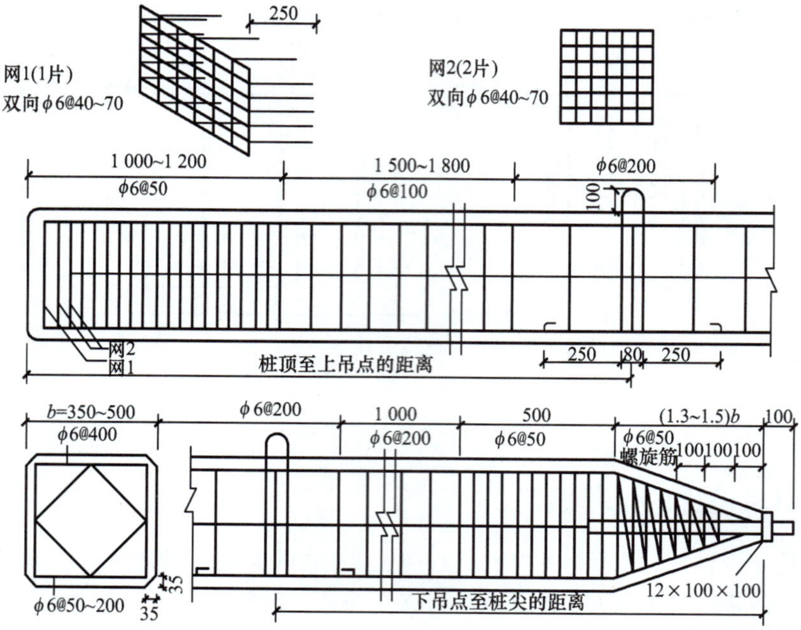

图 8-10 方形截面的钢筋混凝土预制桩的构造

在吊运和吊立时,桩在自重作用下产生的弯曲应力与吊点的数量和位置有关。桩长在 18 m 以下者,起吊时一般用双点吊或单点吊;在打桩架龙门吊立时,采用单点吊。吊点位置应按吊点间的正弯矩和吊点处的负弯矩相等的条件确定,如图 8-11 所示。图中 q 为桩单位长度的重力,K 为考虑桩在吊运过程中可能受到的冲击和振动而取的动力系数,可取 1.3。

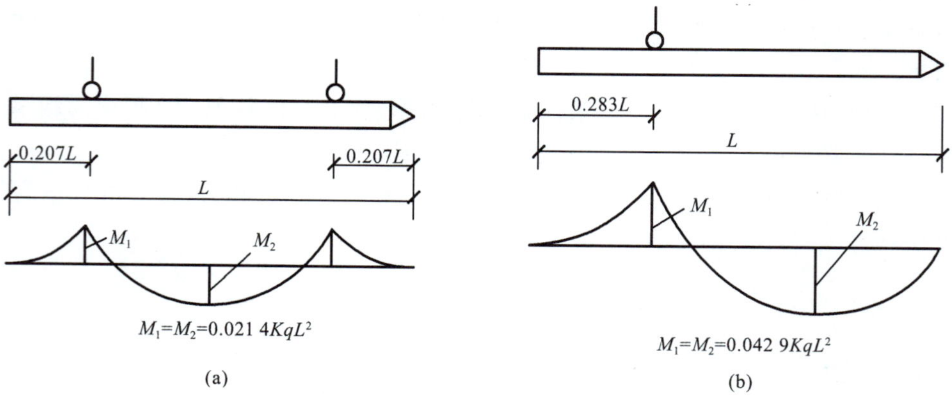

图 8-11 预制桩的吊点位置和弯矩图

桩在运输或堆放时的支点应放在起吊吊点处。计算表明:普通混凝土桩的配筋常由起吊和吊立的强度计算控制。锤击法沉桩时,冲击产生的应力以应力波的形式传到桩端,然后又反射回来。在周期性的拉压应力作用下,桩身上端常出现环向裂缝。设计时,一般要求锤击过程中产生的压应力小于桩身材料的抗压强度设计值;拉应力小于桩身材料的抗拉强度设计值。设计时常根据实测资料确定锤击拉压应力值。当无实测资料时,可按《建筑桩基技术规范》(JGJ 94—2008)建议的经验公式及表格取值。

2. 灌注桩的构造要求

灌注桩的混凝土强度等级一般应不低于 C20，水下浇灌时应不低于 C25，预制桩桩尖混凝土强度等级应不低于 C40。当桩顶轴向压力和水平力经计算满足《建筑桩基技术规范》(JGJ 94—2008)规定时，可按构造要求配置桩身的钢筋。对一级建筑桩基础，配置 6～10 根 $\phi12$～$\phi14$ 的主筋，最小配筋率不小于 0.2%，锚入承台 30 倍主筋直径，伸入桩身长度不小于 10 倍桩身直径，且不小于承台下软弱土层层底深度；对二级建筑桩基础，可配置 4～8 根 $\phi10$～$\phi12$ 的主筋，锚入承台至少 30 倍主筋直径，且伸入桩身长度不小于 5 倍桩身直径；对于沉管灌注桩，配筋长度不应小于承台下软弱土层层底深度；三级建筑桩基础可不配置构造钢筋。

8.6.7 桩基础承台设计和计算

桩基础承台可分为柱下独立承台、柱下或墙下条形承台(梁式承台)，以及筏板承台和箱形承台等。承台的作用是将桩联结成一个整体，并把建筑物的荷载传到桩上，因而承台应有足够的强度和刚度。承台设计包括确定承台的材料、形状、高度、底面标高、平面尺寸，以及局部受压、受冲切、受剪及受弯承载力计算，并应符合构造要求。

1. 承台的外形尺寸及构造要求

承台的平面尺寸一般是由上部结构、桩数及布桩形式决定的。通常，墙下桩基础做成条形承台即梁式承台；柱下独立桩基础宜做成板式承台(矩形或三角形)，其剖面形状可做成锥形、台阶形或平板形。条形承台和板式承台的厚度不应小于 300 mm，宽度不应小于 500 mm，承台边缘至边桩中心距离不应小于桩的直径或边长，且边缘挑出部分不应小于 150 mm，对于条形承台梁边缘挑出部分不应小于 75 mm。承台的混凝土强度等级不应小于 C20；采用Ⅱ级钢筋时，混凝土强度等级不应小于 C20。承台的配筋按计算确定，对于矩形承台板配筋宜按双向均匀配置，钢筋直径不应小于 $\phi10$，间距应满足 100～200 mm；对于三桩承台，应按三向板带均匀配置，最里面的三根钢筋相交围成的三角形应位于柱截面范围以内，如图 8-12 所示。承台梁的纵向主筋不应小于 $\phi12$。承台的钢筋混凝土保护层厚度不应小于 70 mm。

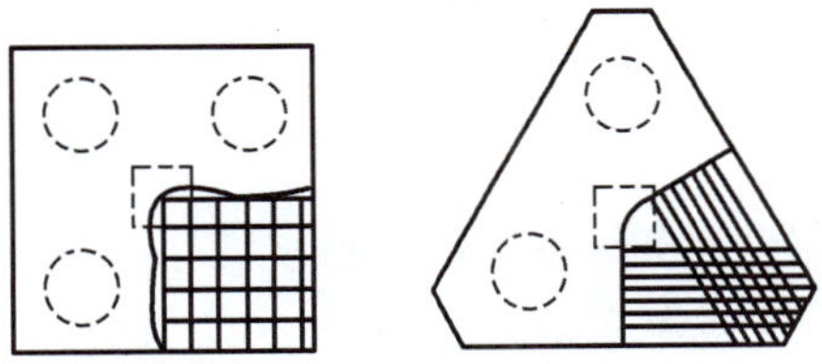

图 8-12 柱下独立桩基础承台配筋

为了保证群桩与承台之间联结的整体性，桩顶应嵌入承台一定长度，对大直径桩不应小于 100 mm；对中等直径桩不应小于 50 mm。混凝土桩的桩顶主筋应伸入承台内，其锚固长度不应小于 30 倍主筋直径，对于抗拔桩基础不应小于 40 倍主筋直径。

承台埋置深度不应小于 600 mm。在季节性冻土、膨胀土地区，承台宜埋设在冰冻线、大气影响线以下，但当冰冻线、大气影响线深度不小于 1 m 且承台高度较小时，则应视土的冻胀性、膨胀性等级，分别采取换填无黏性土垫层、预留空隙等隔胀措施。

2. 承台厚度及强度计算

承台厚度可按冲切及剪切条件确定。一般可先按经验估计承台厚度，再校核冲切和剪切强度，复核承台厚度是否合适，并进行调整。

(1)受冲切计算

①承台变阶处受冲切计算

承台有效高度不足，将产生冲切破坏。其破坏方式可分为沿柱(墙)边的冲切和单一基桩对承台的冲切两类。柱边冲切破坏锥体斜面与承台底面的夹角大于等于45°，该斜面的上周边位于柱与承台交接处或承台变阶处，下周边位于相应的桩顶内边缘处（图8-13）。

$$r_0 F_t \leqslant \alpha f_t u_m h_0 \tag{8-24}$$

式中 r_0——桩基础重要性系数，对安全等级为一、二、三级的桩基础，分别取1.1、1.0、0.9；对柱下单桩基础，确定时安全等级提高一级，对一级桩基础则取1.2。

F_t——作用于冲切破坏锥体上的净冲切设计值；

f_t——混凝土轴心抗拉设计强度；

h_0——冲切破坏锥体有效高度；

u_m——冲切破坏锥体一半高度处的周长；

α——冲切系数，计算公式为

$$\alpha = 0.72/(\lambda + 0.2) \tag{8-25}$$

其中 λ——冲跨比，$\lambda = a_0/h_0$，a_0 为柱边或承台变阶处到柱边的水平距离，当 $a_0 < 0.2$ 时，取 $a_0 = 0.2h_0$；当 $a_0 > 0.2$ 时，取 $a_0 = h_0$，即 $\lambda = 1$，使 λ 满足在0.2～1.0。

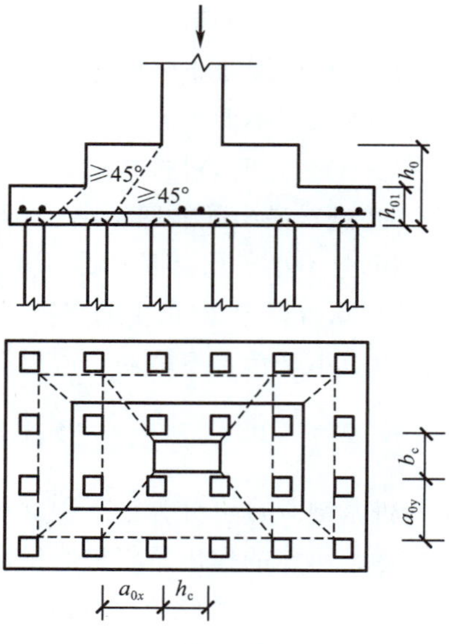

图8-13 承台的受冲切计算

②角桩的冲切计算

对位于柱（墙）边的冲切锥体外的基桩，尚应考虑单一的基桩对承台的冲切作用，并按四柱承台、三柱承台等不同情况进行基桩（这时基桩位于承台底面的拐角处，故称为角桩）冲切计算。

（2）受剪承载力计算

桩基础承台斜截面受剪承载力计算同一般混凝土结构，但由于桩基础承台多属小剪跨比（$\lambda < 1.4$），故需将混凝土结构所限制的剪跨比（1.4～3.0）延伸为0.3～3.0。

桩基础承台的剪切破坏面为一通过柱（墙）边与桩边连线所形成的斜截面（图8-14）。当柱（墙）外有多排桩形成多个剪切斜截面时，对每一个斜截面都应进行受剪承载力计算。

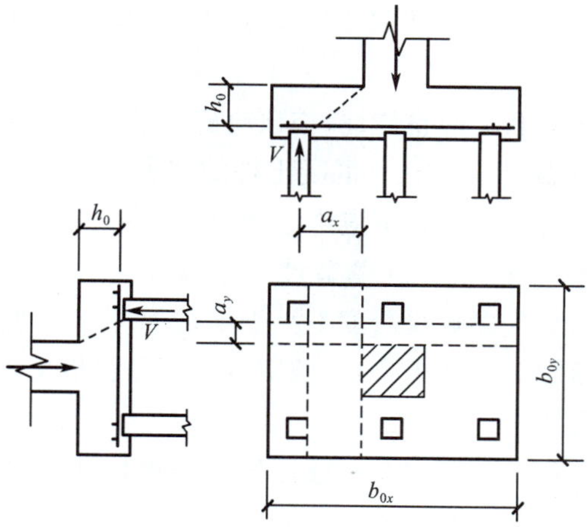

图8-14 承台斜截面受剪承载力计算

对于等厚度承台斜截面受剪承载力可按式（8-26）计算。

$$r_0 V \leqslant \eta f_c b_0 h_0 \tag{8-26}$$

式中 V——斜截面的最大设计值，kN，取抗剪计算截面一侧的桩顶静反力设计值总和；

f_c——混凝土轴心抗压强度设计值；

b_0——承台计算截面的计算宽度，m，对等厚度承台，$b_0=b$（承台短边）；

h_0——承台计算截面的有效高度，m；

η——剪切系数，当 $0.3\leqslant\lambda<1.4$ 时，$\eta=0.2/(\lambda+0.3)$；当 $1.4\leqslant\lambda\leqslant3.0$ 时，$\eta=0.2/(\lambda+1.5)$；

λ——计算截面的剪跨比，$\lambda_x=a_x/h_0$，$\lambda_y=a_y/h_0$，其中，a_x、a_y 为柱边或承台变阶处到 x、y 轴线方向计算一排桩的桩边水平距离，当 $\lambda<0.3$ 时，取 $\lambda=0.3$；当 $\lambda>3$ 时，取 $\lambda=3$，使 λ 满足在 0.3～3。

3. 承台的弯矩计算

大量模型试验表明，柱下独立承台将产生弯曲破坏，其破坏特征呈梁式破坏。例如，四桩承台破坏时屈服线如图 8-15 所示，最大弯矩产生于屈服线处。其内力计算包括柱下多桩矩形承台、柱下三桩三角形承台和柱下或墙下条形承台梁的弯矩计算等类型，弯矩求出后按现行的《混凝土结构设计规范（2015 年版）》（GB 50010—2010）验算其正截面抗弯承载力及配筋计算，计算方法与一般的梁板相同。

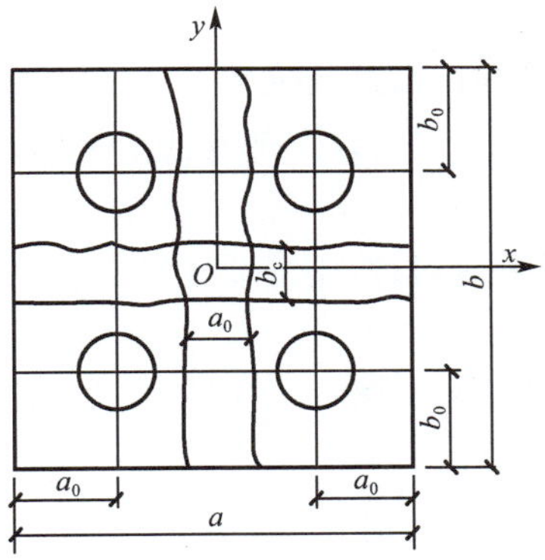

图 8-15　四桩承台弯曲破坏模式

8.7　桩基础施工与检测

8.7.1　桩基础施工

1. 混凝土灌注桩的施工

(1)施工中应对成孔、清渣、下放钢筋笼、灌注混凝土等进行全过程检查，人工挖孔桩尚应复验孔底持力层土（岩）性，嵌岩桩必须有桩端持力层的岩性报告。

(2)成孔控制深度应符合下列要求：

①摩擦型桩：以设计桩长控制成孔深度；端承摩擦桩必须保证设计桩长及桩端进入持力层深度；锤击沉管成孔时，桩管入土深度控制以标高为主，以贯入度控制为辅。

②端承型桩：钻（冲）、挖掘成孔时，必须保证桩孔进入设计持力层深度；锤击沉管成孔时，沉管深度控制以贯入度控制为主，以设计持力层标高对照为辅。

(3)泥浆护壁成孔时，宜采用孔口护筒。施工期间护筒内的泥浆面应高出地下水位 1.0 m 以上，在受水位涨落影响时，泥浆面应高出最高水位 1.5 m 以上。清孔过程中应不断置换泥浆，直至浇筑水下混凝土。浇筑混凝土前，离孔底 500 mm 以内的泥浆比例应小于 1.25。在容易产生渗漏的土层中，应采取维持孔壁稳定的措施。

(4)灌注混凝土前，孔底沉渣厚度 d 应符合以下规定：端承桩 $d \leqslant 50$ mm；端承摩擦桩 $d \leqslant 100$ mm；摩擦桩 $d \leqslant 300$ mm。

(5)群桩基础和桩中心距小于 4 倍桩径的桩基础应制订保证相邻桩身质量的技术措施。拔管速度：对一般土层以 1 m/min 为宜，在软硬土层交界处宜控制在 0.3～0.8 m/min。

2. 混凝土预制桩施工

(1)打入桩的垂直度偏差不得超过 0.5%。

(2)打桩顺序应按下列规定执行

①对于密集桩群，自中心向两个方向或向四周对称施打。

②当一侧毗邻建筑物时，由毗邻建筑物处向另一方向施打。

③根据基础的设计标高，宜先深后浅。

④根据桩的规格，宜先大后小，先长后短。

(3)桩停止锤击的控制原则

①桩端(全断面)位于一般土层时，以控制桩端设计标高为主，贯入度供参考。

②桩端达到坚硬、硬塑的黏性土、中密以上的粉土、砂土、碎石类土及风化岩时，以贯入度控制为主，桩端标高可做参考。

③贯入度已达到而桩端标高未达到时，应继续锤击 3 阵，按每阵 10 击的贯入度不大于设计规定的数值确认。

(4)为避免或减小沉桩挤土效应和对邻近建筑物的影响，施打大面积密集桩时，可采取下列辅助措施

①预钻孔沉桩，孔径比桩径(或方桩对角线)小 50～100 mm 时，深度视孔距或土的密实度、渗透性而定，宜为桩长的 1/3～1/2，施工时应随钻随打。

②设置袋装砂井或塑料排水管，以消除部分超孔隙水压力、减少挤土现象。

③设置隔离板带或地下连续墙。

④开挖防震沟可消除部分地面震动，沟宽 0.5～0.8 m，深度视土质情况而定。

⑤限制打桩速率。

⑥沉桩过程中应加强对邻近建筑物、地下管线等的观测监护。

3. 承台的施工

(1)独立桩基础承台，施工宜先深后浅。

(2)承台埋置较深时，应对邻近建筑物、市政设置采取必要的保护措施，并应在施工期间进行检测。

(3)挖土应分层进行，高差不宜过大，软土地区的基坑开挖时，基坑内土面高度应保持均匀，高差不宜超过 1 m。

8.7.2 桩基础检测规定

(1)桩位放样允许偏差 δ：群桩 $\delta \leqslant 20$ mm；单排桩 $\delta \leqslant 10$ mm。

(2)预制桩的桩位偏差(mm)必须符合如下规定

①垂直基础梁的中心线：$\delta \leqslant 100+0.01H$（$H$ 为施工现场地面标高与桩顶设计标高的距离）。

②沿基础梁的中心线：$\delta \leqslant 150+0.01H$。

③桩数为 1～3 根桩基础中的桩：$\delta \leqslant 100$。

④桩数为 4～16 根桩基础中的桩：$\delta \leqslant 1/2$ 桩径或边长。

⑤桩数大于 16 根桩基础中的桩：a. 最外边的桩：$\delta \leqslant 1/3$ 桩径或边长。

b. 中间桩：$\delta \leqslant 1/2$ 桩径或边长。

(3)灌注桩的桩位偏差必须符合表 8-11 的规定，桩顶标高至少要比设计标高高出 0.5 m。

表 8-11　　灌注桩平面位置和垂直度的允许偏差

序号	成孔方法		桩径允许偏差/mm	垂直度允许偏差/%	桩位允许偏差/mm	
					1～3 根、单排桩垂直于中心线方向和群桩的边桩	条形桩基础沿中心线方向和群桩的中间桩
1	泥浆护壁钻孔桩	$D \leqslant 1\,000$ mm	±50	1	$D/6$，且不大于 100	$D/4$，且不大于 50
		$D > 1\,000$ mm	±50		$100+0.01H$	$150+0.01H$
2	套管成孔灌注桩	$D \leqslant 500$ mm	−20	<1	70	150
		$D > 500$ mm			100	150
3	干成孔灌注桩		−20	<1	70	150
4	人工挖孔桩	混凝土护壁	+50	<0.5	50	150
		钢套管护壁	+50	<1	100	200

注：1. 桩径允许偏差的负值是指个别断面。

2. 采用复打、反差法施工的桩，其允许偏差不受本表限制。

3. H 为施工现场地面标高与桩顶标高的距离，D 为设计桩径。

(4)桩身质量检测方法和数量的规定

设计等级为甲级或地质条件复杂、成桩质量可靠性低的灌注桩，应进行成桩质量检测，检测方法可采用动测法，对于大直径桩还可以采用钻心取样、预先埋管超声波法。质量抽查数量不应少于总数的 30%，且不得少于 20 根；其他桩的抽检数量不应少于总数的 20%，且不应少于 10 根；对混凝土预制桩及地下水位以上且终孔后经过检测的灌注桩，抽检数量不应少于总桩数的 10%，且不得少于 10 根；每根柱子的承台下至少抽检一根。

项目式工程案例

一、工作任务

(1)认识桩基础类型。

(2)进行单桩竖向承载力标准值和设计值的计算。

(3)确定桩数和桩的平面布置图。

(4)进行群桩中基桩的受力验算。

(5)进行承台结构设计及验算。

(6)对桩及承台的施工图进行设计：包括桩的平面布置图、桩身配筋图，以及承台配筋和必要的施工说明。

(7)掌握桩的施工和质量控制。

二、工作项目

某高层住宅楼钢筋混凝土预制桩的设计、制作、施工及质量控制。

三、工作手段

(1)查阅相关规范资料,如《建筑地基基础设计规范》(GB 50007—2011)与《建筑地基基础工程施工质量验收标准》(GB 50202—2018)等。

(2)将相关专业课进行综合运用,如“AutoCAD 绘图”“测量”“钢筋混凝土结构”“建筑施工”“地基与基础”等。

(3)设计与计算,要求正确理解、运用规范的条文,做到设计合理、经济、安全。

四、案例分析与实施

(1)建筑场地土层可自上而下划分为四层,主要物理力学指标见表 8-12。勘查期间测得地下水混合水位深为 2.0 m,地下水水质分析结果表明:本场地地下水无腐蚀性。

表 8-12　　土层主要物理力学指标

土层代号	名称	厚度/m	含水量 w/%	天然重度 γ/(kN·m^{-3})	孔隙比 e	P_s/MPa	塑性指数 I_P	液性指数 I_L	直剪试验(快剪) 内摩擦角 φ/(°)	直剪试验(快剪) 黏聚力 c/kPa	压缩模量 E_s/kPa	承载力标准值 f_k/kPa
1—2	杂填土	2.0		18.8								
2—1	粉质黏土	9.0	38.2	18.9	1.02	0.34	19.8	1.0	21	12	4.6	120
2—2	粉质黏土	4.0	26.7	19.6	0.75	0.6	15	0.60	20	16	7.0	220
3	粉砂夹粉质黏土	>10	21.6	20.1	0.54	1.0	12	0.4	25	15	8.2	260

建筑安全等级为 2 级,已知上部框架结构由柱子传来的荷载:V=3 200 kN,M=400 kN·m,H=50 kN;柱的截面尺寸:400 mm×400 mm;承台底面埋置深度:D=2.0 m。

(2)根据地质资料,以黄土粉质黏土为桩尖持力层,钢筋混凝土预制桩断面尺寸为 300 mm×300 mm,桩长为 10.0 m。

(3)桩身资料:混凝土强度为 C30,轴心抗压强度设计值 f_c=15 MPa,轴心抗拉强度设计值 f_m=1.5 MPa,主筋采用 4ϕ16,强度设计值 f_y=310 MPa。

(4)承台设计资料:混凝土强度为 C30,轴心抗压强度设计值 f_c=15 MPa,轴心抗拉强度设计值 f_t=1.5 MPa。

1. 必要资料准备

(1)建筑物的类型及规模:住宅楼。

(2)岩土工程勘察报告:见表 8-12。

(3)环境及检测条件:地下水无腐蚀性,桩静荷载试验 Q-S 曲线如图 8-16 所示。

2. 外部荷载及桩型确定

(1)外部荷载:V=3 200 kN,M=400 kN·m,H=50 kN。

(2)桩型确定

①由题意选桩为钢筋混凝土预制桩;

②构造尺寸:桩长 L=10.0 m,截面尺寸为 300 mm×300 mm

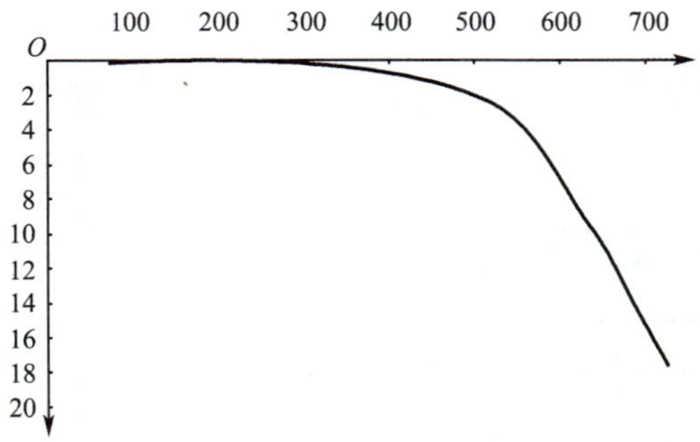

图 8-16 桩静荷载试验 Q-S 曲线

③桩身：混凝土强度为 C30，$f_c=15$ MPa，$f_t=1.5$ MPa，$4\phi16$，$f_y=310$ MPa。

④承台材料：混凝土强度为 C30，$f_c=15$ MPa，$f_m=16.5$ MPa，$f_t=1.5$ MPa。

3. 单桩承载力确定

(1)根据桩身材料强度($\varphi=1.0$ 按 0.25 折减，配筋 $\phi16$)计算

$$R=\varphi(f_cA_p+f_yA'_s)=1.0\times(15\times0.25\times300^2+310\times803.8)\times10^{-3}=586.7\ \text{kN}$$

(2)根据地基基础规范公式计算

①桩尖土端承载力计算

粉质黏土，$I_L=0.60$，入土深度为 12.0 m，则

$$q_{pa}=\left(\frac{805.5-800}{5}\times800\right)=880\ \text{kPa}$$

②桩侧土摩擦力计算

粉质黏土层 1：$I_L=1.0$，$q_{sa}=17\sim24$ kPa，取 18 kPa；

粉质黏土层 2：$I_L=0.6$，$q_{sa}=24\sim31$ kPa，取 28 kPa。

$$R_a=q_{pa}A_p+\mu_p\sum q_{sia}l_i=880\times0.3^2+4\times0.3\times(18\times9+28\times1)=307.2\ \text{kPa}$$

(3)根据桩静荷载试验数据计算

根据桩静荷载试验 Q-S 曲线，按明显拐点法得单桩极限承载力为

$$Q_u=550\ \text{kN}$$

单桩承载力标准值为

$$R_k=\frac{Q_u}{2}=\frac{550}{2}=275\ \text{kN}$$

根据以上各种条件下的计算结果，取单桩竖向承载力标准值 $R_a=275$ kN，单桩竖向承载力设计值为

$$R=1.2R_k=1.2\times275=330\ \text{kN}$$

(4)确定桩数和桩的布置

①初步假定承台的尺寸为 2 m × 3 m

上部结构传来垂直荷载为 3 200 kN，承台和土自重为

$$G=2\times(2\times3)\times20=240\ \text{kN}$$

$$n=1.1\times\frac{F+G}{R}=1.1\times\frac{3\ 200+240}{330}=11.5\text{，取 }n=12$$

桩距 $S=(3\sim4)d=(3\sim4)\times0.3=0.9\sim1.2$ m，取 $S=1.0$ m

②承台平面尺寸及柱排列(图 8-17)

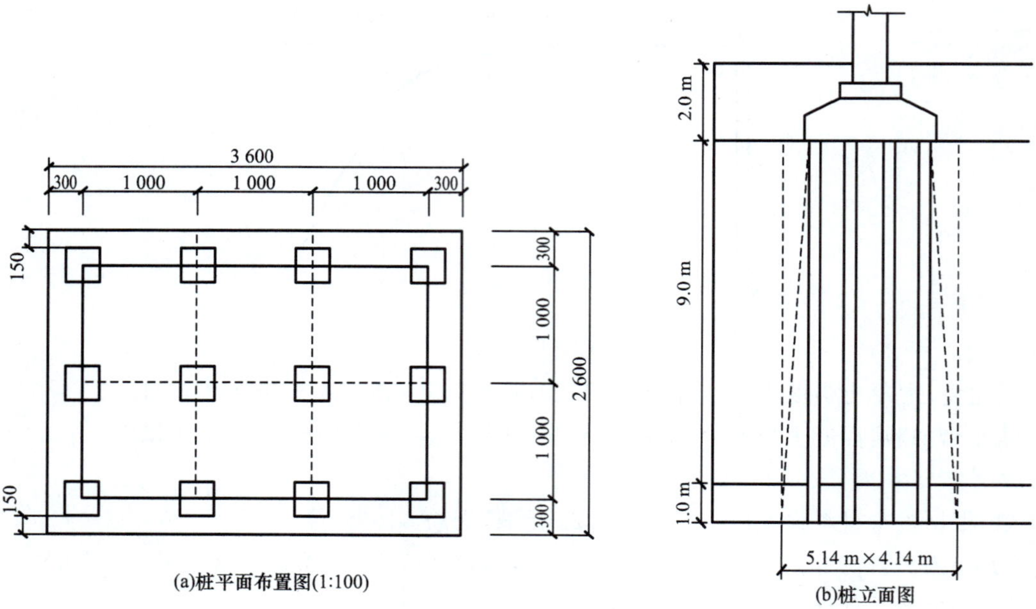

图 8-17　承台平面尺寸及柱排列

4. 单桩受力验算

(1)单桩所受平均力

$$N=\frac{F+G}{n}=\frac{3\ 200+2.6\times 3.6\times 2\times 20}{12}=297.9\ \text{kPa}<R$$

(2)单桩所受最大及最小力

$$\left.\begin{matrix}N_{\max}\\N_{\min}\end{matrix}\right\}=\frac{F+G}{n}\pm\frac{Mx_{\max}}{\sum x_i^2}=297.9\pm\frac{400+50\times 1.5}{4\times(0.5^2+1.5^2)}=\begin{cases}345.4\ \text{kN}<R\\250.4\ \text{kN}<R\end{cases}$$

(3)单桩水平承载力计算

$$H_i=\frac{H}{n}=\frac{50}{12}=4.2\ \text{kPa},\ V_i=\frac{3\ 200}{12}=266.7\ \text{kPa}$$

由于$\frac{H_i}{V_i}=\frac{4.2}{266.7}=\frac{1}{63.5}<\frac{1}{12}$,即$V_i$和$H_i$合力与$V_i$的夹角小于5°,所以单桩水平承载力满足要求,不需要进一步的验算。

5. 群桩承载力验算

根据实体基础法进行验算。

(1)实体基础底面尺寸计算

桩所穿过的土层的内摩擦角$\varphi_1=21°(9\ \text{m})$,$\varphi_2=20°(1\ \text{m})$,取

$$\alpha=\frac{\varphi_1}{4}=\frac{21°}{4}=5.25°,\ \tan\alpha=0.0919$$

边桩外围之间的尺寸:2.3 m×3.3 m

实体基础底面宽:$2.3+2\times 10\times 0.091\ 9=4.14$ m

实体基础底面长:$3.3+2\times 10\times 0.091\ 9=5.14$ m

(2)桩尖土承载力设计值

实体基础埋置深度范围内的土的平均重度(地下水位下取有效重度)为

$$\gamma_0=\frac{18.8\times 2+(18.9-10)\times 9+(19.6-10)\times 1}{12}=10.6\ \text{kN/m}^3$$

实体基础底面粉质黏土修正后的承载力特征值计算如下：

根据表4-2取 $\eta_b=0.3$，$\eta_d=1.6$，则

$$f_a=f_{ak}+\eta_b\gamma(b-3)+\eta_d\gamma_0(12-0.5)$$
$$=220+0.3\times 8.9\times(4.14-3)+1.6\times 10.6\times(12-0.5)$$
$$=418.1\ \text{kPa}$$

取 $\gamma_G=20\ \text{kN/m}^3$，$\gamma_m=10\ \text{kN/m}^3$，基础自重为

$$G=4.14\times 5.14\times(2\times 20+10\times 10)=2\ 979.1\ \text{kN}$$

实体基础底面压力计算：

当仅有轴力作用时

$$p_a=\frac{F+G}{A}=\frac{3\ 200+2\ 979.1}{4.14\times 5.14}=290.4\ \text{kPa}<f_a=418.1\ \text{kPa}$$

考虑轴力和弯矩时有

$$P_{max}=\frac{F+G}{A}+\frac{M}{W}=\frac{3\ 200+2\ 979.1}{4.14\times 5.14}+\frac{400+50\times 1.5}{4.14\times 5.14^2}\times 6$$
$$=316.5\ \text{kPa}<1.2f_a=1.2\times 418.1=501.7\ \text{kPa}$$

由以上验算，单桩及整体承载力满足要求。

6. 承台设计

承台平面尺寸如图8-17所示，无垫层，钢筋保护层厚取100 mm。

(1)单桩净反力的计算

单桩净反力，即不考虑承台及覆土重量时桩所受的力。

①单桩净反力的最大值

$$Q_{max}=345.4-(2.6\times 3.6\times 2\times 20)/12=314.2\ \text{kN}$$

②平均单桩净反力

$$Q'=\frac{F}{n}=\frac{3\ 200}{12}=266.7\ \text{kN}$$

(2)承台冲切验算

①柱边冲切

冲切力

$$F_l=F-\sum N_i=3\ 200\times 1.35-0=4\ 320\ \text{kN}$$

受冲切承载力截面高度影响系数 β_{hp} 的计算

$$\beta_{hp}=1-\frac{1-0.9}{2\ 000-800}\times(900-800)=0.992$$

冲跨比 λ 与系数 β 的计算

$$\lambda_{0x}=\frac{a_{0x}}{h_0}=\frac{525}{1\ 000}=0.525\ (>0.1);\quad \beta_{0x}=\frac{0.84}{\lambda_{0x}+0.2}=\frac{0.84}{0.525+0.2}=1.159$$

$$\lambda_{0y}=\frac{a_{0y}}{h_0}=\frac{225}{1\ 000}=0.225(>0.2);\quad \beta_{0y}=\frac{0.84}{\lambda_{0y}+0.2}=\frac{0.84}{0.225+0.2}=1.976$$

$2[\beta_{0x}(b_c+a_{0y})+\beta_{0y}(h_c+a_{0x})]\beta_{hp}f_th_0=$

$2[1.159\times(0.4+0.225)+1.976\times(0.6+0.525)]\times 0.992\times 1\ 500\times 1.0=$

$8\ 771.4\ \text{kN}>F_l=4\ 320\ \text{kN}$(满足要求)

②角桩向上冲切

$$c_1=c_2=0.45\ \text{m};\quad a_{1x}=a_{0x};\quad \lambda_{1x}=\lambda_{0x};\quad a_{1y}=a_{0y};\quad \lambda_{1y}=\lambda_{0y}$$

$$\beta_{1x}=\frac{0.56}{\lambda_{1x}+0.2}=\frac{0.56}{0.525+0.2}=0.772;\quad \beta_{1y}=\frac{0.56}{\lambda_{1y}+0.2}=\frac{0.56}{0.225+0.2}=1.318$$

$$\left[\beta_{1x}\left(c_2+\frac{a_{1y}}{2}\right)+\beta_{1y}\left(c_1+\frac{a_{1x}}{2}\right)\right]\beta_{hp}f_t h_0=$$

$$\left[0.772\times\left(0.45+\frac{0.225}{2}\right)+1.318\times\left(0.45+\frac{0.525}{2}\right)\right]\times 0.992\times 1\ 500\times 1=$$

$2\ 043.5\ \text{kN}>N_{max}=345.4\ \text{kN}$(满足要求)

(3)承台抗剪验算

斜截面受剪承载力可按下面公式计算

$$V\leqslant\beta_{hs}\beta f_t b_0 h_0;\quad \beta=\frac{1.75}{\lambda+1.0};\quad \beta_{hs}=\left(\frac{800}{h_0}\right)^{\frac{1}{4}}=\left(\frac{800}{1\ 000}\right)^{\frac{1}{4}}=0.946$$

①截面Ⅰ—Ⅰ处承台抗剪验算

边上一排桩净反力最大值 $Q_{max}=314.2$ kN,按 3 根桩进行计算。

剪切力

$$V=3Q_{max}=3\times 314.2=942.6\ \text{kN}$$

承台抗剪时的截面尺寸近似为:平均宽 $b=1.93$ m,$h=1.0$ m,则

$$\beta=\frac{1.75}{\lambda+1.0}=\frac{1.75}{0.525+1.0}=1.148$$

$V_c=\beta_{hs}\beta f_t b_0 h_0=0.946\times 1.148\times 1\ 500\times 1.93\times 1.0=3\ 144.0>V$(满足要求)

②截面Ⅱ—Ⅱ处承台抗剪验算

边上一排桩单桩净反力平均值 $Q_i=266.7$ kN,按 4 根桩进行计算。

剪切力

$$V=4Q_i=4\times 266.7=1\ 066.8\ \text{kN}$$

承台抗剪时的截面尺寸:平均宽度 $b=2.63$ m,$h_0=1.0$ m

斜截面上受压区混凝土的抗剪强度为

$$\beta=\frac{1.75}{\lambda+1.0}=\frac{1.75}{0.525+1.0}=1.148$$

$V_c=\beta_{hs}\beta f_t b_0 h_0=0.946\times 1.148\times 1\ 500\times 2.63\times 1.0=4\ 284.3>V$(满足要求)

(4)承台弯矩计算及配筋计算

①承台弯矩计算:多桩承台的弯矩可在长、宽两个方向分别按单向受弯计算。

截面Ⅰ—Ⅰ,按 3 根桩计算

$$M_{\text{I}}=3\times 314.2\times(0.975-0.3)=636.3\ \text{kN}\cdot\text{m}$$

截面Ⅱ—Ⅱ,按 4 根桩计算

$$M_{\text{II}}=4\times 266.7\times(0.675-0.3)=400.1\ \text{kN}\cdot\text{m}$$

②承台配筋计算:取 $h_0=1.0$ m。

长向配筋

$$A_s=\frac{M_{\text{I}}}{0.9h_0 f_y}=\frac{636.3\times 10^6}{0.9\times 1\ 000\times 310}=2\ 281\ \text{mm}^2$$

选配 $\phi 16@200$,$A_s=201.1\times 13=2\ 614\ \text{mm}^2$。

短向配筋

$$A_s=\frac{M_{\mathrm{II}}}{0.9h_0f_y}=\frac{400\times10^6}{0.9\times1\ 000\times310}=1\ 434\ \mathrm{mm}^2$$

选配 $\phi14@200$，$A_s=153.9\times18=2\ 770\ \mathrm{mm}^2$(满足要求)。

③承台配筋如图 8-18 所示。

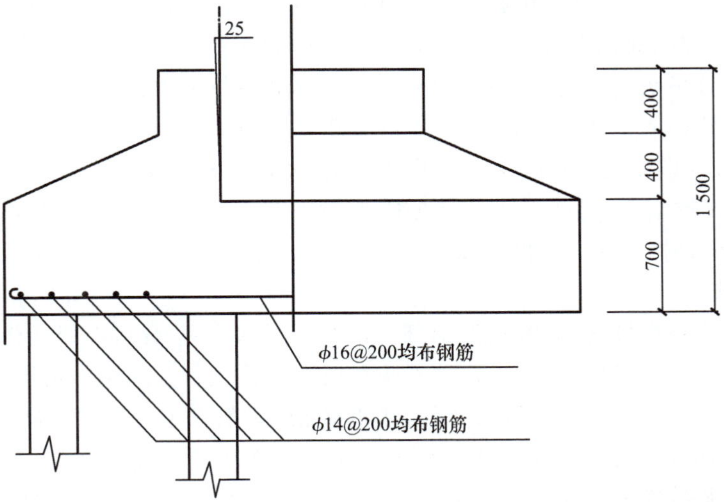

图 8-18 承台配筋

7. 钢筋混凝土预制桩的制作与起吊

(1)制作

钢筋混凝土预制桩可在工厂或现场预制。现场预制的工序为:场地压实、整平→场地地坪、做三七灰土或浇筑混凝土→支模→绑扎钢筋骨架、安设吊环→浇筑混凝土→养护至 30%强度时拆模→支间隔端头模板、刷隔离剂、绑钢筋→浇筑间隔桩混凝土→同法间隔重叠制作第二层桩→养护至 70%强度时起吊→达 100%强度后运输、堆放。

长桩可分节制作,单节长度应满足桩架的有效高度、制作场地条件、运输与装饰能力等方面的要求,并应避免在桩尖接近硬持力层或桩尖持力层中接桩。

(2)起吊

当桩的混凝土达到设计强度标准值的 70%后方可起吊,吊点应系于设计规定处。在吊索与桩间应加衬垫,起吊应平稳提升,采取措施保护桩身质量,防止撞击和震动。

①运输

桩运输时的强度应达到设计强度标准值的 100%。长桩运输可采用平板拖车、平台挂车或汽车后挂小炮车运输;短桩运输亦可采用载重汽车,若现场运距较近,亦可采用轻轨平板车运输。装载时桩支撑应按设计吊钩位置或接近设计吊钩位置叠放平稳并垫实,支撑或绑扎牢固,以防运输中晃动或滑动。采用平台挂车或小炮车运输长桩时,桩不宜设活动支座,行车应平稳,并掌握好行驶速度,防止任何碰撞和冲击。严禁在现场以直接拖拉桩体方式代替装车运输。

②堆放

桩运到打桩位置堆放时,应布置在打桩架附设的起重钩工作半径范围内,并考虑起吊方向,避免转向。堆放场地应平整坚实、排水良好。桩应按规格、桩号分层叠置,支撑点应设在吊点或近旁处并保持在同一横断面上,各层垫木应上下对齐,并支撑平稳,堆放层数不宜超过四层。

8. 钢筋混凝土预制桩的打(沉)桩

(1)打(沉)桩方法

打(沉)桩方法有锤击法、震动法及静力压桩法等,其中以锤击法应用最普遍。采用锤击法打桩时,应用导板夹具或桩箍将桩嵌固在桩架两导柱中,桩位置及垂直度经校正后,方可将锤连同桩帽压在桩顶,开始沉桩。沉桩时应先起锤轻压并轻击数锤,以观察桩身、桩架、桩锤等是否竖直一致,在一致的前提下才可转入正常沉桩。桩插入时的垂直度偏差不得超过 0.5%。

打桩应用适合桩头尺寸的桩帽和弹性垫层,以缓和打桩的冲击。桩帽用钢板制成,并用硬木或绳垫承托。落锤或打桩机垫木亦可用"尼龙 6"浇铸件,既经济又耐用。桩帽与桩周围的间隙应为 5~10 mm。桩帽与桩接触表面应平整,桩锤、桩帽与桩身应在同一直线上,以免沉桩产生偏移。桩锤本身带桩帽者,则只在桩顶护以绳垫、尼龙垫或木块。桩顶不平的,应用厚纸板垫平或用环氧树脂砂浆补抹平整。当桩顶标高较低,需送桩入土时,应将钢制送桩放于桩头上。

(2)接桩方式

钢筋混凝土预制长桩,受运输条件和打桩架高度限制,一般分成数段制作,分段打入,在现场接桩。常用接桩方式有焊接、法兰连接及硫黄胶泥锚接三种。前两种可用于各类土层,硫黄胶泥锚接适用于软土层。焊接接桩,钢板宜用低碳钢,焊条宜用 E43,焊接时应先将四角点焊固定,然后对称焊接,并确保焊缝质量和设计尺寸。法兰接桩,钢板和螺栓亦宜用低碳钢并紧固牢靠。硫黄胶泥锚接是将熔化的硫黄胶泥注满锚筋孔内并溢出桩面,然后迅速将上段桩对准落下,待硫黄胶泥冷硬后,即可继续施打,此方式比前两种接桩方式简便、快速。

(3)打(沉)桩的质量控制

打预制钢筋混凝土桩的设计质量控制,通常是以贯入度和设计标高两个指标来检验,打桩贯入度的检验,一般是以桩最后 10 击的平均贯入度应该小于或等于通过荷载试验确定的控制数值。

(4)打(沉)桩的验收要求

①打入桩的桩位偏差应满足施工验收规范的要求。

②施工结束后应对承载力进行检查。桩的静载试验根数应不少于总桩数的 1%,且不少于 3 根;当总桩数少于 50 根时,应不少于 2 根;当施工区域地质条件单一,又有足够的实际经验时,可根据实际情况由设计人员酌情而定。

③对桩身质量应进行检验,对多段打入桩的检查根数不应少于桩总数的 15%,且每个承台不得少于 1 根。

④由工厂生产的预制桩应逐根检查,工厂生产的钢筋笼应抽查总量的 10%,但不少于 5 根。

⑤现场预制成品桩时,应对原材料、钢筋骨架、混凝土强度进行检查;采用工厂生产的成品桩时,进场后应做外观及尺寸检查,并应附相应的合格证、复验报告。

⑥施工中应对桩体垂直度、沉桩情况、桩顶完整状况、桩顶质量等进行检查,对电焊接桩、重要工程应做 10%的焊缝探伤检查。

⑦对长桩或总锤击数超过 500 击的锤击桩,必须满足桩体强度及 28 d 龄期的两项条件才能锤击。

⑧施工结束后,应对承载力及桩体质量进行检验。

9. 打(沉)桩对周围环境的影响及预防措施

(1)对周围环境的影响

打(沉)桩时由于巨大体积的桩体在冲击作用下于短时间内沉入土中,会对周围环境带来下述危害。

①挤土。由于桩体入土后挤压周围土层，从而引起土体的侧移或地面隆起。

②振动。打桩过程中在桩锤冲击下，桩体产生振动，使振动波向四周传播，会给周围的设施造成危害。

③超静水压力。土壤中含的水分在桩体挤压下产生很高的压力，此高压力的水向四周渗透时亦会给周围设施带来危害。

④噪声。桩锤对桩体冲击产生的噪声达到一定分贝时，亦会对周围居民的生活和工作带来一定不利影响。

(2)预防措施

为避免和减轻上述打桩产生的危害，可采取下述措施。

①限速。控制单位时间(如 1 天)打桩的数量，可避免产生严重的挤土和超静水压力。

②正确确定打桩顺序。一般在打桩的推进方向挤土较严重，因此，宜背向保护对象向前推进打桩。

③挖应力释放沟(或防振沟)。在打桩区与保护对象之间挖沟(深 2 m 左右)，此沟可隔断浅层内的振动波，对防振有益。如在沟底再钻孔排土，则可减轻挤土影响和超静水压力。

④埋设塑料排水板或袋装砂井。可人为制造竖向排水通道，易于排除高压力的地下水，使土中水压力降低。

⑤钻孔植桩打设。在浅层土中钻孔(桩长的 1/3 左右)，可大大减轻浅层挤土的影响。

本章小结

1. 桩的类型

(1)按承载性能分为摩擦桩和端承桩。

(2)按桩身材料分为木桩、混凝土桩、钢桩、水泥土桩、砂浆桩、特种桩(改良型桩)。

(3)按成桩方法分为非挤土桩、部分挤土桩、挤土桩。

(4)按桩径大小分为小直径桩、中等直径桩、大直径桩。

2. 单桩承载力的计算方法

(1)按桩身强度确定竖向单桩承载力。

(2)按土的承载力确定单桩承载力。

①按静荷载试验法确定竖向单桩承载力。

②规范试验公式法。分为按《建筑地基基础设计规范》(GB 50007—2011)确定单桩竖向承载力特征值和按《建筑桩基技术规范》(JGJ 94—2008)确定单桩竖向极限承载力。

(3)特殊条件下桩基础竖向承载力的计算。

①当桩端平面以下受力层范围内存在软弱下卧层时，按特殊条件下桩基础竖向承载力的验算方法进行。

②当桩周土相对于桩出现向下位移时，桩身受到向下的摩阻力，此时按桩的负摩阻力计算公式进行计算。

(4)单桩轴向抗拔力的计算。

3. 桩基础动测技术

桩的动力测试是在与单桩静荷载试验对比基础上发展起来的。动力试桩方法具有轻便、快捷、经济、覆盖率高等特点。它与静荷载试验结合，可获得动、静对比系数，并用于桩基础工程质量普查工作和预估单桩承载力。其测试方法分为：球击动测法、基桩参数动测法、水电效应法。

4. 群桩承载力计算

影响群桩承载力和沉降量的因素较多，除了土的性质之外，主要是桩距、桩数、桩的长径比、桩长与承台宽度比、成桩的方法等。可以用群桩的效率系数 η 与沉降比 ν 两个指标反应群桩的工作特性，并按《建筑市政地基基础通用规范》(GB 55003—2021)计算桩基础竖向承载力设计值。

5. 单桩水平承载力

单桩水平承载力设计值一般采用现场静荷载试验和理论计算两类方法确定。

6. 桩承台设计计算

明确桩承台的作用，选择桩承台的种类及所用材料和施工方法，初步确定桩承台的尺寸并进行承台局部受压、受冲切、受剪及受弯的强度验算，使桩承台的尺寸满足上述各项验算要求。

复习思考题

8-1 什么情况下采用桩基础？桩基础有哪些分类方法？

8-2 桩基础的定值设计法与概率极限状态设计法有何异同点？

8-3 如何确定单桩极限承载力？

8-4 单桩和群桩的工作性状有何差异？

8-5 如何确定群桩承载力？

8-6 群桩沉降计算有哪些方法？各方法的基本假定是什么？有何特点？

8-7 建筑桩基础承载力验算的内容是什么？

8-8 桩基础设计原则和设计的主要步骤是什么？

综合练习题

8-1 沉管式灌注桩在灌注施工时易出现________现象。

A. 地面隆起　　B. 缩颈　　C. 塌孔　　D. 断管

8-2 桩通过极软弱土层，端部打入岩层面的桩可视作________。

A. 摩擦桩　　B. 摩擦端承桩

C. 端承摩擦桩　　D. 端承桩

8-3 下列工程地质条件，________不适合选桩基础。

A. 电视塔

B. 四十层建筑物

C. 地基浅层土质太差，不能满足浅基础设计要求，而深层土质较好

D. 地基浅层土质较好，能满足浅基础设计要求，而深层土质也较好

8-4 桩顶嵌入承台的长度不宜小于________。

A. 100 mm　　B. 150 mm　　C. 70 mm　　D. 50 mm

8-5 某校教师住宅为 6 层砖混结构，横墙承重。作用在横墙墙脚底面荷载重为 165.9 kN/m。横墙长度为 10.5 m，墙厚 37 cm。地基土表层为中密杂填土，层厚 $h_1=2.2$ m，桩侧阻力特征值 $q_{sa1}=11$ kPa；第二层为流塑淤泥，层厚 $h_2=2.4$ m，$q_{sa2}=8$ kPa；第三层为可塑粉土，层厚 $h_3=2.6$ m，$q_{sa3}=25$ kPa；第四层为硬塑粉质黏土，层厚 $h_4=6.8$ m，$q_{sa4}=40$ kPa，桩端阻力特征值 $q_{pa}=1\ 800$ kPa。试设计横墙桩基础。

第 9 章 基坑工程应用

学习目标

了解：地下水的控制方法，基坑土体加固和周围环境监测等内容。

理解：基坑工程特点和基坑支护结构的类型及特点。

掌握：支护结构的选型原则和稳定性验算方法。

素养目标

1. 强化严谨细致、吃苦耐劳、知行合一的职业精神。
2. 培养安全第一、质量为本、规范管理的规范意识。
3. 树立崇尚科学、热爱科学、创新设计的探究精神。

9.1 概　述

基坑是为了修建建筑物、构筑物的基础、地下室或其他地下设施所开挖而形成的地面以下的空间。基坑开挖使坑底和周围土体中的应力场发生变化，这些变化不仅涉及土力学中典型的强度与稳定性问题，还涉及变形问题，可以说基坑工程是土力学知识的综合应用。基坑开挖坑壁必然形成边坡，边坡坡度值达到多大才能保持边坡稳定，这需要用到土坡稳定分析知识；如果不存在放坡开挖空间，开挖形成直立边坡，则需在基坑内设支挡结构，要知道作用在支挡结构上土压力有多大，就要利用到土压力的计算知识；深基坑开挖一般都需要降水施工，地下水位下降会引起基坑及周围地基土中的有效应力增大，导致地基固结沉降，而这通常会引起周边建筑的下沉或开裂；当场地土体软弱时，通常会采用地基处理的办法来改善坑周土体条件，降低施工开挖难度等。

9.2 基坑工程的特点与安全等级

基坑工程是指建筑物地下部分施工时，需开挖基坑、进行降水和对坑壁围挡，同时要对周围建筑、道路和地下管线进行监测及维护，确保正常、安全施工的整个过程。基坑工程是一项综合性很强的系统工程，它不仅包括基坑支护体系设计，而且与开挖施工技术紧密相关。

20 世纪 50 年代，当时的施工技术水平较低，为降低造价，基坑开挖多是放坡开挖，坑内不采取支护措施。进入 20 世纪 80 年代，随着经济发展，城市建设迅猛发展，建筑空间狭小，往往需要在狭窄的场地上进行深基坑的开挖，四周不存在放坡空间，并且开挖深度不断加深，必须采取支护措施才能保证基坑的安全施工，这对基坑的设计和施工提出了更高要求。经过几十年的发展，我国各地区通过工程实践与科学研究，解决了基坑设计、施工和检测技术设计的一些难题，特别是 20 世纪 90 年代后，为了总结深基坑的支护设计和施工经验，国家和部分经济发达地区编制了深基坑支护设计与施工的有关法规，如《建筑基坑支护技术规程》(JGJ 120—1999)。进入 21 世纪，我国基坑的设计和施工水平又有了许多改进与创新，2012 年由住房和城乡建设部对原有的国家标准、行业标准进行了修订，发布了《建筑地基基础设计规范》(GB 50007—2011)、《建筑与市政地基基础通用规范》(GB 55003—2021)、《建筑基坑支护技术规程》(JGJ 120—2012)等。

9.2.1 基坑工程的特点

微 课

基坑工程及特点

影响基坑工程安全的因素较多，这决定了基坑工程具有以下特点：

(1)基坑工程综合性强。基坑工程设计时不仅要有扎实的土力学知识，也需要结构工程知识，同时亦要掌握测试技术、施工机械及施工技术等相关知识。

(2)基坑工程具有很强的区域性，同时亦个性突出。我国地域辽阔，各地区工程地质和水文地质条件不同，比如在软黏土地区，土体强度低，地下水位埋藏浅，基坑的支护形式复杂；在黄土地区，由于黄土垂直节理发育，能保持直立的天然边坡，基坑开挖深度较浅时可采用直立陡壁而不用支护。基坑工程的个性在于支护体系设计与施工和土方开挖，这不仅与工程水文地质条件有关，还与基坑相邻建筑和地下管线的位置、抵御变形的能力、重要性以及周围场地条件等有关。有时保护相邻建筑和市政设施的安全是基坑工程设计与施工的关键。这就决定了基坑工程具有很强的个性。因而，基坑工程的支护体系设计与施工都要因地制宜，别的工程经验可以借鉴，但不能简单照搬挪用。

(3)建筑基坑支护工程，一般情况下均为临时性构筑物，其支护结构的控制目标应保证支护结构安全和正常使用一年，在地下工程施工完成后就不再需要，安全储备较小，具有较大的风险性。因此，基坑工程施工过程中应进行监测，并应有应急措施。有特殊要求或为永久性支护结构应在上部结构设计时统一予以考虑。

(4)基坑工程的开挖会对四周既有建筑、道路、地下设施、地下管线、岩土体及地下水体等产生影响，即环境效应。基坑开挖势必引起周围地基地下水位的变化和应力场的改变，导致周围地基土体的变形，对周围建筑和地下管线产生影响，严重的将危及其正常使用或安全。大量土方外运也将对交通和弃土点环境产生影响。

(5)基坑开挖的施工组织是否合理将对支护体系是否成功具有重要作用。不合理的土方开挖、步骤和速度可能导致已施工的主体结构桩基础变位、支护结构过大的变形，甚至引起支护体系失稳而导致破坏。因此在施工过程中，应加强支护结构和周边环境的监测，力求将施工过程对支护结构和周边环境的影响记录下来，分析设计和施工中的隐患，及时对设计或施工方案修订，确保基坑安全，即进行信息化施工。

9.2.2 基坑支护结构安全等级

微 课

基坑支护结构安全等级

根据基坑工程破坏后果的严重程度，依据《建筑基坑支护技术规程》(JGJ 120—2012)，可将基坑安全等级划分为三个安全等级。支护结构设计时根据不同的安全等级选用相应的重要性系数(表 9-1)。如邻近建筑物的价值不高，管线为非重要干线，一旦破坏没有危险且易于修复，则安全等级为三级；对于变形特别敏感的邻近建筑物或重点保护的古建筑物等有特殊要求的建筑物，且当基坑侧壁安全等级为二级或三级时，应提高一级安全等级；当既有基础(或桩基础桩端)埋置深度大于基坑深度时，应根据基础距基坑底的相对距离、附加荷载、桩基础形式以及上部结构对变形的敏感程度等因素综合确定安全等级。

表 9-1　　基坑支护结构安全等级及重要性系数

安全等级	破坏后果	重要性系数/%
一级	支护结构失效、土体过大变形对基坑周边环境或主体结构施工安全的影响很严重	1.1
二级	支护结构失效、土体过大变形对基坑周边环境或主体结构施工安全的影响严重	1
三级	支护结构失效、土体过大变形对基坑周边环境或主体结构施工安全的影响不严重	0.9

注：有特殊要求的建筑基坑侧壁安全等级可根据具体情况另行确定。

9.3 基坑支护结构的类型与特点

基坑按是否设置支护结构可分为：无支护基坑和有支护基坑。无支护基坑一般采用放坡开挖，这就要求邻近基坑无重要建筑或地下管线，并有放坡空间，基坑侧壁安全等级为三级。当无支护基坑开挖深度大于 4～5 m 时，宜采用分级放坡；当地下水位高于坡脚时，应采取降水措施；当开挖深度内有软塑-流塑状软弱土层时不宜采用此法，以免软弱土层流滑，引起边坡失稳。

有支护基坑按支护结构的受力方式、设置位置和施工方式可分为：重力式支护结构、悬臂式支护结构、拉锚式支护结构、土钉墙、内支撑支护结构和逆做法支护结构等。下面分别对其结构类型和特点予以介绍。

微 课

基坑支护结构选型

9.3.1 重力式支护结构

重力式支护结构也叫重力式挡土墙，是依靠支护结构本身的自重来平衡坑内外的土压力差，保证基坑的顺利开挖。挡土墙由深层搅拌桩或高压旋喷桩与桩间土组成，由于此种方式形成的挡土墙材料抗拉强度小，为有效抵抗土压力，挡土墙水平方向截面通常做成格栅形状(图 9-1)，形成厚而重的刚性墙。它与第 5 章中所讲的重力式挡土墙设计原理相似，但是材料不同，而且先施工挡墙，后进行土方开挖。

重力式挡土墙适用于淤泥、淤泥质土、黏土、粉质黏土、粉土、夹有薄砂层的土、素填土等地基承载力不大于 150 kPa 的土层。其设计灵活，可以根据需要采用不同桩长，而且结构简单，便于施工，造价较低。此外，重力式挡土墙还可阻止地下水向基坑内渗透，常常和别的支护结构配合使用，形成防渗帷幕。但是，重力式挡土墙厚度大，占用建筑红线内一定面积，墙身水平位移较大。当基坑周围环境要求不高，安全等级为二、三级，开挖深度≤7 m 时，可采用重力式挡土墙。

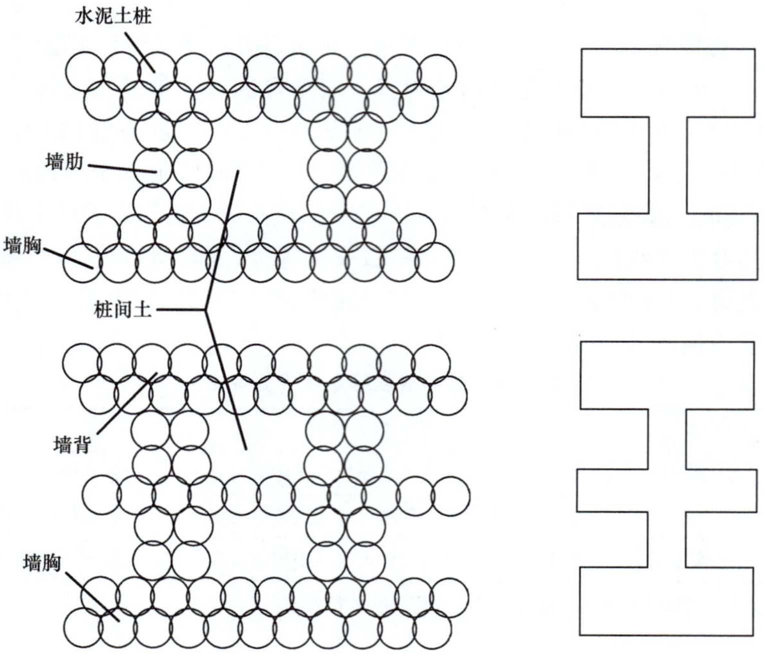

图 9-1 工字和王字形水泥土桩格栅

9.3.2 悬臂式支护结构

这里仅指没有内支撑和拉锚的板桩墙、排桩墙和地下连续墙支护结构。悬臂式支护结构采用抗拉强度较高的材料(如钢、钢筋混凝土)抵抗土压力引起的结构内力,保证施工期间基坑侧壁稳定。根据支护结构采用的材料可分为:钢板桩、钢筋混凝土板桩、钻孔灌注桩、SMW 工法支护结构、地下连续墙等。

1. 钢板桩

钢板桩适用于淤泥、淤泥质土、饱和软土及地下水位较高的深基坑支护。钢板桩是对钢带进行连续冷弯变形,形成截面为 Z 形、U 形或其他形状,可通过锁口互相连接的板材(图 9-2)。施工时将钢板桩用打桩机打(压)入地基,使其互相联结成钢板桩墙,对坑壁土体进行支挡。钢板桩强度高,防水性能好,施工快速简便,占用空间小,并可在基坑施工完毕后拔出,在下一工程重复使用。但钢板桩价格较贵,无内支撑时刚度小、变形大,拔桩时易引起土体移动,造成周围土体沉降。当基坑周围环境要求不高,安全等级为二、三级,开挖深度≤5 m 时,可采用悬臂式钢板桩。

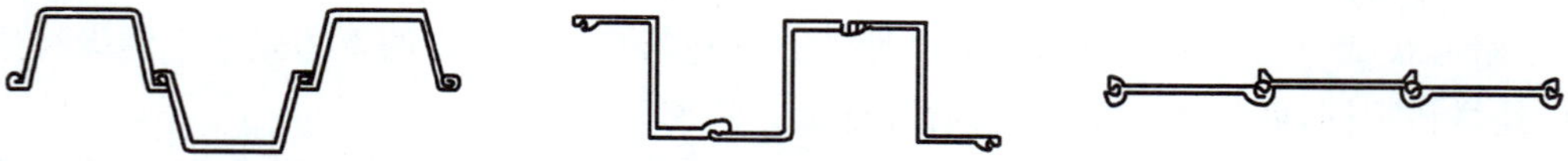

(a) U形钢板桩　(b) Z形钢板桩　(c) 一字形钢板桩

图 9-2 钢板桩截面形状

2. 钢筋混凝土板桩

由于钢板桩价格较贵,改用价格相对较低的预制钢筋混凝土板桩来代替。钢筋混凝土板桩的截面形状有矩形薄壁、工字形薄壁和方形薄壁三种形式(图 9-3)。矩形钢筋混凝土板桩采用榫槽结构,宽度一般为 0.4～0.7 m,厚度为 0.5 m,深度可达 20 m 左右,板桩两侧设置阴、阳榫槽,板桩沉入土中后可在接缝处注浆处理,防止地下水渗透。工字形和方形预制钢筋混凝土板桩壁厚为 0.08～0.12 m,截面尺寸为 0.5 m×0.5 m。

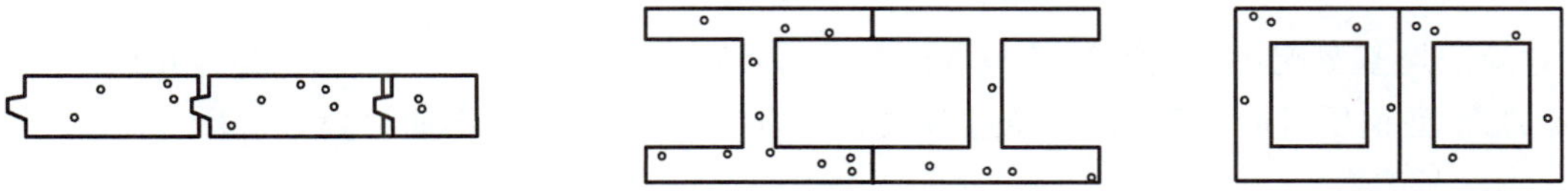

(a)矩形薄壁　(b)工字形薄壁　(c)方形薄壁

图 9-3　钢筋混凝土板桩

钢筋混凝土板桩虽然造价较低,但施工不便,插入土中时易引起周围土体挤压变形,接头处的防水处理不易做好。这些特性使得它不宜在建筑密集的市区使用,也不适于在硬土层中施工。

3. 钻孔灌注桩

当在较硬的土层中开挖基坑时,上面两种板桩不易插入坑周土层中,此时可采用大直径钻孔灌注桩抵抗土体的水平推力,灌注桩直径一般为 0.6～1.2 m。钻孔灌注桩作为围护结构,常用平面布置方式,如图 9-4 所示。当无地下水时,可稀疏布置,利用土拱效应支护周围土体,亦可采用一字形布置;当地下水位较高时,可采用搭接或交错相切布置,但由于桩施工时垂直度不容易保证,防水效果不好,此时一般在钻孔桩外侧再增设阻水帷幕,内侧则采用稀疏布桩方式[图 9-4(d)],阻水帷幕可采用深层搅拌桩、旋喷桩或注浆处理方式。

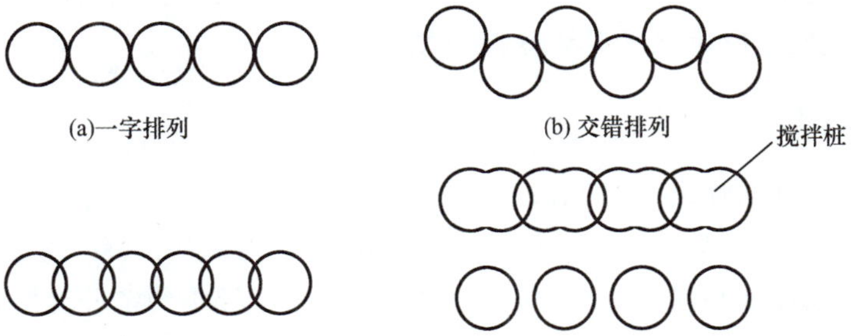

(a)一字排列　(b) 交错排列　(c) 一字搭接排列　(d) 水泥土搅拌桩与稀疏布桩

图 9-4　钻孔灌注桩

钻孔灌注桩施工容易,自身刚度大,强度高,既适用于软土层,又适用于硬土层,基坑开挖深度为 5～12 m。其缺点是施工速度慢,质量控制难度大,工期较长,施工产生泥浆影响周围环境,防水效果不好,需要结合阻水帷幕。

4. SMW 工法支护结构

SMW(Soil Mixing Wall)工法于 1976 年在日本问世,其工艺是在深层搅拌桩施工后,在水泥土混合体未结硬前插入 H 型钢或钢板作为其应力补强材料,至水泥结硬时,便形成一道具有一定强度和刚度的、连续完整的、无接缝的地下墙体。这种结构充分发挥了水泥土混合体和受拉材料的力学特性。SMW 工法成墙厚度为 0.5～1.3 m,常用厚度为 0.6 m,成墙深度可达 30～40 m。常用的布置形式如图 9-5 所示。

SMW 工法可在黏性土、粉土、砂土、砂砾土中应用,占地面积小、挡水效果好、环境污染

图 9-5 SMW 工法常用的布置形式

小、对周围地基影响小、造价较低，是国内目前较新的基坑围护工艺。其缺点是应用经验不足，插入的 H 型钢虽可回收利用，但经过多次插拔后钢材性质变脆，不能再投入使用。

5. 地下连续墙

地下连续墙是区别于上述方法的一种较为先进的支护结构形式和施工工艺。它是在地面用特殊的挖槽设备，在泥浆护壁的情况下沿基坑的周边开挖一条狭长的深槽，在槽内放置钢筋笼并水下浇灌混凝土，筑成一段钢筋混凝土墙段，然后将若干墙段连接成整体，形成一条连续的地下墙体。地下连续墙既可挡土又可防水，为基坑开挖提供条件，也可以作为建筑的外墙承重结构，两墙合一，大大提高了施工的经济效益。连续墙壁厚一般有 0.6 m、0.8 m、1.0 m 三种规格，深度可达数十米。地下连续墙作为深基坑的围护结构或地下构筑物外墙，一般多为纵向连续一字形。但为了增加地下连续墙的挠曲刚度，也可采用 L 形、T 形及多边形，墙身还可设计成格栅形。

地下连续墙具有结构刚度大，整体性、抗渗性和耐久性好的特点，可作为永久性的挡土、挡水和承重结构；能适应各种复杂的施工环境和水文地质条件，可紧靠已有建筑物施工，施工时基本无噪声、无震动，对邻近建筑物和地下管线影响较小。强度与抗渗性能优异的地下连续墙，还可以直接作为主体结构。在一些特殊的地质条件下（如很软的淤泥质土，含漂石的冲积层和超硬岩石等），地下连续墙施工难度很大，如果用作临时的挡土结构，比其他方法所用的费用要高些，而且城市施工时废泥浆对环境影响大。

9.3.3 拉锚式支护结构

随着基坑开挖深度的加大，悬臂式支护结构的柔度变大，造成坑壁上边土体水平位移过大，影响周围环境。为改善悬臂式支护结构的受力状况，控制过大位移，可在基坑一定深度处对悬臂式支护结构施加水平向外的拉力，该拉力由设置于土层中的锚杆提供，这样组成的支护结构称为拉锚式支护结构。

拉锚式支护结构由锚杆和支护排桩或墙组成(图 9-6)，支护排桩或墙采用钢筋混凝土桩或地下连续墙。锚杆作为深入地层的受拉构件，它一端与支护排桩或墙连接，另一端深入地层中，施工时在基坑壁土层中钻孔。达到设计深度后，在孔内放入钢筋、钢管或钢丝束、钢绞线或其他抗拉材料，灌入水泥浆或化学浆液，使之与土层结合成为抗拉(拔)力强的锚杆。整根锚杆分为自由段和锚固段[图 9-6(a)]，自由段是指将锚杆头处的拉力传至锚固体区域，其功能是对锚杆施加预应力；锚固段是指水泥浆体将预应力筋与土层黏结的区域，其功能是将锚固体与土层的黏结摩擦作用增大，增加锚固体的承压作用，将自由段的拉力传至土体深处。

拉锚式支护结构的优点是为地下工程施工提供开阔的工作面，使土方开挖、运输和地下结构施工方便，能施加预应力，可有效地控制土体变形；施工不用大型机械，可代替钢支撑侧壁支护，造价低。拉锚式支护结构适用于较硬土层，以利于锚固，深度不宜超过 18 m，此外，锚杆施工范围内应无地下管线、相邻建筑的地下室或基础。

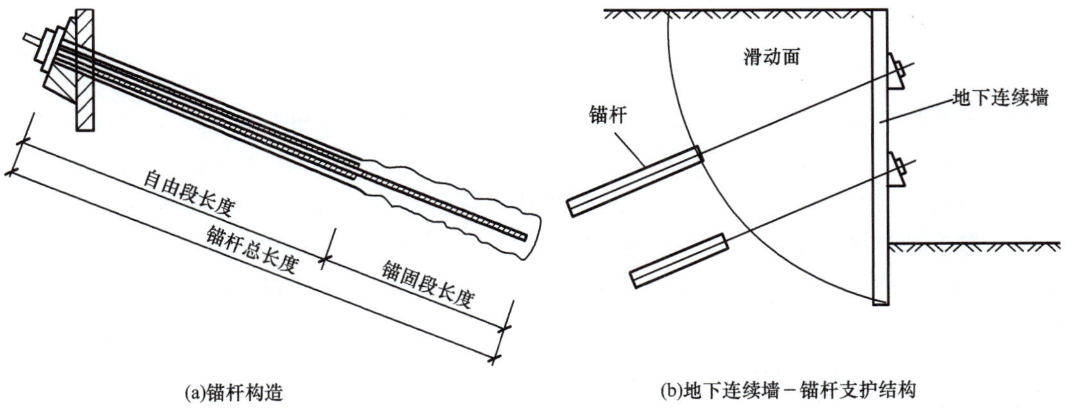

图 9-6　拉锚式支护结构

9.3.4　土钉墙

土钉墙采用原位土体加固技术，它是以较密集排列的插筋作为土体主要补强手段，通过插筋体与土体之间的摩擦力达到改善土体力学性能的目的，使加固区土体成为能自稳的重力式挡土结构（图 9-7）。在工作机理上，土钉墙是高强度土钉、喷射混凝土面层及原状土三者共同受力，通过相互作用，土体自身结构强度潜力得到充分发挥，改变了边坡变形和破坏的性状，显著提高了整体稳定性，更重要的是土钉墙受荷载过程中不会突发性塌滑，土钉墙不仅延迟塑性变形发展阶段，而且具有明显的渐进性变形和开裂破坏，不会发生整体性塌滑。由于土钉墙采用了边开挖边支护的方法，工作面不受限制，缩短了工期；另外，土钉墙利用了土体的自承载能力，使基坑周围土体转化为支护结构的一部分，造价相对较低。

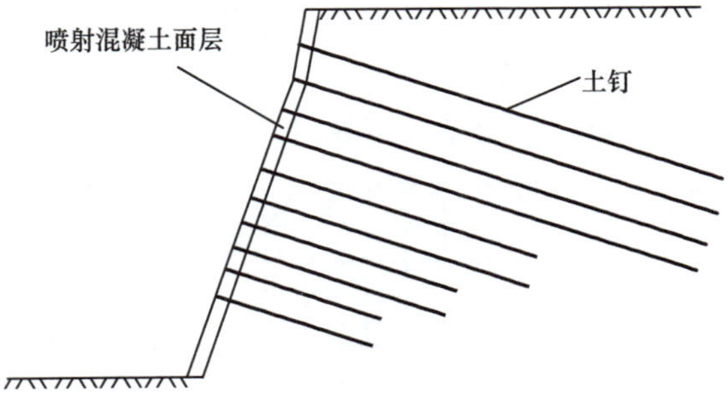

图 9-7　土钉墙

当基坑开挖深度不大于 15 m，场地土质较好时，可采用土钉墙支护坑壁土体。土钉墙主要用于加固基坑底以上土体，一般适用于地下水位以上或经过降排水后的素填土、黏性土、粉土以及非松散的砂土、卵石等，不宜用于淤泥质土、饱和软土及未经降水处理的地下水以下的土层。

土钉墙与拉锚式支护结构的差异主要在于土钉和锚杆的受力机制不同。首先，锚杆只在锚固段内受力，自由段只起传力作用；土钉则是全长范围内受力。其次，锚杆支护应设法防止产生变位；而土钉一般要求土体产生少量位移，从而使土钉与土体之间的摩阻力得以充分发挥。最后，锚杆式支护结构将潜在破裂面前的主动土压力区（近基坑侧土体）作为荷载，通过锚杆传至潜在破裂面后的稳定区内（远基坑侧土体）；土钉墙是在土钉的作用下把潜在破裂面前的主动土压力区的复合土体视为具有自撑能力的稳定土体。

9.3.5 内支撑支护结构

当基坑开挖深度较大，而且周围环境不具备锚杆施工条件时，可在悬臂式支护结构内部设置支撑结构体系，该体系称为内支撑支护结构。它是承受围护桩或墙所传递的水、土压力的结构体系，作用在围护结构上的水、土压力可以由内支撑有效地传递和平衡，减少支护结构的位移。内支撑支护结构由支护桩或墙和内支撑组成。设置内支撑可有效地减少围护桩、墙的内力和变形，通过设置多道内支撑可用于开挖很深的基坑，但内支撑的设置给土方开挖和地下结构施工带来较大不便。支护桩墙常采用钢筋混凝土桩、钢板桩、地下连续墙，内支撑常采用钢筋混凝土或钢管（或型钢）做成。内支撑支护结构适用于各种地基土层，但设置的内支撑会占用一定的施工空间。

按内支撑采用材料，内支撑支护结构可分为钢筋混凝土内支撑和钢结构内支撑。钢筋混凝土内支撑为现场浇筑，截面为矩形，施工方便，具有刚度大、强度高、整体性好、平面布置形式灵活多变等优点；但其浇筑及其养护时间长，自重大，拆除支撑有难度且对环境影响大。钢结构内支撑一般采用钢管（单股或双股）、型钢（工字形、槽形或 V 形）等，施工方便省时，可重复使用，根据需要还可施加预应力，自重小；缺点是构造复杂，安装工艺要求高，节点质量不易保证，整体性较差。

内支撑支护结构的布置形式多种多样（图 9-8）。纵横对撑构成的井字形安全稳定，整体刚度大，但土方开挖及主体结构施工不便，拆除困难，造价高。此种形式往往在环境要求很高、基坑范围较大时采用。角撑结合对撑在挖土及主体结构施工时较方便，但整体刚度及稳定性不及井字形布置的支撑，当基坑的范围较大或坑角的钝角太大时不宜采用。边桁架挖土及主体结构施工较方便，但其整体刚度及稳定性相对较差，适用于开挖范围小的基坑。圆形环梁较经济，受力较合理，可节省钢筋混凝土用量，挖土及主体结构施工较方便，当坑周荷载不均匀或土性软硬差异大时慎用。竖向斜撑的优点是节省立柱及支撑材料，但其不易控制基坑稳定和变形，而且与底板及地下结构外墙连接处结构难处理，适用于开挖面积大而挖深小的基坑。

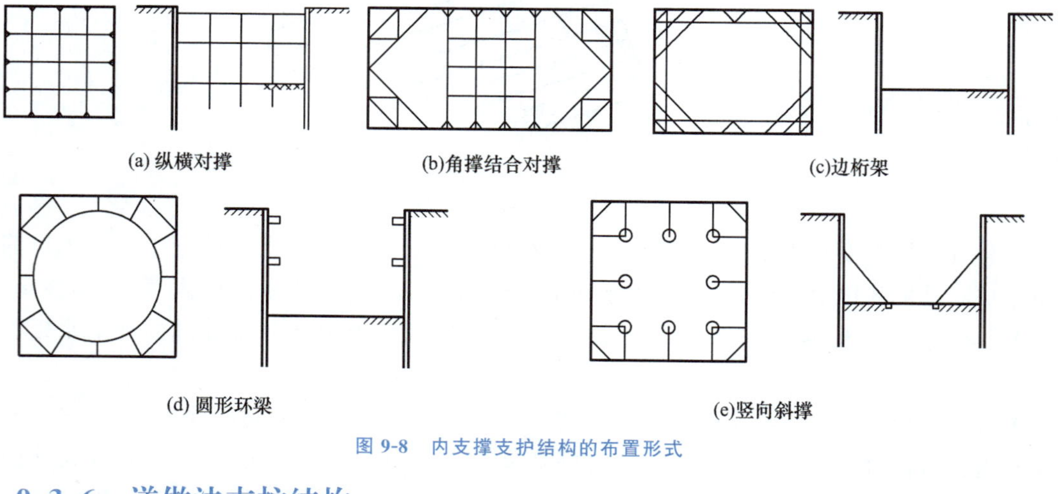

图 9-8 内支撑支护结构的布置形式

9.3.6 逆做法支护结构

前面所介绍的支护结构，在施工时先将基坑挖至设计标高，然后浇筑钢筋混凝土底板，再由下而上逐层对各层地下结构施工，待地下结构完成后再进行地上结构施工，这种施工方法称为顺做法。对于深度大的基坑工程,顺做法基坑内部支护结构的支撑用量很大,地下结构施工的难度和造价较高,而且基坑的变形控制难度明显增大。逆做法则是先施工基坑周围地下连续墙,同时在基坑内部的有关位置浇筑或打下中间支撑桩、柱,作为施工期间于底板封底之前承受上部结构自重和施工荷载的支撑;然后对地面一层的梁板楼面结构施工,作为地下连续墙刚度很大的内支撑;随后逐层向下开挖土方和浇筑各层地下结构,各层地下结构就起到刚度很大的内支撑作用,保证坑壁稳定,直至底板封底。由于地面一层的楼面结构已完成,可以同时向上逐层进行地上结构的施工。

逆做法施工相对于顺做法有以下优点:

(1)基坑变形小。逆做法施工,充分利用逐层浇筑的地下结构作为地下连续墙的内部支撑,而地下结构比临时支撑刚度大得多,所以地下连续墙变形小。

(2)节约成本。基坑水平内支撑支护与地下结构楼板合一,避免临时支护费用的支出,地下连续墙与地下室墙体合一,降低造价。

(3)缩短工期。相比于顺做法,逆做法上部结构与地下室可同时施工,工期短。

逆做法的缺点是对土方开挖及地下整个工程施工组织提出较高的技术要求。当基坑平面为圆形或接近圆形时,可用逆做拱墙方法施工。逆做拱墙是利用拱的受力原理,将径向水平力转化为环向力,从上向下砌筑圆拱支挡坑壁土体,而不用设内支撑的施工方法。逆做拱墙截面宜为Z字形[图9-9(a)],拱壁的上、下端宜设置肋梁;当基坑较深且一道Z字形拱墙的支护高度不够时,可由数道拱墙叠合组成[图9-9(b)]和[图9-9(c)],沿拱墙高度应设置数道肋梁,其竖向间距不宜大于2.5 m。当基坑内场地较窄时,可不加肋梁但应加厚拱壁[图9-9(d)]。逆做拱墙结构形式根据基坑平面形状可采用全封闭拱墙,也可采用局部拱墙,拱墙轴线的矢跨比不宜小于1/8,基坑开挖深度不宜大于12 m。拱墙结构自上而下分道、分段逆做施工,支护结构也不嵌入基坑底以下,因而逆做拱墙结构的防水能力较差,所以不可将逆做拱墙作为基坑或地下室防水体系使用。

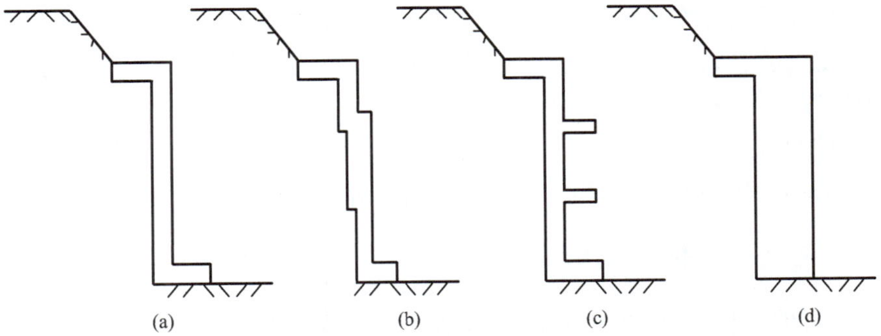

图9-9 逆做拱墙截面

9.4 基坑支护结构选型及稳定性验算

9.4.1 基坑工程的设计内容

基坑支护作为一个结构体系,应满足稳定和变形的要求,即承载能力极限状态和正常使用极限状态的要求。对基坑支护结构来说,承载能力极限状态就是支护结构破坏、倾倒、滑动或周边环境的破坏,出现较大范围的失稳。一般的设计要求是不允许支护结构出现这种极限状态的。而正常使用极限状态则是指支护结构的变形或是由于开挖引起周边土体产生的变形过大,影响正常使用,但未造成结构的失稳。因此,基坑支护设计相对于承载力极限状态要有足够的安全系数,不致使支护产生失稳,而在保证不出现失稳的条件下,还要控制位移量,不致影响周边建筑物的安全使用。

基坑工程设计时,作用于支护结构上的荷载主要有:土压力、水压力、影响区范围内建筑物荷载、施工荷载(如运输工具、起吊设备、场地堆载等)、混凝土收缩引起的附加荷载等。其中土压力的大小及分布规律与支护结构的水平位移方向和大小、土的性质、支护结构物的刚度及高度等因素有关。根据支护结构的水平位移方向不同,土压力可以划分为静止土压力、主动土压力和被动土压力。产生主动与被动土压力所需的支护结构顶部位移见表 9-2。

表 9-2 产生主动与被动土压力所需的支护结构顶部位移

土 类	应力状态	移动类型	所需位移
砂 土	主动	平移	$0.001H$
	主动	转动	$0.001H$
	被动	平移	$0.05H$
	被动	转动	$>0.1H$
黏性土	主动	平移	$0.004H$
	主动	转动	$0.004H$

注:表中 H 为支护结构高度。

土压力的计算可采用库仑土压力理论或朗肯土压力理论。地下水位以上可直接计算主、被动土压力;对于地下水位以下的土层,如为黏性土和粉土,宜采用水土合算方法,如为砂土,宜分别计算主、被动土压力和水压力。水土合算时,地下水位以下土层取饱和重度(γ_{sat})和固结不排水抗剪强度指标(c_{cu}、φ_{cu})计算;水土分算时,作用于支护结构上的侧压力为土压力和水压力之和,土压力按土的浮重度(γ')及有效抗剪强度指标(c'、φ')计算。

基坑工程设计一般应包括以下内容:

(1)支护结构体系的方案比较和选型,支护结构的强度和变形计算。

(2)基坑稳定性验算,包括:整体稳定性、抗倾覆稳定性、抗隆起稳定性、地下水抗渗透稳定性和基坑突涌验算。

(3)地下水控制方案。

(4)基坑周围环境保护要求、监测方案和应急措施等。

9.4.2 基坑支护结构的选型

基坑支护形式的选择,应根据地质条件、周边环境的要求及不同支护形式的特点、造价等综合确定。如果场地周围环境开阔,应优选放坡开挖;当地质条件较好,基坑深度较浅,周边环境要求较宽松时,可采用土钉墙、重力式挡土墙等;当周边环境要求高,基坑深度较深时,应采用悬臂式支护结构或拉锚式支护结构等;当基坑深度大,周边环境要求较高且地质条件较差时,应采用内支撑形式;当基坑深度较深,地质条件差,周边环境要求较高时,可采用逆做法支护形式。《建筑基坑支护技术规程》(JGJ 120—2012)第 3.3 条指出:支护结构可根据基坑周边环境、开挖深度、工程地质与水文地质、施工作业设备和施工季节等条件,按表 9-3 选用。

表 9-3 支护结构选型表

结构形式	适用条件
排桩或地下连续墙	①基坑侧壁安全等级宜为一、二、三级 ②悬臂式结构在软土场地中不宜大于 5 m ③当地下水位高于基坑底面时,宜采用降水、排桩加截水帷幕或地下连续墙
水泥土墙	①基坑侧壁安全等级宜为二、三级 ②水泥土桩施工范围内地基承载力不宜大于 150 kPa ③基坑深度不宜大于 6 m
土钉墙	①基坑侧壁安全等级宜为二、三级的非软土场地 ②基坑深度不宜大于 12 m ③当地下水位高于基坑底面时,应采取降水或截水措施
逆做拱墙	①基坑侧壁安全等级宜为二、三级 ②淤泥和淤泥质土场地不宜采用 ③拱墙轴线的矢跨比不宜小于 1/8 ④基坑深度不宜大于 12 m ⑤地下水位高于基坑底面时,应采取降水或截水措施
放坡	①基坑侧壁安全等级宜为三级 ②施工现场场地应满足放坡条件 ③可独立或与上述其他结构结合使用 ④当地下水位高于坡脚时,应采取降水措施

9.4.3 基坑支护结构稳定性验算

基坑支护形式选定以后,首先要验算支护结构的稳定性问题,然后应计算其变形,并根据周边环境条件将变形控制在一定的范围内。支护结构的稳定性验算主要利用前面所学的土力学知识,变形方面则需结合结构设计知识进行计算。这里主要介绍支护结构的稳定性验算。

全面地对有支护基坑进行稳定性分析,是基坑工程设计的重要环节之一,基坑稳定性分析归纳起来分为无支护基坑和有支护基坑两种情况。无支护基坑的稳定性主要取决于开挖边坡的稳定性,可采用边坡稳定的分析方法;有支护基坑的稳定性验算包括:整体稳定性、抗倾覆稳定性、抗隆起稳定性、地下水渗透稳定性和基坑突涌验算。下面主要介绍整体稳定性、抗倾覆和抗滑稳定性、抗隆起稳定性验算的方法,抗渗透稳定性和基坑突涌验算在下一节讲述。

1. 整体稳定性验算方法

整体稳定性验算方法采用圆弧滑动简单条分法。对于重力式和悬臂式支护结构,滑动面的圆心一般在支护结构上方,靠近坑壁内侧附近,通过试算确定最危险的滑动面和最小的安全系数。计算时按照总应力法计算,取支护结构的单位宽度分析,计算简图如图 9-10 所示。整体稳定性分析的安全系数满足

$$K=\frac{\sum_{i=1}^{n}c_i l_i+\sum_{i=1}^{n}(q_0 b_i+W_i)\cos\alpha_i\tan\varphi_i}{\sum_{i=1}^{n}(q_0 b_i+W_i)\sin\alpha_i} \tag{9-1}$$

式中 K——圆弧滑动安全系数,应根据经验确定,无经验时可取 1.3;

c_i、φ_i——第 i 层土在圆弧面经过处土的黏聚力和内摩擦角,取值方法参见 9.4.1 节;

α_i——第 i 层土底面中点在圆弧处的切线与水平线的夹角;

b_i——第 i 层土的宽度;

l_i——第 i 层土底面长度,可近似按 $l_i=b_i/\cos\alpha_i$ 计算;

q_0——地面荷载；

W_i——第 i 层土的重量；地下水位以下取浮重度，地下水位以上取天然重度。

通过若干滑动面试算，取得 K 的最小值。当其值大于 1.3 时，基坑整体稳定。当有软弱土夹层、倾斜基岩面等情况时，宜采用非圆弧滑动面进行计算。当嵌固深度下部存在软弱土层时，尚应继续验算软弱下卧层的整体稳定性。

对于水泥土墙、多层支点排桩及多层支点地下连续墙的最小嵌固深度 h_0（图 9-10）宜按整体稳定条件确定，则式(9-1)转变为

$$\sum_{i=1}^{n} c_i l_i + \sum_{i=1}^{n} (q_0 b_i + W_i)\cos\alpha_i \tan\varphi_i - K\sum_{i=1}^{n}(q_0 b_i + W_i)\sin\alpha_i \geqslant 0 \tag{9-2}$$

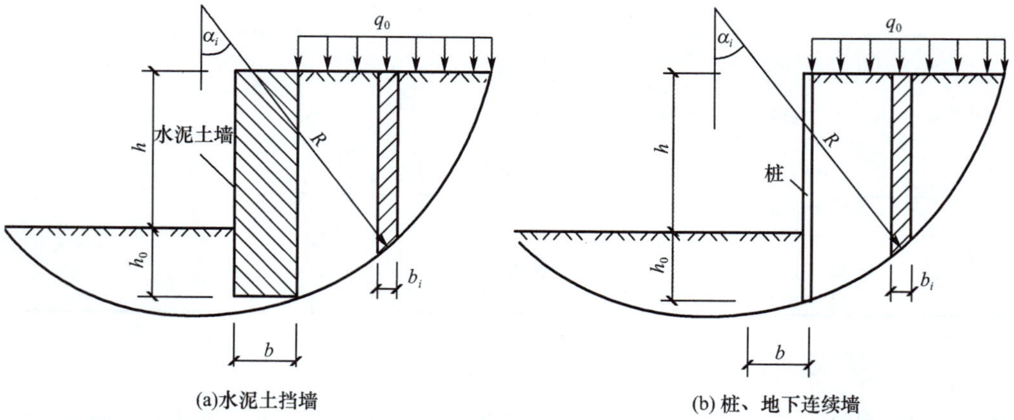

图 9-10 整体稳定性计算图

2. 抗倾覆和抗滑稳定性验算方法

对于重力式水泥土挡土墙，常需计算其抗倾覆稳定安全系数 K_q，计算简图如图 9-11 所示。其原理是用绕墙趾 O 点的稳定力矩与倾覆力矩之比，即

$$K_q = \frac{Wb/2 + E_p h_p}{E_a h_a} \tag{9-3}$$

式中 K_q——抗倾覆稳定安全系数，$K_q \geqslant 1.2 \sim 1.5$；

E_a、E_p——主动土压力和被动土压力的合力；

h_a、h_p——主动土压力和被动土压力的合力作用线距离墙底的距离；

b、W——水泥土墙的宽度和自重。

当不满足式(9-3)时可采取增大墙体宽度、增大墙体入土深度等措施来提高抗倾覆稳定安全系数。

抗滑稳定安全系数 K_h 是用抵抗滑动的力与引起滑动的力之比来定义的(图 9-12)，即

$$K_h = \frac{W\tan\varphi_0 + c_0 b + E_p}{E_a} \geqslant 1.3 \tag{9-4}$$

式中 K_h——抗滑稳定安全系数；

c_0、φ_0——墙底处土层的黏聚力和内摩擦角。

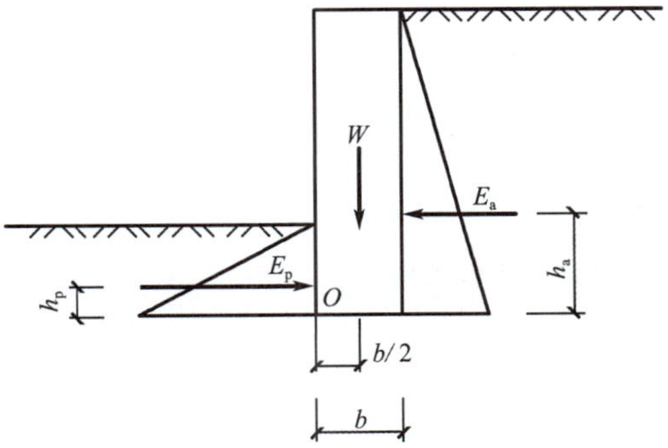

图 9-11　抗倾覆稳定性计算图

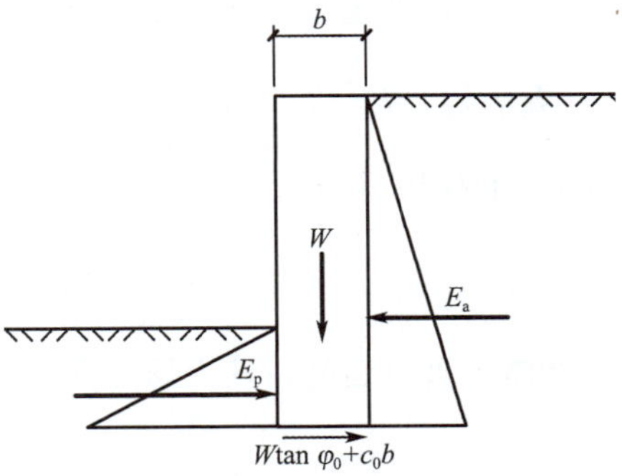

图 9-12　抗滑稳定性计算图

3. 抗隆起稳定性验算的方法

在深厚的软土层中，当基坑开挖深度较大时，作用在坑外侧的坑底水平面上的荷载相应增大，此时就需要验算坑底土的承载力，承载力不足时可能会导致坑底土的隆起。同济大学汪炳鉴等参照普朗特尔(Prandtl)及太沙基(Terzaghi)的地基承载力公式，并将墙底面的平面作为求极限承载力的基准面，其滑动面线形状如图 9-13 所示，建议采用式(9-5)进行抗隆起稳定性验算，以求得墙体的插入深度，即

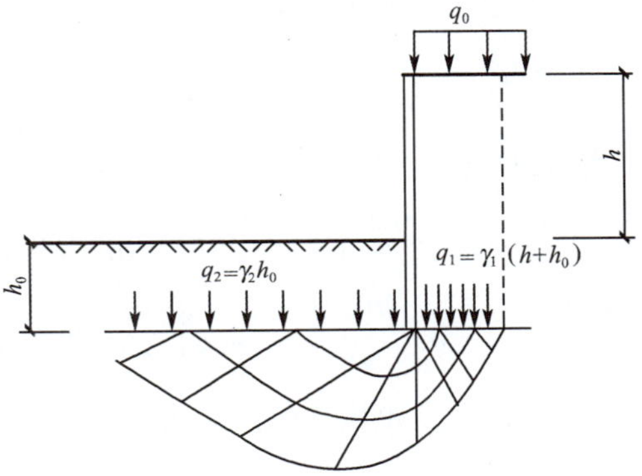

图 9-13　抗隆起稳定性计算图

$$K_L=\frac{\gamma_2 h_0 N_q+cN_c}{\gamma_1(h+h_0)+q_0}\geqslant 1.6 \qquad (9\text{-}5)$$

式中　K_L——抗隆起稳定安全系数；

h_0——墙体或桩入土深度；

h——基坑开挖深度；

q_0——地面超载；

γ_1——坑外地表至墙体或桩底平面以上各土层天然重度的加权平均值；

γ_2——坑内开挖面以下至墙体或桩底平面以上各土层天然重度的加权平均值；

c——墙体或桩底以下滑移线场内地基土的黏聚力；

N_q、N_c——地基承载力系数，计算公式分别为

$$N_q=\tan^2\left(\frac{\pi}{4}+\frac{\varphi}{2}\right)e^{\pi\tan\varphi};\quad N_c=(N_q-1)\frac{1}{\tan\varphi}$$

【工程设计计算案例 9-1】 某基坑开挖深度 $h=3.8$ m，周围土层重度 $\gamma=18.5$ kN/m^3，内摩擦角 $\varphi=20°$，黏聚力 $c=0$。采用水泥土搅拌桩墙进行支护，墙体宽度 $b=4.0$ m，墙体嵌固深度(基坑开挖面以下)$h_0=6.0$ m，墙体重度 $\gamma_0=20$ kN/m^3，墙底处土层的黏聚力和内摩擦角分别为 0 和 16.7°，墙后地面存在 $q_0=10$ kPa 的超载，试计算挡土墙的抗倾覆、抗滑、抗隆起稳定安全系数和整体稳定安全系数。

【解】 地面超载引起的主动土压力为

$$E_{a1}=q_0(h+h_0)\tan^2(45°-\frac{\varphi}{2})=10\times(3.8+6.0)\times\tan^2(45°-10°)=48.0\ \text{kN/m}$$

E_{a1} 的作用点距墙趾的距离为

$$h_{a1}=\frac{1}{2}(h+h_0)=\frac{1}{2}\times(3.8+6.0)=4.9\ \text{m}$$

土体自重引起的主动土压力为

$$E_{a2}=\frac{1}{2}\gamma(h+h_0)^2\tan^2(45°-\frac{\varphi}{2})$$
$$=\frac{1}{2}\times18.5\times(3.8+6.0)^2\times\tan^2(45°-10°)=435.0\ \text{kN/m}$$

E_{a2} 的作用点距墙趾的距离为

$$h_{a2}=\frac{1}{3}(h+h_0)=\frac{1}{3}\times(3.8+6.0)=3.3\ \text{m}$$

墙前的被动土压力为

$$E_p=\frac{1}{2}\gamma h_0{}^2\tan^2(45°+\frac{\varphi}{2})$$
$$=\frac{1}{2}\times18.5\times6.0^2\times\tan^2(45°+10°)=677.8\ \text{kN/m}$$

E_p 的作用点距墙趾的距离为

$$h_p=\frac{1}{3}h_0=\frac{1}{3}\times6.0=2.0\ \text{m}$$

墙体自重为

$$W=b(h+h_0)\gamma_0=4.0\times(3.8+6.0)\times20=784.0\ \text{kN/m}$$

抗倾覆稳定安全系数为

$$K_q=\frac{Wb/2+E_ph_p}{E_{a1}h_{a1}+E_{a2}h_{a2}}=\frac{784.0\times\frac{4.0}{2}+677.8\times2.0}{48.0\times4.9+435.0\times3.3}=1.75\geqslant1.5$$

抗滑稳定安全系数为

$$K_h=\frac{W\tan\varphi_0+c_0b+E_p}{E_{a1}+E_{a2}}=\frac{784.0\times\tan16.7°+0\times4.0+677.8}{48.0+435.0}=1.89\geqslant1.3$$

地基承载力系数为

$$N_q=\tan^2(\frac{\pi}{4}+\frac{\varphi}{2})e^{\pi\tan\varphi}=6.3;\quad N_c=(N_q-1)\frac{1}{\tan\varphi}=14.60$$

抗隆起稳定安全系数为

$$K_L=\frac{\gamma_2h_0N_q+c_0N_c}{\gamma_1(h+h_0)+q_0}=\frac{18.5\times6.0\times6.3+0\times14.60}{18.5\times(3.8+6.0)+10}=3.66\geqslant1.3$$

假定圆弧滑动面通过墙底，采用瑞典条分法，土条宽度为 0.40 m，安全系数最小的滑弧圆心坐标：$x=0.176$ m、$y=4.131$ m(坐标原点选在坑脚)，圆弧半径 $R=10.829$ m，整体稳定安全系数 $K=2.02$。

9.5 土中水的渗透性与地下水控制

9.5.1 地下水运动的基本定律

存在于地基中的地下水，在一定的压力差作用下，将透过土中的孔隙发生流动，这种现象称为渗流或渗透。地下水的运动有层流、紊流和混合流三种形式。层流是指液体流动时，液体质点没有横向运动，互不混杂，呈线状或层状的流动；紊流是指液体流动时，液体质点有横向运动(或产生小旋涡)，做混杂紊乱状态的运动；混合流是层流和紊流同时出现的流动形式。

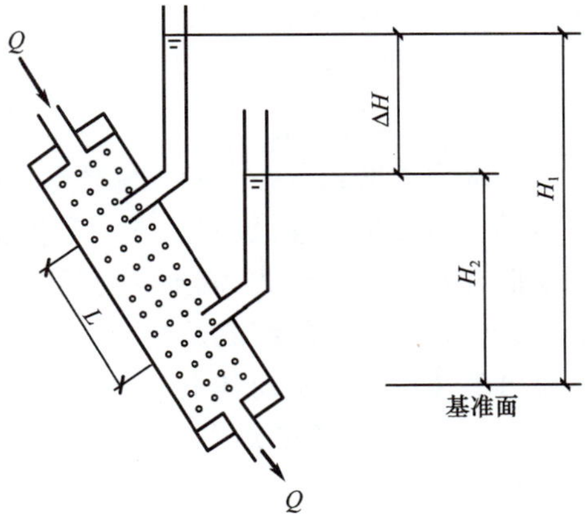

图 9-14 达西线性渗透试验装置

为了揭示水在土体中的渗透规律，1856 年法国工程师达西经过大量的试验研究，总结得出渗透能量损失与渗流速度之间的相互关系，即达西定律，试验装置如图 9-14 所示。在一个有两个流体压力计的玻璃管中填满试验砂样，两端堵塞，并在上、下两个塞子上分别插进入流管与出流管，水自上端流入，下端流出，流出量等于流入量，渗透流量计算公式为

$$Q=kA\frac{H_1-H_2}{L}=kAi \tag{9-6}$$

$$v=Q/A=ki$$

式中 Q——渗透流量，m^3/d；

i——水力梯度，其值为$(H_1-H_2)/L$；

H_1、H_2——上、下游过水断面间的水头，m；

L——上、下游过水断面间的距离，m；

A——过水断面的面积(包括颗粒和空隙两部分的面积)，m^2；

k——渗透系数，m/d；

v——地下水的渗流速度，m/d。

由式(9-6)可知，地下水的渗流速度与水力梯度成正比，也就是线性渗透定律。水力梯度为沿渗流途径的水头损失与相应渗透途径长度的比值。地下水在空隙中运动时，受到空隙壁以及水质点自身的摩擦阻力，克服这些阻力保持一定流速，就要消耗能量，从而出现水头损失。所以，水力梯度可以理解为水流通过某一长度渗流途径时，为保持一定流速克服阻力所消耗的以水头形式表现的能量。$i=1$ 时，$k=v$，即渗透系数是单位水力梯度时的渗流速度。达西定律只适用于流速较小的地下水运动，即地下水的运动形式为层流。一般情况下，砂土、黏性土中的渗流速度很小，渗流运动规律符合达西定律；粗颗粒土(如砾、卵石等)由于其孔隙很大，当水力梯度较小时，流速不大，渗流可认为是层流，达西定律仍然适用。当水力梯度较大时，流速增大，渗流将过渡为不规则紊流，达西定律不再适用。

9.5.2 渗透力及渗透变形

水在土中流动时受到土阻力的作用，根据作用力与反作用力定律，水的渗透将对土骨架产生拖拽力，这将导致土体中的应力与变形发生变化。这种渗透水流对土骨架产生的拖拽力称为渗透力。单位体积内土粒受到的单位渗透力为

$$j=\gamma_w i \tag{9-7}$$

式中 j——单位渗透力，kN/m^3；

γ_w——水重度；

i——水力梯度。

当水力梯度超过一定的界限值后，土中的渗流水流会把部分土体或土颗粒冲出、带走，导致局部土体发生位移，位移达到一定程度，土体将发生失稳破坏，这种现象称为渗透变形。渗透变形有两种主要形式：流土和管涌，还有接触冲刷和接触流失等其他形式。渗透变形与地质条件、土的性质、颗粒组成及结构、水力条件和渗流出口的保护条件等因素有关。流土和管涌主要出现在单一土层地基中。接触冲刷和接触流失多出现在多层结构地基中。除分散性黏性土外，黏性土的渗透变形主要是流土。

1. 流土

流土是指在向上的渗透力作用下局部土体表面的隆起、顶穿或粗颗粒群同时浮动而流失的现象。前者多发生在表层由黏性土与其他细粒土组成的土体或较均匀的粉细砂层中；后者多发生在不均匀的砂土层中。流砂多发生在颗粒级配均匀而细的粉、细砂中，有时在粉土中亦会发生，其表现形式是所有颗粒同时从一近似于管状通道被渗透水流冲走。流土一般是突然发生的，对工程建设危害很大。

由于渗流方向与土的重力方向相反，渗透力的作用将使土体受到的竖向合力减小，当单位渗透力 j 等于土体的单位有效重度 γ' 时，土体处于临界状态。如果水力梯度继续增大，土中的单位渗透力将大于土的单位有效重度，此时土体将被冲出而发生流土，所以流土发生的条件为

$$j=\gamma_w i \geqslant \gamma' \tag{9-8}$$

流土的临界状态对应的水力梯度 i_{cr} 称为临界水力梯度，其计算公式为

$$i_{cr}=\frac{\gamma'}{\gamma_w}=\frac{G_s-1}{1+e} \tag{9-9}$$

式中 G_s——土粒密度；

e——孔隙比。

工程设计中将临界水力梯度 i_{cr} 除以安全系数 K 作为容许水力梯度$[i]$，设计时渗流逸出处的水力梯度 i 应满足

$$i\leqslant[i]=\frac{i_{cr}}{K} \tag{9-10}$$

对流土安全性进行评价时，K 一般可取 2.0～2.5。

2. 管涌

管涌(也称为潜蚀)是指在渗流作用下土体中的细颗粒在粗颗粒形成的孔隙通道中发生移动并被带出，逐渐形成管形通道，从而掏空地基，使地基或斜坡变形、失稳的现象。管涌通常是由工程活动引起的。管涌多发生在非黏性土中，其特征是：颗粒大小比值差别较大，往往缺少某种粒径，磨圆度较好，孔隙直径大而互相连通，细粒含量较少，不能全部充满孔隙。颗粒多由质量较小的矿物构成，易随水流移动，有较大的和良好的渗透水流出路等，这些特征可由土的

不均匀系数 C_u 和细小颗粒的含量来反映。

实际上管涌既可能在水平方向发生，也可能在竖直方向发生，因而，发生管涌的临界水力梯度 i_{cr} 计算比较困难，一般通过试验确定。工程中在对管涌安全性进行评价时，K 通常取1.5～2.0。表9-4给出了无黏性土的容许水力梯度。

表 9-4　　无黏性土的容许水力梯度

渗透变形形式					
流土型			过渡型	管涌型	
$C_u \leqslant 3$	$3 < C_u \leqslant 5$	$C_u > 5$		级配连续	级配不连续
0.25～0.35	0.35～0.50	0.50～0.80	0.25～0.40	0.15～0.25	0.10～0.20

9.5.3 基坑工程中的抗渗透稳定性和基坑突涌验算

在地下水位较高的地区，基坑开挖时往往要求基坑内无积水，须在基坑周围设置防渗帷幕，在防渗帷幕内侧进行降水。这时坑内外水位势必存在水位差，地下水必然会绕过防渗帷幕向基坑内渗透。根据前述知识可知，当地下水的水力梯度 i 大于临界水力梯度 i_{cr} 时，基坑底部土体会发生流土破坏。

1. 抗渗透稳定性验算

当悬臂式支护结构外设防渗帷幕时，抗渗透稳定性验算应计算至帷幕墙底；当支护结构本身兼具有防水作用时，抗渗透稳定性验算应计算至支护结构底部。此时地下水的最短渗透路径（最大水力梯度）是紧靠支护结构内外壁的路线，只要该路线上的水力梯度 i 小于临界水力梯度 i_{cr}，即可避免基坑底部土体发生流土破坏（图9-15）。

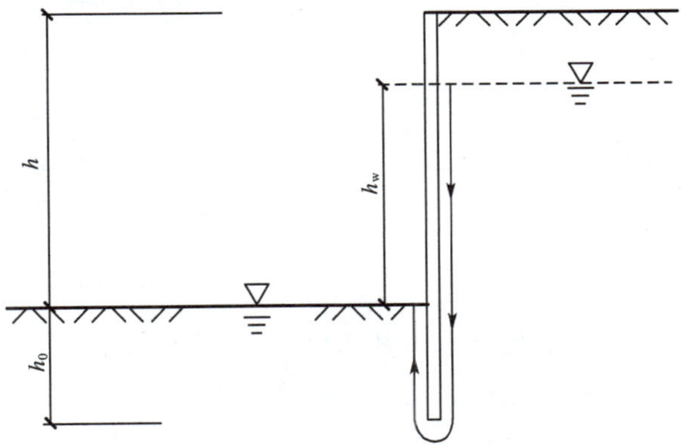

图 9-15　抗渗透稳定性计算图

$$K_s = \frac{i_{cr}}{i} = \frac{G_s - 1}{(1+e)i} \tag{9-11}$$

式中　K_s——抗渗透安全系数，一般不小于1.5～2.0，坑底土透水性大时取大值；

i_{cr}——坑底土的临界水力梯度；

i——坑底土的实际水力梯度，$i = h_w / L$；

h_w——基坑内、外地下水位的水位差；

L——地下水的最短渗透路径，当防渗帷幕长度范围内各层土的渗透性相差不大时，$L = h_w + 2h_0$；当此范围内有渗透性较大的土层（如砂土）时，计算 L 时应扣除这些土层的厚度。

2. 基坑突涌验算

当基坑下伏有承压含水层时，开挖基坑减小了含水层顶板以上土的重力。当该重力小于承压水头的压力作用时，承压水的水头压力会冲破基坑底板，这种工程地质现象称为基坑突涌。

为避免基坑突涌的发生，含水层顶板以上土的重力必须大于承压水的浮力，计算简图如图9-16所示。验算公式为

$$K_y=\frac{\gamma D}{\gamma_w H} \tag{9-12}$$

式中 K_y——坑底土抗承压水头安全系数，一般不小于1.1；

γ、γ_w——含水层顶板以上土的重度和地下水的重度；

H——相对于含水层顶板的承压水头值；

D——基坑开挖后含水层顶板以上土层的厚度。

为保证基坑底部土体稳定，基坑底部土层的厚度必须满足

$$D\geqslant\frac{\gamma_w}{\gamma}HK_y \tag{9-13}$$

如果 D 不能满足式(9-13)，为防止基坑突涌，则必须对承压含水层进行预先排水，使其承压水头降至基坑底部能够承受的水头压力(图9-17)。

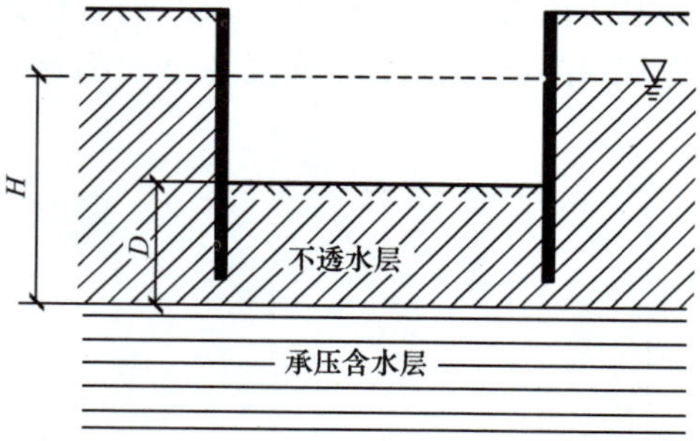

图 9-16 基坑突涌稳定性计算简图

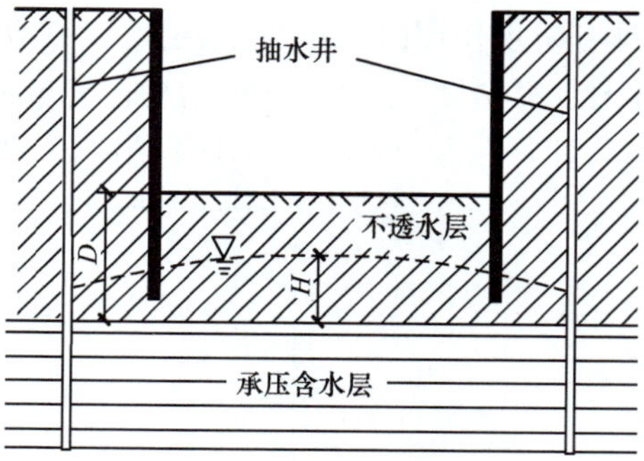

图 9-17 防止基坑突涌的排水降压

由基坑突涌可以看出，静止的地下水对其水位以下的岩石、土体产生浮力。浮力对确定地基承载力和土压力时都有影响，无论计算是基础底面以下土的天然重度或是基础底面以上土的加权平均重度，还是计算作用在支护结构上的土压力(水土分算时)，地下水位以下土体一律取有效重度。

【工程设计计算案例 9-2】 某基坑开挖深度为 $h=4.8$ m，地下水位埋置深度1.5 m，场地土层为粉质黏土，重度 $\gamma=18.2$ kN/m^3，饱和重度 $\gamma_{sat}=19.5$ kN/m^3，土粒密度 $G_s=2.72$，孔隙比为0.976。采用钢板桩进行支护，钢板桩入土深度(基坑开挖面以下)$D_w=5.5$ m，试计算抗渗透稳定安全系数。若坑底以下 $D=3.2$ m 处有一砂层，其内有承压水，水头为7 m，试验算是否会发生基坑突涌(假设粉质黏土为不透水层)，若可能发生基坑突涌，如何处理？

【解】 该层粉质黏土的临界水力梯度 i_{cr} 为

$$i_{cr}=\frac{\gamma'}{\gamma_w}=\frac{G_s-1}{1+e}=\frac{2.72-1}{1+0.976}=0.87$$

地下水的最短渗透路径为

$$L=h_w+2D_w=4.8-1.5+2\times5.5=14.3\ \text{m}$$

坑底土的实际水力梯度为

$$i=h_w/L=(4.8-1.5)/14.3=0.23$$

坑底土的抗渗稳定系数为

$$K_s=\frac{i_{cr}}{i}=\frac{0.87}{0.23}=3.78\geqslant2.0$$

若坑底以下 3.2 m 处有一砂层，承压水头为 7 m，则基坑抗突涌稳定系数为

$$K_y=\frac{\gamma D}{\gamma_w H}=\frac{19.5\times3.2}{10\times7}=0.89\leqslant1.1$$

会发生基坑突涌。处理方法是抽取砂土层中的地下水，降低承压水头 H。要避免基坑突涌的最大承压水头 H 应为

$$H=\frac{\gamma D}{\gamma_w K_y}=\frac{19.5\times3.2}{10\times1.1}=5.7\ \text{m}$$

抽取砂土层中的地下水，使承压水头 $H\leqslant5.7$ m。

9.5.4 地下水控制

基坑工程施工期间会因地下水的影响而无法正常运作，此时就必须进行地下水控制，措施有降低地下水位和隔离地下水。

1. 降低地下水位

当基坑环境简单、含水层较薄、降水深度较小时，可考虑采用集水明排(图 9-18、图 9-19)。施工一般采用明沟加集水井的施工方法，费用较低，且适用于各种土层，但是由于集水井设置在基坑内部，有可能导致细粒土边坡面被冲刷而塌方，会遇到边坡稳定问题。

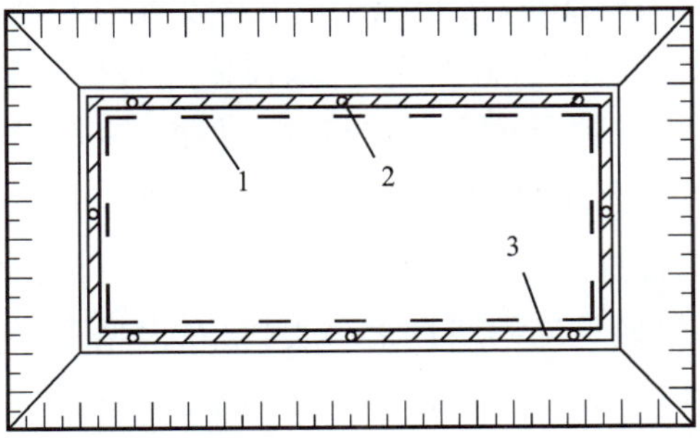

图 9-18 基坑内明沟排水

1—基坑内边线；2—排水沟；3—集水井

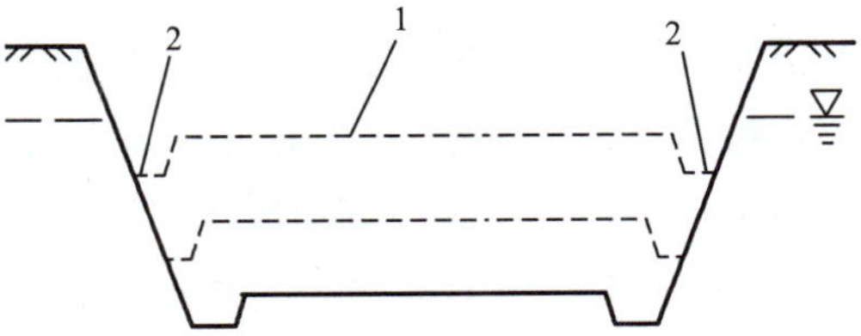

图 9-19 分层开挖排水沟

1—分层开挖面；2—排水沟

当基坑深度大、地下水位埋置深度浅时，可采用降水井降低地下水位(图 9-20)，降水井包括一(多)级轻型井点、喷射井点、深井井点、电渗井点等。基坑降水时，应根据开挖工程的具体情况，包括工程性质、开挖深度、土质条件等，并综合考虑经济等因素而采取相适应的降水方法。比如开挖深度较浅($h\leqslant6$ m)的基坑可取用普通轻型井点；深($h>6$ m)基坑可考虑采用喷射井点、深井井点等井点降水措施，也可以结合基坑的平面形状及周围环境条件，采用多级轻型井点或综合多种井点降水方式，以得到经济合理的降水效果。井点类型可按表 9-5 选用。

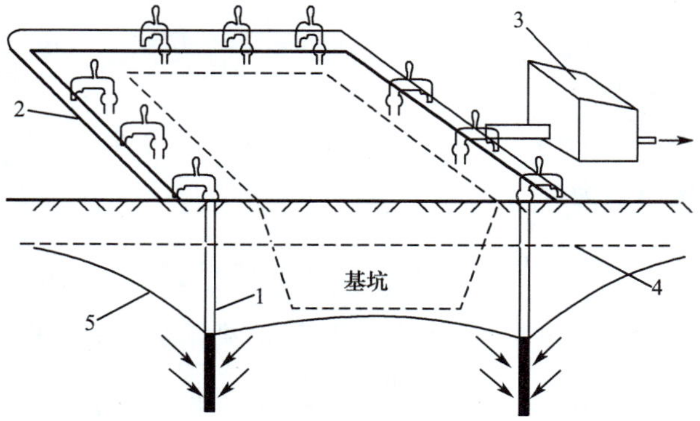

图 9-20 井点降水

1—井点管；2—排水总管；3—水泵房；4—原地下水位；5—降低后地下水位

表 9-5 井点类型及其适用性

井点类型	适用条件		
	渗透系数/(cm·s^{-1})	降低水位深度/m	土质类别
一(多)级轻型井点	$10^{-5}\sim1\times10^{-2}$	3～6(6～10)	粉砂、砂质或黏质粉土、含薄层粉砂的粉质黏土
喷射井点	$10^{-6}\sim1\times10^{-3}$	8～20	粉砂、砂质或黏质粉土、粉质黏土、含薄层粉砂夹层的黏土和淤泥质黏土
深井井点	$\geqslant1\times10^{-5}$	>10	粉砂、砂质粉土、含薄层粉砂的粉质黏土、富含薄层粉砂的黏土和淤泥质黏土
电渗井点	$<1\times10^{-6}$	根据选用的井点确定	粉质黏土、黏土

2. 挡水帷幕

挡水帷幕的作用为加长地下水渗流路径，减小水力梯度，以阻止或限制地下水渗流到基坑中去。常用挡水帷幕的种类主要包括钢板桩、水泥土搅拌桩、地下连续墙、注浆挡水帷幕等。钢板桩作为挡水帷幕的有效程度取决于板桩之间的接口锁合程度及钢板桩的长度，一般在板缝间易漏水，基坑施工还需结合降水或其他挡水措施以增强挡水效果。水泥搅拌桩相互搭接形成挡水帷幕是近年来常用的挡水措施，水泥搅拌桩桩身渗透系数极小，可以达到较好的挡水效果。地下连续墙墙身为钢筋混凝土，挡水效果好，但地下连续墙造价昂贵，仅在大型重要工程中采用，地下连续墙不仅作为支护墙体，而且起到挡水的作用，还可以作为地下结构使用。在地下连续墙用于挡水时需要注意其槽段间接头处的质量以防止漏水，必要时可采取局部注浆措施以加强挡水效果。沿基坑边采用压密注浆形成密闭挡水帷幕可起到截流地下水以防止流砂的目的。

9.6 基坑土体加固与周围环境监测

9.6.1 基坑土体加固

在拥挤的城市环境和苛刻的工期要求下进行深基坑开挖，如果采用合理的地基加固措施，则可以改善坑周及坑内土体的物理力学性质，达到减小支护结构的规模，提高场地的利用率，保证开挖放坡、临时堆土等施工措施顺利实施的目的。当基坑工程存在下列情况时应考虑加固措施：

（1）基坑稳定抗力分项系数偏小。

（2）按预估的变形值不能满足环境保护要求。

（3）现有的地基条件不能满足开挖放坡、底板施工、设备道路、临时荷载等施工要求。

基坑土体加固的目的是保证支护结构稳定、保护周围环境和满足施工要求。要根据施工和工期条件、场地、环境条件等因素采用合理的地基加固措施。

1. 坑内土体加固

当坑内土体软弱时，支护结构往往做得比较深大，而在基坑内被动区加固可增大被动土压力，往往可以减小支护的规模，而且是一项保证基坑稳定和坑周围环境安全的措施，在基坑工程中经常使用。加固方法可采用水泥土搅拌法、高压喷射注浆法、注浆法等。坑内被动区加固的作用是：

（1）增强坑底抗隆起的能力。

（2）增大被动侧土抗力，弥补支护结构插入深度的不足。

（3）增强坑底抗渗流破坏的能力。

（4）减少挡土结构的水平位移，保护基坑周边建筑物及地下管线。

加固范围可以是整片的、条带的或局部的。当坑底有大面积承压水，且难以用帷幕隔断时，可对坑底整片加固；当挡土结构有可能产生沉降或移位，直接影响周围构筑物的安全时，应对相邻挡土结构的坑底部分的地基土进行加固。

2. 坑外土体加固

同样，当地质条件较差时，亦可对坑外土体加固，加固方法同坑内土体加固方法。坑外土体加固的主要作用是：

（1）减小作用在支护结构上的主动土压力，并起到阻水的作用。

（2）对基坑附近的建筑物基础进行保护。

（3）在开挖过程中对挡土结构局部坍塌、漏水处进行加固，防止基坑整体破坏，同时防止加固施工（注浆压力）对支护结构安全的影响。

坑外土体加固用于减小主动侧土压力时，其范围应超过围护结构后的潜在的滑动破裂区；坑内土体加固用于增大被动侧土压力时，其范围应超过坑底土侧潜在的被动滑动破裂区（图9-21）。

9.6.2 周围环境监测

在支护方案确定以后，基坑开挖前应做出系统的开挖监控方案。这是因为影响基坑稳定的因素很多，目前的支护理论，特别是变形计算方面并不十分成熟，具有一定的经验性。虽然所选方案考虑到了主要因素，但在基坑开挖过程中，各种条件的变化有可能使一些次要因素转变为影响基坑稳定的主要因素，这就要求进行基坑周围环境监测，以便于掌握各种条件的变化。另外，对于复杂的大中型工程或环境要求严格的项目，往往难以从以往的经验中得到借鉴，也难以从理论上找到定量分析、预测的方法，这就必定要依赖于施工过程中的现场监测。

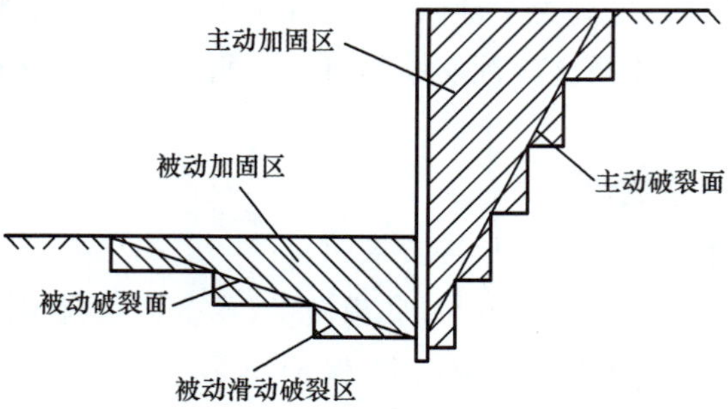

图 9-21 坑内、外加固区

基坑监控方案应包括监控目的、监测项目、监控报警值、监测方法及精度要求、监测点的布置、监测周期、工序管理和记录制度以及信息反馈系统等。监测点的平面布置范围应覆盖从基坑边缘向外 1～2 倍开挖深度，该范围内需要保护的物体均应作为监控对象。《建筑基坑支护技术规程》(JGJ 120—2012)给出了基坑工程监测项目(表 9-6)。

表 9-6 基坑工程监测项目

监测项目	支护结构的安全等级		
	一级	二级	三级
支护结构顶部水平位移	应测	应测	应测
周围建筑、地下管线、道路沉降	应测	应测	应测
坑边地面沉降	应测	应测	宜测
支护结构深部水平位移	应测	应测	选测
锚杆拉力	应测	应测	选测
支撑轴力	应测	应测	选测
挡土构件内力	应测	宜测	选测
支撑立柱沉降	应测	宜测	选测
挡土构件、水泥土墙沉降	应测	宜测	选测
地下水位	应测	应测	选测
土压力	宜测	选测	选测
孔隙水压力	宜测	选测	选测

注：表内各监测项目，仅选择实际基坑支护形式所含有的内容。

各监测点应在工程开工前埋设完成，并应保证有一定的稳定期。在基坑开挖前，各项静态初始值应测取完毕。支护结构水平位移、周围建筑物和地下管线变形、立柱变形可采用经纬仪和水准仪监测；地下水位可采用孔隙水压力计监测，或设置观测井观察地下水位变化；桩、墙内力、锚杆拉力、支撑轴力采用应力计监测；土体分层竖向位移采用分层沉降仪加以监测；支护结构界面上侧向压力则利用土压力计监测，埋设时应注意接触面朝向土体一侧；基坑侧向变形可用测斜仪监测。

基坑开挖后，应按照监测方案按时记录各项监测数据，监测数据必须填写在专门设计的表格上。所有监测的内容都须写明：初始值、本次变化量、累计变化量。填表时应注意各项监测数据变化趋势，并检查各项监测数据是否超过监控报警值。当检查监测数据有向不利方面快速变化或超过报警值时，应立即停止基坑开挖施工，分析其产生原因，查明原因后立即采取加固措施。当基坑变形不能满足坑内控制要求时，应采取土体加固、卸载等减少基坑变形的措施，防止产生基坑倒塌事件；当基坑变形不能满足坑外周边环境控制要求时，应对被影响的建筑物、构筑物和各类管线采取防范措施，如土体加固、结构托换、暴露或架空管线等。

项目式工程案例

一、工作任务

为某集团办公楼的基坑支护结构进行选型和设计，然后根据基坑设计方案说明相关的施工工艺。

二、工作项目

1. 工程概况和周边环境

某集团办公大楼，平面尺寸为 56.6 m×29.6 m，地面以上 18 层，地下 2 层，框架-剪力墙结构，拟采用天然地基筏板基础、地基处理后筏板基础或桩基础，筏板基底压力标准值为 380 kPa，单柱荷重为 17 000 kN。基坑开挖深度为 9.0 m，基坑周长为 172.2 m，面积为 2 448.96 m^2。拟开挖基坑北侧距道路最近为 5.54 m；基坑西侧距道路最近为 2 m；基坑南侧距基坑 18.2 m 处有一栋 7 层的已建住宅楼，基坑开挖对其影响不大；基坑东面为一空地，具体的基坑周边环境如图 9-22 所示，基坑周围荷载分为静载与动载，以取均布静荷载 q 为 20 kPa 计算。

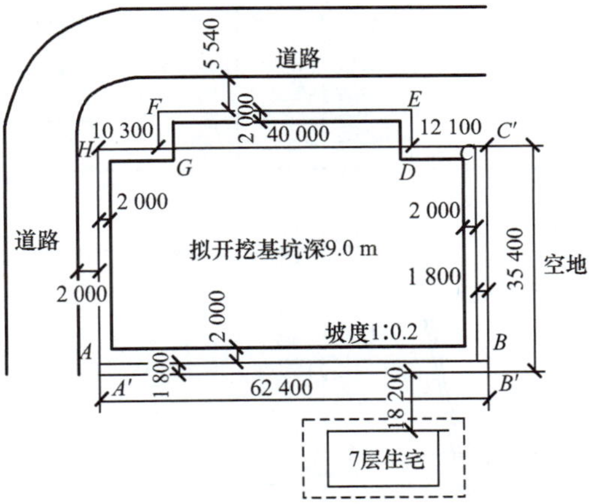

图 9-22 基坑周边环境平面布置图

2. 场地工程地质条件

场地地形平坦。地面高程为 156.37～156.83 m，相对高差为 0.46 m。场地表层为填土，其下为第四纪冲洪积形成的粉质黏土、卵石。根据各土层的形成时代、成因及岩土工程特征，自上而下共分为 6 层，根据岩土工程勘察报告，各层土的基坑设计计算参数见表 9-7。

表 9-7 地层参数表

土层	天然重度/(kN·m^{-3})	内摩擦角标准值/(°)	黏聚力标准值/kPa	承载力标准值/kPa	压缩模量 E_s/MPa
①杂填土	18.0	10.0	5.0	—	—
②粉质黏土	19.6	19.3	31.7	130	8.25

续表

土　层	天然重度/$(kN\cdot m^{-3})$	内摩擦角标准值/(°)	黏聚力标准值/kPa	承载力标准值/kPa	压缩模量E_s/MPa
③粉质黏土	19.2	17.0	25.0	150	13.12
④粉质黏土	19.3	18.0	28.0	175	16.75
⑤粉质黏土	19.0	20.0	30.0	170	15.25
⑥卵石	20.0	38.0	0.0	650	50.37

场地地下水稳定水位埋置深度为22.07～22.53 m，地下水位标高为134.30 m。该地下水赋存于⑥层卵石中，属潜水，水量丰富。地下水对基坑开挖无影响。

3. 支护方案的选型

该工程基坑开挖深度为9.0 m，基坑西侧和北侧与道路相邻，有地下管线，场地环境较复杂，基坑南侧18.2 m处有一栋7层的住宅楼，但对开挖的影响不大，基坑东侧为一片空地，场地环境较为简单。根据现场勘察和工程地质水文地质情况，同时结合当地类似工程已经过验证的比较成熟的支护方式实例采用土钉墙支护方案。支护参数及剖面图如表9-8、图9-23所示。

表9-8　土钉墙支护参数表

土钉编号	土钉型号	直径/mm	深度/m	水平间距/m	倾斜角度/(°)	土钉长度/m
①	1ϕ18	130	2.0	1.6	10	7
②	1ϕ18	130	3.6	1.6	10	7
③	1ϕ20	130	5.2	1.6	10	10
④	1ϕ20	130	6.8	1.6	10	10
⑤	1ϕ20	130	8.4	1.6	10	7

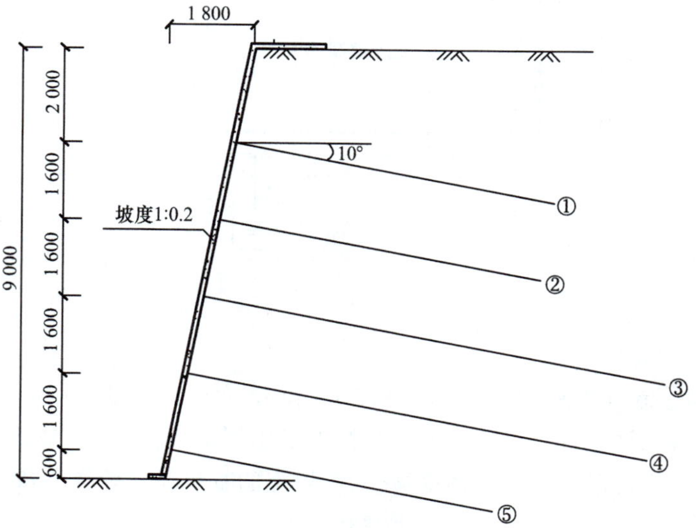

图9-23　土钉支护剖面图

三、工作手段

本基坑支护工程设计与施工方案按《建筑与市政地基基础通用规范》(GB 55003—2021)、

《建筑地基基础设计规范》(GB 50007—2011)、《建筑基坑支护技术规程》(JGJ 120—2012)与《建筑地基基础工程施工质量验收标准》(GB 50202—2018)执行。土钉施工所需机械设备:钢筋切断机、钢筋调直机、钢筋弯曲机、电焊机、注浆机、喷浆机、空压机、配电箱、照明灯等;现场测量、试验、检测仪器设备:经纬仪、全站仪、水准仪、混凝土试模、砂浆试模、磅秤、坍落度筒、钢卷尺、钢尺、质量检查工具、干湿式温度计等;此外,还需周转材料等。

四、案例分析与实施

土钉墙施工工艺

1. 土钉墙支护施工工艺流程

测量放线—修坡—一次喷混凝土—定位—凿孔—安装土钉—注浆—挂钢筋网—焊接加强筋—焊接锚头—二次喷混凝土。

2. 施工方法

首先,根据规划局放线图建筑物的坐标位置基线基点的相关数据、城市水准点及设计图纸,制定相对标高参考点(位于3倍基坑开挖深度以外),用全站仪进行轴线网点测设,用水准仪进行标高测设。在基坑上沿四周用水准仪向场内引测标高控制点,以控制基坑开挖底标高。

(1)土方开挖

基坑开挖和放线修坡:为保证土钉墙施工过程边坡的稳定,基坑土方开挖要自上而下分层进行,每层开挖深度至本层土钉下0.3～0.5 m处;每层开挖纵向长度为20 m左右。工作面开挖出来后,及时进行放线修整边坡,使坡面平整,开挖时预留10 cm人工修坡,保证坡度在1∶0.2之内,做到基坑上口边线平直,下口边不出槽。然后,对修整出来的坡面进行第一次喷混凝土,混凝土硬化后,进行测量画线标出准确的孔位,为土钉孔开凿做好准备工作。

(2)凿孔:采用人工凿孔,按设计的孔位布置,按设计要求的孔长、孔的俯角和孔径进行凿孔,严格注意质量,逐孔按土钉墙支护设计参数进行验收记录。

(3)安装土钉:按照设计的各排土钉的长度、直径,加工成合格的土钉。为使土钉体处于孔的中心位置,每隔2 m焊接一个对中支架(用ϕ6.5钢筋弯折焊接),将土钉安放在孔内要顺其自然,不可用重物击打。

(4)注浆:注浆材料选用强度等级为42.5的硅酸盐水泥,水灰比0.5,水泥浆固结体强度不低于M20,可加适量早强剂和膨胀剂,外加剂要求在搅拌时间过半后加入。注浆采用由里向外注入,将注浆管插至距土钉孔底250～500 mm处,边拔边注,孔口部位应设置止浆塞及排气管,在注满后、初凝前补浆1～2次;注浆充盈系数应大于1,以确保土钉与孔壁之间均注满水泥浆。

(5)挂钢筋网:在边坡坡面上按设计方案要求铺设钢筋网,网筋之间用扎丝扎牢,网片之间搭接要牢固。在地表距边坡1.0 m处打一排深0.5 m的ϕ14地锚钢筋,间距1 m,基坑下边缘修成比较平缓的弧面,便于雨水流过。

(6)焊结加强筋:在土钉端部之间用ϕ14钢筋焊接成水平加强筋,压住钢筋网,使土钉、钢筋网和加强筋形成一个整体。

(7)焊接锚头:锚头焊接"井"字压垫(由4根300 mm长ϕ18筋焊接而成),使钢筋网与土钉紧密联结。

(8)喷射混凝土层:采用普通硅酸盐水泥P.C32.5,中粗砂、碎石为原料,碎石粒径选用5～10 mm。配合比为1∶2∶2,水灰比0.45,可加适量速凝剂。施工中要掌握好喷头角度,降低回弹量,保证喷混凝土层技术要求。喷射混凝土面厚 80 mm,混凝土强度 C20。

(9)养护:要求在喷过的混凝土终凝 2 h 后,洒水养护,根据气温延续 3～7 d。

(10)重复上述(1)～(9)步骤,直到最下一排土钉施工完毕。

本章小结

本章主要介绍了基坑工程的特点和支护结构的类型与特点;支护结构的选型和稳定性验算;地下水的控制;基坑土体加固和周围环境监测等内容。

复习思考题

9-1 基坑有哪些特点?安全等级分哪几级?

9-2 基坑支护结构的类型有哪些?特点是什么?

9-3 如何选择基坑支护结构的类型?需进行哪些方面的验算?

9-4 渗透破坏的类型有哪些?如何防止流土和基坑突涌?

9-5 采用何种措施进行地下水控制?

9-6 基坑内、外加固措施的作用是什么?基坑监测的意义是什么?

综合练习题

9-1 计算如图 9-24 所示水泥挡土墙的抗倾覆、抗滑移、抗隆起稳定安全系数和整体稳定安全系数。

9-2 计算如图 9-25 所示地下连续墙的抗隆起、抗渗透破坏的安全系数和整体稳定安全系数。

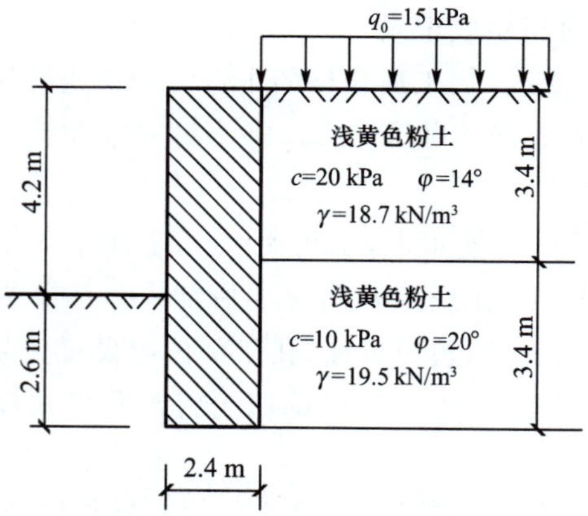

图 9-24 综合练习题 9-1 图

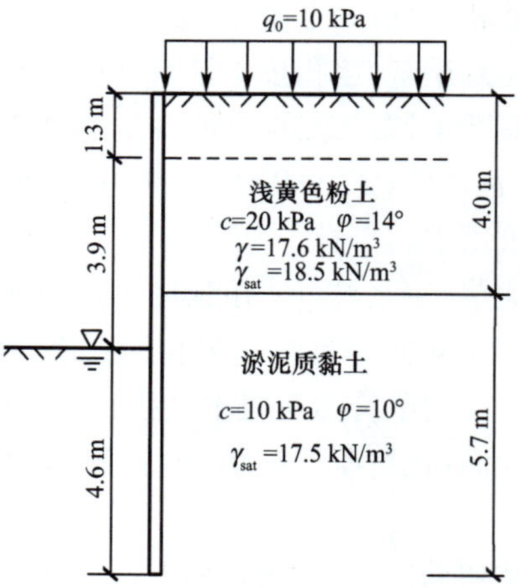

图 9-25 综合练习题 9-2 图

第 10 章

区域性地基

学习目标

了解：湿陷性黄土地基，膨胀土地基，红黏土地基，冻土地基。

掌握：膨胀土地基设计与施工要点。

素养目标

1. 坚定“四个自信”，具有家国情怀，争做有理想、有技能的社会主义建设者。
2. 提高团队协作能力，增强绿色低碳意识，培育创新技术思维，践行积极进取的创新精神。

我国土地辽阔，分布着多种多样的土。其中某些土类，由于所处的地理环境和气候条件差异，形成的地质成因和历史过程不同，以及组成地质成分和次生变化等特点，具有与一般土显然不同的工程性质。这些具有特殊工程性质的土类称为特殊土。由于天然形成的特殊土的地理分布具有一定规律性，表现出一定区域特点，所以又称为区域性特殊土。我国区域性特殊土主要有膨胀土、红黏土、湿陷性黄土、软土、多年冻土等。当这些土作为建筑物地基时，应该注意到其特殊性，避免可能引起的工程事故。

10.1 湿陷性黄土地基

黄土是一种第四纪地质历史时期干旱气候条件下的沉降物，在世界许多地方分布甚广，约占陆地总面积的 9.3%。黄土的内部物质成分和外部形态特征都不同于同时期的其他沉降物，在地理分布上也有一定的规律性。

10.1.1 湿陷性黄土的主要特征

1. 颗粒组成

我国湿陷性黄土属于粉土状的亚黏土，其颗粒组成以粉土颗粒为主，含量常占 50%～70%，表 10-1 所列为我国一些主要湿陷性黄土地区黄土的颗粒组成。从各地湿陷性黄土颗粒成分的比较来看，黄土颗粒有从西北向东南逐渐变细的趋势。

表 10-1 湿陷性黄土的颗粒组成 %

地 区	粒径/mm		
	砂粒 >0.05	粉粒 0.05～0.005	砂粒 <0.005
陇西	20～29	58～72	8～14
陇东、陕北	16～27	59～74	12～22
关中	11～25	52～64	19～24
山西	17～25	55～65	18～20
豫西	11～18	53～66	19～26
总体	11～29	52～74	8～26

2. 矿物成分

粗颗粒的主要矿物成分是石英和长石，黏土颗粒的主要矿物成分是中等亲水性的伊利石。此外，在湿陷性黄土中还含有较多的水溶盐，呈固态或半固态分布在各种颗粒表面。

3. 黄土的结构

黄土是在干旱的气候条件下形成的。在形成初期，季节性的少量雨水把松散的粉粒黏聚起来，而长期的干旱使水分不断蒸发，于是少量的水分以及溶于水中的盐类都集中到较粗颗粒的接触点处，可溶盐逐渐浓缩沉淀而成为胶结物，形成以粗粉为主体骨架的多孔隙结构。

黄土在天然情况下，由于胶结物的凝聚和结晶作用被牢固地黏结着，使黄土地基具有较高的强度。但当黄土受水浸湿时，结合水膜增厚并入颗粒之间，于是结合水联系减弱，盐类溶于水中，各种胶结物软化，使黄土的骨架强度降低，土体在上覆土层的自重压力或在自重压力与附加压力共同作用下，其结构迅速破坏，导致黄土地基的湿陷。这是黄土产生湿陷的内在原因。

10.1.2 湿陷性黄土的分区

湿陷性黄土在中国的分布较广，面积约为 450 000 km^2。按工程地质特征和湿陷性强弱程度，可将中国湿陷性黄土划分为 7 个分区：

(1)陇西地区。湿陷性黄土厚度通常大于 10 m。地基湿陷等级多为Ⅲ、Ⅳ级。对工程的危害性大。

(2)陇东陕北地区。湿陷性黄土厚度通常大于 10 m。地基湿陷等级多为Ⅲ、Ⅳ级。对工程的危害性大。

(3)关中地区。湿陷性黄土厚 4～12 m。对工程有一定危害性。

(4)山西地区。湿陷性黄土厚 2～16 m。地基湿陷等级多为Ⅲ、Ⅳ级。对工程有一定危害。

(5)河南地区。湿陷性黄土厚 4～8 m。一般为非自重湿陷性，对工程危害不大。

(6)冀鲁地区。土层厚 2～6 m。非自重湿陷性。地基湿陷等级多为Ⅰ级。

(7)北部边缘地区，包括晋陕宁区与河西走廊区。土层厚 1～5 m。非自重湿陷性。地基湿陷等级为Ⅰ、Ⅱ级。

10.1.3 湿陷性黄土地基的测定方法

1. 室内浸水侧限压缩试验

取天然结构与天然含水率的原状试样数个，进行黄土湿陷试验。试验的设备与固结试验相同，环刀面积采用 50 cm^2。

(1)测定湿陷系数 δ_s

测 δ_s 时应将环刀试样保持在天然湿度下，分级加荷至规定压力，待稳定后浸水至湿陷稳定为止。浸水易用纯水，失陷稳定标准为：下沉量不大于 0.01 mm/h。

分级加荷标准：在 0～200 kPa，每级加荷增量为 50 kPa；在 200 kPa 以上，每级加荷增量为 100 kPa。

(2)测定自重湿陷性系数 δ_{zs}

测 δ_{zs} 时将环刀试样保持在天然湿度下，采用快速分级荷载，加至试样的上覆土的饱和自重压力；待下沉稳定后浸水，至湿陷稳定为止。稳定标准为变形量不大于 0.01 mm/h。

(3)测定湿陷起始压力 p_{sh}

湿陷起始压力是指湿陷性黄土浸湿后开始发生湿陷现象的外来压力。若在非自重湿陷性黄土地基设计中，使基底压力 $\sigma < p_{sh}$，即使地基浸水，也不会发生严重湿陷事故。

室内试验测定 p_{sh} 可用下列两种方法：

①单线法压缩试验。在同一取土点的同一深度处至少取 5 个环刀试样，均在天然湿度下分级加荷，分别加至不同的规定压力，待下沉稳定后浸水，至湿陷稳定为止。

②双线法压缩试验。在同一取土点的同一深度处取两个环刀试样，一个在天然湿度下分级加荷，另一个在天然湿度下加第一级荷载，待下沉稳定后浸水，至湿陷稳定，再分级加荷。

试验分级加荷标准：$p < 150$ kPa，$\Delta p = 25 \sim 50$ kPa；$p > 150$ kPa，$\Delta p = 50 \sim 100$ kPa。

加载稳定标准：下沉量不大于 0.01 mm/h。

在 p-δ_s 曲线上，宜取 $\delta_s = 0.015$ 所对应的压力作为湿陷起始压力 p_{sh} 值。

2. 现场注水荷载试验

这项试验的装置与试验方法与一般现场荷载试验相同。承压板面积不宜小于 5 000 cm^2，试坑边长(或直径)应为承压板边长(或直径)的 3 倍，试坑底部铺设 5～10 cm 厚的砂石，以防注水时冲动黄土面。

每级加荷增量 $\Delta p \leqslant 25$ Pa，试验终止荷载 $\sum \Delta p$ 不大于 200 kPa。

每级加荷后的稳定标准：下沉量不大于 0.2 mm/2 h。用荷载试验测定 p_{sh} 可选择下列方法之一：

(1)双线法荷载试验：应在场地内相邻位置的同一标高处，做两个荷载试验，其中一个在天然湿度的土层上进行；另一个在浸水饱和的土层上进行。

(2)单线法荷载试验：应在场地内相邻位置的同一标高处，至少做 3 个不同压力下的浸水荷载试验。

(3)饱水法荷载试验：应在浸水饱和土层上做一个荷载试验。

在压力与浸水下沉量 p-δ_s 曲线上，取其转折点所对应的压力作为 p_{sh} 值。

3. 现场试坑浸水试验

(1)试坑尺寸

试坑宜挖成圆形(或方形),其直径(或边长)不应小于湿陷性黄土层的厚度,并不应小于10 m。试坑深度一般为50 cm,坑底铺5～10 cm厚的砂石。

(2)沉降观测

试坑内不同深度处,设置沉降观测点,试坑外设置地面沉降观测标点。沉降观测精度为±0.1 mm。

(3)浸水观测

试坑内的水高度应保持30 cm,浸水过程中,应观测湿陷量、耗水量、浸水范围和地面裂缝,试验进行至湿陷稳定为止。湿陷稳定标准为最后5 d的平均湿陷量小于1 mm。

10.1.4 黄土地基湿陷性的评价

1. 黄土湿陷性判别

(1)湿陷系数 δ_s

根据室内浸水压缩试验结果,按式(10-1)计算

$$\delta_s=\frac{h_p-h'_p}{h_0} \tag{10-1}$$

式中 h_p——保持天然湿度和结构的土样,加压至一定压力时下沉稳定后的高度,cm;

h'_p——上述加压稳定后的土样,在浸水作用下下沉稳定后的高度,cm;

h_0——土样原始高度,cm。

(2)测定湿陷系数的压力

①应自基础底面算起,初步勘察时自地面下1.5 m算起。

②10 m以内的土层,应用200 kPa。

③10 m以下至非湿陷性土层顶面,应用其上覆土的饱和自重压力(当大于300 kPa时,仍应用300 kPa)。

(3)黄土湿陷性的判别标准

湿陷系数 $\delta_s<0.015$,应定为非湿陷性黄土;湿陷系数 $\delta_s\geq0.015$,应定为湿陷性黄土。

2. 建筑场地的湿陷类型

(1)实测自重湿陷量 Δ'_{zs}

自重湿陷量应根据现场试坑浸水试验确定。在新建地区,对甲、乙类建筑宜采用试坑浸水试验。

(2)计算自重湿陷量 Δ_{zs}

①自重湿陷系数 δ_{zs}

δ_{zs} 应根据室内浸水压缩试验,测定不同深度的土样在饱和土自重压力下的 δ_{zs},可按式(10-2)计算

$$\delta_{zs}=\frac{h_z-h'_z}{h_0} \tag{10-2}$$

式中 h_z——保持天然湿度和结构的土样,加压至土的饱和自重压力时,下沉稳定后的高度,cm;

h'_z——上述加压稳定后的土样,在浸水作用下下沉稳定后的高度,cm;

h_0——土样的原始高度,cm。

②计算自重湿陷量 Δ_{zs}

$$\Delta_{zs}=\beta_0\sum_{i=1}^{n}\delta_{zsi}h_i \tag{10-3}$$

式中 δ_{zsi}——第 i 层在上覆土的饱和($S_r>0.85$)自重压力下的自重湿陷性系数;

h_i——第 i 层土的厚度,cm;

β_0——因土质而异的修正系数,对陇西地区可取 1.5,对陇东陕北地区可取 1.2,对关中地区可取 0.7,对其他地区可取 0.5。

计算自重湿陷量 Δ_{zs} 的累计,应自天然地面算起(当挖、填方的厚度和面积较大时,应自设计地面算起),至其下全部湿陷性黄土层的底面为止。其中,自重湿陷系数 $\delta_{zs}<0.015$ 的土层不累计。

(3)建筑场地湿陷类型判别

①当实测或计算自重湿陷量 $\Delta'_{zs}\leqslant 7$ cm 时,应定为非自重湿陷性黄土场地;

②当 $\Delta'_{zs}>7$ cm 时,应定为自重湿陷性黄土场地。

3. 湿陷性黄土地基的湿陷等级

(1)总湿陷量 Δ_s

湿陷性黄土地基受水浸湿饱和至下沉稳定为止的总湿陷量 Δ_s 计算式为

$$\Delta_s=\sum_{i=1}^{n}\beta\,\delta_{si}h_i \tag{10-4}$$

式中 δ_{si}——第 i 层土的湿陷系数;

h_i——第 i 层土的厚度,cm;

β——考虑地基土的侧向挤出和浸水概率等因素的修正系数。基底下 5 m(或压缩层)深度内,可取 1.5;5 m(或压缩层)深度以下,在非自重湿陷性黄土场地可不计算;在自重湿陷性黄土场地,可按式(10-3)中的 β_0 值取用。

总湿陷量 Δ_s 应自基础底面算起,初步勘察时自地面下 1.5 m 算起。累计深度按场地与建筑类别不同区别对待如下:

①非自重湿陷性黄土场地,累计至基底下 5 m(或压缩层)深度为止。

②自重湿陷性黄土场地:甲、乙类建筑,应穿透湿陷性土层的取土勘探点,累计至非湿陷性土层顶面为止;丙、丁类建筑,当基底下的湿陷性黄土厚度大于 10 m 时,其累计深度可根据工程所在地区经验确定。但陇西、陇东陕北地区不应小于 15 m,其他地区不应小于 10 m。其中湿陷系数 δ_s 或自重湿陷系数 δ_{zs} 小于 0.015 的土层不应累计。

(2)湿陷性黄土地基的湿陷等级

湿陷性黄土地基的湿陷等级,应根据基底下各土层累计的总湿陷量 Δ_s 和计算自重湿陷量 Δ_{zs} 的大小和场地湿陷类型,判为Ⅰ、Ⅱ、Ⅲ、Ⅳ四级,详见表 10-2。

表 10-2　　湿陷性黄土地基的湿陷等级

总湿陷量/mm	计算自重湿陷量/mm		
	非自重湿陷性场地	自重湿陷性场地	
	$\Delta_{zs}\leqslant 70$	$70<\Delta_{zs}\leqslant 350$	$\Delta_{zs}>350$
$\Delta_s\leqslant 300$	Ⅰ(轻微)	Ⅱ(中等)	—
$300<\Delta_s\leqslant 700$	Ⅱ(中等)	Ⅱ(中等)或Ⅲ(严重)	Ⅲ(严重)
$\Delta_s>700$	Ⅱ(中等)	Ⅲ(严重)	Ⅳ(很严重)

注:当总湿陷量 $\Delta_s>600$ mm,计算自重湿陷量 $\Delta_{zs}>300$ mm 时,可判为Ⅲ级;其他情况可判为Ⅱ级。

10.1.5　湿陷性黄土地基的处理

当湿陷性黄土地基的压缩变形、湿陷变形或强度不能满足设计要求时,应针对不同的土质条件和建筑物类别,采取相应的措施。

1. 建筑物的类别

建筑物应根据其重要性、地基受水浸湿可能性的大小以及在使用上对不均匀沉降限制的严格程度,分为甲、乙、丙、丁四类。划分如下:

(1)甲类建筑:高度大于 40 m 的高层建筑;高度大于 50 m 的构筑物;高度大于 100 m 的高耸结构;特别重要的建筑;地基受水浸湿可能性大的建筑;对不均匀沉降有严格限制的建筑。

(2)乙类建筑:高度为 24～40 m 的高层建筑;高度为 30～50 m 的构筑物;高度为 50～100 m 的高耸结构;地基受水浸湿可能性较小的重要建筑;地基受水浸湿可能性大的一般建筑。

(3)丙类建筑:除乙类以外的一般建筑和构筑物。

(4)丁类建筑:次要建筑。

2. 建筑工程的设计措施

(1)地基处理措施

地基处理在于全部或部分消除建筑物地基的湿陷性,是防止或减轻湿陷、保证建筑物安全的可靠措施。

地基处理的目的是破坏湿陷性黄土大孔隙结构,改善土的物理力学性质,消除或减少地基偶然浸水引起的湿陷变形,湿陷性黄土地基经过处理后,其承载力有一定提高。

常采用的地基处理方法有土或灰土垫层、重锤夯实、强夯法、土或灰土桩挤密、预浸水、化学加固等,也可采用桩基础。

(2)防水措施

防水措施是包括总平台、建筑、给排水、供热与通风等各方面防止地基浸水的重要措施。

地基浸水的原因不外是自上而下的浸水和地下水的上升,前者有建筑地上积水、给排水和采暖设备的渗水漏水及施工临时积水等原因。根据浸水的原因不同,采取不同的措施。本节主要介绍防止或减少自上而下浸湿地基的措施。

防水措施的主要内容有:

①做好总体建筑的平面和竖向设计,保证整个场地排水畅通。

②做好防洪设施。

③保证水池类构筑物或管道与建筑物的间距符合防护距离的规定。

④保证管网和水池类构筑物的工程质量,防止漏水。

⑤做好屋面排水和房屋内地面防水的措施。

(3)结构措施

结构措施是减少建筑物差异沉降或使其适应地基变形的措施,以补充地基处理和防水措施的不足。

在建筑物设计中,采用适当的结构措施,能增强建筑物适应或抵抗因地基局部浸水所引起的不均匀沉降的能力。这样,即使地基处理或防水措施不周密而发生湿陷时,建筑物也不致遭受严重破坏,并能继续保持整体稳定性和正常使用。在选择结构措施时,应考虑地基处理后的剩余湿陷量。

主要的结构措施包括以下几个方面:

①选择适应不均匀沉降的结构体系和适宜的基础形式

②加强建筑物的整体刚度。

③局部加强构件和砌体强度。

④构件应有足够的支撑长度。

⑤预留适应沉降的净空。

【工程设计计算案例 10-1】 陕北某招待所经勘察为湿陷性黄土地基。由探井取 3 个原状土样进行浸水压缩试验。取土深度分别为 2.0 m、4.0 m、6.0 m,实测数据见表 10-3。判断此黄土地基是否属于湿陷性黄土。

表 10-3　　黄土浸水压缩试验结果

试样编号	1	2	3
加 200 kPa 压力后百分表稳定读数	40	56	38
浸水后百分表稳定读数	162	194	88

【解】 按式(10-1)计算各试样的湿陷系数如下:

$$\delta_{s1}=\frac{h_{p1}-h'_{p1}}{h_0}=\frac{19.60-18.38}{20.00}=0.061>0.015$$

判别:为湿陷性黄土。

$$\delta_{s2}=\frac{h_{p2}-h'_{p2}}{h_0}=\frac{19.44-18.06}{20.00}=0.069>0.015$$

判别:为湿陷性黄土。

$$\delta_{s3}=\frac{h_{p3}-h'_{p3}}{h_0}=\frac{19.62-19.12}{20.00}=0.025>0.015$$

判别:为湿陷性黄土。

式中 h_0——土样的原始高度,即压缩试验环刀高,均为 20 mm;

h_p——原状土样加压下沉稳定后的高度。

土样深度分别为 2.0 m、4.0 m 与 6.0 m,均小于 10 m;故压力都应用 200 kPa。

1 号试样加压稳定后百分表读数为 40,则土样高 $h_{p1}=20-0.4=19.60$ mm。同理可得:$h_{p2}=20-0.56=19.44$ mm;$h_{p3}=20-0.38=19.62$ mm;

h'_p——上述加压稳定后的试样在浸水下沉稳定后的高度。

1 号试样浸水下沉稳定后百分表读数为 162,则 $h'_{p1}=20-1.62=18.38$ mm。同理可得:$h'_{p2}=20-1.94=18.06$ mm;$h'_{p3}=20-0.88=19.12$ mm。

【工程设计计算案例 10-2】 山西地区某百货商场拟建新的百货大楼，地基为黄土，基础埋置深度为 1.0 m。岩土工程勘察结果见表 10-4。判断该地基是否为自重湿陷性黄土场地，并判别该地基的湿陷等级。

表 10-4 百货商场新楼勘察结果

土层编号	1	2	3	4	5
土层厚度 h/cm	175	425	380	435	210
自重湿陷系数 δ_{zs}	0.013	0.020	0.019	0.016	0.009
湿陷系数 δ_s	0.016	0.028	0.026	0.021	0.014

【解】 (1)按式(10-3)计算自重湿陷量为

$$\Delta_{zs}=\beta_0\sum_{i=1}^{n}\delta_{zsi}h_i$$

式中 β_0——土质因地区而异的修正系数，山西地区可取 0.5。

δ_{zsi}——在上覆土的饱和自重压力下的第 i 层自重湿陷性系数，$\delta_{zsi}<0.015$ 的不计入。

将表 10-4 中的数据代入上式得

$$\Delta_{zs}=\beta_0\sum_{i=1}^{n}\delta_{zsi}h_i=0.5\times(0.020\times425+0.019\times380+0.016\times435)=11.34\text{ cm}$$

因 $\Delta_{zs}>7$ cm，所以判定为自重湿陷性黄土场地。

(2)按式(10-4)计算总湿陷量为

$$\Delta_s=\sum_{i=1}^{n}\beta\,\delta_{si}h_i$$

式中 δ_{si}——第 i 层土的湿陷系数，湿陷系数 $\delta_{si}<0.015$ 的土层不应累计；

β——考虑地基土的侧向挤出和浸水概率等因素的修正系数。基底下 5 m(或压缩层)深度内，可取 1.5；5 m 以下，在山西地区可取 0.5。

将上述数据代入上式可得

$$\begin{aligned}\Delta_s&=\sum_{i=1}^{n}\beta\,\delta_{si}h_i=1.5\times(0.016\times175+0.028\times425)+0.5\times(0.026\times380+0.021\times435)\\&=31.56\text{ cm}\end{aligned}$$

根据表 10-2，总湿陷量 $\Delta_s=31.56$ cm，计算自重湿陷量 $\Delta_{zs}=11.34$ cm，判定该百货商场新楼黄土地基的湿陷等级为Ⅱ级(中等湿陷等级)。

10.2 膨胀土地基

10.2.1 膨胀土的特征

膨胀土一般是指土中黏粒成分主要由亲水性矿物组成，同时具有显著的吸水膨胀和失水收缩的变形特征，具有较大反复膨缩变形的高塑性黏土，一般分布在河谷阶地、丘陵区、山前缓坡地带。干时，土质坚硬，易胀裂，具有明显的裂缝；浸湿后，裂缝回缩变窄或闭合，有些地区也称为裂隙黏土。

膨胀土在一般情况下强度较高，压缩性低，呈坚硬或硬塑状态，易被误认为建筑性能较好的地基土。但由于其具有膨胀和收缩体积变形的特性，当利用这种土作为建筑物的地基时，或在设计和施工中没有采取必要的措施或处理不当，将使建筑物的基础外移，房屋开裂(如山墙倒八字形缝、外纵墙下部水平缝)，地坪开裂等破坏，且不易修补，危害极大。

1. 成分和结构特征

(1)从岩性上看，以黏土为主，具有黄、红、灰、白等色，土中含有较多的黏土，黏土占总量的98%，黏土矿物多为蒙脱石、伊利石和高岭石。蒙脱石含量越多，膨胀性越强烈。

(2)结构致密，呈坚硬至硬塑状态，强度较高，内聚力较大。

(3)裂隙发育，竖向、斜交和水平三种均有，可见光滑镜面和擦痕。

2. 一般工程地质特征

膨胀土的液限、塑限和塑性指数都较大：液限为 40%～68%，塑限为 17%～35%，塑性指数为 18～33。膨胀土的饱和度一般较大，常在 80%以上；天然含水率较小，为 17%～30%。

10.2.2 膨胀土地基设计与施工要点

1. 设计措施

(1)场地选择：建筑场地应尽量选在地形条件比较简单、土质比较均匀、胀缩性较弱并便于排水且地面坡度小于 14° 的地段；应尽量避开地裂、可能发生浅层滑坡以及地下水位变化剧烈等地段。

(2)总平面设计：对变形有严格要求的建筑物应布置在膨胀土埋藏较深、胀缩等级较低或地形较平坦的地段；同一建筑物地基土的分级变形量之差不宜大于 35 mm；竖向设计宜保持自然地形，并按等高线布置，避免大挖大填。

(3)建筑设计：用于软弱地基上的各种建筑措施仍然适用，如建筑物的体型力求简单，避免凹凸曲折及高低不一；设置沉降缝；做好散水的设计和施工，散水宽度不小于 1.2 m，外缘应超出基坑(槽)边外 30 cm，坡度为 3%～5%。

(4)结构措施：承重砌体可采用拉结较好的砖墙；不得采用空斗墙、砌块墙或无砂混凝土砌体；不宜采用砖拱结构，无砂大孔混凝土和无筋中型砌块等对变形敏感的结构；房屋顶层和基础顶部宜设置圈梁，其他各层可隔层或层层设置；砖混结构房屋的门窗等孔洞应采用钢筋混凝土过梁，且在底层窗台处设置通长的水平钢筋；钢和钢筋混凝土排架结构的山墙和内隔墙应采用与柱基相同的基础形式。

(5)基础设计：四层以上房屋、水塔等构筑物为消除胀缩变形，主要采用基底压胀力的办法，此时，基础埋置深度可不受控制，但不宜小于 1 m。三层及三层以下的砖房屋极易变形，可适当增加埋置深度使膨胀总量小于允许值。在Ⅱ、Ⅲ级场地上的一、二层房屋，宜采用柔性结构和墩式基础；三层房屋采用条基时，基底压力不得小于膨胀力。

(6)地基处理：常用的地基处理方法有换土、土性改良、预浸水、桩基础等，具体选用时应根据地基胀缩等级、地方材料、施工条件、建筑经验等通过综合技术经济比较后确定选用。

(7)地裂(深度不大于大气影响急剧层深度)处理：由膨胀土失水收缩引起的地裂，其防治措施与地裂发育程度和缝宽有关。在地裂发育地区，如裂缝宽超过 30 mm，应予以避开；否则，可采用墩式基础或桩基础，以减少地裂通过的机会。

2. 施工措施

在膨胀土地基施工过程中，若不采取相应措施，常会引起土中水分的变化，而土中水分的变化又会导致土的胀缩变形。因此，各种施工工艺的确定都应以保证地基土中水分尽量少变化为原则，这就要求既要管理好施工用水，又要防止暴晒。

基础施工前，先要完成场区土方、挡土墙、护坡、防洪沟及排水沟等工程，使场地内排水畅通、边坡稳定；施工用水要妥善处理，防止管网漏水；临时水池、洗料场、淋灰池、搅拌站等设施至建筑物外墙的净距应不小于 10 m；防止施工用水流入基坑（槽）内；需大量浇水的材料应堆放在距坑（槽）边缘 10 m 以外。

在膨胀土地基上开挖基坑（槽）时，如发现有地裂、局部上层滞水或土层有较大变化时，应及时处理后才能继续施工。基槽开挖施工应分段快速作业，在施工过程中，基槽不能暴晒或浸泡。雨季施工应有防水措施。当基槽挖土接近基底设计标高时，宜预留 150～300 mm 厚土层，等下一工序开始前挖除。基槽验槽后，应及时封闭坑底和坑壁，封闭时喷或抹水泥砂浆 5～20 mm。基础施工完毕，应及时分层回填夯实，填料可用非膨胀土、弱膨胀土或掺有石灰等材料的膨胀土。回填夯实后土的干重度要满足规范要求。

10.3 红黏土地基

红黏土是石灰石、白云岩等碳酸盐类岩石，在亚热带高温潮湿气候条件下，经风化作用形成的高塑性红色黏土。其形成条件特殊，种类繁多，性质差别较大。

10.3.1 红黏土的基本特性

（1）液限较大，含水较多，饱和度常大于 80%，土常处于硬塑至可塑状态。

（2）孔隙比一般较大，变化范围也大，尤其是残积红黏土的孔隙比常超过 0.9，甚至达 2.0；前期固结压力和超固结比很大，除少数软塑状态红黏土外，均为超固结土，这与游离氧化物胶结有关，一般常具有中等偏低的压缩性。

（3）强度较高且变化范围大，内聚力一般为 10～60 kPa，内摩擦角为 10°～30°或更大。

（4）膨胀性极弱，但某些土具有一定收缩性，这与粒径、矿物、胶结物情况有关；某些红黏土化程度较低的“黄层”收缩性较强，应划入膨胀土范畴。

（5）浸水后强度一般降低。部分含粗粒较多的红黏土，湿化崩解明显。

综上所述，红黏土是一种处于饱和状态、孔隙比较大、以硬塑和可塑状态为主，中等压缩性、较高强度的黏性土，具有一定收缩性。

10.3.2 红黏土地基的设计和施工措施

红黏土表层通常呈坚硬至硬塑状态，强度高、压缩性低，为良好天然地基的持力层。当红黏土下部存在局部下卧层或岩层起伏过大时，应考虑地基不均匀沉降的影响，采取相应措施。

红黏土地区常存在岩溶、土洞或土层不均匀等不利因素的影响，应对地基、基础或上部结构采取适当措施，如换土、填洞、加强基础和上部结构的刚度、采用桩基础等。

红黏土有裂隙发育，作为建筑物地基，在施工时和建筑物建成以后应做好防水排水措施，避免水分渗入地基中。对于重要建筑物，开挖基槽时应认真做好施工验槽工作。

对于天然土坡和人工开挖的边坡和基槽，必须注意土体中裂隙发育情况，避免水分渗入引起滑坡和崩塌事故。应该防止人为破坏坡面植被和自然排水系统，土面上的裂隙应当填塞，应该做好建筑物场地的地表水、地下水以及生产和生活用水的排水、防水措施，以保证土体的稳定性。

10.4 冻土地基

在寒冷地区，当气温低于 0 ℃时，土中液态水冻结为固态冰，冰胶结了土粒，形成一种特殊联结的土，称为冻土。当温度升高时，土中的冰融化为液态水，这种融化了的土称为融土，其中所含水分比未冻结前的土中水分增加很多。所以，冻土的强度较高，压缩性低；而融土的强度剧烈变低，压缩性大大增强。冻结时，土中水分结冰膨胀，土体积随之增大，地基被隆起；融化时，土中的冰融化，土体积缩小，地基沉降。土的冻结和融化，土体膨胀和缩小产生不均匀沉降，给建筑物带来不利的影响，导致破坏。

冬季冻结，春季融化，冻结和融化具有季节性，这是最常见的现象，这种冻结的土称为季节性冻土。由于气候条件不同，冻结土的深度也不同。当气候寒冷，冬季冻结时间长，夏季融化时间短，冻融现象只发生在表层一定深度，而下面土层的温度终年低于零度而不融化。这种多年（2 年及 2 年以上）冻结而不融化的冻土称为多年冻土。土在冻结过程中，不单纯是土层中原有水分的冻结，还有未冻结土层中水向冻结土层迁移而冻结。所以，土的冻胀不仅仅是水结冰时体积增加的结果，更主要的是水分在冻结过程中由下部向上部迁移富集再冻结的结果。

土的冻胀程度一般用冻胀率（又称为冻胀量或冻胀系数）来表示，它是冻结后土体膨胀的体积与未冻结土体体积的百分比，其值越大，则土的冻胀性越强。一般按土的冻胀率将土划分为五类：Ⅰ级不冻胀土，$\eta \leqslant 1.0\%$；Ⅱ级弱冻胀土，$1.0\% < \eta \leqslant 3.5\%$；Ⅲ级冻胀土，$3.5\% < \eta \leqslant 6.0\%$；Ⅳ级强冻胀土，$6.0\% < \eta \leqslant 12.0\%$；Ⅴ级特强冻胀土，$\eta > 12.0\%$。

10.4.1 季节性冻土设计与防冻害措施

1. 基础埋置深度的确定

基础埋置深度按前述第 7 章有关内容确定。

2. 防冻害措施

（1）应尽量选择地势高、地下水位低、地表排水良好和土冻胀性小的建筑场地。对于低洼场地，宜在沿建筑物四周向外一倍冻深范围内，使室外地坪至少高出自然地面 300～500 mm。

（2）为了防止施工和使用期间的雨水、地表水、生产废水和生活污水浸入地基，应做好排水措施。在山区必须做好截水沟或在建筑物下设置暗沟，以排走地表水和潜水，避免因基础堵水而造成冻害。

（3）在冻深和土冻胀性均较大的地基上，宜采用独立基础、桩基础、自锚式基础（冻层下有扩大板或扩底短桩）。当采用条基时，宜设置非冻胀性垫层，其底面深度应满足基础最小埋置深度的要求。

（4）对标准冻深大于 2.0 m、基底以上为强冻胀土的采暖建筑及标准冻深大于 1.5 m、基底以上为冻胀土和强冻胀土的非采暖建筑，为防止冻切力对基础侧面的作用，可在基础侧面回填粗砂、中砂、炉渣等非冻胀性散粒材料或采取其他有效措施。

（5）在冻胀和强冻胀性地基上，宜设置钢筋混凝土圈梁和基础梁，并控制建筑物的长高比，以增强房屋的整体刚度。

（6）当基础梁下有冻胀性土时，应在梁下填以炉渣等松散材料，根据土的冻胀性大小可预留 50～150 mm 空隙，以防止因土冻胀将基础梁拱裂。

(7)外门斗、室外台阶和散水坡等宜与主体结构断开。散水坡分段不宜过长、坡度不宜过小,其下填以非冻胀性材料。

(8)按采暖设计的建筑物,如冻前不能交付使用,或使用中因故冬季不能采暖时,应对地基采取相应的过冬保温措施;对非采暖建筑的跨年度工程,入冬前基坑应及时回填。

10.4.2 多年冻土地区地基设计的基本原则

1. 保持冻结

保持多年冻土地基在施工和使用期间处于冻结状态,宜用于冻层较厚、多年地温较低和多年冻土相对稳定地带的不采暖建筑物。不宜用于在富冰冻土、饱冰冻土和含土冰层地基上的采暖建筑物和按容许融化原则设计有困难的建筑物。

2. 容许融化

容许基底以下的多年冻土在施工和使用期间处于融化状态。按其融化方式可分为两种。

(1)自然融化(逐渐融化):宜用于少冰冻土或多冰冻土地基。当估计的地基总融陷量不超过规定的地基允许变形值时,均容许基底以下多年冻土在施工和使用期间自行逐渐融化。

(2)预先融化:宜用于冻土厚度较薄,多年地温较高,多年冻土不够稳定地带的富冰冻土、饱冰冻土和含土冰层地基,可根据具体情况在施工前采用人工融化压密或挖除换填处理。

本章小结

1. 湿陷性黄土地基

(1)湿陷性黄土含有大量的碳酸盐类,是在干旱或半干旱条件下形成的。在天然状态下,其强度高,压缩性较低。在一定压力作用下受水浸湿,其结构迅速破坏而发生显著附加沉陷,导致建筑物破坏。

(2)湿陷系数和湿陷起始压力是表明湿陷性黄土变形特性的两个主要指标。

(3)湿陷性黄土地基的湿陷性等级分为轻微、中等、严重、很严重四级。

(4)湿陷性黄土地基的设计和工程措施分为地基处理、防水措施和结构措施。

2. 膨胀土地基

(1)膨胀土一般是指土中黏粒成分主要由强亲水性的矿物组成,同时具有吸水膨胀、失水收缩的特性,具有较大反复膨胀变形的高塑黏粒土。

(2)膨胀土地基的设计包括场地选择、建筑设计、结构设计、地基处理等内容。

3. 红黏土地基

(1)红黏土是指在炎热湿润气候条件下的石灰岩、白云岩等碳酸盐系的出露区,在长期的成土化学风化作用下,形成的高塑性黏土物质,通常为红色。

(2)红黏土裂隙发育,作为建筑物地基,在施工时和建筑物建成以后要做好防水措施,以避免水分渗入地基中。由于红黏土的不均匀性,对于重要建筑物,开挖基槽时应做好施工验槽工作。

4. 冻土地基

(1)凡温度等于或低于0 ℃且含有固态冰的土,称为冻土。冻土按其冻结时间长短可分为瞬时冻土、季节性冻土和多年冻土三类。

(2)根据土的冻胀程度一般用冻胀率(又称为冻胀量或冻胀系数)来表示,它是冻结后土体膨胀的体积与未冻结土体体积的百分比。一般按土的冻胀率将土划分为五类:Ⅰ级为不冻胀土,Ⅱ级为弱冻胀土,Ⅲ级为冻胀土,Ⅳ级为强冻胀土,Ⅴ级为特强冻胀土。

(3)设计时对冻土地区要考虑冻土的防冻害措施,多年冻土的设计原则有两点:一是保持冻结;二是容许融化并采取相应措施。

复习思考题

10-1 何谓湿陷性黄土,如何判别黄土地基的湿陷程度?

10-2 对湿陷性黄土地基而言,在防水和结构方面可采取哪些措施?

10-3 试述膨胀土的特征。膨胀土地基对哪些房屋的危害最大?

10-4 红黏土地基设计时应考虑哪些措施?

10-5 冻土地基的特点是什么?在冻土地基进行建筑时,应采取哪些措施?

土力学试验

试验1　含水量试验

土的含水量是指土体中所含水的质量与干土质量的比值，常以百分数计。土的含水量是土的基本物理指标之一，它反映了土的干、湿状态。天然土层的含水量变化范围很大，它与土的种类、埋藏条件及其所处的自然地理环境有关。含水量可以反映黏性土所处的状态。含水量常用来计算土的孔隙比、孔隙率、干密度、饱和度等非实测性指标。

含水量试验的方法有：烘干法、酒精燃烧法等。烘干法是室内试验的标准方法，适用于粗粒土、细粒土、有机质土和冻土。野外如无烘箱设备或要求快速测定含水量时可以采用酒精燃烧法。

一、烘干法

将已知质量的天然状态下的土置于烘箱内，在105～110 ℃下烘至恒重，冷却后称干土质量，湿、干土质量之差为水分质量，水分质量与干土质量的比值即为土的含水量，常以百分数表示。

1. 仪器设备

(1)烘箱：能够保持105～110 ℃的电热恒温烘箱。

(2)天平：称量200 g以上，最小分度值0.01 g。

(3)其他：带盖的称量盒、干燥器。

2. 试验步骤

(1)取称量盒两只，称取盒质量。

(2)选取代表性试样15～30 g(有机质土、砂类土和整体状构造冻土50 g)，放入称量盒内(注意盒盖与盒底的号码是否一致)，立即盖好盒盖，称取称量盒加湿土质量，准确至0.01 g。

(3)打开盒盖，将试样连称量盒一起放入烘箱，在105～110 ℃下烘至恒重。烘干时间一般为：黏性土不得少于8 h；砂性土不得少于6 h；对含有机质超过5%的土，应将温度控制在65 ℃～70 ℃下烘至恒重。

(4)将烘干后的试样连称量盒取出，盖好盒盖，放入干燥器内冷却至室温后，称取干土加称量盒质量，准确至0.01 g。

3. 记录及计算

(1)按含水量试验记录表格(表 1)的要求,记录数据,填写有关内容。

(2)按式(1)计算含水量,准确至 0.1%。

$$w=\frac{m_w}{m_s}\times 100\% \tag{1}$$

式中 w——含水量,%;

m_w——土中水的质量,g;

m_s——干土质量,g。

(3)本试验需对两个试样进行平行测定,当两次测定含水量的差值在允许范围内时,取其算术平均值作为该土样的含水量。两次测定的差值允许范围为:含水量低于 10%时,不得大于 0.5%;含水量为 10%~40%时,不得大于 1%;含水量高于 40%时,不得大于 2%。

4. 试验注意事项

(1)试样放入称量盒后应立即称湿土质量,以免水分蒸发。

(2)烘干的试样应冷却后再称量,以防止热土吸收空气中的水分。

表 1　　含水量试验记录

工程名称________试验者________　　送检单位________计算者________

土样编号________校核者________　　试验日期________试验说明________

试样编号	土样说明	盒号	盒质量/g	盒加湿土质量/g	盒加干土质量/g	湿土质量/g	干土质量/g	含水量/%	平均含水量/%	备注

二、酒精燃烧法

酒精燃烧法是将已知质量的天然状态下的湿土,注入酒精,并点火燃烧,使土中水分蒸发后,立即称干土质量,计算出土的含水量。

1. 仪器设备

(1)天平:称量 200 g,最小分度值 0.01 g。

(2)酒精:纯度高于 95%。

(3)其他:称量盒、滴管、火柴、调土刀等。

2. 试验步骤

(1)取称量盒两只,称取盒重。

(2)选取代表性试样 15~30 g(砂类土和整体状构造冻土 50 g),放入称量盒内(注意盒盖与盒底的号码是否一致),立即盖好盒盖,称取称量盒加湿土质量,准确至 0.01 g。

(3)打开盒盖,用滴管将酒精注入放有试样的称量盒内,直至称量盒中出现自由液面为止。为使酒精浸透试样,混合均匀,可将盒底在桌面上轻轻振动。

(4)点燃称量盒中酒精,烧至火焰熄灭。

(5)让试样冷却数分钟,按(2)(3)的步骤再燃烧两次。当第三次火焰熄灭后,立即盖好盒盖,称取称量盒加干土质量,准确至 0.01 g。

3. 记录及计算

与烘干法记录格式相同(表 1),每个试样平行测定两次。计算公式及允许平行差值与烘干法相同。

试验 2 密度试验

土的密度是指单位体积土的质量。天然状态下的密度称为天然密度,它是土的基本物理指标之一,也是计算土体自重应力和土体抗力的基本参数。天然状态下土的密度变化范围较大,一般黏性土为 1.8～2.0 g/cm^3,砂土为 1.6～2.0 g/cm^3,腐殖土为 1.5～1.7 g/cm^3。对应的干密度可用来反映土的紧密程度。

室内对细粒土常用环刀法测定,但对含有砾石(或卵石)的细粒土及不能用环刀切削的坚硬、易碎、形状不规则的土,应采用蜡封法测定。对砂土、卵石采用灌砂法、灌水法在现场进行检测。本书仅介绍环刀法测定,其他方法可参考《土工试验方法标准》。

环刀法

用一个环刀(刀刃向下)放在削平的原状土样面上,徐徐削去环刀外围的土,边压边削,使保持天然状态的土样压满环刀,称取环刀及土样的质量,求得它与环刀容积之比即为土的天然密度。

1. 仪器设备

(1)环刀:内径 61.8 mm 和 79.8 mm,高 20 mm,壁厚 1.5～2.0 mm。容积定期校正为恒值,常用环刀容积为 60 cm^3。

(2)天平:称量 200 g,最小分度值为 0.01 g。

(3)其他:切土刀、钢丝锯、凡士林等。

2. 试验步骤

(1)取原状土样或制备的扰动土样,整平两端,放在玻璃板上。将环刀内壁涂一薄层凡士林,刃口向下放在土样上,将环刀垂直向下压至约刃口深处,用切土刀(或钢丝锯)将土样切成略大于环刀直径的土柱后,边压边削,直至土样伸出环刀顶部,将两端余土修平,并及时在两端盖上圆玻璃片,以免水分蒸发。

(2)擦净环刀外壁,拿去圆玻璃片,称取环刀加土的质量,准确至 0.01 g;

(3)用切下的代表性土样测定含水量 w。

3. 记录及计算

(1)按密度试验记录表格(表 2)的要求,记录数据,填写有关内容。

(2)按式(2)计算湿密度

$$\rho_0=\frac{m_0}{V}\times 100\% \tag{2}$$

式中 m_0——湿土质量,g;

V—— 环刀容积,即土样体积,cm^3;

ρ_0—— 试样密度,g/cm^3,准确到 0.01 g/cm^3。

(3)环刀法试验应进行两次平行测定,两次平行测定的密度差不得大于 0.03 g/cm^3,取两次测定值的算术平均值。

(4)按式(3)计算干密度

$$\rho_d=\frac{\rho_0}{1+0.01w} \tag{3}$$

式中 ρ_d——试样干密度,g/cm^3;

w——试样含水量,%。

4. 试验注意事项

在试验过程中,不要挤压土样,以保持其原有状态。

表 2　　密度试验记录(环刀法)

工程名称________ 试验者________ 送检单位________ 计算者________

土样编号________ 校核者________ 试验日期________ 试验说明________

试样编号	土样类别	环刀号	环刀加湿土质量/g	环刀质量/g	湿土质量/g	环刀容积/cm^3	湿密度/$(g\cdot cm^{-3})$	平均湿密度/$(g\cdot cm^{-3})$	含水量/%	干密度/$(g\cdot cm^{-3})$	平均干密度/$(g\cdot cm^{-3})$

试验 3　液限和塑限试验

黏性土的状态随着含水量的变化而变化,当含水量不同时,黏性土可分别处于固态、半固态、可塑状态及流动状态。黏性土从一种状态转变到另一种状态的分界含水量称为界限含水量。液限和塑限是黏性土的两个重要的界限含水量。土从流动状态转变到可塑状态的界限含水量称为液限 w_L;土从可塑状态转变到半固体状态的界限含水量称为塑限 w_P;土由半固体状态不断蒸发水分,体积逐渐缩小,直到体积不再缩小时的界限含水量称为缩限 w_s。

反映黏性土可塑性的含水量变化范围称为塑性指数 $I_P=w_L-w_P$,上述三个指标都和黏性土的矿物成分、黏粒含量、土中水离子浓度和成分等因素有关。I_P 通常作为黏性土命名的物理指标,它们反映着黏性土的可塑性。

含水量的变化将使黏性土的状态发生变化。含水量从小变到大,黏性土将从坚硬状态变到可塑状态甚至流塑状态。反映黏性土软硬状态的指标称为液性指数 I_L,其值为天然含水量 w 与塑限 w_P 的差值和塑性指数 I_P 的比值,即 $I_L=(w-w_P)/I_P$。

工程中常用液限 w_L、塑性指数 I_P、液性指数 I_L 等指标来评述土的工程性质或确定地基土承载力。塑限可用落锥法或滚搓法测定,液限国内常用落锥法测定,亦可用碟式仪测定。本书使用落锥法联合测定液限、塑限值,也对滚搓法测定塑限进行了介绍。本试验方法适用于小于 0.5 mm 颗粒组成的土与有机质含量不超过 5%的细粒土。

一、液限、塑限联合试验

液限、塑限联合试验是根据圆锥仪的圆锥入土深度与其相应的含水量在双对数坐标上具有线性关系的特性来进行的。液限、塑限联合试验是用质量为 76 g 圆锥仪，测得土在不同含水量时的圆锥入土深度，并绘制其关系直线图，在直线上查得圆锥下沉深度为 17 mm 时的相应含水量为液限，下沉深度为 2 mm 时的相应含水量为塑限。

1. 仪器设备

(1)光电式液限、塑限联合测定仪(图 1)，主要组成部分如下：

圆锥仪：包括锥体、微分尺、平衡装置三部分。总质量 76 g±0.2 g，锥角为 30°±0.2°，锥尖磨损不得超过 0.3 mm。微分尺量程为 22 mm，刻线距离为 0.1 mm，顶端磨平，能被磁铁平稳吸住。

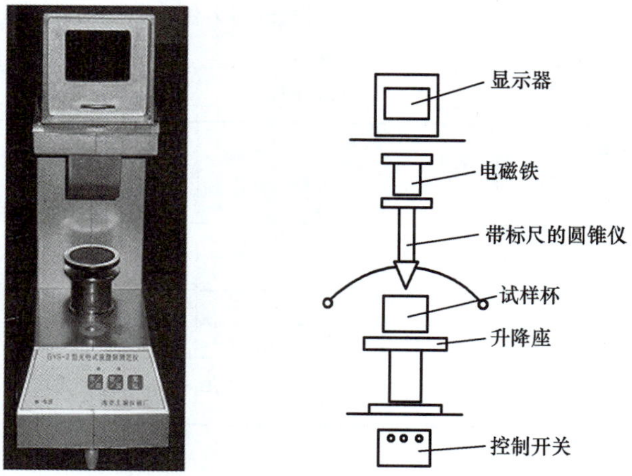

(a)外形 (b)结构

图 1 光电式液限、塑限联合测定仪

电磁铁：要求磁铁吸引力大于 1 N。

光学投影：包括光源、滤光镜、物镜、反射镜及读数屏幕，放大 10 倍。

升降座：使试样杯在一定范围内垂直升降。

时间控制：落锥后延时 5 s 的显示或提示装置。

(2)天平：称量 200 g，最小分度值 0.01 g。

(3)其他：烘箱、土盒、干燥缸、调土刀、孔径 0.5 mm 的筛、调土碗或方玻璃板、滴管、凡士林等。

2. 试验步骤

(1)制备试样：可采用天然含水量土样或风干土样制备。采用天然土样时，剔除粒径大于 0.5 mm 的土粒，取代表性土样约 750 g，拌和均匀后分成 3 份，制成不同含水量的土膏，使它们的圆锥入土深度分别为 3～4 mm、7～9 mm 和 15～17 mm，静置一段时间即可。对风干土样，过 0.5 mm 筛，取筛下土约 600 g，分成三份后，分别加纯水拌制成 3 种不同含水量的均匀土膏，3 种土膏的圆锥入土深度与天然含水量土样制成的土膏相同，拌和均匀后密封于保湿缸中静置 24 h。

(2)将土膏用调土刀调匀，密实地填入试样杯中，土中不能含封闭气泡，将高出试样杯的余土用调土刀刮平，随即将试样放于仪器底座上。

(3)取圆锥仪，在锥尖涂以极薄凡士林，接通电源，使磁铁吸稳圆锥仪。

(4)调节屏幕基线，使初始读数于零刻度线处。调节升降座，使圆锥尖刚好接触土面，放开圆锥仪，圆锥仪在自重作用下沉入土中，经过 5 s 后测读圆锥仪下沉深度。取出试样杯，挖去锥尖入土处的凡士林，取锥体附件试样不小于 10 g，测定含水量。

(5)重复步骤(2)～(4)进行另外两个试样的圆锥下沉深度 h 和对应含水量 w 的测试。

(6)以含水量为横坐标，圆锥下沉深度为纵坐标在双对数坐标纸上绘制关系曲线图(图2)，三点应在一条直线上，如图 2 中 A 线。在直线上找到圆锥下沉深度 17 mm 对应的液限 w_{L17}、10 mm 对应的液限 w_{L10} 和 2 mm 对应的塑限 w_P。取值以百分数表示，准确至 0.1%。当三点不在一条直线上时，通过高含水量的点和其余两点连成两条直线，在圆锥下沉深度为 2 mm 处查得相应的两个含水量，当两个含水量的差值小于 2%时，应以两点含水量的平均值与高含水量的点连成一条直线，如图 2 中 B 线，查得相应含水量；当两个含水量的差值大于或等于 2%时，应重做试验。

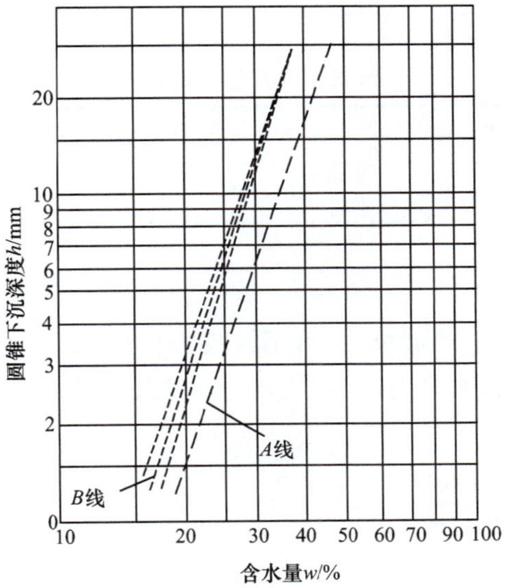

图 2　圆锥下沉深度与含水量关系

3. 记录、计算及制图

(1)按试验记录表格(表 3)要求，记录数据，填写有关内容。

(2)塑性指数应按式(4)计算

$$I_P = w_L - w_P \tag{4}$$

式中　I_P——塑性指数；

w_L——液限，%；

w_P——塑限，%。

(3)液性指数应按式(5)计算

$$I_L = \frac{w_0 - w_P}{I_P} \tag{5}$$

式中　I_L——液性指数，计算准确至 0.01；

w_0——试样的天然含水量，%。

4. 试验注意事项

(1)在图 2 中，查得圆锥下沉深度为 17 mm 所对应的含水量为液限 w_L，查得下沉深度为 10 mm 所对应的含水量为 10 mm 液限 w_{L10}，查得圆锥下沉深度为 2 mm 所对应的含水量为塑限 w_P。

(2)按表 4 确定土的名称。

表 3　液限、塑限联合测定试验

工程名称________　试验者________　送检单位________　计算者________

土样编号________　校核者________　试验日期________　试验说明________

试样编号	圆锥下沉深度/mm	盒号	湿土质量/g	干土质量/g	含水量/%	平均含水率/%	液限	w_{L10}	塑限	I_P	土样分类

表 4　黏性土按塑性指数分类

土的名称	粉质黏土	黏土
塑性指数	$10<I_P\leqslant 17$	$I_P>17$

二、滚搓法测定塑限

滚搓法试验是用手掌在毛玻璃板(也可用橡皮板代替)上滚搓土条,当土条直径达 3 mm 时产生裂缝并断裂,此时的含水量为塑限。本试验方法适用于粒径小于 0.5 mm 的土。

1. 仪器设备

(1)毛玻璃板:尺寸为 200 mm×300 mm。

(2)卡尺:分度值为 0.02 mm。

2. 试验步骤

(1)试样制备:试样要求基本同液限试验,但试样含水量较低,使其在塑限左右,判断方法为:试样在手中捏揉而不黏手,或用吹风机稍稍吹干时,用手捏扁即出现裂缝,则表示该试样含水量在塑限附近。

(2)取一小块制备好的土样,先用手搓捏至不黏手(捏扁出现裂缝,表明含水量接近塑限),再捏成橄榄形,然后用手掌在毛玻璃板上轻轻滚搓。滚搓时,要均匀施力,不能过猛,也不允许土条在毛玻璃板上无力滚动。土条长度不宜超过手掌宽度,且不得有空心现象。

(3)若土条刚好搓至直径 3 mm 时出现裂缝并开始断裂,表明该土条的含水量为塑限。若土条直径达到 3 mm 时而未出现裂缝,表明试样含水量高于塑限,此时,将土条捏成土团后按步骤(2)继续搓条。若土条直径大于 3 mm 时即出现裂缝,表明该试样的含水量低于塑限,换其他试样按步骤(2)继续搓条(可向试样加少量的水)。取合格的土条 3~5 g 为一组,进行含水量试验。

(4)平行进行两次塑限试验,当两次测定的含水量差值小于 1%时,取平均值作为该土的塑限。

3. 记录

按试验记录表格(表 5)要求,记录数据,填写有关内容。

表 5 滚搓法塑限试验记录表

工程名称________ 试验者________ 送检单位________ 计算者________

土样编号________ 校核者________ 试验日期________ 试验说明________

试样编号	盒号	盒质量/g	盒加湿土质量/g	盒加干土质量/g	湿土质量/g	干土质量/g	含水量/%	塑限/%	备注

试验 4　击实试验

在工程建设中，经常会遇到填土或松软地基，为了改善这些土的工程性质，常采用压实的方法使土变得密实。击实试验就是模拟施工现场压实条件，采用锤击方法使土体密度增大、强度提高、沉降变小的一种试验方法。细粒土在一定的击实效应下，击(压)实效果除了同击(压)实功大小有关，还与含水量有关，如果含水量不同，所得的密度也不相同。击实试验的目的是测定试样在一定击实次数下或某种击实功下的含水量与干密度的关系，从而确定土的最大干密度和最优含水量，为施工控制填土密度提供设计依据。

击实试验分轻型击实试验和重型击实试验两种方法。轻型击实试验适用于粒径小于 5 mm 的黏性土，其单位体积击实功约为 592.2 kJ/m^3；重型击实试验适用于粒径不大于 20 mm 的土，其单位体积击实功约为 2 684.9 kJ/m^3。这里仅介绍轻型击实试验。

试验时，将同一种土配制成若干份不同含水量的试样，用同样的击实功分别对每一份试样进行击实，然后测定各试样击实后的含水量 w 和干密度 ρ_d，从而绘制击实曲线。

1. 仪器设备

(1)轻型击实仪，如图 3 所示。

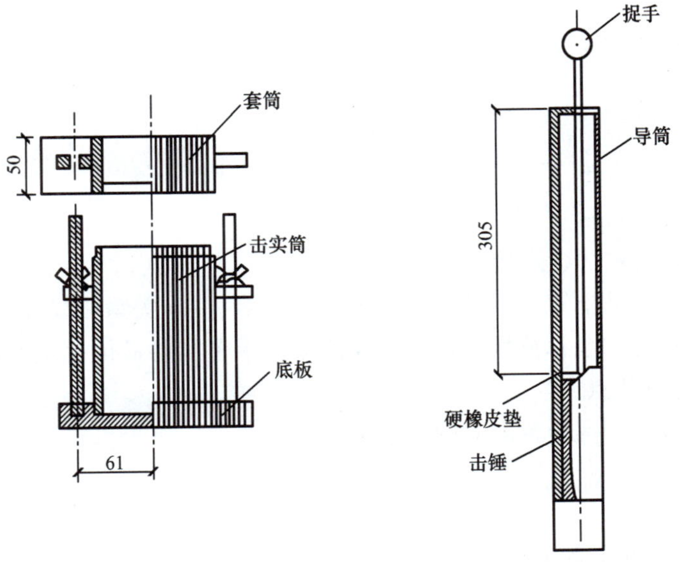

(a)轻型击实筒　　(b)2.5 kg击锤

图 3　轻型击实仪

(2)推土器:用特制的螺旋式千斤顶或液压千斤顶加反力框架组成。

(3)天平:称量 200 g,最小分度值 0.01 g。

(4)台秤:称量 10 kg,最小分度值 5 g。

(5)孔径为 5 mm 的标准筛。

(6)其他:喷雾器或其他喷水设备、盛土器、削土刀、土盒等。

2. 试验步骤

(1)试样制备分为干法和湿法两种。

干法制样:取代表性土样 20 kg,风干碾碎,过 5 mm 筛,将筛下土样拌匀,并测定土样的风干含水量。根据土的最优含水量在塑限附近的经验,由塑限预估最优含水量。制备 5 份不同含水量的试样,每份试样质量 2 kg 或 5 kg(小击实筒 2 kg,大击实筒 5 kg),相邻两个含水量的差值宜为 2%～3%,并根据配制的含水量加入需要的水拌和均匀后,密封静置一昼夜后备用。

湿法制样:将天然含水量的土样碾碎后,过 5 mm 筛,将筛下土取 20 kg 左右拌匀并测定天然含水量。和干法制样一样,预估最优含水量,在最优含水量左右制 5 份土样,土样之间的含水量差值宜为 2%～3%。静置一昼夜使土样水分均匀分布。

(2)击实:将击实仪固定在刚性底板上,装好护筒,在击实筒内壁涂一薄层凡士林或润滑油。轻型击实仪分三层击实,将制备好的试样分成三份,每次倒入击实筒内一份试样,每层 25 击。两层接触土面应刨毛,击实完成后,超出击实筒顶的试样高度应小于 6 mm。

(3)拆除护筒,用削土刀修平击实筒顶部的试样。拆除底板,试样底部若超出击实筒外,也应修平,擦净击实筒外壁,称取击实筒加试样总质量,准确至 1 g。计算出试样湿密度。

(4)用推土器将试样从击实筒中推出,取两份代表性土样测定含水量,当两份土样含水量差值小于 1%时,计算试样平均含水量和试样的干密度。

(5)重复步骤(2)～(4),对不同的含水量试样依次进行击实试验,得到各试样的湿密度、含水量,计算得到干密度。

(6)画出击实曲线,得到最大干密度 ρ_{dmax} 和对应的最优含水量 w_{op}。

3. 计算及记录

(1)按式(6)计算各试样的干密度

$$\rho_d=\frac{\rho_0}{1+0.01w} \tag{6}$$

式中 ρ_d——干密度,g/cm^3;

ρ_0——湿密度,g/cm^3;

w——击实后测定的含水量,%。

(2)以干密度 ρ_d 为纵坐标,含水量 w 为横坐标,绘制 ρ_d-w 关系曲线(图 4),干密度与含水量的关系曲线上峰值点的坐标分别为击实试样的最大干密度与最优含水量,当关系曲线不能绘出峰值点时,应进行补点。

(3)按式(7)计算试样完全饱和时的含水量

$$w_{sat}=\left(\frac{\rho_w}{\rho_d}-\frac{1}{G_s}\right)\times 100\% \tag{7}$$

式中 w_{sat}——饱和时的含水量,%;

ρ_w——水的密度,可取 1 g/cm^3;

G_s——土粒相对密度。

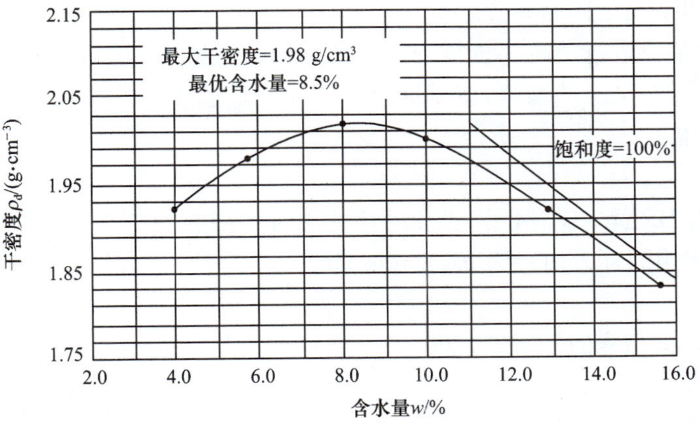

图 4 ρ_d 与 w 的关系曲线

(4)计算数个干密度下的 w_{sat}，在 ρ_d-w 关系曲线图中绘制饱和曲线。

(5)试验记录见表 6。

表 6 击实试验记录

工程名称________ 试验者________ 送检单位________ 计算者________

土样编号________ 校核者________ 试验日期________ 试验说明________

击实筒体积：________ 土样类别：________ 估计最优含水量：________

分层数：________ 每层击数：________ 土粒相对密度：________ 风干含水量：________

干密度						含水量					
试样序号	筒＋湿土质量/g	试筒质量/g	湿土质量/g	密度/(g·cm⁻³)	干密度/(g·cm⁻³)	盒号	盒＋湿土质量/g	盒＋干土质量/g	盒质量/g	含水量/%	平均含水量/%

试验 5 固结(压缩)试验

固结(压缩)试验是土的重要力学试验之一，它是测定土体在压力作用下的压缩特性。土的压缩性是指土在压力作用下体积缩小的性能。在工程中所遇到的压力(通常在 1.6 MPa 以内)作用下，土的压缩可以认为只是由土中孔隙体积的缩小所致，土粒与水两者本身的压缩性则极微小，可不考虑。

饱和土体在压缩过程中，随压力的增加孔隙水不断排出，孔隙体积减小。孔隙比的变化反映了孔隙体积的变化。因此，压缩试验的成果常用 e-p 曲线或 e-$\lg p$ 曲线来表示，并得到土体压缩性大小的重要指标：压缩系数、压缩指数。

根据饱和土体压缩过程中压缩量和时间的关系，可以计算得到土体的固结系数 C_v，它是估计饱和地基或土工建筑物变形过程的重要参数。需要说明的是：本试验是以太沙基(Terzaghi)的单向固结理论为基础，故明确规定适用于饱和土；对非饱和土仅做压缩试验提供一般的压缩性指标，不能用于测定固结系数。

本试验常用固结仪进行测定。试样的高度和直径的比值以及加荷等级、取样过程、对土样切削扰动程度都将影响试验的精度，应根据土质条件合理选择并尽量减少扰动的影响，并保证试样上下面切削平整。

1. 仪器设备

(1)固结仪：常用的固结仪有框杆式和磅秤式两种，固结容器如图 5 所示，常用的环刀内径为 61.8 mm 和 79.8 mm，高为 20 mm；

(2)加压设备，不同型号的仪器最大压力不同，一般按最大压力划分为以下几种：400 kPa、800 kPa、1 600 kPa、3 200 kPa；

(3)竖向变形量测表，一般采用量程为 10 mm，精度为 0.01 mm 的机械百分表或电测位移传感器；

(4)其他辅助设备：秒表、刮土刀、钢丝锯、天平、含水量量测设备等。

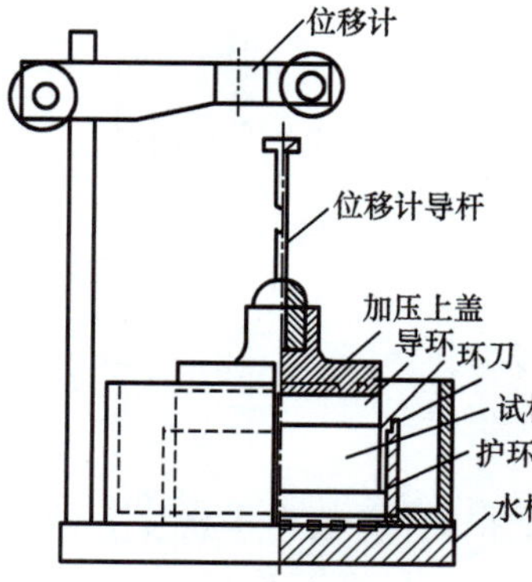

图 5　固结仪示意图

2. 试验步骤

(1)按工程需要取原状土样或制备所需状态的扰动土土样，整平其两端。

(2)将环刀内壁涂一薄层凡士林，刃口向下放于土样上端，用两手将环刀竖直下压，再用削土刀修削土样外侧，边压边削，直到土样凸出环刀上部为止。然后将上、下两端多余的土削至与环刀平齐。切土时，应尽量避免土的结构扰动，并禁止用切土刀反复涂抹试样表面。

(3)擦净黏在环刀外壁上的土屑，测试样密度(按密度试验方法进行)，测定试样含水量(用切下的土按含水量试验方法进行)。试样需要饱和时，可采用抽气饱和法饱和。

(4)在固结容器内依次放置好护环、下透水石、下滤纸，将带有试样的环刀刃口向下小心放入护环，放上导环，试样上依次放置滤纸、上透水石和加压盖板，将固结容器置于加压框架下，对准加压框架正中。

(5)为保证试样与仪器上下各部件之间接触良好，应施加 1 kPa 的预加荷载，装好量测压缩变形的百分表，并调至零位。

(6)分级加压，按加压梯度 $\Delta p_i/p_i=1$ 加载，一般为 12.5 kPa、25.0 kPa、50.0 kPa、100 kPa、200 kPa、400 kPa、800 kPa、1 600 kPa、3 200 kPa。第一级荷载应小于自重应力，且不能使试样挤出，最后一级应力应大于自重应力与附加应力之和，只需测定压缩系数时，最大压力不小于 400 kPa。

(7)若要得到 e-lg$p$ 曲线，测量原状土样的前期固结应力时，前几级荷载的加载梯度应小于 1(取 0.25 或 0.50)，最后一级应力应使 e-lg$p$ 曲线出现直线段。

(8)(1)～(7)是压缩试验的步骤，而对于饱和土常常需要进行固结试验，测定土的固结系数。试验过程中，水槽内的水应能浸没试样，在要测定的某级(或几级)荷载加上后，按下列时间顺序记录量测沉降的百分表读数：15″、1′、2′15″、4′、6′15″、9′、12′15″、16′、20′15″、25′、30′15″、36′、49′、64′、100′、200′、24 h。若仅进行压缩试验，则只需测读每级荷载加上后 24 h 的沉降百分表读数，然后加下一级荷载。对于渗透系数 $k\geqslant10^{-5}$ cm/s 的土，可用每小时沉降量不大于 0.01 mm 作为压缩稳定标准，达到稳定标准后，加下一级荷载。

(9)试验结束，吸去容器中的水，拆除仪器各部件，取出试样，测定含水量。

3. 计算及记录

(1)按式(8)计算试样的初始孔隙比

$$e_0=\frac{\rho_w G_s(1+w_0)}{\rho_0}-1 \tag{8}$$

式中 e_0——试样初始孔隙比；

w_0——试样初始含水量，%；

ρ_0——试样初始密度，g/cm³；

ρ_w——水的密度，g/cm³；

G_s——土粒相对密度。

(2)按式(9)计算各级压力下试样压缩稳定后的单位沉降量

$$s_i=\frac{\sum \Delta h_i}{h_0}\times 10^3 \tag{9}$$

式中 s_i——单位沉降量，mm/m；

$\sum \Delta h_i$——某级压力下试样压缩稳定后的总变形量，mm；

h_0——试样的初始高度，mm。

(3)按式(10)计算各级压力下试样压缩稳定后的孔隙比

$$e_i=e_0-\frac{1+e_0}{h_0}\Delta h_i \tag{10}$$

式中 e_i——各级压力下试样压缩稳定后的孔隙比。

(4)按式(11)计算某一压力范围内的压缩系数

$$a_v=\frac{e_i-e_{i+1}}{p_{i+1}-p_i} \tag{11}$$

式中 a_v——压缩系数，MPa^{-1}；

p_i——某级压力值，MPa。

(5)按式(12)计算某一压力范围内的压缩模量

$$E_s=\frac{1+e_0}{a_v} \tag{12}$$

式中 E_s——某压力范围内的压缩模量，MPa。

(6)以孔隙比为纵坐标、压力为横坐标(或对数坐标)，绘制 e-p 和 e-lg p 曲线，如图 6 所示。

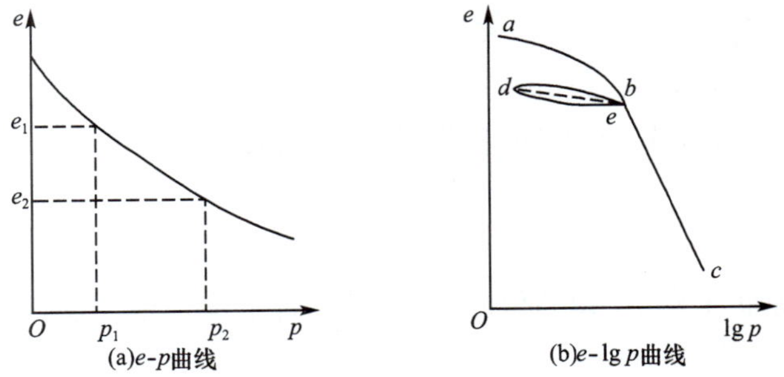

图 6　孔隙比和压力关系曲线

(7)记录及成果整理见表 7

表 7 固结试验记录

工程名称________ 试验者________ 送检单位________ 计算者________

土样编号________ 校核者________ 试验日期________ 试验说明________

试样初始高度 h_0= 试样初始含水量 w_0= 试样面积 A=

试样初始孔隙比 e_0= 试样密度 ρ_0= 土粒相对密度 G_s=

加荷历时/h	压力/kPa	仪器变形量/mm	轴向变形百分表读数/mm	试样压缩量/mm	压缩后试样高度/mm	孔隙比/e_i	压缩系数/MPa^{-1}

试验 6 直接剪切试验

土的抗剪强度是土体在力系作用下抗剪切破坏的极限应力，是土的一个重要力学性质。通常采用 4 个试样，分别在不同的垂直压力下，施加水平剪切力，测得试样破坏时的剪应力，然后根据库仑定律确定土的抗剪强度参数：内摩擦角和黏聚力。

根据试验时的剪切速率和排水条件不同，直剪试验可分为快剪、固结快剪和慢剪三种方法。试验方法的选择，原则上应该尽量模拟工程的实际情况，如施工情况、土层排水条件等。

常用的直接剪切仪分为应力控制式和应变控制式两种。所谓应变控制式是控制试样产生某一定位移，测定其相应的剪应力。本书采用这种仪器进行试验。本试验方法适用于细粒土。

1. 仪器设备

(1)应变控制式直接剪切仪(图 7)，由剪切盒、量力环、测力计位移表、传力盖板、底座等组成，加压设备采用杠杆传动。

(2)环刀：内径 61.8 mm，高 20 mm。

(3)其他辅助设备：百分表、天平、饱和器、削土刀、秒表、滤纸等。

2. 试验步骤

(1)试样制备

按工程需要，从原状土样中切取原状土试样或制备给定干密度及含水量的扰动试样。切样方法同固结试验。

按密度试验和含水量试验的方法测定试样的密度和含水量。试样需要饱和时，可采用抽气饱和法进行饱和。

每组试验至少制备 4 个试样，在四种不同垂直压力作用下进行剪切试验。垂直压力的大小

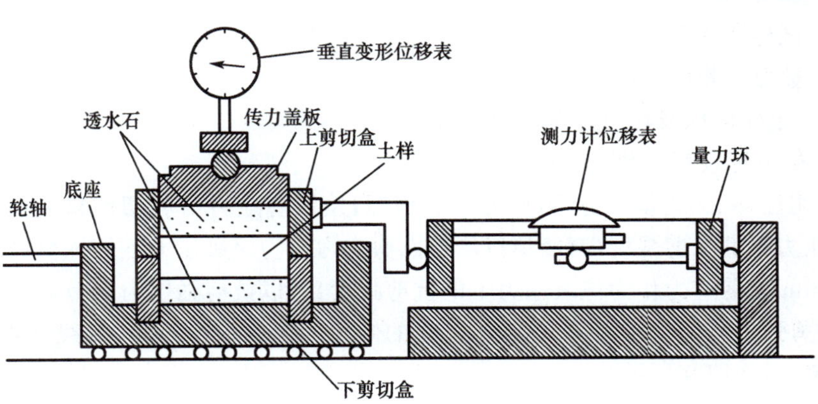

图 7　应变控制式直接剪切仪

可根据现场工程荷载和土层深度确定，一般可取 100 kPa、200 kPa、300 kPa、400 kPa。对于软黏土应采用较小的垂直压力，以免产生挤出现象。

(2)快剪

对准上、下盒，插入固定销，在下盒内放入下透水石、不透水塑料膜，将试样对准剪切盒口，放置不透水塑料膜和上透水石，将试样慢速推入剪切盒，移去环刀。

转动手轮，使上盒前端钢珠刚好与量力环接触，将量力环中百分表读数调零。按顺序加上传力盖板、钢珠、压力框架。

施加垂直压力 p 后，立即拔除固定销，开动秒表，以 0.8 mm/min 的剪切速度，使试样在 3～5 min 内剪切破坏。试样每产生剪切位移 0.2 mm，记下测力计位移读数，直至测力计读数出现峰值，应继续剪切至剪切位移为 4 mm 时停机，记下破坏值；当剪切过程中测力计读数无峰值时，应继续剪切至剪切位移为 6 mm 时停机。

剪切完后，倒转手轮，移去垂直压力，重复上述步骤对余下的试样进行试验。

(3)固结快剪

装样基本同快剪，但试样上、下不透水塑料膜要换成透水滤纸。

施加垂直压力后，使试样在法向应力作用下排水固结。若为饱和试样，施加压力后，往剪切盒中注水；若为非饱和试样，在剪切盒周围包以湿棉花，防止水分蒸发。

施加垂直压力后，每 1 h 测读垂直变形一次。直至试样固结变形稳定。变形稳定标准为每小时不大于 0.005 mm。

拔除固定销，开动秒表，以 0.8 mm/min 的剪切速度，使试样在 3～5 min 内剪切破坏。重复上述步骤对余下的试样进行试验。

(4)慢剪

装样及压力的施加同固结快剪，并量测压缩变形量。

当试样固结完成后，拔除固定销，开动秒表，采用不大于 0.02 mm/min 的剪切速度进行剪切，直至试样剪切破坏；

重复上述步骤对余下的试样进行试验。

3. 计算及记录

(1)孔隙比及饱和度计算，参阅固结试验。

(2)抗剪强度计算

$$\tau=\frac{C\cdot R}{A_0}\times 10 \tag{13}$$

式中 τ ——试样所受到的剪应力，kPa；

R——量力环测微表读数，0.01 mm；

A_0——土样面积或环刀内截面面积，mm^2；

C——量力环校正系数，N/0.01 mm。

(3)以剪切位移 Δt 为横坐标，剪应力为纵坐标，绘制剪应力与剪切位移关系曲线(图 8)，并确定各级压力下的抗剪强度(有峰值以峰值点剪应力作为该级压力下的抗剪强度，无峰值以剪切位移 4 mm 处剪应力作为该级压力下的抗剪强度)。以抗剪强度为纵坐标，垂直压力为横坐标，绘制抗剪强度与垂直压力关系曲线，直线的倾角为土的内摩擦角，直线在纵坐标上的截距为土的黏聚力，如图 9 所示。

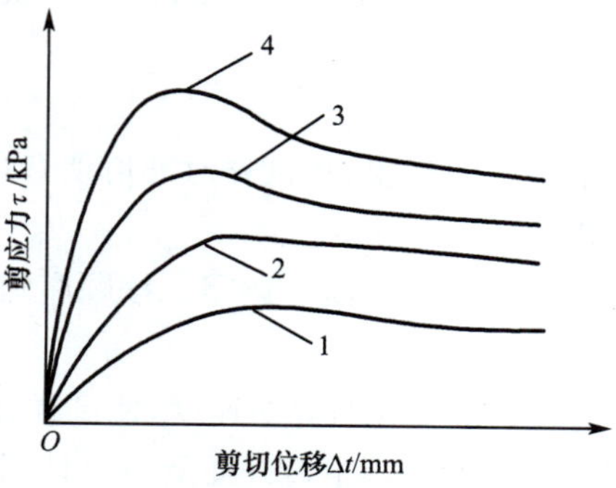

图 8　剪应力与剪切位移关系曲线

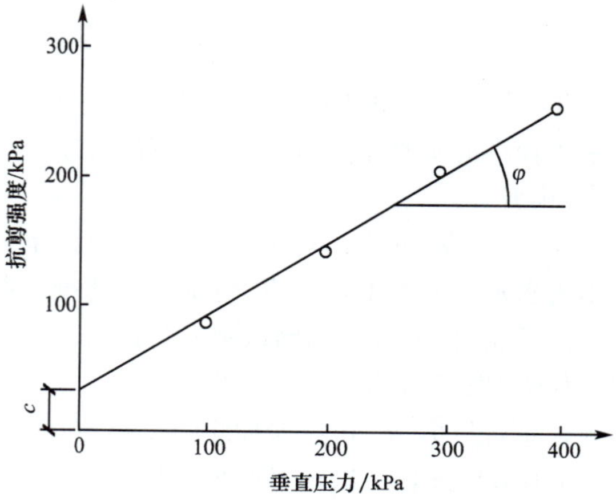

图 9　抗剪强度与垂直压力关系曲线

(4)记录及成果整理见表 8。

表 8　　**直接剪切试验**

工程名称________　试验者________　送检单位________　计算者________

土样编号________　校核者________　试验日期________　试验说明________

试验方法：			初始孔隙比：					
剪切速率：			初始含水量：			量力环校正系数/(N/0.01 mm)		
法向应力/kPa								
固结变形量/mm								
剪前孔隙比								
手轮转数	剪切位移/mm	量力环读数/0.01 mm	剪应力/kPa	量力环读数/0.01 mm	剪应力/kPa	量力环读数/0.01 mm	剪应力/kPa	量力环读数/0.01 mm	剪应力/kPa
抗剪强度/kPa									
抗剪强度指标			$c=$			$\varphi=$			

参考文献

[1] 中华人民共和国住房和城乡建设部.建筑地基基础设计规范:GB 50007—2011[S].北京:中国建筑工业出版社,2012

[2] 中华人民共和国建设部.土工试验方法标准:GB/T 50123—2019[S].北京:中国计划出版社,1999

[3] 中华人民共和国住房和城乡建设部.建筑基坑支护技术规程:JGJ120—2012[S].北京:中国建筑工业出版社,2012

[4] 中华人民共和国建设部.岩土工程勘察规范:GB 50021—2001(2009)[S].北京:中国建筑工业出版社,2002

[5] 中华人民共和国住房和城乡建设部.混凝土结构设计规范:GB 50010—2010[S].北京:中国建筑工业出版社,2011

[6] 中华人民共和国住房和城乡建设部.建筑桩基技术规范:JGJ94—2008[S].北京:中国建筑工业出版社,2008

[7] 中华人民共和国住房和城乡建设部.建筑基坑工程监测技术规范:GB 50497—2009(S).北京:中国计划出版社,2009

[8] 中华人民共和国住房和城乡建设部.复合土钉墙基坑支护技术规范:GB 50739—2011(S).北京:中国计划出版社,2011

[9] 中华人民共和国住房和城乡建设部.建筑与市政地基基础通用规范:GB 55003—2021.北京:中国建筑出版传媒有限公司, 2021

[10] 中华人民共和国住房和城乡建设部,建筑基坑工程监测技术标准:GB 50497—2019.北京:中国计划出版社.2019

[11] 中华人民共和国住房和城乡建设部.工程结构通用规范:GB 55001— 2021.北京:中国建筑出版传媒有限公司. 2021

[12] 中华人民共和国住房和城乡建设部.建筑地基处理技术规范:JGJ 79—2012.北京:中国建筑工业出版社.2021

[13] 中华人民共和国住房和城乡建设部.建筑与市政施工现场安全卫生与职业健康通用规范:GB 55034—2022.北京:中国建筑出版传媒有限公司,2022

[14] 杨太生.地基与基础[M].4 版.北京:中国建筑工业版社.2017